U0302265

本书的出版得到河海大学国际河流研究中心（江苏高校国际问题研究中心）、江苏高等学校协同创新中心""世界水谷"与水生态文明"、教育部创新团队"国际河流战略与情报监测研究"、国家社会科学基金重大项目"中国与周边国家水资源合作开发机制研究"、国家自然科学基金项目"基于决策者风险感知的跨境水资源应急配置研究"、河海大学战略管理研究所的支持。

博士生导师学术文库

A Library of Academics by
Ph.D.Supervisors

# 国际河流管理概论

———·———

周海炜　郭利丹　胡兴球　著

光明日报出版社

**图书在版编目（CIP）数据**

国际河流管理概论 / 周海炜，郭利丹，胡兴球著
. --北京：光明日报出版社，2022.11
ISBN 978－7－5194－6883－5

Ⅰ.①国… Ⅱ.①周… ②郭… ③胡… Ⅲ.①国际河
流—水资源管理—概论 Ⅳ.①TV213.4

中国版本图书馆 CIP 数据核字（2022）第 205067 号

国际河流管理概论

**GUOJI HELIU GUANLI GAILUN**

著　　者：周海炜　郭利丹　胡兴球

责任编辑：宋　悦　　　　　　　　责任校对：阮书平
封面设计：一站出版网　　　　　　责任印制：曹　净

出版发行：光明日报出版社
地　　址：北京市西城区永安路 106 号，100050
电　　话：010－63169890（咨询），010－63131930（邮购）
传　　真：010－63131930
网　　址：http：//book.gmw.cn
E－mail：gmrbcbs@ gmw.cn
法律顾问：北京市兰台律师事务所龚柳方律师
印　　刷：三河市华东印刷有限公司
装　　订：三河市华东印刷有限公司
本书如有破损、缺页、装订错误，请与本社联系调换，电话：010-63131930
开　　本：170mm×240mm
字　　数：395 千字　　　　　　　印　　张：22
版　　次：2023 年 1 月第 1 版　　　印　　次：2023 年 1 月第 1 次印刷
书　　号：ISBN 978－7－5194－6883－5
定　　价：99.00 元

# 编　委　会

（按姓氏笔画排序）

# 序

    中国与周边的陆上邻国有着国际河流的水脉相通，国际河流数量和跨境水资源量均位居世界前列。黄河、长江、淮河、珠江乃至大运河等这些国内的大江大河哺育了整个华夏文明，已经成为中华文明不可或缺的一部分。同时，我国有位于东北、西北、西南边疆地区的黑龙江、额尔齐斯河、伊犁河、澜沧江、雅鲁藏布江等诸多国际河流，这些河流跨越国境或者成为国家间边界，亦是亚洲大陆乃至世界上著名的大江大河。

    俯瞰整个亚洲大陆，我们就会发现从青藏高原一直到西北的众多高大山脉发源了众多的河流，是亚洲的水塔，其中，长江、黄河流向了东方，而向北、向西、向南流向的许多河流则形成了国际河流。这样的地理格局决定了我国与周边国家之间的国际河流对整个亚洲大陆的重要战略地位。这些国际河流自古以来就是连接中国与亚洲大陆各国的纽带，是流域内各国人民生活生产和社会经济发展的重要基础自然资源，亦因其重要的地缘作用而极具战略价值。随着我国改革开放进程的推进，尤其是自"一带一路"倡议提出以来，我国与周边国家共享的这些国际河流水资源的战略意义将更加凸显。由于这些国际河流位于我国的边疆区域，国际河流类型多样、不同国家诉求各异、面对的环境复杂，再加上复杂的历史因素、多样的文化以及不平衡的社会经济发展水平等，使得我国与周边国家的国际河流合作面临众多挑战，国际河流管理任重而道远。

    当前，国际河流管理还面临着全球化和气候变化的两大挑战。一方面，我国与周边国家之间的国际河流已经成为周边外交的重要内容，全球化进程在进一步促进我国与周边国家合作的同时，将带来新的竞争和挑战，加剧了国际河流管理的难度；另一方面，在气候变化和人类活动影响下，我国与周边国家水资源合作同样面临着更多的不确定性和风险，极端灾害性气候以及水资源的不恰当利用容易在国际河流流域形成跨境影响，加剧了国际河流管理的复杂性。因此，构建并推动我国与周边国家的国际河流水资源合作开发机制，对我国的水安全、边疆稳定以及周边安全极为重要。通过推进有效的国际河流合作开发，可实现我国最大限度地维护国家主权利益、争取水资源的有效利用，也有利于持续拓展与流域国共同发展的域外空间。

国际河流管理，主要是对国际河流水资源开发利用中所涉及的国际合作的管理，不仅包括对以水资源为主体的流域跨境自然资源的管理，而且包括对国际河流流域跨境社会经济活动的管理。国际河流管理在知识体系上涉及水利工程、管理学、经济学、法学、国际政治等多学科知识的综合运用，是一个典型的交叉领域。同时，国际河流管理是一个实践性很强的领域，国际河流管理必须和具体的国际政治、经济与文化等地缘因素结合起来。世界上已经有许多国际河流开发利用的管理实践，但是像我国所面对的在如此复杂条件下的国际河流管理实践却没有样板可参考，我们只能在借鉴国际经验的基础上，结合中国国际河流实际特点，寻求适合于我国与周边国家合作需求的管理之道。

本书的主要内容源于 2011 年启动的国家社会科学基金重大项目"中国与周边国家水资源合作开发机制研究"（11&ZD168）、教育部创新团队项目"国际河流战略与情报监测研究"以及江苏省国际问题研究中心"国际河流研究中心"建设项目的研究成果。在这些省部级项目的持续研究中，我们深感在我国的国际河流管理与合作中缺乏较为系统的知识梳理，尤其是如何从管理学的视角，有效融合水利科学、法学、经济学等多学科知识和方法，形成一个国际河流管理的基本框架，并且能够直接面对我国的国际河流合作发展实践，还有很长的路要走。另外，我国拥有如此众多的国际河流，其开发利用与保护、合作与管理等方面的挑战，都需要持续的基础性研究和人才队伍的支持，因此亟须探索形成适合我国国情的一套国际河流管理知识架构。本书就是在上述研究工作的基础上，积极吸收已有学者的国际河流相关研究成果，对国际河流管理涉及的各方面内容进行的一次系统梳理和整理。

在本书的撰写过程中，"中国与周边国家水资源合作开发机制研究"研究团队的所有老师和同学都做出了贡献。在这个团队中，周海炜老师负责全书统稿，郭利丹老师主要负责中国的国际河流及管理概况、跨境水资源管理合作，胡兴球老师主要负责国际河流管理理论基础及管理框架，黄雅屏老师主要负责国际河流争端与解决模式，华坚老师主要负责国际河流流域经济合作，张可老师主要负责国际河流合作开发的工程技术合作；赵又霖等老师也参与了编写工作；齐林恺、郑爱翔、刘宗瑞、张正君、毕菲、蔡敏敏、张玉阔、王伟伟等博士研究生，以及高云、郝云剑、王洪亮、王志敏、刘亚辉、钱人瑜、李智、张洪福、兰青、沈洁希、王恒伟、李蓝汐、刘闯闯、顾家豪等硕士研究生参与了部分章节内容的编写。张阳、夏自强、邢鸿飞、黄德春、丰景春、史安娜、唐震、陈敏建等教授，以及河海大学国际河流研究中心的同学在不同的章节都做出了贡献，在此不一一列举。

"一带一路"倡议极大地推动了中国与周边国家之间的合作，我国与周边国家之间的国际河流水资源开发利用合作面临更多的机遇与挑战。我们希望通过不懈的努力，寻求和构建更有效的国际河流管理模式，管理好国际河流及其开发利用活动，推动流域内各国的合作与和平发展，促进我国与周边国家人民的经济发展与文化交流。

# 目　录
## CONTENTS

**第一章　国际河流及管理概述** ···················· **1**

第一节　国际河流 ······························· 1

第二节　国际河流水资源 ······················ 4

第三节　国际河流开发 ························· 9

第四节　国际河流管理 ························ 18


**第二章　中国的国际河流及管理** ················· **25**

第一节　中国国际河流总体分布特征 ··········· 25

第二节　中国不同地区的国际河流 ············· 32

第三节　中国国际河流的境内管理 ············· 58

第四节　中国国际河流的境外管理 ············· 68

第五节　中国国际河流开发 ···················· 77


**第三章　国际河流管理涉及的国际水法与治理规则** ············ **89**

第一节　国际水法 ··························· 89

第二节　主要原则 ··························· 96

第三节　行为规则 ··························· 99


**第四章　国际河流争端与解决模式** ··············· **103**

第一节　国际河流争端的概念 ················· 103

第二节　国际河流争端的动因 ················· 113

第三节　国际河流争端的影响因素 …………………………………… 118

第四节　国际河流争端的解决模式 …………………………………… 120

## 第五章　国际河流合作开发的理论基础 …………………………… 130

第一节　国际河流合作开发的概念 …………………………………… 130

第二节　国际河流合作开发的治理理论 ……………………………… 135

第三节　国际河流合作开发的政治学理论 …………………………… 141

第四节　国际河流合作开发的法学理论 ……………………………… 145

第五节　国际河流合作开发的经济学理论 …………………………… 150

第六节　国际河流合作开发的管理学理论 …………………………… 156

## 第六章　国际河流合作开发的管理框架 …………………………… 160

第一节　国际河流合作开发的目标与原则 …………………………… 160

第二节　国际河流合作开发领域 ……………………………………… 163

第三节　国际河流合作开发方式 ……………………………………… 166

第四节　国际河流流域管理与流域组织 ……………………………… 170

第五节　国际河流合作开发的利益相关者管理 ……………………… 178

## 第七章　国际河流水资源管理合作 ………………………………… 188

第一节　流域水资源配置的跨境协调 ………………………………… 188

第二节　流域洪旱灾害管理的跨境合作 ……………………………… 197

第三节　流域水电开发的跨境合作 …………………………………… 206

第四节　流域水环境生态保护的跨境合作 …………………………… 212

第五节　流域水资源管理能力建设合作 ……………………………… 218

## 第八章　国际河流外交与水安全合作 ……………………………… 222

第一节　国际河流水安全与水安全合作 ……………………………… 222

第二节　国际河流水外交 ……………………………………………… 234

第三节　国际河流公共外交 …………………………………………… 239

**第九章 国际河流流域经济合作** ······· **247**

第一节 流域涉水经济开发合作 ······· 247

第二节 依托流域的次区域经济合作 ······· 253

第三节 中国典型国际河流的经济合作 ······· 256

**第十章 国际河流开发的工程投资与技术合作** ······· **271**

第一节 国际河流开发的工程投资合作 ······· 271

第二节 国家主导投资体系下企业的应对 ······· 279

第三节 国际河流开发的工程技术 ······· 287

第四节 国际河流开发的工程技术合作 ······· 296

**第十一章 国际河流的监测与风险管理** ······· **305**

第一节 国际河流信息监测与发布 ······· 305

第二节 国际河流利益相关者监测 ······· 318

第三节 国际河流开发的风险监测与管控 ······· 322

**参考文献** ······· **330**

# 第一章  国际河流及管理概述

国际河流因人类社会的发展而形成，并且随着人类社会的发展而发生变化。当前社会，国际河流对于人类的生活有着重要的影响，因此，国际河流管理对于拥有国际河流的国家意义重大。人类对国际河流水资源开发引发了对国际河流的管理活动，有效的管理措施也促进更科学有效地开发国际河流水资源，为人类社会的发展提供资源与动力。

## 第一节  国际河流

### 一、国际河流的含义

国际河流是相对仅流经一个国家境内的内河而言的一类河流。国际河流一般分为两大类，一类是从地理上进行界定，另一类是从法律上进行界定。地理上的国际河流指"流经或分隔两个或两个以上国家的河流"①，属于流经多国的河流称跨国河流（transboundary rivers），属于形成国际边界（分隔两个或两个以上国家）的河流称国际界河（international boundary rivers）。法律意义上的国际河流往往指"流经数国，可以直接通航公海，并且根据国际条约向所有国家商船或船舶开放的河流"，主要是界定其航行功能。这也是传统国际法学主流观点对国际河流的界定。《国际水道非航行使用法公约》中采用的"国际水道"（international watercourse）概念类似于国际河流地理意义上的定义，认为"国际水道"是指其组成部分位于不同国家的水道，包括地表水和地下水系统，由于它

---

① 何大明，刘昌明，冯彦，等. 中国国际河流研究进展及展望 [J]. 地理学报，2014，69（9）：1284-1294.

们之间的自然关系构成了一个整体单元，这个整体单元包括河流、湖泊、含水层、冰川、蓄水池和运河①。此外，国际河流更为通俗的界定是"其干流或支流流经或分割两个或两个以上国家的河流"②，包括形成共同边界的河流（称为边界河流）和跨越而不形成国家间边界的出境或入境河流（称为跨界河流）。

与国际河流概念紧密相关的是国际河流流域的概念。根据流域的定义，河流从源头开始到河口断面以上由地面分水线所包围的天然集水单元或区域即河流流域，当这个流域与两个或两个以上国家的部分或全部领土相重合时这个流域即国际河流流域。因此，国际河流流域的整体性使其水资源具有明显的跨国共享特征，而国际河流流域水资源及相关自然资源的开发利用与保护也存在复杂的跨国关系。边界河流与跨界河流这两类国际河流在资源共享、问题与争议、合作开发与保护模式等方面不尽一致。

在研究国际河流时，经常会涉及一些特有概念。第一是"水道国"，《国际水道非航行使用法公约》规定"水道国"是指部分国际水道位于其领土内的本公约缔约国，或本身是区域经济一体化组织而部分国际水道位于其一个或多个成员国领土内的缔约方。第二是"流域国"，指整个流域范围所涉及的国家。第三是"沿岸国"，指相对于某条或某段河流所涉及的国家③。

## 二、国际河流的类型

基于国际河流定义，以及国际河流与国家边界的交叉类型，可以将国际河流分为两类：一类是跨界河流，即河流跨越了国家边界，由一国流入另外一个国家或者多个国家；另一类是边界河流，即河流作为两个国家之间的边界。在跨界河流中，河流流进其国家境内的国家一般称其为入境河流；河流流出其国家境内的国家称其为出境河流。有些国际河流既有跨界河流段，也有边界河流段，如澜沧江—湄公河，其干流在中国境内流经 2000 多千米，境外 2000 多千米的干流流经多个国家，此外，还包括 30 多千米的中缅界河，这虽然很难严格归其为哪一类，不过广义上仍归为跨界河流。

还有一类特殊的国际河流，即其水系的绝大部分在一个国家，在其他国家

---

① 何大明，杨明，冯彦．西南国际河流水资源的合理利用与国际合作研究 [J]．地理学报，1990（S1）：29-37．

② 耿雷华，陈霁巍，刘恒，等．国际河流开发给中国的启示 [J]．水科学进展，2005（2）：295-299．

③ 胡文俊，黄河清．国际河流开发与管理区域合作模式的影响因素分析 [J]．资源科学，2011，33（11）：2099-2106．

的长度仅占极少一部分。这又分为两种情况：一种情况是流域的主要干支线在一个国家，而其他流域国仅有弱小的支流，这类国际河流原则上可以按内河处理。如北美的密西西比河，它在加拿大境内的水道面积仅占整个水道面积的3%。因此，美国将该河流作为内河处理。另一种情况，虽然流域面积在各国的分配比例悬殊，但是因为干流流经不同国家，该河流仍被作为国际河流处理，如北美的科罗拉多河，虽然地处干流下游的墨西哥境内的流域面积，仅占该河流流域面积的1%，但仍然是美国与墨西哥两国重要的国际河流①。

### 三、全球国际河流的分布

国际河流的数量随着国家边界的变化而不断变化。1998年3月，巴黎国际水资源部长级会议确认全球国际河流（湖泊）共有215条（个），到2002年，国际河流数量又被认定为263条。2016年评估发现，全球共计286条跨境河流，流域涉及151个国家、42%的世界人口、覆盖42%的陆地面积，约占全球淡水流量的54%。

全球有148个国家其境内有一条或更多的跨界河流，有39个国家其90%以上的面积位于一个或更多的跨界河流流域内，有21个国家完全位于一个或多个跨界河流流域内。俄罗斯联邦与邻国之间有30个跨界河流流域，智利和美国与其邻国之间有19个跨界河流流域，阿根廷和中国与其邻国之间有18个跨界河流流域，加拿大与其邻国之间有15个跨界河流流域，几内亚与其邻国之间有14个跨界河流流域，危地马拉与其邻国之间有13个跨界河流流域，法国与其邻国之间有10个跨界河流流域。流域面积大于10万平方千米的重要跨境河流约有1/3位于非洲。几乎所有撒哈拉以南的非洲国家和埃及至少位于1个跨境河流流域内。根据不同的统计方法，非洲大陆的跨界河流和湖泊流域数量在63至80条之间。

流经国家最多的跨境河流是欧洲的多瑙河，干流流经8个国家，如果把支流跨境的国家也计算在内，则有12个国家；尼日尔河、尼罗河也分别流经10个、9个国家；其他流经国家较多的河流还有刚果河、赞比西河、亚马孙河、莱茵河、沃尔特河、恒河、湄公河、易北河等。跨境河流中亚马孙河流域面积和年径流量最大，流域面积691.5万平方千米，河口平均年径流达55195亿立方米。尼罗河是世界最长的跨境河流，长度为6670千米。

---

① 何大明，刘昌明，杨志峰. 中国国际河流可持续发展研究［J］. 地理学报，1999（6）：1-10.

除南极洲以外，世界五大洲中仅大洋洲没有跨境河流，其中，亚洲拥有跨境河流 57 个、非洲 59 个、欧洲 69 个、北美洲 40 个、南美洲 38 个。按流经国家数量划分，全球跨境河流中有 208 条流经 2 个国家，31 条流经 3 个国家，22 条流经 4 个及以上的国家。

按面积统计，跨境河流的流域面积约占全球土地面积的 47%，全球 40% 的人口生活在跨境河流流域内，有 44 个国家至少 80% 的土地面积位于跨境河流流域内。流域面积在 100 万平方千米以上的跨境河流有 19 条，其中，15 条是跨境河流；流域面积大于 10 万平方千米以上的跨境河流共有 52 条，其中，位于非洲的有 17 条，美洲 14 条，亚洲 16 条，欧洲 5 条。

以国家论，整个国土属于跨境河流流域范围的国家有 29 个，其中，21 个是内陆国家。在所有的跨境河流中，1/2 以上国家一半多的国土是跨境河流流域；而约有 1/6 国家没有跨境河流，这些国家多是岛国，如新西兰、斯里兰卡等。

# 第二节　国际河流水资源

对人类而言，河流最为重要的资源就是水资源，国际河流也是如此，国际河流的管理与开发都是围绕水资源展开的。

## 一、国际河流水资源的含义

地球生物的生存都依靠于水，水是维系生命的最基本需求。地球有 71% 的面积被水所覆盖，但是对于人类以及陆生动植物而言，淡水资源却极其有限。人类真正能够利用的是江河湖泊以及地下水中的一部分，仅占地球总水量的 0.26%，而且分布不均。

世界气象组织和联合国教科文组织在《国际水文学名词术语（第三版）》中将水资源界定为可以被利用或有可能被利用的水源，水源应具有足够的数量和合适的质量，并满足某一地方在一段时间内具体利用的需求。根据全国科学技术名词审定委员会公布的"水利科技名词"中将水资源定义为地球上具有一定数量和可用质量能从自然界获得补充并可资利用的水。

基于水资源的定义，结合国际河流的含义与特征，国际河流水资源可以视为国际河流流域范围内的水资源统称，广义上国际河流水资源是指国际河流流域范围内的以固态、液态和气态形式存在于地球表面和地球岩石圈、大气圈、生物圈之中的水；狭义上国际河流水资源是指国际河流流域范围内的可以逐年恢复和更新的淡水量，即流域范围内由大气降水补给的各种地表淡水和地下淡水的动态量，包括河流、湖泊、地下水、土壤水、微咸水。在无特殊说明情况下，一般的国际河流水资源通常指国际河流流域范围内的地表水资源量（或当地天然河川径流量）。

### 二、国际河流水资源的自然属性

对水资源的利用需要遵循其自然属性。水资源的自然属性由自然界赋予，不受人类社会的影响。国际河流水资源的自然属性可以分为一般内河河流所具有的属性和国际河流特有的属性。

#### （一）国际河流水资源的一般自然属性

1. 水资源的时空分布具有不均匀性

因流域地形和气候的差异导致了水资源的时空分布具有不均匀性。空间上表现为不同地区或国家的降雨分布不均；时间上表现为明显的雨季和旱季、丰水年和枯水年等。水资源时空分布的不均匀性，给水资源的科学配置、提高用水效益等活动带来极大困难。

2. 水资源的变化具有随机性和流动性

水资源的随机性体现在水资源的演变受水文随机变化的影响，年际之间有丰水年、枯水年、平水年之分，年内又有丰水期和枯水期之分，而且这种变化是随机的。水资源的流动性是指在水循环的驱动下水资源的任何形态及其转换关系都要通过水的补给、径流、排泄的运动过程维系和表现出来，水在江、河、湖、库中横向流动，在地表水、地下水、土壤水、大气水之间互相运动转化。正是由于水资源的随机性和流动性，才导致了跨境水资源社会属性的复杂性。

3. 水资源具有多态性和质量渐变性

水资源往往在地表水、地下水、土壤水、大气水之间互相运动转化，体现为液态水、固态水或气态水。水资源质量的变化是个渐变过程，人类活动导致的水质变化是一个由轻微到明显的过程，在影响的前期阶段不易为人类所察觉，需要借助现代化的监测手段才能在一定时期有所发现。当水质被污染到一定程度时就不能被称为水资源。

4. 水资源的可再生性和有限性

地球上的水并非静止不动的，而是在不断地进行相态变化（液态水、气态水和固态水）和空间位置转移，存在着巨大的水体循环过程。通过周而复始的循环过程，各种水体相互联系转换，使得各种水资源得以恢复、更新和再生，水资源是一种可再生资源。尽管水循环是无限的，但在一定的时间和空间范围内，大气降水和水资源的补给却是有限的，各种水体循环更替周期不同，其水资源恢复量也不相同。因此说，水资源总量是有限的，并非取之不尽、用之不竭的。水资源既具有循环过程上的无限性，又具有具体时空再生补给量的有限性。

5. 水资源的不可替代性

水资源不仅是人类及其他一切生物生存的必要条件和基础资源，也是国民经济建设和社会发展不可缺少的资源。从自然角度看，水资源既不同于固体矿产资源，也异于石油等液体资源①，具有不可替代的特点。

6. 水资源具有系统性和整体性

水资源系统是由一定的地质结构组织而成的具有密切水力联系的统一整体，地表水、土壤水、地下水之间存在着密切联系，是一个有机整体。河流的流动性和水系的连通性决定了对它的开发利用及保护和管理需要从全局进行考虑。

（二）国际河流水资源的特殊自然属性

国际河流水资源所具有的特殊自然属性主要是流域水资源的跨境特性。正是由于水资源的流动性和国家边界的相对固定性，形成了国际河流独有的跨境性，即跨境河流流域范围部分的与流域国家的部分领土相重合，流域边界与国家边界相重合或交叉，水资源的沿河道流动与国家边界重合或交叉。

由于人类社会依水而居的生活和发展方式，使得山川河流成为一种天然的交往界限，从而形成国家或区域间的政治边界。但国际河流的水道连通性、河水的流动性和其生态系统的完整性不受国家边界的刚性约束，将各流域国的环境变化与跨境影响、资源开发与地缘合作、跨境冲突与地缘安全密切关联，这也导致了国际河流各流域国在跨境水资源利用上的相互影响和制约。因此，国际河流水资源必须用全局和整体的视角来看待。

### 三、国际河流水资源的社会属性

水资源的社会经济属性是指由于人类社会对水资源的开发利用，从而涉及资源权属和利害关系以及由此形成的各种社会经济影响，相对于内河河流的水资源，国际河流水资源在主权性和国际共享性等方面具有独特性。

---

① 宁立波，徐恒力. 水资源自然属性和社会属性分析 [J]. 地理与地理信息科学，2004，20（1）：60-62.

（一）国际河流水资源的一般社会属性

1. 水资源的经济性

水资源是一种经济资源，是国民经济的组成部分之一。其经济性表现在，水资源作为经济生产要素在其被利用过程中体现的商品和市场效应。首先，水资源是国民经济持续发展的动力资源之一，不仅是农业生产的命脉，直接决定粮食产量，而且是工业生产的血液，维系着工业经济效益，钢铁工业、印染工业、造纸工业更是用水大户。其次，水资源本身已成为经济资源，还是"战略性的经济资源"，不仅可以直接产生经济效益，而且直接关系着国家的经济安全。水资源的经济属性决定了其在使用过程中需要强调用水的效率。对于国际河流水资源而言，各国都有利用跨境水资源发展本国社会经济的需求，当一国对跨境水资源的需求超出其应有水权时，就有可能会影响其他流域国的利益。

2. 水资源的伦理性

水资源的伦理性主要体现在三个方面。第一，人类与水资源的关系体现着伦理道德特征。以往人们总认为水资源取之不尽、用之不竭，以一种粗暴的、掠夺性的态度去开发水资源，而水资源则以洪水、水污染、干旱等方式对人类进行"报复"；人类在开发过程中逐步认识到"以道德的方式对待自然界（水资源）的重要性"。第二，财富的代际均衡。水资源是人类生存的基础资源，不仅要满足当代人的需要，也要满足今后若干代人的需要，应以道德的理念去对待和开发水资源，进行"财富转移"，保证后代人平等的发展权利。第三，实现效率，兼顾公平。公平是社会问题，在水资源使用面前人人平等，维持基本的生存需要是社会的最根本义务。跨境水资源的伦理性更为突出。任何一国对跨境水资源的滥用所产生的后果不仅影响其本国，还将影响其他相关流域国家；跨境水资源利用需要体现公平合理性，任一流域国对跨境水资源的不合理利用，都会损害其他相关流域国，也势必会引发流域国之间的纠纷或争端。

3. 水资源的准公共物品性和公平性

水资源是具有有限的非竞争性与非排他性的准公共物品，最主要的特点在于具有"拥挤性"。也就是说，在水资源的消费中，当消费者数量从零增加到某一个可能是相当大的正数时，即达到了拥挤点，这时新增加的消费者的边际成本开始上升；当最后达到容量的极限值时，增加额外消费者的边际成本就趋于无穷大。水资源通过水量的供、用、耗、排融入了社会发展过程，与土地、能源等其他资源一样成为调控社会发展的一种关键资源要素，因此，水资源在被利用过程中需要强调使用的公平性。特别地，对于跨境水资源而言公平性显得更为突出，因为涉及了不同国家间对于水资源的利用。

4. 水资源开发中的外部不经济性

水资源开发中的外部不经济主要表现在两个方面。首先是对生态环境的影响。水资源不仅对生态环境的良性循环或恶化起着重要作用，而且其本身也是生态环境的组成因子之一。其次是对水文循环系统的破坏。过度的水资源开发影响了水资源自身的更新速率，人为地破坏了天然水文循环，破坏了其系统性。从社会角度看，水资源既不同于一般的商品，也不同于一般的社会福利。当水资源开发中的外部不经济性发展到一定程度时，就有可能严重影响到流域生态安全和区域经济安全，随时危及社会稳定、国家安全，甚至导致生存环境的大裂变。

（二）国际河流水资源的特殊社会属性

1. 国际河流水资源的主权性

由于国际河流在其自然特性上依附于不同国家的土地，这使它与不同国家的领土主权紧密联系。流域国对流经本国的那部分国际河流河段及水资源拥有主权，可以自行利用和处理。但是，国际河流水资源的跨国界流动性又使它与多个国家的主权密切相连，国家主权的平等致使国际河流不能为任何一个国家所单独拥有。也就是在一条国际河流上存在着多个国家主权，流域各国都有在自己的领土范围内使用流经本国的国际河流水资源的权利①。国际河流水资源在利用中一旦出现冲突，需要通过主权国家间的协议或者条约来协调。

2. 国际河流水资源的共享性

国际河流水资源是流域各国的共享资源，应由流域各国进行公平、合理的利用，各流域国在利用其境内部分的国际河流时有义务确保不对其他流域国造成重大损害。目前，国际河流的共享性已被越来越多的国家所认可。国际河流具有整体性，无法分割，因而无论一国如何强调对其境内国际河流水资源的永久主权，都难以否认它的共享性质。在国际河流水资源利用上各流域国存在着共同利益，任何一国都不能单方面排斥流域他国共享国际河流水资源。国际河流水资源的共享性，除了体现在各流域国强调其在国际河流流域中主权、分享

---

① 曾彩琳，黄锡生. 国际河流共享性的法律诠释［J］. 中国地质大学学报（社会科学版），2012（2）：16-20.

国际河流水资源外，还体现在各流域国都具有共同维护流域的整体性及其他流域国权益不受重大损害的义务。

# 第三节　国际河流开发

## 一、国际河流开发的含义、类型及其开发方式

河流的开发主要是对河流中水资源的开发和利用，由于国际河流水资源具有明显的跨国共享特征，因此，国际河流开发一般指国际河流流域所涉及的某一流域国对位于其境内该国际河流水资源或者联合其他流域国对该国际河流水资源进行某种形式的开发和利用。

国际河流开发的类型同内河河流类似，开发内容依其用途而定。根据水资源利用方式可分为耗损性用水和非耗损性用水两大类，前者如农业灌溉、工业用水和生活用水等，需要将水从河流、水库、湖泊中引至用水地点，消耗和污染大量的水；后者如水力发电、水运交通、淡水养殖和环境水利等，只要求水体含有一定的流量和水位，消耗的水量很少。

国际河流的主要开发形式包括农业灌溉与供水、水力发电与防洪、航运等。国际河流流域国因所处的地理位置和社会经济发展水平的不同，使得各自的需求和开发目标存在差异。国际河流在开发模式上，在上游地区主要建设以发电为主要目标、对河流径流进行调节的高坝水库；在下游地区主要建设多利用目标的水库，尽量减少淹没损失，并发展灌溉、航运和渔业等。由于国际河流流域跨越了国界，对其开发利用所产生的社会、生态、环境影响都呈现国际化和跨境性，远比内河河流复杂。

### 以灌溉和供水为主的开发方式

以灌溉和供水为主的开发方式主要出现在干旱半干旱地区和其他缺水的地区。水资源分配直接涉及两国或多国的利益，需通过协商以求得合理解决。

印度河，位于南亚次大陆，流域国是印度和巴基斯坦。印度河的水资源主要被用于灌溉，因此，该流域的用水纠纷和合作点主要是灌溉用水的分配问题。流域北部的年降水量远远高于南部平原区。自1947年印、巴分治后，两国边界线正穿过印度河水系。印度位于流域上游，巴基斯坦在下游，对该河水资源利

用中的分配问题开始在两国出现。经过长期谈判，两国最终于 1960 年签订了《印度河水条约》。条约规定：大致按照两国灌溉用水量之比，印度分得东部三条支流的水量 407 亿立方米，占印度河水系年总径流量的 19.6%；巴基斯坦分得西部两条支流及印度河干流的水量 1665 亿立方米，占 80.4%。

恒河，是南亚的一条主要河流，流域国是印度和孟加拉国，发源于印度，注入孟加拉湾，合作点主要是航运及城市供水。近几十年来，恒河主河道东移，主要支流巴吉拉底河和胡格利河入海的流量减少，使印度加尔各答港缺水，严重影响航运及该港市的供水。双方协商后同意在印孟边境附近的印度一侧修建法拉卡闸和费尔德运河，将部分恒河水引入上述支流，以增加供水与解决航运问题。但是在 1976 年 1 月，印度引水过量，致使孟拉加国的工农业生产受到严重损害，从而产生用水纠纷。经过谈判，两国于 1977 年签订了《恒河水协议》。根据恒河水两丰枯季节变化较大的特征，协议规定在旱季按旬对双方用水量进行分配。

### 以发电与防洪为主的开发方式

哥伦比亚河，位于北美洲，为加拿大和美国的共享河流。合作点是两个流域国之间能够对合作开发的利益分配与补偿达成一致。由于河流水流落差大，因而具有良好的坝址条件。为了获取廉价电能，美国从 20 世纪 30 年代开始对哥伦比亚河下游进行梯级开发，在其境内建有以大古力电站为首的 12 个梯级电站，对径流有所调节，但对防洪则远远不够，下游还不时受到洪水的威胁。经过长期谈判，于 1944 年达成协议，美、加两国成立了联合委员会，对水资源进行全面综合开发，并制定了所获效益的分配原则。

### 以航运为主的开发方式

航运是国际河流最早的开发利用方式。

多瑙河流经中欧和东南欧经济比较发达的地区，是国际贸易运输的主要水道。从 1784 年开始，沿岸国家与非沿岸国家之间一直围绕着多瑙河及其主要支流的航行问题发生争执。在 1815 年前，沿岸国多次签订条约规定为商业贸易可以自由通航。1815—1856 年为向国际化过渡时期，虽然《圣彼得堡公约》规定向一切国家的商船开放，但由于出海口淤塞，商船无法通行，航行自由原则未能完全实现。1856—1919 年为自由航行时期，规定沿岸国家制定的治安和检疫制度亦应尽可能便利通航。从此，多瑙河成为向一切国家开放的第一条国际水道。后因第一、二次世界大战的爆发，多瑙河的自由航行受到很大影响。二战后的 1948 年，有关国家签订了《贝尔格莱德协议》。贝尔格莱德会议以后各有关沿岸国之间还签订了许多双边协定。

莱茵河，为西欧第一大河，河长和流域面积次于多瑙河，全年水量丰沛而且均匀，通航长度达 900 千米。由于有运河与多瑙河、塞纳河、易北河和罗纳河等河流沟通，在中、西欧形成了发达的水运网。该河货运量居世界之冠，是欧洲著名的"黄金水道"，也是较早实行开放的国际河流。1814—1914 年只允许沿岸国自由通航，非沿岸国的船只不能享受沿岸国同等的通航权利；1919—1939 年在航行方面非沿岸国的船只和货物开始享有与沿岸国同等的待遇；1945 年以后经过对自由航行条文的多次修改，在《莱茵河航行规约》中规定一切国家船只均能在莱茵河流域水道上自由通行的总原则下，对于沿岸签约国、欧洲经济共同体成员国以及其他国家的船舶做出了不同的规定。

亚马孙河，位于南美洲北部的赤道地区，流经秘鲁、巴西等国，最后流入大西洋。河流河宽水深，有 500 千米可全年通航，一般海轮可自河口上溯 3680 千米至秘鲁的伊斯托基，航运价值大。早在 1828 年部分国家签订的《亚马孙河流域航行条约》和 1978 年沿岸国家签订的《亚马孙河合作条约》都把便利和改进航运放在了重要的位置上。但由于沿岸国家经济不够发达且流域本身远离较发达的经济中心，国家和地区间工农业产品交换少，故航运潜力未能发挥，各国的合作开发也进展缓慢。


## 二、国际河流水资源属性对开发活动的影响

国际河流水资源的自然属性和社会属性相互交织、不可分割，在对国际河流开发过程中，需要充分尊重水资源的自然属性，并认真对待水资源的社会属性，提高水资源的开发利用效率，最大限度地实现水资源的优化配置和公平合理利用。国际河流水资源特有的自然属性和社会属性又使得其在开发过程中具有一些特殊性。

首先，流域范围内水资源天然地跨境邻接、流动并使得水资源利用的跨境影响不可避免，争端与合作在国际河流水资源开发利用中是一对分不开的矛盾。尽管跨境水资源争端始终存在，但流域各方始终相互依存，使得合作成为非常理性的选择。

其次，国际河流流域的整体性不仅包括水及其自然生态系统的整体性，也包括自然与人类社会活动的整体性和密切关系，因此，水资源的开发利用必须系统地予以思考，可持续性和系统性成为开发利用的基本原则。

再次，国际河流流域边界与主权国家边界相互交织的特点，深刻影响着跨境水资源利用开发。国际河流水资源由于国家主权的划分，具有"领土"与"主权"的内涵，从而使水资源开发利用的跨境影响上升为一个政治议题，这种政治特征反过来又深刻影响了水资源开发利用本身。

最后，国际河流水资源与内河河流水资源一样，可以借助各种资源权属界定、市场配置使水资源成为经济资源，但是国际河流水资源的共享性特征，会对国际经济环境中的流域社会经济合作产生不确定性影响。

目前，对于国际河流水资源属性及其对各方面开发的影响，特别是长期的影响还缺乏深入的研究，尤其是在全球化进程之中，国际河流的开发业务合作与各国的经济合作、环境合作、政治合作等各个领域密切相关。因此，关于国际河流跨境水资源特征及其开发影响方面的研究与认识有待进一步深化。

## 三、国际河流开发产生的影响

随着人类对河流水资源的不断开发，河流的天然状态被改变，同时对流域的水文情势、社会经济和生态环境等造成了一系列影响。国际河流水资源的开发利用较之内河河流所涉及的问题更多且更敏感。

### （一）对河流水文情势的影响

水文情势是指河流、湖泊等自然水体各水文要素随时间、空间的变化情况，包括降水、径流、蒸发、输沙、水位、水质等要素。人们对河流水资源进行开发时，人为地改造了河流的自然地形地貌，也改变了河流的天然水文情势。特别是水利工程的建设和运行，改变了河流天然径流过程及各水文要素的自然变化规律，包括使流量过程均化、洪水脉冲的发生频率降低以及破坏河流上下游的连通性等，这是水资源开发对河流水文情势形成的影响。

国际河流开发对水文情势的影响主要包括：水资源的开发对河流水文情势起到了一定的调节作用，能够更好地调配水资源，起到蓄丰补枯的作用；在防洪、发电等方面也发挥着重要作用。水库的蓄丰补枯，发挥了径流调节的作用，均化了径流的年内分配及年际变化，降低径流年内分配的不均匀程度和集中程度，削弱径流年际波动的幅度。由于水库的建设使得水面面积增大，从而使水面蒸发量增大，造成了蒸发损失，同时库区的侧渗损失，可能导致下游年径流量的减少。中国主要国际河流开发活动对于河流水文情势的影响见表1-1。

表 1-1　中国主要国际河流开发活动对河流水文情势的影响

| 区域 | 典型河流 | 类型 | 对水文情势的影响 |
|---|---|---|---|
| 东北地区 | 黑龙江流域 | 边界河流 | 作为中国和俄罗斯的边界河流，黑龙江流域的开发对河流水文情势的影响主要是两侧支流开发对干流的影响。位于俄罗斯一侧阿穆尔州北部的结雅水利枢纽，是目前整个黑龙江流域最大的水利工程。①结雅水库总库容 684.2 亿立方米，有效库容 382.6 亿立方米，可调节结雅河口以下黑龙江径流的 30% 左右，可大大减轻黑龙江中游的洪水灾害。②结雅水利枢纽蓄洪补枯的作用，改变了径流的年内分配规律，也改变了结雅河河口以下黑龙江中游的天然水文特性，更有利于水资源的综合开发利用。 |
| 西北地区 | 额尔齐斯河流域 | 跨界河流 | 额尔齐斯河是中国唯一一条自东向西汇入北冰洋的跨界河流，流经中国、哈萨克斯坦和俄罗斯。额尔齐斯河的开发对河流水文情势的影响主要表现为哈萨克斯坦境内在干流上建造水利工程，造成了下游流量减少、年内分配规律趋于均匀。哈萨克斯坦境内干流上已修建的控制性水利工程有布赫塔尔玛水库、乌勒季卡敏诺戈尔斯克水库和舒里宾斯克水库。由于水库的调节作用，额尔齐斯河下游年平均径流量减小，且流量年际变化幅度变小，径流年内分配不均匀性减小，集中度降低，即年内分配趋于均匀。 |
| 西南地区 | 澜沧江—湄公河流域 | 跨界河流 | 澜沧江—湄公河是东南亚地区重要的国际河流，依次流经中国、老挝、缅甸、泰国、柬埔寨和越南。该流域水能资源理论蕴藏量巨大，水文情势影响主要表现为干流水电开发对径流年内分配的改变。截至 2019 年年底，澜沧江干流上已建成漫湾、大朝山、糯扎渡、景洪等 12 座水电站。在已建成水电站的现状条件下，平水年时径流过程几乎没有变化，枯水年时径流在 5 月份和 6 月份稍有减少，而在 11 月份和 12 月份流量略有增加；梯级水库对多年平均年流量影响不大，但是对径流年内分配影响较大，径流年内分配较梯级电站建设前更为均匀。 |

## （二）对流域生态环境的影响

水流是河流生物环境的主要决定因素之一，影响生物群落组成及其多样性。天然河流水文情势是河流生态系统维持的主要驱动力。人类对河流水资源的开发，通过改变河流的地貌特征和水文情势等生境要素，进而对河流的水生生物、生态系统乃至流域生态环境状况等造成一定程度上有利或不利的影响，此即水资源开发对流域生态环境的影响。

### 1. 对水生生物的影响

水资源开发对于河流中的水生生物有着直接的影响。水资源开发导致的流量过程均化会造成水生生物的物种多样性降低、物种种类数量降低、外来物种增加等。例如，河流干流上大坝的截流使得雨季水量减少、水位下降，导致河流对下游湿地自然保护区的水补给量减少，湿地生态系统萎缩，进而使沼泽地中的各种珍稀野生动物的种群数量下降。水资源开发导致的洪水发生频率降低会造成有些生物的繁殖量减少，有些土著鱼类的数量减少甚至消失。水资源开发导致的河流连通性破坏又将会影响河流生态系统中的上下游之间物质、能量、信息的交换，大坝形成的阻隔影响了水生生物的迁徙、洄游，限制了生物的活动范围和生存范围。另外，虽然河流水文情势变化引起的河流生态系统中生物生境变化会导致一些生物难以适应生境的变化而造成其种群的衰退甚至消失，但是不能一概而论地认为那些变化是完全不利的。河流水资源开发对有些生物可能是不利的，但对有些生物可能就是有利的。有些生物能够改变生活习性而适应水文情势的变化，其种群受水资源开发的影响较小。

### 2. 对水质的影响

随着河流的流动，一国境内河水的污染有可能扩散到其他流域国。随着水资源开发程度的提高，各行业用水量大幅度增加，一方面使废污水排放量加大，另一方面又造成没有足够的环境水量稀释和携带污水，致使水域污染加剧。拦蓄地表水和抽取地下水都会改变天然的水动力条件，形成新的水文地球化学环境，如水中某些化学、微生物组分含量不断增加，就会产生水质恶化的现象。地下水水质恶化是世界上许多国家地下水开发中共同面临的问题。

由于国际河流开发而造成流域严重生态问题的最典型案例就是中亚的咸海流域。咸海曾是世界第四大内陆湖泊，由发源于天山山脉的锡尔河和发源于帕米尔高原的阿姆河输水。由于苏联对咸海的不合理使用和过度开发，咸海流域的生态环境遭受了毁灭性的破坏，导致入湖河流径流量减少；水域面积萎缩、水位降低、海岸线后退；生态环境因水利工程建设和农业灌溉而遭到破坏。

### （三）对社会经济发展的影响

随着经济社会的发展和人口的增长，各国的用水需求量也在不断提高，包括生活用水、工业用水与农业用水等。城市化进程的加快以及城镇人口的增加，城市生活用水需求越来越大，更重要的是，生活用水对水质的要求相较工业和农业用水更高，工业和农业用水也随着社会经济的发展不断增加。因此水资源量的多寡就成为制约社会经济发展的关键因素，水电开发所带来的生态多样性丧失和水质恶化等后果也将危害经济安全，进而影响社会经济发展。国际河流领域也是如此。各流域国通过对国际河流水资源的开发获得经济利益或者在一定程度上缓解缺水压力。但是由于国际河流的特殊性，这些国际河流的水资源不仅为一国所拥有，还涉及其他国家的主权和利益。因此，在国际河流开发过程中，不可能在水资源分配上让某一国家的利益最大化，而往往是通过各流域国之间的协商，选择较为合理的分配方法。反过来，正是因为各国都难以单独地进行国际河流开发，需要各流域国间进行协商分配水权。在此基础上各流域国境内的社会经济发展就要受到水权分配的限制。也正是由于这一点，国际河流开发更应注重合理、高效的原则，以发挥国际河流资源在国民经济中的重要作用。

（四）对国际政治的影响

国际河流争端往往与水资源之外的其他因素结合在一起，因而比单纯的水资源冲突更为复杂，解决起来也更加困难。由于国际河流的流域范围跨越了不同主权国家之间的边界，国际河流开发必然涉及不同主权国家对该共享河流水资源需求的利益。同时，国际河流开发可能涉及不同国家对流域内、流域外与水相关的其他资源的需求。对于流域国来说，国际河流不但关乎淡水资源，还额外附带其他的利益。有些国际河流争端将会改变流域国的地缘政治地位、流域国之间的关系，对国家政治安全造成很大影响。国家政治安全是指国家主权、领土、政权、政治制度、意识形态等方面免受各种侵袭、干扰、威胁和危害的状态。在实践中，很多国际冲突都是由国际河流引发的。

（五）对国家安全的影响

1. 政治安全方面

国际河流的开发不仅改变流域国的地缘环境，在特殊情况下还可能是国家安全威胁的重要来源，成为国际政治斗争的筹码和手段，甚至有可能成为地缘政治冲突和战争的目标，影响民族国家内部的稳定甚至政权的变更。底格里斯河流域的水利设施在 1991 年海湾战争中就被伊拉克和科威特作为交战双方的攻击目标。界河河流水流冲刷很容易引起国土资源的流失，国际河流开发也会引发领土现状的变动，影响流域国间的政治安全，特别是在一些边界不稳定地区。

### 底格里斯河

在1991年海湾战争中，伊拉克和科威特两国的水坝和水利系统就曾成为交战双方的攻击目标，从而遭到严重损坏。海湾战争后，由于大部分输水、储水设施遭到破坏，伊拉克国内发生了严重水荒，如果土耳其减少底格里斯河流入伊拉克的水量，伊朗截住其境内的底格里斯河支流，将会大大增加对伊拉克政府的压力，但在现实中由于种种原因，两国并没有这样做。

### 多瑙河

1977年匈牙利与捷克斯洛伐克签订了《关于盖巴斯科夫—拉基玛洛堰坝系统建设和运营的条约》，规定两国以共同投资的模式在各自领土内的多瑙河河段开展大坝建设项目，目标是实现多瑙河"布拉迪斯拉发—布达佩斯"河段水资源的充分利用，推动双方在水资源、水能、航运、农业和其他经济产业方面的发展。但是，匈牙利在1989年以该工程可能产生不能预见的损害为由拒绝按1977年条约在自己领土内进行大坝建设。1991年，条约的继承者斯洛伐克决定在自己领土内单方面建设大坝并分流多瑙河水。该工程实施后，多瑙河80%~90%的水被引入斯洛伐克境内水渠供其电站发电，导致河道内的多瑙河天然河道水位大幅下降，造成两国30千米界河边境线产生变化，从而影响地区安全和稳定。

### 2. 经济安全方面

经济安全指的是主权国家的经济发展和经济利益处于不受内部或外部因素破坏或威胁的状态，即使受到威胁也能保持经济利益不受重大损害。冷战结束后，在国际竞争中经济因素的重要性日趋上升，国家经济安全涉及的领域越来越多，凡是对国家经济发展和整体经济利益有重大影响且又面临较大的国内外不安全因素威胁的问题都属于国家经济安全领域。国际河流对国家经济上的重要性使其对国家经济安全有着相当大的影响，主要体现为能源安全和粮食安全。

国际河流开发影响着国家的能源安全。现代意义上的能源安全是能源供应安全和能源使用安全的有机统一。水能作为可再生能源，是能源安全领域的重要组成部分，是国家经济安全的重要领域。只有在能源安全的基础上，国家安全才有保证。国际河流水资源开发影响能源安全的最典型案例就是中亚地区的跨界水问题。

国际河流开发影响着国家的粮食安全。国家粮食安全受到众多因素的影响，包括耕地的多少、生态环境、种植结构、水资源以及人口等，其中，水资源的影响近年来最为突出。水资源是农业的血液，水资源的多寡及开发利用直接影响着农业发展。在全球可用的水资源中，国际河流中的淡水占了一半，在一些地区的比例甚至更高。例如，中东地区大多数国家为了减少对进口粮食的依赖并确保经济上的独立，都把发展农业置于国家战略的首位，农业用水占总用水量的70%以上；而中东地区的河流都是国际河流，各国的灌溉用水也全都来自这些河流。

### 中亚地区

20多年来，在中亚五国投资的大多数外国投资者都把精力集中在该地区的能源和矿物资源采掘行业，随着社会经济发展及对水资源需求的日益增加，目前该地区的水资源危机越来越严重。阿姆河流域的塔吉克斯坦与其下游几个用水国之间因水量分配争论的焦点在于：下游的国家希望上游国家能有规律地放水进行灌溉，并且认为水不是商品，而石油和天然气则不一样。随着石油、天然气和煤矿的价格逐年上涨，上游国为了避免支付日益昂贵的能源进口费，开始在夏季和春季蓄水，以提高冬季的发电能力，从而保障本国的能源供应和安全。

### 中东地区

在中东地区的河流都是国际河流，灌溉用水都来自这些河流。20世纪60年代以来，阿拉伯产油国认识到了农业的重要性，在农业发展中投入巨资，希望实现粮食自给。除了土耳其以外，中东其他国家的农业生产条件极差，但为了减少对进口粮食的依赖，确保经济上的独立，中东绝大多数国家都把发展农业置于国家战略的首位。该地区的耕地大都需要浇灌，消耗了大量的淡水。据估计，农业用水占中东年均用水量的70%以上，这一比例在部分国家更高：如以色列为75%，沙特阿拉伯和埃及高达90%。为了保证农业生产，阿拉伯国家政府不得不为农业用水提供大量财政补贴，约旦农业用水价格约为3美分/立方米，但成本为35美分，埃及每年仅补贴农业用水就得花费50亿至100亿美元。由于中东国家对农业生产的高度重视，使流域地区各国在这方面的矛盾日趋激烈。

## 第四节　国际河流管理

### 一、国际河流管理的含义

河流的管理一般围绕水资源管理展开，水资源管理是为了追求可持续地满足人类生存、经济社会发展和维护改善生态环境对水的需求，国家水行政主管部门运用法律、行政、经济、技术等手段对水资源开发涉及的各项活动进行的管理。①《中国大百科全书》将水资源管理定义为：对水资源开发、利用和保护的组织、协调、监督和调度等方面的实施，包括运用行政、法律、经济、技术和教育等手段，组织开发利用水资源和防治水害；协调水资源的开发利用与治理和社会经济发展之间的关系，处理好各地区、各部门间的用水矛盾；监督并限制各种不合理开发利用水资源和危害水源的行为；制订水资源的合理分配方案，处理好防洪和兴利的调度原则，提出并执行对供水系统及水源工程的优化调度方案；对来水量变化及水质情况进行监测与相应措施的管理等。

因此，河流管理就是围绕特定的水资源开发活动，即河流的水资源开发而展开的管理活动，将此概念拓展到国际河流领域，国际河流管理也就是对国际河流水资源开发而展开的管理活动，具体而言，国际河流管理就是在国际河流开发活动中，将一个流域或水道系统作为一个自然的实际的整体来实施管理，在可持续发展目标下，通过有效的管理活动，满足上下游国家的水资源的需求，其间应考虑到保护水生生态系统的运行和水资源的持续条件，以满足和协调上游下游国家人类活动对水资源的需求。②

为了适应水资源的属性，流域管理是国际河流管理最为理想的管理模式。流域管理就是将流域的上、中、下游，左岸与右岸，干流与支流，水量与水质，地下水与地表水，治理、开发与保护等作为一个完整的系统，将兴利与除害结合起来，按流域进行协调和统一调度的管理。流域是自然的水文单元，按照水资源的演变规律，水资源开发和管理应以流域为单元进行。然而，国际河流在

---

① 左其亭，马军霞，陶洁. 现代水资源管理新思想及和谐论理念 [J]. 资源科学，2011，33（12）：2214-2220.

② 何大明，冯彦. 国际河流跨境水资源的合理利用与协调管理 [M]. 北京：科学出版社，2006：32-34.

水资源管理中普遍存在着如何处理跨行政（主权国家）边界与流域水文边界之间的统一协调问题。

近年来，以流域为单位实施"流域水资源综合管理"（也称"流域水资源一体化管理"），实现流域水资源可持续利用已经成为国际社会公认的科学原则和主要发展趋势。在"流域综合水资源管理"理念下，通过社区、社会和用户的共同参与，系统协调开发和管理水、土地和相应的自然资源，达到社会经济和生态系统的和谐发展及可持续利用。国际大坝委员会在国际河流问题上一致认为：水资源综合管理是一项重要的基本原则，适用于所有国际河流，强调应促进流域国之间从全流域的角度对国际河流问题进行开放式讨论，进行利益分享谈判①。然而，在实践中国际河流各流域国之间对水资源的占有、需求、发展目标等存在差异，从管理的角度看各流域国对其自身利益的维护远高于对自然流域整体性的维护。在当前全球背景下，基于水资源综合管理理念对国际河流进行管理的阻碍重重，只能作为长期共同追求的目标。

## 二、国际河流管理的内容

根据国际河流管理中涉及的利益类型，国际河流管理的内容主要包括与水资源直接利益相关的活动，包括水资源利用、生态维护、交通航运、防洪、水电开发等内容；同时包括一些不直接涉及水资源，但是依附于"水"问题上的活动，包括国际形象、国家安全、国际关系、地缘政治等利益。围绕这两方面，国际河流管理包括了涉水活动管理与非涉水活动管理两个方面。狭义上的国际河流管理一般是指涉水活动的管理，广义上的国际河流管理则包括了涉水和非涉水活动管理两部分。

涉水管理，即针对与水直接相关的水资源的各种形式的管理活动，包括上述的自然资源、生态、航运、渔业、防洪、水电等各个方面的管理，更多地体现在经济领域。非涉水管理从内容上则直接针对上述的非涉水利益，即地缘政治、国际形象、国家安全、国际关系等非涉水内容的管理，更多地体现在政治层面。这方面的管理与一般河流管理存在较大的差别。

此外，还可以根据是否常态化将国际河流管理分为冲突管理和日常管理。历史上因国际河流开发引发的矛盾层出不穷，由矛盾引发流域国家的冲突更是经常发生，有学者将其定义为国际河流争端，主要是指国家之间发生的争议，涉及国家水权，也包括国际管理机构同河流使用者（如船主和船员、渔民、沿

---

① 刘登伟，李戈. 国际河流开发和管理发展趋势［J］. 水利发展研究，2010（5）：69-74.

岸国地区的企业和居民）由于违章、侵权等行为而引起的争端①。通过多种手段有效地化解这些矛盾和冲突，是国际河流管理的核心内容，这也是与内河管理最大的区别。由于冲突管理并不是一个常态化的管理活动，并且引发原因复杂多样，涉及面广泛，处理不当后果严重，因此，大多以针对紧急事态的原则予以处理。

日常管理属于事务性的管理活动，有专门的管理部门以及管理制度，如果处理不好，就会引发流域国之间的矛盾乃至冲突。主要的管理活动包括以下内容：

### （一）边界管理

许多国际河流属于界河，这就涉及了流域国边界的划分与管理问题，这也是国际河流管理的核心内容之一。大部分国家对于边界已经有了明确的划分，涉及界河时，大都以主航道中心线为界，不通航的界河以河流的中间线或者深泓线为界；涉及湖泊时，除非另有约定，一般是以湖的中间线作为边界线，或者以湖二次陆地边界的连接线为界。国际河流的边界管理，主要是对河流进行必要的维护和合理整治，以防止河道冲蚀、塌岸与改道，从而保证国家的领土不受侵犯。

### （二）水量分配

由于全球淡水资源日趋紧张，国际河流的水资源对于流域国来说日趋重要。根据国际河流的水文特点，流域内社会经济的发展水平和实际用水需求，在流域内公平合理地分配水资源，是国际河流水量分配的重要内容，也是引发国际河流冲突的主要原因，人类历史上发生了许多因水量分配不均而引发的战争。确定水量在不同流域国之间的分配以及调整，保证水量分配协议能够有效履行，是国际河流水量分配的管理内容。

### （三）水电开发

水电开发一直是国际河流开发的重点，通过修建水库大坝，不仅可以开发清洁的水能资源，还能对水资源进行有效调节，具有防洪、灌溉、航运等诸多功效。但是，水电开发会显著地改变水体的流动形式，进而可能引发上下游流域国之间的矛盾，因此，有效地实施水电开发，乃至水电开发合作，实现流域国的共赢，是国际河流水电开发管理的目标。

---

① 孙晓. 国际水资源安全问题探究［J］. 绥化学院学报，2011，31（2）：55-56.

（四）生态保护

随着人类对国际河流开发程度的增强，灌溉、航运、工业化和城市化等活动引发了严重的生态环境问题。国际社会对保护水生态系统的认识不断深入，国际河流管理的聚焦点开始逐渐向污染防治和生态环境保护转变。确保开发与保护之间的平衡，确保国际河流流域生态环境不被破坏，是生态保护的出发点。

### 三、国际河流管理的理念

随着人类社会的发展，对水资源的需求日趋增加，必须不断开发利用水资源，人类的发展历史就是一部对水资源的开发史，在此背景下，人们对于河流的管理理念也在不断发展和变化。由于国际河流涉及多个国家，与国家主权存在密切关联，因此，从最早的各自开发到现代的合作开发，开发与管理理念变化更为明显。近年来随着世界和平进程的演进、一些国家的政治经济制度改革、全球的经济一体化和区域经济一体化发展，以及技术的进步和可持续发展思想的渗透，国际河流管理变化趋势更为显著。

（一）从单一目标向多目标转变，由注重开发向开发与保护并重转变

由于自然资源有着多重价值属性和人类需求的多目标性，随着经济的发展，国际河流开发的目标随着需求而变化。早期的开发形式主要为航运、灌溉，现在则兼顾发电、防洪等。主要体现为：从单一目标向社会、经济和生态多目标转变，从开发利用向开发与保护并重转变，从短期目标向长期目标转变。例如，20世纪80年代莱茵河流域各国开始注意生态问题，1986年流域各国部长级会议拟订"莱茵河行动计划"，以实现恢复莱茵河生态的目标[1]。在国际河流管理活动中，河道生态用水及流域生态状态逐渐被流域国所关注和重视。

（二）从单一主体向多主体管理转变

长期以来，流域国延续单独对其境内的水资源进行管理的惯例，开发程度依该国的开发需求及技术经济实力等因素而有所不同。但是河流水资源的开发往往需要大量的资金和技术，有些时候仅靠流域国本身的力量难以实现，特别是发展中国家。相应地，越来越多具有影响力的、拥有资金和技术能力的国际

---

[1]　陈丽晖，李红，何大明. 国际河流开发和管理趋势［J］. 云南地理环境研究，2001（1）：9-17.

机构等作为第三方参与河流水资源的开发活动，特别是国际河流的开发活动。随着人们对国际河流关注程度的不断提高，越来越多的利益相关方也参与到国际河流的水资源开发活动中。逐渐呈现多方参与、多国联合的开发方式，强调流域的整体利益及国家间的合作与协调。在国际河流水资源开发的决策与实施过程中，相对于传统的政府和企业等主体，当地社区也逐渐开始扮演越来越重要的角色。基于当前流行的治理理论，多开发主体必然要求多管理主体参与到管理活动中，以便保证开放治理活动能够兼顾各个利益主体的诉求。

### （三）涉及的范围从流域到区域

随着流域开发对象从单一水资源扩大到相关资源（包括能源资源），对国际河流管理范围也相应改变，从流域的一部分扩大到全流域，甚至扩大到整个地区流域各国而不仅仅是沿岸国之间，从单纯的流域内考虑转向更广泛的区域范围。澜沧江—湄公河流域内的中国、老挝、缅甸、泰国、柬埔寨和越南在流域水资源开发过程中，管理活动往往与流域内的水、能源、粮食、区域安全、经济发展等联系在一起；中亚五国因咸海流域的水系相连，加上该地区水资源与能源分布在国家间的不均，各国在考虑跨界水问题上必然要与能源相关联。因此，中亚的跨界水资源问题的解决需要考虑地区的能源及政治安全等因素。

### （四）从工程技术管理向综合管理转变

在以前的国际河流开发与管理中，遇到洪水、干旱、污染等极端水安全事件时，流域国往往采用单方面地或联合寻找复杂的工程技术措施来恢复或修复这种极端水安全事件造成的灾害。现在，随着人们对河流的改造程度越来越大和极端水的安全事件频发，流域国之间开始寻找合作途径，联合应对流域全部或局部的极端灾害。从管理上不仅是工程技术问题，更多的还是开始考虑合作机制、组织机构、法律制度、人力资源开发及其他非工程措施方面的因素。

### （五）不断应用新理论和新技术

针对国际河流相关流域国之间信息不对称、开发目标不同等特点，国际河流开发与管理活动需要从流域整体的角度去考虑跨境影响及自身权益保障问题，需要借助于新的理论或技术。通过对新理论和新技术的应用，可为掌握流域境内外更多信息提供支持，为科学解决某些国际涉水纠纷提供支撑。已经在国内河流中应用较多的水权交易，也越来越多地被学者们探讨借助于市场价格机制建立国际水资源交易平台的可能性。将水资源作为一种具有经济价值、可以进行交易或贸易的商品，依靠市场调节机制，促成水资源在各用水部门或地区间的分配与再分配、综合利用或有效利用，促成各流域国对共享跨境水资源的公平合理利用。但是，水市场机制的建立与运行在国内尚且存在着许多困难，何况在国际河流的各流域国间建立此市场机制更是一个复杂且困难的问题。网络信息技术和 GIS（地理信息科学）技术等也越来越多地被用于指导解决国际河流问题的实践之中，比如，追踪跨界水体的污染源扩散。

### 四、国际河流管理面临的挑战

由于全球变化以及不同流域所面对的具体情况不同，流域国在对国际河流管理过程中，面对的不确定性因素较多，需要面临诸多的挑战。

（一）全球气候变化条件下国际河流流域极端水安全事件频发

随着全球气候总体变暖，国际河流源区的冰川和积雪融化趋势加剧，流域水资源禀赋条件随之发生变化，淡水资源日趋紧张，流域水文生态条件也将变得更加脆弱。在极端气候条件下，国际河流流域的极端洪水和极端干旱频发，国际河流的水安全事件将成为影响各流域国水安全的重要因素之一。

（二）高强度的人类活动加剧了气候变化对跨境水资源的影响

随着各国社会经济的发展和人口的不断增加，一方面，人类活动改变了河流的天然水文情势和变化规律，使得天然水文生态系统发生改变并不断适应人类活动的影响；另一方面，人类生产生活对水资源的需求日益增加，使水资源需求压力不断增大。各流域国间的竞相开发国际河流水资源更是加剧了流域水文生态情势的恶化。高强度人类活动所形成的工程地理系统相比流域自然地理系统已经发生了极大改变，流域各国人类活动加剧了气候变化对水资源的影响。

（三）区域不稳定性突发因素对国际河流水资源管理产生的影响

由于国际河流流域所涉及的流域国家差异较大，面对的战略环境不同，不同国家面临的水问题存在区别，各流域国对国际河流水资源的开发利用将面临诸多不确定性因素。流域内及流域外的各种不稳定因素，比如政治、经济、民族、宗教、文化、历史等，都会对跨境流域水资源的开发及保护造成影响。

（四）国际河流水资源问题的复杂性使其超越单纯的水资源问题

国际河流水资源问题往往与能源问题或外交问题交织在一起，同时受地缘、政治、经济、法律、安全、宗教、民族等多重敏感因素的叠加影响。并且因为各个流域的实际情况不同，寻找不到统一的规则指导任何一个国际河流的水资源开发、保护与管理；各国对水资源"公平合理利用"的评价标准不一，导致了跨境水资源的公平合理利用难以真正实现。

### （五）国际水法不完善且难以通用

各流域国在国际河流流域中的水资源权益保障方面缺乏公认的法律依据。由于国际河流自然流动、跨境、共享等特征，各流域国出于维护国家主权的需求而难以就水资源的共享和合理分配达成一致。《国际水道非航行使用法公约》虽然已经生效，国际上也形成了若干国际惯例和原则，但是这个公约对非签约国并没有实质性的制约作用。同时，很多国家在处理国际河流问题时将国际河流问题国内化，根据国内水法的要求去处理国际河流问题，也容易产生流域国之间的涉水纠纷。

### （六）国际河流水权交易难以实施，水资源共享难以真正实现

不同流域国家对国际河流水资源的占有和需求也不完全一样，为了提高水资源的利用效率并充分体现各流域国间的"共享"性，理论意义上可以基于市场经济条件在各流域国之间进行水权交易。然而，各国对国家主权的维护及市场机制的自身缺陷，国际河流水资源的水权交易在当前及未来一段时间还难以真正实现。

### （七）国际河流水资源的竞争利用和冲突影响世界和平

一般而言，当共享水资源的数量或质量不能使所有流域国的所有合理利用和从中受益都得以充分实现时，便会出现所谓的"使用冲突"的情况①。当存在"使用冲突"而又没有可应用的合理分配水资源的原则或处理机构来解决时，就会因为水冲突而引发地区冲突。国家和国际间水压力的增加，加紧了对国际河流水资源的竞争利用和冲突，水资源危机既阻碍世界可持续发展，也威胁着世界和平。特别是在严重缺水的地区，共享水安全和水短缺很容易导致共享国家之间的敌对情绪，比如，在中东地区共享水资源问题已成为引发冲突的导火索。

---

① 王志坚，何其二. 国际河流对国家安全的影响 [J]. 水利经济，2013，31（2）：23-26.

# 第二章　中国的国际河流及管理

中国的西部、北部和西南部与周边国家之间存在着众多的国际河流，而且许多重要的国际河流都发源于中国境内。这些国际河流在流域自然、社会经济条件上存在着巨大的差异，随着中国与周边国家的社会经济发展，这些国际河流的开发利用正在逐步进入一个快速发展时期，从而会越来越频繁地引发诸多水资源利用的跨境问题与矛盾。国际河流的跨境水资源管理在世界各个地区都是一项重要的挑战，中国的国际河流管理同样面临着许多复杂的问题。

## 第一节　中国国际河流总体分布特征

中国国际河流（湖泊）众多，水资源量丰富且多为出境河流，其年径流量占全国河川径流总量的 40% 以上，每年出境水资源量多达 4000 亿立方米。中国主要国际河流基本情况见表 2-1。主要分布在东北、西北和西南边疆经济欠发达的地区，涉及 9 个省（自治区）：内蒙古自治区、黑龙江省、吉林省、辽宁省、新疆维吾尔自治区、青海省、西藏自治区、云南省、广西壮族自治区。按照地区分布及与周边国家的关系，可分为三片区①：东北片区包括辽宁省、黑龙江省、吉林省和内蒙古自治区，西北片区为新疆维吾尔自治区，西南片区包括广西壮族自治区、云南省、西藏自治区。其中，西北和西南片区以连接水道为主，涉及众多的境外流域国，各片区国际河流的自然、经济、社会、环境条件和涉及的国际关系背景差异极大。

---

① 王贵芳．大湄公河次区域水资源安全合作问题研究［D］．西安：陕西师范大学，2012.

表2-1　中国主要国际河流基本情况

| 地区 | 河流 | 流域 | 流域面积（万平方千米） | | 河长（千米） | | | 发源地 | 最终注入 | 流域国家 |
|---|---|---|---|---|---|---|---|---|---|---|
| | | | 总面积 | 中国境内 | 总长 | 中国境内 | 界河长 | | | |
| 东北地区 | 黑龙江① | 黑龙江（阿穆尔河）流域 | 184 | 90 | 4416（以石勒喀河为源头）；4344（以海拉尔河为源头） | * | 2854（中俄界河） | 南源：中国 北源：蒙古 | 鄂霍次克海鞑靼海峡 | 中国、蒙古、俄罗斯 |
| | 鸭绿江 | 鸭绿江流域 | 6.45 | 3.2 | 816 | * | 816（中朝界河） | 中国长白山主峰南麓 | 黄海 | 中国、朝鲜 |
| | 图们江 | 图们江流域 | 3.32 | 2.26 | 525 | * | 507（中朝界河）15（朝俄界河） | 中朝边界长白山东麓 | 日本海 | 中国、朝鲜、俄罗斯 |
| | 绥芬河 | 绥芬河流域 | 1.73 | 1.01 | 443 | 258 | * | 中国吉林 | 日本海阿穆尔湾 | 中国、俄罗斯 |
| | 克鲁伦河② | 黑龙江上游额尔古纳河水系 | 9.27 | 1.57 | 1146.5 | 206 | * | 蒙古肯特山东麓 | 中国呼伦湖 | 中国、蒙古 |

① 表中的黑龙江流域面积和河长均来自《中国河湖大典》（中国水利水电出版社，2010年），黑龙江流域面积均来自《中国主要江河水系要览》（中国水利水电出版社，2014年）；另根据《中国主要江河水系要览》（中国水利水电出版社，2014年），黑龙江流域面积为184.3万平方千米，中国境内为90.24万平方千米。

② 表中的克鲁伦河流域面积和河长均来自《中国河湖大典》（中国水利水电出版社，2010年），克鲁伦河的全长约1264千米，中国境内河段长约166千米，中国境内流域面积约0.53万平方千米。

续表

| 地区 | 河流/流域名称 | | 流域面积（万平方千米） | | 河长（千米） | | | 发源地 | 最终注入 | 流域国家 |
|---|---|---|---|---|---|---|---|---|---|---|
| | 河流 | 流域 | 总面积 | 中国境内 | 总长 | 中国境内 | 界河长 | | | |
| 东北地区 | 乌苏里江① | 黑龙江右岸支流 | 18.7 | 5.98 | 890 | 492（含界河） | 492（中俄界河） | 俄罗斯 | 黑龙江 | 中国、俄罗斯 |
| | 松阿察河② | 乌苏里江左岸水系 | ** | 0.22 | 172 | 110 | * | 中俄界湖大兴凯湖 | 乌苏里江 | 中国、俄罗斯 |
| | 大兴凯湖③ | 乌苏里江左岸水系 | 0.48 | 0.11 | * | * | * | 中国黑龙江、俄罗斯 | 松阿察河、乌苏里江 | 中国、俄罗斯 |
| | 贝尔湖 | 呼伦湖水系 | 0.06 | 0.01 | * | * | 中蒙界湖 | 蒙古哈拉哈河 | 乌尔逊河、呼伦湖 | 中国、蒙古 |
| 西北地区 | 额尔齐斯河④ | 额尔齐斯河—鄂毕河水系 | 164 | 5.04 | 2969 | 600 | * | 中国新疆阿尔泰山南坡 | 鄂毕河、北冰洋 | 中国、哈萨克斯坦、俄罗斯、蒙古 |

① 表中的乌苏里江中国境内流域面积和河长数据来源于《中国主要江河水系要览》（中国水利水电出版社，2010年）；其余数据来自《中国湖泊大典》（中国水利水电出版社，2014年）。

② 表中松阿察河的中国境内河长数据来源于《中国主要江河水系要览》（中国水利水电出版社，2010年）；另外，根据《中国河湖大典》（中国水利水电出版社，2010年），境内流域面积为0.175万平方千米。

③ 表中的大兴凯湖湖面面积数据来自《中国河湖大典》（中国水利水电出版社，2014年）。

④ 表中额尔齐斯河流域（鄂毕河汇合口以上）总面积和总河长数据来源于《中国主要江河水系要览》（中国水利水电出版社，2010年）；中国境内流域面积和河长数据来自《中国河湖大典》（中国水利水电出版社，2014年）。

续表

| 地区 | 河流/流域名称 | | 流域面积（万平方千米） | | 河长（千米） | | | 发源地 | 最终注入 | 流域国家 |
|---|---|---|---|---|---|---|---|---|---|---|
| | 河流 | 流域 | 总面积 | 中国境内 | 总长 | 中国境内 | 界河长 | | | |
| 西北地区 | 伊犁河 | 巴尔喀什湖水系 | 15.12 | 5.6 | 1236 | 442 | * | 哈萨克斯坦 | 哈萨克斯坦的巴尔喀什湖 | 中国、哈萨克斯坦 |
| | 额敏河① | 额敏河—阿拉湖水系 | 2.18 | 2.09 | 256 | 157 | * | 中国新疆塔城地区 | 哈萨克斯坦的阿拉湖 | 中国、哈萨克斯坦 |
| | 塔斯提河 | 塔斯提河—阿拉湖水系 | ** | 0.1 | ** | 67 | * | 中国新疆巴尔鲁克山 | 哈萨克斯坦的阿拉湖 | 中国、哈萨克斯坦 |
| | 铁列克提河 | 铁列克提河—托拉纳什库里湖水系 | ** | 0.11 | ** | 66 | * | 中国新疆塔城地区 | 哈萨克斯坦的阿拉湖 | 中国、哈萨克斯坦 |
| | 阿克苏河② | 阿克苏河—塔里木河水系 | 4.68 | 4.31 | 468（以库玛拉克河为主源） | ** | * | 吉尔吉斯斯坦 | 中国的塔里木河 | 中国、吉尔吉斯斯坦 |

① 表中额敏河数据来自《中国河湖大典》（中国水利水电出版社，2014年）；另根据《中国主要江河水系要览》（中国水利水电出版社，2010年），额敏河流域中国境内流域面积2.11万平方千米，中国境内河长220千米。

② 表中阿克苏河流域的总流域面积和总河长数据均来自《中国河湖大典》（中国水利水电出版社，2014年），中国境内的流域面积数据来自《中国主要江河水系要览》（中国水利水电出版社，2010年）；另外，根据《中国主要江河水系要览》（中国水利水电出版社，2010年），中国境内河长532千米（以托什干河为主源）。

续表

| 地区 | 河流/流域名称 | | 流域面积（万平方千米） | | 河长（千米） | | | 发源地 | 最终注入 | 流域国家 |
|---|---|---|---|---|---|---|---|---|---|---|
| | 河流 | 流域 | 总面积 | 中国境内 | 总长 | 中国境内 | 界河长 | | | |
| 西南地区 | 吉太曲—独龙江① | 伊洛瓦底江（上游恩梅开江） | ** | 0.43 | ** | 177.3 | * | 中国西藏 | 伊洛瓦底江，印度洋安达曼海 | 中国、缅甸 |
| | 怒江 | 怒江（萨尔温江）流域 | 32.5 | 13.6 | 3673 | 2013 | * | 中国西藏 | 印度洋安达曼海 | 中国、缅甸、泰国 |
| | 澜沧江② | 澜沧江（湄公河）流域 | 81.39 | 16.44 | 4878 | 2161 | 31 | 中国青海 | 太平洋，南海 | 中国、缅甸、老挝、泰国、柬埔寨、越南 |
| | 雅鲁藏布江③ | 雅鲁藏布江（布拉马普特拉河）流域 | 61.7 | 24.2 | 2900 | 2057 | * | 中国西藏 | 印度洋，孟加拉湾 | 中国、印度、不丹、孟加拉国 |

① 根据《中国河湖大典》（中国水利水电出版社，2014年），伊洛瓦底江流域总面积为41万平方千米，河长2150千米，其中，中国境内流域面积为2.13万平方千米；中国境内的吉太曲—独龙江河长为90.5千米和86.8千米，合计177.3千米。

② 表中的中缅界河长度31千米来自《中国主要江河水系要览》（中国水利水电出版社，2014年）；其余数据来自《中国河湖大典》（中国水利水电出版社，2010年），澜沧江—湄公河干流长4880千米，流域面积为81万平方千米，中国境内流域面积16.74万平方千米；中国境内（澜沧江）干流长2161千米（含中缅边境河长31千米，中国水利水电出版社，2010年）；中国境内的流域面积和河长数据来自《中国主要江河水系要览》（中国水利水电出版社，2014年）。

③ 雅鲁藏布江的总流域面积和总河长数据来源于《中国河湖大典》（中国水利水电出版社，2014年）。

续表

| 地区 | 河流/流域名称 | | 流域面积（万平方千米） | | 河长（千米） | | | 发源地 | 最终注入 | 流域国家 |
|---|---|---|---|---|---|---|---|---|---|---|
| | 河流 | 流域 | 总面积 | 中国境内 | 总长 | 中国境内 | 界河长 | | | |
| 西南地区 | 朋曲 | 恒河水系左岸支流阿润河上源 | ** | 2.43 | ** | 361 | * | 中国西藏 | 恒河、印度洋 | 中国、尼泊尔（恒河流域:中国、尼泊尔、印度、孟加拉国） |
| | 马甲藏布（孔雀河）—格尔纳利河 | 恒河左岸支流呼啦卡拉利河上游 | ** | 0.31 | ** | 110 | * | 中国西藏 | 恒河、印度洋 | 中国、尼泊尔（恒河流域:中国、尼泊尔、印度、孟加拉国） |
| | 吉隆藏布—特耳苏里河 | 恒河左岸支流根地格河上游 | ** | 0.22 | ** | 114 | * | 中国西藏 | 恒河、印度洋 | 中国、尼泊尔（恒河流域:中国、尼泊尔、印度、孟加拉国） |
| | 森格藏布（狮泉河） | 印度河上源 | ** | 2.71 | ** | 440 | * | 中国西藏 | 印度洋阿拉伯海 | 中国、印度、巴基斯坦 |
| | 奇普恰普—希奥克河 | 印度克河—希奥克河上源 | ** | 0.1 | 74 | 46 | * | 中国新疆喀喇昆仑山 | 印度河、印度洋阿拉伯海 | 中国、印控克什米尔 |
| | 加勒万河 | 印度克河支流什约克河—希奥克河的左岸支流 | ** | 0.17 | 87 | 83 | * | 中国新疆和田阿克赛钦 | 印度河、印度洋阿拉伯海 | 中国、印控克什米尔 |

续表

| 地区 | 河流/流域名称 | | 流域面积（万平方千米） | | 河长（千米） | | | 发源地 | 最终注入 | 流域国家 |
|---|---|---|---|---|---|---|---|---|---|---|
| | 河流 | 流域 | 总面积 | 中国境内 | 总长 | 中国境内 | 界河长 | | | |
| 西南地区 | 朗钦藏布（象泉河）—萨特莱杰河 | 印度河支流萨特莱杰河上游 | ** | 2.31 | ** | 343 | * | 中国西藏 | 印度河 | 中国，印度 |
| | 左江① | 珠江流域西江水系郁江支流 | 3.24 | 2.08 | 591 | 342 | * | 越南 | 中国广西、珠江 | 中国，越南 |
| | 元江—红河② | 元江—红河流域 | 14.1 | 7.63 | 1006 | 692 | * | — | 中国云南 | 中国，越南、老挝 |

注：表中数据除特殊说明外，均摘自《中国河湖大典》（中国水利水电出版社，2014年）。
"*"代表该项无意义；"**"代表数据缺失或不确定。

① 左江的上游在越南境内称为奇穷河（又叫平而河），入中国境内后称为平而河。表中左江的流域面积和河长数据均来自《中国河湖大典》（中国水利水电出版社，2010年），另根据《中国主要江河水系要览》（中国水利水电出版社，2014年），左江的中国境内流域面积为3.17万平方千米，中国境内河长385千米。

② 表中除了7.63万平方千米这三个数据外的元江—红河流域总面积和河长数据均来自《中国河湖大典》（中国河湖大典》（中国水利水电出版社，2014年）；在中国境内的7.63万平方千米流域面积，属于中国境内元江干流出境以上的流域面积，另有4.17万平方千米为从中国境内独立出境流入越南后汇入红河的李仙江、藤条江、盘龙江、南利河等水系的境内面积。

*31*

# 第二节  中国不同地区的国际河流

## 一、东北地区

### （一）东北地区国际河流概况

东北地区国际河流的主要特点是流向分散，以界河（湖）为主，水域国境线长达 5000 千米，有 10 条界河和 3 个界湖，除了注入呼伦湖的克鲁伦河为入境河流外，其他多为边界河流。主要的国际河流有黑龙江、额尔古纳河、乌苏里江、鸭绿江、图们江，主要涉及的流域国家为中国、俄罗斯、蒙古和朝鲜。其中，黑龙江流域的国家涉及中国、蒙古和俄罗斯，鸭绿江和图们江干流几乎全为中国和朝鲜两国天然的国界，只有图们江最后注入日本海的海口附近一小段为朝鲜与俄罗斯的界河。东北地区国际河流在我国主要位于黑龙江、吉林、辽宁三省境内。

东北地区具有一定航运能力的国际河流包括黑龙江与鸭绿江。黑龙江水系百吨级航道里程为 5133 千米，仅次于长江水系，其中，3000 至 10000 吨以上的一至三级航道长 2783 千米，占全国同等级航道里程的 43%，位居第一；四级航道位居第二。鸭绿江水系有一至三级航道里程为 39 千米，六至七级航道里程 457 千米。

#### 1. 黑龙江

黑龙江是流经中国、蒙古和俄罗斯的跨境河流。黑龙江有南北两源，北源为发源于蒙古境内的肯特山东麓、流经俄罗斯境内的石勒喀河，南源为发源于我国境内大兴安岭西坡的额尔古纳河上源的海拉尔河。黑龙江两个源头分别在蒙古和中国境内，上游下半段与中游为中国和俄罗斯界河，下游在俄罗斯境内。额尔古纳河与石勒喀河在内蒙古自治区额尔古纳市的恩和哈达村汇合后，始称黑龙江干流。黑龙江在俄罗斯境内尼古拉夫斯克附近注入鄂霍次克海的鞑靼海峡。以石勒喀河为源头，黑龙江全长 4416 千米；以海拉尔河为源头，黑龙江全长 4344 千米，流域面积共计 184 万平方千米。其中，我国境内流域面积为 90 万平方千米，范围在东经 $108°20' \sim 141°20'$，北纬 $42°00' \sim 55°45'$ 之间。

黑龙江分为三段：南北两源汇合点内蒙古自治区额尔古纳市的恩和哈达村以上为上游段，自恩和哈达村至乌苏里江汇入口为中游段，乌苏里江以下至入海口为下游段。黑龙江从源头到入海口，沿途接纳百余条支流，其中，超大支流包括我国境内的松花江，中俄界河乌苏里江，以及俄罗斯境内的结雅河、布列亚河和通古斯河。在我国境内，流域面积大于 10000 平方千米的支流有 50 余条。

黑龙江上游段额尔古纳河水能蕴藏量为 54 亿千瓦，黑龙江中游水能蕴藏量为 550 亿千瓦，从漠河到太平沟河段梯级可开发的水能为 262 亿千瓦。

额尔古纳河奇乾至恩和哈达段可通行 100~300 吨级船舶；石勒喀河至结雅河口段枯水期航运水深可维持 1.5 米左右。航道宽 60 米，可通行 1000 吨级船舶；结雅河口至乌苏里江河口段除特别枯水年份外，航运水深 1.8 米左右，能满足 1000 吨级船舶通行。在俄罗斯一侧，额尔古纳河中段，从奥洛契到石勒喀河口为不定期通航。黑龙江中游上段，航道水深 1.3 米，航道宽 60 米，通行 1000 吨级以下的船舶；中游河段可满足 3000 吨级船舶通行。

2. 鸭绿江

鸭绿江发源于长白山主峰南麓，是位于长白山脉西南部的一条国际界河，左岸为朝鲜，右岸为中国。鸭绿江上游旧称建川沟，流向在源头阶段先向南，经长白朝鲜族自治县后转向西北，再经临江市转向西南。中国境内流经吉林省长白、临江、集安等市（县）和白山市（区），辽宁省宽甸满族自治县、东港等市（县）和丹东市（区），于辽宁省东港市大东镇注入黄海。河长 816 千米①，流域面积 6.45 万平方千米，其中，中国侧为 3.2 万平方千米。

鸭绿江流域位于东经 120°30′~129°00′，北纬 40°00′~42°30′，东北以长白山为界与图们江流域相邻，北、西以龙岗山和千山山脉与第二松花江、浑河、太子河相隔。流域形状近似椭圆形，长轴呈东北—西南方向。河源至临江市为上游段，长 343 千米，水面宽为 50~100 米，河道平均比降 4.3‰；临江市至水丰水电站库区浑江河口为中游段，长 232 千米，水面宽一般为 200 米左右，河道平均比降为 1‰；浑河河口至入海口为下游段，长 241 千米，水面宽一般为 800~2000 米，河道平均比降为 0.13‰。

鸭绿江流域河流的特点是河道坡度极大，其中，河源至长白朝鲜族自治县段河道平均比降为 9.05‰，上游段的河道平均比降为 4.3‰，而其主要支流八道沟河、五道沟河河道平均比降在 7.7‰以上，三道沟河及浑河、蒲石河的大部分

---

① 该数据来源于《中国河湖大典（黑龙江、辽河卷）》（中国水利水电出版社，2014年）；另根据《中国主要江河水系要览》（中国水利水电出版社，2010 年），鸭绿江河长为 795 千米。

河段河道平均比降在5‰以上。因此，鸭绿江水能资源极其丰富，是东北地区少有的能源基地。

鸭绿江水系支流众多，在中国境内沿途接纳流域面积大于10000平方千米的支流仅有1条，即浑江；流域面积1000~10000平方千米的支流2条，即蒲石河、爱河；流域面积500~1000平方千米的支流3条，即八道沟河、五道沟河、三道沟河；其他较小河流60余条，其中，自临江市向上游至长白朝鲜族自治县马鹿沟镇的支流，近于平行地排列着头道沟河、二道沟河、三道沟河……直到二十五道沟河的特殊河网，颇具特点。鸭绿江朝鲜侧主要支流有虚川江、长津江、慈城江、秃鲁江（将子江）、渭原江和忠满江等。

鸭绿江流域水资源总量为155.1亿立方米；水力资源理论蕴藏量186.55亿千瓦，其中，干流90.91亿千瓦。鸭绿江来水主要为雨雪补给，流域多年平均流量1007立方米每秒，多年平均径流量约320亿立方米，径流各季变化较大，与降雨相应，6—9月径流量占全年的70%左右。流域内洪水由暴雨造成，多发生在6—9月，尤以7—8月最多。

3. 图们江

图们江上游源流较多，均来自长白山东部。如果以河长为源，应以来自朝鲜一侧始于咸镜山脉万塔山的西头水为主源，但根据中朝两国的划界协议，确定图们江干流中朝界河尖端的起点在红土水域弱水河汇合处，相应在中国一方属于吉林省和龙市广坪村。河流出源后流向东北，至吉林省图们市转向东南，又经朝俄边界最终注入日本海。河长525千米，其中，507千米为中国和朝鲜之间的界河，在吉林省珲春市防川"土"字界碑以下15千米为朝鲜和俄罗斯界河。总流域面积33168平方千米，其中，在中国一侧流域面积22632平方千米，占流域总面积的68%；河道落差1290米，河道平均比降1.2‰。

流域在中国境内地处吉林省延边朝鲜族自治州境内，地理位置为东经128°25′~130°40′，北纬42°01′~42°17′，流经和龙市、龙井市、图们市、珲春市，入日本海。图们江中国一侧左岸有流域面积大于100平方千米以上的支流共计59条，其中流域面积大于1000平方千米以上的支流有6条，这6条分别为嘎呀河、布尔哈通河、海兰河、汪清河、珲春河、红旗河。朝鲜侧右岸汇入的较大支流有西头水、延面水、城川水、会宁川、五龙川等。

流域多年平均径流量约为51.6亿立方米，各季节分布不均，其中6—9月占全年的72%，12月至次年3月占10.4%。图们江流域水力资源丰富，是吉林省水力资源重点开发河流之一。图们江属中朝两国界河，需两国共同研究开发利用。1988年中朝鸭绿江、图们江干流规划小组共同完成了图们江下游河段规划报告，1991 年共同完成了图们江中游河段规划报告，拟定了日新、间坪、江口洞、深浦、庆荣、荒山坡、回龙峰 7 座梯级电站，总装机容量 133.5 兆瓦，年发电量 4.09 亿千瓦时。

### 4. 绥芬河

绥芬河发源于吉林省延边朝鲜族自治州汪清县东南部盘岭山脉北麓，出源后由南向北流经汪清县的复兴、罗子沟两镇后转东流，进入黑龙江省东宁市境内，过罗家店转东北经道河镇进入洞庭峡谷，过通沟后入东宁镇，于新立村东侧流入俄罗斯境内后转向东南流，在乌苏里斯克又转向南流，在符拉迪沃斯托克市（海参崴）附近注入日本海的阿穆尔湾。河流全长 443 千米，流域面积 17321 平方千米。其中，中国境内河长 258 千米，流域面积 10069 平方千米。绥芬河在我国境内自上而下左岸的主要支流有石门子河（石头河）、罗子沟、黄泥河、大寒葱河、小绥芬河等，右岸的主要支流有道芬河、老黑山河（二道沟河）、瑚布图河（乌沙河）等。

流域地处中温带大陆性季风气候区，因距离日本海较近，受海洋气候调节，形成冬温夏凉的气候特征。多年平均年降水量 523 毫米，6—9 月降水量占全年降水量的 70% 以上。多年平均径流量 13.1 亿立方米。流域内自然资源丰富，森林覆盖率达 50% 以上[①]。

流域内交通便利。铁路、公路四通八达，哈尔滨绥芬河铁路贯穿全境，301 国道（G301）直通绥芬河和东宁市。对俄贸易活跃，已建成东宁、绥芬河市 2 个对俄贸易口岸。其中，东宁口岸是我国距俄罗斯符拉迪沃斯托克市最近的一级陆路口岸。绥芬河口岸与俄通商已有近百年历史，为国家一类口岸，年过货量 600 万吨，过客能力 150 万人次。绥芬河上游已建成罗子沟、古城 2 座小型水电站，总装机容量 2 000 千瓦，设计年发电量 890 万千瓦时。中下游建有九佛沟水库，东方红、三岔口等灌区，实际灌溉面积 0.38 万公顷。

### 5. 克鲁伦河

克鲁伦河属于呼伦湖水系。发源于蒙古肯特山东麓，于内蒙古自治区呼伦贝尔市新巴尔虎右旗克尔伦苏木乌兰恩格嘎查西进入我国境内，于阿尔山苏木希日塔拉东汇入呼伦湖。克鲁伦河，流经蒙古中央省、肯特省、东方省以及我国内蒙古自治区新巴尔虎右旗地区。

克鲁伦河中上游在蒙古境内，地处低山丘陵区，大部分为戈壁沙漠；下游

---

① 《中国河湖大典》编纂委员会. 中国河湖大典（黑龙江、辽河卷）［M］. 北京：中国水利水电出版社，2014：291-292.

（中国段）为呼伦贝尔高原的一部分，由低山丘陵和高平原组成。克鲁伦河流向由西南向东北，河长 1146.5 千米，流域面积 92670 平方千米，中国境内河长206 千米，流域面积 15747 平方千米，其中，闭流区面积 264.13 平方千米；多年平均流量 20 立方米每秒，多年平均均年径流量为 6.3 亿立方米，含沙量 353～652 克每立方米。两岸为半荒漠的低山，地表径流不发育，没有较大支流汇入。克鲁伦河流经草原牧区，以畜牧业为主，基本无污染，水质较好。

中上游蒙古境内为戈壁沙漠，植被以沙生植物为主。进入我国境内后，克鲁伦河由西南流向东北，河道基本顺直，无较大弯曲，河道比降小，流速缓慢。多岔流，沿岸多沼泽湿地。自上而下有哈日诺尔、善丁诺尔、呼和诺尔等多处湖泊。河谷宽 3000～5000 米，河床宽 40～90 米，水深一般为 2 米。域内地域辽阔，水草丰美，为呼伦贝尔草原西端的天然牧场。我国境内新巴尔虎右旗多为优良牧场，植物种类繁多；草场面积约为 204.6 万公顷。

流域内矿产资源丰富。我国境内新巴尔虎右旗已探明的矿产资源有 20 余种，矿点有 6 处，其中，煤炭储量约 11.9 亿吨；铜矿位于东部悟奴克图山，属特大规模的斑岩型铜钼矿，铜钼金属储量达 226 万吨；猛锰、铅、锌、银主要分布在旗西北的白音甲乌拉矿点，旗西南的查干宝拉格矿点、额仁陶拉盖矿点，其中，额仁陶拉盖矿点是全国第二大银矿，银总储量达 2700 吨，平均品位 400克每吨；萤石主要分布在西部，储量约 120 万吨，芒硝储量 2000 万吨左右，品位在 40% 以上；石膏储量 100 万吨，属鱼鳞状石膏，品位达 95%。

6. 乌苏里江

乌苏里江是黑龙江右岸支流，是继松花江之后的又一条黑龙江大支流，为中国和俄罗斯的界河。乌苏里江上源为俄罗斯境内的乌拉河，发源于锡霍特—阿林山脉（锡霍特山脉）西麓与刀毕河汇入后，由南向北流至黑龙江省虎林市八五八农场南，与松阿察河汇入后始称乌苏里江。河流流经黑龙江省虎林、饶河、抚远等市（县），在俄罗斯境内哈巴罗夫斯克附近注入黑龙江。乌拉河长398 千米，乌苏里江界河段长 492 千米，全河长 890 千米，流域面积 18.7 万平方千米。其中，中国境内部分流域面积 5.98 万平方千米。乌苏里江流域地理坐标为东经 129°51′～138°10′、北纬 43°24′～48°47′。流域包括我国穆棱、鸡西、鸡东、宝清、友谊、富锦、密山、虎林、饶河、抚远等市（县）及俄罗斯部分国土。

乌苏里江上游俄罗斯境内沿岸大部分为锡霍特山脉，山岳时而迫近河谷，时而远离江岸，平地十分狭窄。我国境内沿岸，除虎头、饶河、东安等镇附近为完达山山脉靠近江岸外，其余沿岸地区皆为低洼沼泽湿地和宽阔平原。在乌苏里江中下游兴凯湖低平原区，除几个小面积岗坡和大小青山外，其余均属河湖滩地，而且地势低平。境内的流域平原部分沿河谷为低滩地，河曲和沼泽湿地发育。高于低滩地 1~3 米的高漫滩上分布着大片的沼泽和沼泽化湿地。

乌苏里江两侧水道网发育不平衡，俄罗斯境内有着较密的水道网，自源头向下主要支流有阿库里河、伊曼河、比金河、霍尔河。上述河流具有洪水涨落快、流速大、洪峰停留时间短的山区河流特征。我国境内水道网发育较弱，河流在平坦且常常沼泽化的河谷中缓慢流淌。乌苏里江自上而下较大的支流有中俄界河松阿察河和我国境内的穆棱河、七虎林河、阿布沁河、挠力河、别拉洪河。

流域内土地肥沃、日照充足、雨量充沛，适合多种农作物生长，是国家重要的商品粮基地；以电力、冶金、煤炭、木材加工为主的工业企业快速发展，工业增加值逐年提高；对俄贸易极其活跃，已开通密山、虎林、饶河、抚远等多处陆路口岸和水运码头，年贸易额数十亿元；现已形成铁路、公路、水路四通八达的交通网络。

### 7. 松阿察河

松阿察河为乌苏里江左岸支流，中俄界河。河流自源头兴凯湖经黑龙江省密山市友好村、焦家亮子、胡家亮子至虎林市八五八农场 7 队附近注入乌苏里江，河长 172 千米，境内流域面积 2200 平方千米。松阿察河水源来自兴凯湖，是兴凯湖水的唯一出口，属平原区河流，平均河宽 4050 米，河道平均比降 0.05‰。该河自上而下有小青河、翟麻子河、焦家亮子河、嘎拉通河等支流汇入，俄罗斯一侧有别拉亚河、洪尔都河汇入。

松阿察河流域为穆棱河冲积和兴凯湖堆积组成的湖积平原。地势平坦，湖积层上部为亚黏土，厚约 1.5 米，其下为粗砂、砂砾石夹薄层黏土。由于地壳运动和洪水携带泥沙的沉积，部分河岸演变为沼泽湿地。松阿察河由兴凯湖流出后主要流经黑龙江省密山市东部兴凯湖农场、八六五农场和兴凯湖自然保护区。当冬季兴凯湖全部封冻后，受冰面的压力，湖水从松阿察河出口破冰而出，日出时水面雾气蒙蒙，使兴凯湖和松阿察河两岸的树上挂满雾凇，晶莹剔透，宛若仙境。

松阿察河河口处虎林市吉祥口岸，是黑龙江省东南部主要的陆路通商口岸，年过货能力 150 万吨，出入境游客 100 万人次。由中国和俄罗斯双方共同修建的松阿察河大桥，保证了口岸能够全年过货。

### 8. 大兴凯湖

兴凯湖为乌苏里江左岸水系，松阿察河的源头。兴凯湖是由地壳断裂，又出现玄武岩浆喷溢凹陷之后而形成的有源湖泊，是我国与俄罗斯的界湖。地理坐标在东经 131°59′~132°51′，北纬 44°44′~45°24′，是我国边境地区最大的淡水湖。兴凯湖由大、小兴凯湖两部分组成，湖区总体呈椭圆形，北宽南窄，中间相隔一条 10 余米高的砂岗，两湖以湖岗上的第一、第二泄洪闸和新开流相通。

兴凯湖水系由大乌萨奇河、科米萨罗夫卡河（新土河）、梅利古诺夫卡河（魔河）、伊利斯塔亚河（勒富河）、别拉亚河、斯帕索夫卡河（三道河子）、穆棱河和小兴凯湖等河湖组成。除穆棱河和小兴凯湖在中国境内之外，其他河均在俄罗斯境内。

大兴凯湖现为中国和俄罗斯界湖，东西宽 60 千米，南北长 130 千米，周长 400 余千米，总面积 4380 平方千米，平均水深 3.5 米，最深处达 10 米，蓄水量 153 亿立方米。湖水从东北面溢出，为松阿察河河源，即乌苏里江西源。湖面上以松阿察河源与白棱河口两点间连线为界，北部 1080 平方千米属我国所有，南部属俄罗斯，湖界长 70 千米。小兴凯湖为我国内陆湖，又名达布库湖，东西长 35 千米，南北宽 5 千米，面积 170 平方千米。平均水深 1.8 米，最深达 3.5 米，蓄水量 3 亿立方米的穆棱河在湖北闸前入穆兴分洪道经东北泡子注入小兴凯湖，再经兴凯湖第一、二泄洪闸调节后泄入兴凯湖。

东北泡子位于小兴凯湖的东北侧，与小兴凯湖紧密相连，总面积 80 平方千米，是因修建了兴凯湖东导流堤和穆兴东堤而形成的人工湖泊型水库，储水量 1.2 亿立方米，既是穆棱河穆兴分洪道的直接承泄区，又是兴凯湖灌区的蓄水工程。在汛期发生洪水时，大部分洪水经百米闸和 600 米泄洪道入小兴凯湖；小部分洪水由芦苇闸进行调控，泄入嘎拉通河。

1942 年以前，兴凯湖流域面积为 22400 平方千米。1942 年修穆兴分洪道，河水一路沿穆兴水路（分洪河道）注入兴凯湖，一路沿穆棱河原河道继续东流，在虎头以南 18 千米处的之桦树林子注入乌苏里江。现兴凯湖流域面积为 36400 平方千米。

1993 年，中国政府批准建设穆棱河下游地区防洪治涝骨干工程建设。1996 年兴建荒岗闸，历经 15 年，兴凯湖东西导流堤的防洪标准提高到 30 年一遇洪水标准。1998 年，兴凯湖百万亩灌区工程开工建设，兴凯湖灌区主要水源取自大兴凯湖（提水）、小兴凯湖、东北泡子和穆棱河下游来水，经小兴凯湖和东北泡子调节后向九个分灌区供水。结合第二泄洪闸建泵站工程，提水补充灌区用水。2001 年在湖岗双山头东侧建成的兴凯湖灌区渠首工程——兴凯湖第二泄洪闸，是集防洪、灌溉和生态环境建设为一体的重要枢纽工程。第二泄洪闸在汛期工程将穆棱河汇入小兴凯湖的洪水泄向大兴凯湖，确保该地区16万人民的防洪安全。泵站从大兴凯湖提水入小兴凯湖，再由小兴凯湖经过百米闸和600米泄洪道进入东北泡子，然后通过荒岗闸及导流堤上的5座分水闸向各渠道供水，近期可为兴凯湖灌区7.67万公顷水田提供补充水源，远期可将兴凯湖灌区水田面积发展到12.47万公顷。另外，调控小兴凯湖和东北泡子水位来向湿地补水。

9. 贝尔湖

贝尔湖是中蒙界湖，属呼伦湖水系。位于东经117°42′~117°80′，北纬47°50′~47°85′。湖面呈椭圆形，西北、东南湖岸光滑顺直，东北、西南湖岸曲折多变；西南东北向长40千米，东南西北向宽20千米，湖面面积611.2平方千米，平均水深9米，最深处约有50米。东南部在蒙古境内，西北部有51.2平方千米在我国境内，属于新巴尔虎右旗贝尔苏木辖区，地处呼伦贝尔高原西南部边缘。

贝尔湖补给水源为哈拉哈河，流出通道为乌尔逊河。贝尔湖是哈拉哈河的尾闾，乌尔逊河的源头，为吞吐性湖泊。贝尔湖，以乌尔逊河为源头，对乌尔逊河的水量起调节作用。丰水年份贝尔湖水排入乌尔逊河，注入呼伦湖。湖泊西南角有一独立的较小湖泊，称巴彦湖。

贝尔湖的周围为平原牧场，土地肥沃，矿产资源丰富，有巴润乌和日图煤田、乌努克图铜矿、额仁陶勒盖银矿等。湖泊西北部在我国境内，草场面积204万公顷，湖泊以南属蒙古东方省所辖，为广袤的戈壁沙漠，以经济与草原畜牧业为主。湖四周除部分沼泽外，大部分湖岸高出湖面2米以上，是优良的放牧场。

（二）东北地区国际河流的特征

1. 以界河为主，干流落差小、水力资源开发难度大

东北地区的国际河流以界河（湖）为主。主要有黑龙江、鸭绿江、图们江、绥芬河、兴凯湖等，主要流域国家有中国、俄罗斯、朝鲜、蒙古。仅中国和俄罗斯两国之间就有4300多千米的边境线，共同拥有黑龙江、乌苏里江、额尔古纳河、松阿察河及兴凯湖等"两江、两河、一湖"，涉及大小岛屿近2500个。两国界河里程之长、岛屿之多，为世界之最。由于干流落差比较小，水能资源比较贫乏。对于这些国际界河水资源的开发利用，往往是各自流域国家在其境内的支流上进行，而干流上的水资源开发较少。

2. 具有一定的通航价值，但河流汛期短、结冰期长

东北地区国际河流水量丰富且干流河道坡度较小，水位变化也比较小，利

于航运，夏季航运是东北地区国际河流的重要特征。由于上游生态保护得较好，河流含沙量少。但是，河流地处高纬度寒温带，结冰期长、汛期较短。

3. 水环境问题突出，河道整治任务重

随着界河两岸的城市发展，工业和生活污水的排放给界河干、支流水环境带来威胁。另外，由于流域各国开发程度的不对称性，造成界河的河道泥沙堆积或河岸冲刷。因对黑龙江等界河河岸治理不够重视，我国东北部分地区出现了水土流失的问题，对国土安全容易造成隐患。

## 二、西北地区

### （一）西北地区国际河流概况

西北地区的国际河流既有源自中国的出境河流，又有源自他国的入境河流，也有某些河流的支流或部分河段属于界河，还有些河流的某些河段入境而某些河段出境。主要国际河流有伊犁河、额尔齐斯河、额敏河和阿克苏河。出境河流主要为额尔齐斯河、伊犁河和额敏河；入境河流主要为乌伦古河、喀什噶尔河和阿克苏河，它们一般仅是河源段或支流的上游在他国，全河绝大部分河段均在中国境内，并且均属内流河。伊犁河和额尔齐斯河是中国和哈萨克斯坦之间的主要跨界河流，伊犁河发源于中国与哈萨克斯坦的边境地区，即天山；额尔齐斯河主流发源于中国境内的阿尔泰山南坡。西北地区国际河流在中国境内主要位于新疆维吾尔自治区，境外流域国是俄罗斯、哈萨克斯坦、吉尔吉斯斯坦及蒙古。

西北地区国际河流地处内陆干旱区，水资源匮乏是制约西北地区经济发展乃至社会稳定的问题之一。

1. 额尔齐斯河

额尔齐斯河发源于中国境内的阿尔泰山南坡，流经新疆维吾尔自治区阿勒泰地区，出境后注入哈萨克斯坦境内的斋桑泊湖；此后穿过阿尔泰山西部支脉流入西西伯利亚平原，在俄罗斯的汉特-曼西斯克附近汇入鄂毕河，最后注入北冰洋的喀拉海，是我国唯一流入北冰洋水系的河流。

额尔齐斯河从源头开始到汇入鄂毕河，全长 2969 千米，流域面积 164 万平方千米，出境后流经哈萨克斯坦、俄罗斯汇入鄂毕河，最后注入北冰洋（其中，中国境内河长 633 千米，流域面积 5.73 万平方千米）。额尔齐斯河从河源到斋桑河口全长 742 千米，流域面积 6.3 万平方千米；中国境内河长 600 千米，流域面积 5.04 万平方千米（其中，支流在国外部分流经面积 6120 平方千米）。中国境内部分的额尔齐斯河流位于新疆最北部，地理位置为东经 85°31′~90°32′，北纬 46°49′~49°12′，流经富蕴、福海、阿勒泰、布尔津、哈巴河五县（市），在额尔齐斯河南湾水文站控制断面以下的 13 千米处流入哈萨克斯坦。

额尔齐斯河主源库依尔特斯河，发源于阿尔泰山海拔 3335 米的协格尔塔依阿苏达坂和海拔 3419 米的阿尔善土达坂，河流自北向南流约 40 千米，左岸接纳较大支流加勒格孜阿嘎希河。加勒格孜阿嘎希河发源于阿尔泰山山脊处的加勒格孜阿嘎希达坂，左岸依次接纳较大支流赛依里肯河（上游由大、中、小赛依里肯河汇集而成）和小土尔根河，自北向南流 25 千米和 32 千米；下游 6 千米于左岸接纳由东而来的乌里吐尔根河后转向西流，约 10 千米后汇入库依尔特斯河。乌里吐尔根河源头位于阿尔泰山山脊处的都新乌拉冰峰西侧附近，河流自源头由东向西流，左岸有 5 条较大支流汇入，呈梳状水系，河长 26 千米。

库依尔特斯河干流在加勒格孜阿嘎希河汇合口以下转向西南流，约 35 千米处进入可可托海盆地，穿可可托海镇中心而过，与西北流入的喀依尔特斯河一同汇入镇西南方 7 千米处的可可托海水库；在水库西南角进入峡谷段，流经 40 千米处的左岸有吐尔洪河汇入，5 千米后河流出山口；山口以下左岸接纳乌恰沟、哈拉通克河后，从富蕴县城南侧，沿阿尔泰山冲积扇南缘向西北流去。沿途自东向西依次接纳了发源于阿尔泰山南坡的较大河流，如苏普特河、库尔特河、喀拉额尔齐斯河、克兰河、布尔津河、哈巴河、别列则克河、阿拉克别克河等支流。这些河流均由北向南呈平行状从右岸汇入，为典型的梳状水系。

河流自富蕴县城起，流经 118 千米后到达"锡伯渡"，在下游 45 千米处穿过北屯镇北侧；流经 31 千米，紧贴乌伦古湖北侧流过，距湖最近处仅 2.5 千米；再经 104 千米的蜿蜒曲折，从布尔津县城南穿过，又经过 80 千米后流经哈巴河县城南 20 千米处，再下行 75 千米最终流向境外。

额尔齐斯河流域地势北高南低，平原地区东高西低。阿尔泰山山脉呈西北—东南走向，横亘在流域的北部。山体西北部高峻宽阔，向东南逐渐降低、逐渐变窄。流域西部（中国境内部分）阿尔泰山与萨吾山之间为向西开敞的额尔齐斯河谷地。阿尔泰山的山前断裂处是山区和平原的自然分界线，平原区海拔自东南向西北由 800 米降至 450 米。

自河源至可可托海，河流流经富蕴县境内的高山区，海拔 2000~3500 米，相对高度 1000~1200 米。河流自可可托海至富蕴县城为峡谷段，长 45 千米，河谷狭窄，两岸崖壁高耸，河流落差 350 米，蕴藏丰富的水能资源。除上游峡谷入山处和下游峡谷出山口处分别建有可可托海水电站和富蕴县水电站外，2008年建成的哈德布特水电站（装机容量 20 万千瓦）是额尔齐斯河上的第四个梯级，水库库容约 0.163 亿立方米，电站设计水头 220 米，是目前额尔齐斯河干流装机容量最大的电站。富蕴县城至引额济海（乌伦古湖）渠首工程段，河流穿行于低山丘陵区，切割变质岩丘陵，北侧河岸深切，地形峻峭；南侧地形低缓，山顶浑圆，沟谷浅宽，树木较少，植被稀疏。渠首工程河段河流南岸为多级阶地，阶地以上为著名的额尔齐斯河与乌伦古河之间的两河平原；北岸为阿尔泰山山前冲积平原、地形平坦、土壤肥沃、水草茂盛，是流域内的农牧业生产基地和春秋牧场。

布尔津河汇口至哈巴河河口区间，河流两岸为灌木丛生的半荒漠戈壁，河道宽浅、纵坡极缓、水流平稳、河曲发育，河漫滩时宽时窄，最宽处达 4 千米，干流、岛屿、沙洲众多，河流沉积物越往下游越细。

在接纳布尔津河和哈巴河后，额尔齐斯河水量较上游明显增加。由于河床摆动和风力作用，下游河段沿河两岸堆积成片的沙丘。在克兰河、哈巴河等河流河口处形成大片沼泽苇荡、宽阔的河漫滩等景象，其很大程度上就是因为主河槽不明显。

中国境内的额尔齐斯河干流上修建的水利工程有：可可托海水库电站、哈德布特水电站、富蕴县水电站、双红山水电站、喀腊塑克水库、福海县阿克达拉南水库、团结水库及兵团农十师北屯灌区的一干渠渠首、二干渠渠首、三干渠渠首和一八七团七连水库等，以及阿勒泰市角沙特灌区渠首、引额济海渠首、布尔津县阿克吐别克牧区水利渠首等，灌溉农田面积约为 18 万公顷，草场约为 10 万公顷，为农牧业发展起到了积极作用。

2. 伊犁河

伊犁河是中国与哈萨克斯坦之间的跨界河流，属巴尔喀什湖水系。流域地处天山山脉腹地，北、东北分别以北天山山脉的博罗科努山和依连哈比尔尕山山脊为分水岭，与艾比湖流域和玛纳斯河流域毗邻；东南、南分别以中天山山脉的那拉提山脊及与之西连的南天山山脉的科克铁克山和哈尔克他乌山山脊为界，分别与开都河流域和阿克苏河流域相连；西面与哈萨克斯坦接壤。中国境内部分的地理坐标为东经 80°31′~84°57′，北纬 42°02′~44°30′，中国境内河流自源头依次流经新疆维吾尔自治区昭苏县、特克斯县、巩留县、新源县、尼勒克县、察布查尔锡伯自治县、伊宁县、霍城县及兵团农四师的 19 个团场。

伊犁河汇集了境内南、中、东、北四条山脉的径流，是新疆维吾尔自治区境内水量最大的河流。伊犁河在中国境内的支流主要有三条：特克斯河、巩乃斯河和喀什河。主源特克斯河发源于中国天山，西流进入哈萨克斯坦，最终注入巴尔喀什湖。河流从源头至巴尔喀什湖入湖口处全长 1236 千米，流域面积

15.12 万平方千米；我国境内河长 442 千米，集水面积 5.6 万平方千米。伊犁河干流自特克斯河与巩乃斯河汇合口至巴尔喀什湖河口处全长 889 千米，其中，中国境内段河长 224 千米。

伊犁河流域地势东南高、西北低，由东向西倾斜，东部最窄处仅有 20 余千米，西部展宽，南北纵跨达 280 千米。流域北、东、南三面环山，形成由东向西逐渐开敞的喇叭状地形。天山山脉在我国境内分成南北两支，由东向西延伸。南侧是南天山支脉哈尔克他乌山和南天山最西端的汗腾格里峰（6995 米），以及中天山支脉那拉提山，山体雄伟险峻，山脊海拔在 4000 米以上，阻挡着南来的塔克拉玛干沙漠干热气流。北侧是北天山支脉博罗科努山、依连哈比尔尕山，山脊海拔 2700~5000 米，是阻拦北冰洋寒流侵袭的天然屏障。中部东西横贯着属于中天山山脉的两条平行支脉：一条为位于伊犁河左岸、自西向东排列的乌孙山，海拔 2000~3800 米；另一条为位于喀什河左岸的阿吾拉勒山，海拔 2000~4000 米。两条山脉将伊犁河流域由南向北分割成特克斯河谷、巩乃斯河谷、伊犁河谷和喀什河谷。

通常，将伊犁河雅马渡水文站以上称为上游，雅马渡水文站至哈萨克斯坦的伊犁村称为中游，伊犁村至巴尔喀什湖称为下游。位于伊犁河上游的特克斯河、巩乃斯河、喀什河并称为伊犁河的三大源流。伊犁河主源流特克斯河自哈萨克斯坦内的支流纳林果勒河汇合口下游附近进入中国境内后，自上而下沿途两岸接纳了众多支流，右岸有木扎特河、夏特河、阿克苏河、阿合牙孜河、大莫音台河、科克铁热克河、乔拉克铁热克河、库克苏河、小吉尔格朗河、大吉尔格朗河等支流；左岸有苏木拜河、喀拉苏河、吐尔干布拉克河、哈桑河、康苏河、乌玉尔台河、小卡拉干河、大卡拉干河、吐尔根布拉克河、大洪纳海河、小洪纳海河、阔步河、齐勒乌泽河、巴哈勒克河、喀拉萨依河等支流。

源流巩乃斯河汇入口以下，伊犁河干流在中国境内河段的两岸支流发育，沿途共有数十条支流汇入，其中，大部分小河水量在冲、洪积平原区就已经被引用耗尽或散失，仅在洪水期和非灌溉期才有余水汇入伊犁河干流。伊犁河右岸较大的支流有喀什河、布力开河、葫芦斯太依河、曲鲁海河、吉尔格郎河、匹里青河、苏阿尔勒马特河、萨尔布拉克河、果子沟、小西沟、大西沟、切德克河、开干河、霍尔果斯等；左岸较大的支流有洪海沟、加依尔马河、加格斯台河、切吉沟、乌尔坦沟、阿勒玛勒河、苏阿苏沟、察布查尔河以及伊什格里山北麓的科克布拉克河、柯舍野特萨依河、萨尔顺沟及其他诸河。

中国境内的伊犁河流域分布有伊犁直辖的 8 县 1 市以及新疆生产建设兵团农四师的 19 个团场，包括哈萨克、维吾尔、汉、回、蒙古、锡伯、柯尔克孜、乌孜别克、满、俄罗斯、塔塔尔、达斡尔、塔吉克 13 个民族。流域内以农牧业生产为主，养蜂业、渔业也较发达，是新疆粮食、油料、肉食、糖料的主要产地之一，主要种植作物有小麦、油菜、玉米、甜菜、亚麻、油葵、烟草及瓜果蔬菜等，工业主要有冶金、电力、煤炭、建材、皮革、食品加工等。

3. 额敏河

额敏河古称也米里河，又名依灭勒河，位于新疆维吾尔自治区西北部边境的塔城地区，为中国和哈萨克斯坦之间的跨界河流，下游流入哈萨克斯坦境内的阿拉湖。额敏河河长 256 千米（中国境内有 157 千米），流域面积 2.18 万平方千米（中国境内有 2.09 万平方千米）。流域北面为塔尔巴哈台山，东北面为齐吾尔喀叶尔山，东南面为加依尔山、玛依勒山，南面为巴尔鲁克山，西面则沿国界分布着一系列蚀余山丘，山体海拔大多为 1000~2500 米。巴尔鲁克山与齐吾尔喀叶尔山之间有一豁口，即"老风口"，巴尔鲁克山与加依尔山和玛依勒山之间为库普谷地。

额敏河主要由沙拉依灭勒河和哈拉依灭勒河在额敏县城东北 28 千米处汇集而成，沙拉依灭勒河为主源。此后河流流经额敏县城，上游左岸接纳了发源于齐吾尔喀叶尔山西侧的支流阿克苏河和马拉苏河后转向西流，进入塔城市境内后，沿途右岸又接纳了发源于塔尔巴哈台山南麓的支流有麦海因河、卡布阿他禄苏河、确拉阿尔坦苏河、锡伯图河、阿布都拉河、喀浪古尔河及乌拉斯台河；沿途左岸则接纳了发源于齐吾尔喀叶尔山西侧的支流库鲁木苏河和乌尔雪勒特河，以及发源于加依尔山与玛依勒山北麓、巴尔鲁克山东南麓，并通过"老风口"向西注入额敏河左岸库鲁斯台草原及南湖湿地的众多河流（如库普河等）。下游左岸接纳了发源于巴尔鲁克山北麓的较大支流有哈拉布拉河和切格尔河。出境后，有发源于我国境内的察汗托海河汇入，河流总体呈东北—西南流向，最终注入阿拉湖。

4. 塔斯提河

塔斯提河为中国和哈萨克斯坦之间的跨界河流，位于新疆维吾尔自治区塔城地区裕民县境内。发源于中国境内的巴尔鲁克山区，尾闾为哈萨克斯坦境内的阿拉湖。河流在中国境内全长 67 千米，集水面积 994 平方千米。

河流源头位于巴尔鲁克山脉塔斯特山附近的塔斯特山隘，流域海拔最高2640 米，河流先自东北向西南流。流经 12 千米于右岸接纳了小溪克孜勒萨依河后转向西北流，中国境内沿途接纳的较大支流有左岸的恰尔巴克特河、哈拉孖依苏河、曲勒齐特河和齐力克苏河；右岸的有哈巴依萨依河和托略萨依河。又流经约 10 千米，河流于左岸接纳了溪流萨江巴依萨依河、塔尔沙特河后转向西流，再流 10 千米后出山口。在山口至国境线 13 千米的河段中，左岸有两条较大支流塔勒艾勒克河和布尔干河汇入。河流在境外有发源于我国境内的喀英德河汇入干流，最终注入阿拉湖。

塔斯提河谷上下游落差达 260 米，水能资源开发潜力大。在山区曲勒齐特河汇合口下游附近，建有拦河渠首一座，通过引水干渠向下游 6 千米处的装机容量 3000 千瓦的一级电站供水发电，下游二级电站装机容量为 4700 千瓦。

塔斯提河全程大部分都在巴尔鲁克山山间穿行，两岸山势陡峭，河床深、纵坡大，河谷形态奇美无比。两岸松杉葱郁、山桦如林，忍冬、爬地柏、绣线菊等原始灌木林丛生，覆盖率达 80% 以上。

5. 铁列克提河

铁列克提河是中国和哈萨克斯坦之间的跨界河流，上游段位于新疆维吾尔自治区塔城地区裕民县南部，尾闾为哈萨克斯坦境内的托拉纳什库里湖。中国境内流域面积 1109 平方千米，中国境内河长 66 千米。

铁列克提河谷北侧为巴尔鲁克山南坡，南侧为玛依勒山北坡的丘陵地带。河流发育在两山交界的断陷河谷内。上游由发源于巴尔鲁克山南坡、由北而来的铁热克特乌增河和发源于玛依勒山西北坡、由东南而来的乌宗布拉克河汇集而成。两河之间为一高原盆地，盆地中心有一湖泊，面积约 1.24 平方千米，湖面高程约 1880 米。湖泊形状似一葫芦，葫芦尾端朝西，与湖西侧约 10 平方千米的沼泽湿地相连。盆地南、北两侧的山区均有多条溪流在盆地边缘渗入地下，以地下水的形式补给盆中湿地。盆地南部玛依勒山北坡发育的较大溪流有布热勒巴依塔勒河、康苏河、库龙布拉克河和拜依格布拉克河；北部巴尔鲁克山南坡汇入的较大溪流有窝勒塔格勒萨依沟和协特克喀拉萨依沟。

源流铁热克特乌增河和乌宗布拉克河在裕民县牧场配种站附近汇合后始称铁列克提河，河流自东向西流，沿途两侧山区均有短小溪流汇入，如克因布拉克河、塔尔布拉克沟和卡因特布拉克沟。自上游两河汇合口起，流经 44 千米后出境。

6. 阿克苏河

阿克苏河是塔里木河的主要源流之一，属于国际跨界河流，源自吉尔吉斯斯坦境内，流入中国境内后，流经新疆维吾尔自治区克孜勒苏柯尔克孜自治州阿合奇县、阿克苏河地区乌什县、温宿县、阿克苏市和阿瓦提县及新疆建设兵团农一师所属 16 个农牧团场，地理位置为东经 75°35′ ~ 81°00′，北纬 40°25′ ~ 42°28′。

阿克苏河由源自吉尔吉斯斯坦境内天山南脉的托干河与源自捷尔斯克伊阿

拉套山的库玛拉克河（主源）两大源流汇集而成，两源流入中国境内后，分别于流经 368 千米和 115 千米后，在温宿县喀拉都维村汇合，以下河流始称阿克苏河。以库玛拉克河为主源，阿克苏河全长 468 千米，流域面积 46787 平方千米。

河流在吉尔吉斯斯坦境内称为萨雷扎兹河，进入中国境内后始称库玛拉克河。阿克苏河干流段位于平原区，河谷宽阔，水流分散，多沙洲；下游河床最宽达 3 千米，纵坡极平缓，河水常四处溢散流淌。

### （二）西北地区国际河流的特征

#### 1. 同时具有出境和入境河

西北地区的国际河流主要为出入境河流，并有少量界河。在西北地区的国际河流中，出境河流主要为额尔齐斯河、伊犁河、额敏河，入境河流主要为阿克苏河。从地理位置上看，在上下游跨界河流水资源开发利用中，河流源头国家占据着优势，下游国则相对处于被动状态。然而，我国虽然地处很多国际河流的上游，但是由于开发历史较晚而在国际河流水资源利用中往往处于被动状态。

#### 2. 河流补给形式多样化

西北地区国际河流的补给形式表现为典型的干旱地区特点，具有多样性，呈现为雨水、地下水、季节性融雪、冰川融水以及各种组合的混合型等多种方式。比如，额尔齐斯河流域由于冰川面积较小，高山冰雪融水只占年径流量的 7%，主要补给来源于春末夏初的季节性融水。额尔齐斯河上游地区主要是靠融雪、融冰和降水补给，下游地区的补给主要是靠融雪、降水和壤中水，额尔齐斯河流域的降水主要来源于大西洋水汽和北冰洋水汽。伊犁河流域则有大小冰川 1600 多条，高山冰雪融水对伊犁河径流的补给起着很大作用，每年可补给河川径流水量约为 20 亿~25 亿立方米，占地表产水量的 13.2%~16.5%。阿克苏河流域河流的补给包含雨水、地下水、冰川融水和融雪，其源流山区降水量随着海拔的增加而增加，托什干河的径流量补给中的冰川融水、降水和地下水占比分别为 24.6%、53% 和 29.89%，库玛拉克河的径流量补给中的冰川融水、降水和地下水比例分别为 51.98%、29% 和 17.1%①。

#### 3. 具有较丰富的水力资源

西北地区国际河流的上中游地区往往穿流于高山峡谷之中，水力资源较为

---

① 白文峰. 阿克苏河源流区径流量与降水量丰枯变化研究 [J]. 能源与节能，2016（10）：108-109.

丰富。在我国西北地区，水能资源理论蕴藏量约占全国水能资源总蕴藏量的 12%，仅次于西南地区，位居全国第二。

### 三、西南地区

#### （一）西南地区国际河流概况

西南地区的国际河流众多，并且以出境河流为主，其特点是干流出境，两岸的支流都以分水岭或河道为界。主要的国际河流有雅鲁藏布江、澜沧江、怒江、元江、伊洛瓦底江。雅鲁藏布江发源于中国西藏自治区喜马拉雅山脉北麓，流经印度、孟加拉国，印度境内称为布拉马普特拉河；澜沧江发源于中国青海省，由北向南流经老挝、缅甸、泰国、柬埔寨和越南，境外部分称为湄公河；元江为中国和越南的跨境河流，越南境内称为红河；伊洛瓦底江东源恩梅开江发源于中国云南省，云南境内称独龙江；还有南部边境上的北仑河为中国和越南的界河，以及属于珠江水系的中国和老挝之间的跨界河流左江。西南地区的国际河流在中国境内主要位于四川、贵州、云南和西藏等省（自治区）。

西南地区多高山和高原，地势陡峭，水流湍急，国际河流水能资源丰富，水能资源总蕴藏量达 2.566 亿千瓦，占中国国际河流水能资源总蕴藏量的 90%，对中国与东南亚地区的合作和发展具有重大意义。我国第三次（1977 年至 1980 年）水能资源复查时，西南国际河流流域已建成和正在建造的水电站为 313 座，年发电量达 442.77 亿千瓦时，装机容量达 932.27 万千瓦。

1. 澜沧江

澜沧江，发源于青海省唐古拉山北麓玉树藏族自治州的杂多县境内，干流自西北流向东南，流经中国的青海、西藏、云南 3 省（自治区），于云南省西双版纳傣族自治州勐腊县出境后成为缅甸与老挝的界河，始称湄公河。湄公河流经缅甸、老挝、泰国、柬埔寨和越南 5 国，于越南胡志明市以南注入南海。

中国境内的澜沧江流域地处东经 93°48′~10°51′，北纬 21°06′~33°48′。流域呈西北—东南走向的狭长形，南北稍宽，中部狭窄。北侧与长江上游的通天河毗邻，东侧以宁静山、云岭、无量山与金沙江、元江为界，西侧以唐古拉山、他念他翁山、怒山与怒江分野。澜沧江干流全长 2161 千米，天然落差 4583 米，河道平均比降 2.12%。河长占澜沧江—湄公河总长的 44.3%，落差占澜沧江—湄公河总落差的 90.6%。澜沧江流域面积 16.44 万平方千米，占澜沧江—湄公河全流域总面积的 20.2%，涉及青海省玉树藏族自治州的 3 个县，西藏自治区那曲、昌都市的 10 个县，云南省迪庆、怒江、丽江、保山、大理、临沧、普洱、西双版纳 8 州（市）的 32 个县（市、区）。

澜沧江水系主干明显，支流众多但多数较短小且落差大。左岸主要支流有子曲、麦曲、批江、黑惠江、威远江、南班河、南腊河等，右岸有吉曲、金河、罗闸河、小黑江等。其中，流域面积大于 1 万平方千米的支流有 3 条，即吉曲、子曲、黑惠江；大于 1000 平方千米的支流有 42 条；100~1000 平方千米的支流有 284 条。河长超过 100 千米的支流有 13 条。湖泊包括洱海、布托错青、布托错穷等。根据河谷地形及河道特征，澜沧江干流河源至西藏昌都镇为上游，昌都镇至云南临翔区四家村为中游，四家村至支流南腊河汇入口为下游。

由于纬度和地形的差异，澜沧江流域上、中、下游的气候迥然不同。上游属温带半湿润气候区，气候寒冷，年温差小、日温差大；中游属北亚热带至中亚热带季风气候区，河谷深切，立体气候显著，高山寒冷，山腰温凉，河谷暖热；下游地势较低，属南亚热带至北热带季风气候区，气候炎热，降水较丰，干湿两季分明。澜沧江流域的水量丰沛，径流由降雨、高山冰雪融水和地下水混合补给。上游以地下水和高山冰雪融水补给为主，中游以降雨和地下水补给为主，下游以降雨补给为主。径流量的年内分配较为集中，汛期 5—10 月的径流量占年径流量的 80% 左右，7—9 月的径流量占年径流量的 51% 左右。

澜沧江流域水能资源理论蕴藏量 3589.1 万千瓦，年发电量 3144 亿千瓦时；技术可开发装机容量 3484 万千瓦，年发电量 1690 亿千瓦时。可开发的水能资源主要集中在干流。干流水能资源理论蕴藏量 2487 万千瓦，占澜沧江全流域的 69.3%；技术可开发装机容量 3240 万千瓦，年发电量 1570 亿千瓦时，均约占全流域的 93% 左右。因此，澜沧江流域内的水能资源开发以修建干流大型电站为主，中下游的景洪、糯扎渡、漫湾、小湾、功果桥等水电站已相继建成；支流水电开发规模较小，主要集中于云南的西洱河、流沙河、景谷河和黑惠江。

澜沧江出境以后的湄公河段占澜沧江—湄公河总流域面积的 79.8%。湄公河流域水能理论蕴藏量为 5800 万千瓦，可开发水能 3700 万千瓦，年发电量为 1800 亿千瓦时，其中，33% 在柬埔寨，51% 在老挝。湄公河干流规划有 11 个水电站（其中，7 个在老挝，2 个在柬埔寨，2 个在老挝和泰国边境），目前已建成沙耶武里和栋沙宏两座水电站，北本、琅勃拉邦等水电站正在磋商和建设之中。

2. 雅鲁藏布江

雅鲁藏布江，发源于中国西藏自治区普兰县喜马拉雅山北麓的杰马央宗冰川，为世界上海拔最高的大河。中国境内的雅鲁藏布江流域介于东经 82°00′~97°07′和北纬 28°00′~31°16′，地处西藏自治区南部，东西最大长度约 1500 千米，南北最大宽度约 290 千米，平均宽度约 166 千米。雅鲁藏布江总体上呈西东流向，流域面积 24.2 万平方千米，河长约 2057 千米，总落差 5435 米，集水面积大于 10000 平方千米的支流有多雄藏布、年楚河、拉萨河、尼洋河和帕隆藏布河。东、北部以冈底斯山、念青唐古拉山与藏北内流水系区及怒江上游的高原峡谷过渡区相邻；东边以伯舒拉岭与怒江相邻；西南以喜马拉雅山脉为界与尼泊尔接壤；南面以拉轨岗日和岗日嘎布等山脉与恒河支流朋曲和布拉马普特拉河支流西巴霞曲、察隅曲等水系作为分界。中国境内的雅鲁藏布江流域呈东西向狭长的柳叶状，流域地跨西藏自治区阿里、日喀则、山南、拉萨、那曲、林芝、昌都七地（市）。雅鲁藏布江经过巴昔卡流出中国国境，流入印度境内，在境外称为布拉马普特拉河。雅鲁藏布江流域—布拉马普特拉河流域总面积为 61.7 万平方千米。

中国境内雅鲁藏布江流域内多样的地形地貌，形成了复杂多样的独特气候。流域内包含了西藏所有的气候分带，自下游至上游可分为热带、亚热带、高原温带、高原亚寒带和高原寒带。气温自东南至西北呈递减趋势，气温随海拔增高而降低的垂直变化明显。河源及高海拔地区，多年平均气温为 0℃～3.0℃，中游河谷地带 5.0℃～9.0℃。相对湿度在 35%～70%。流域内几乎包含了西藏所有的降水分带。自下游至上游可分为极湿润带（多雨带）、湿润带、半湿润带、半干旱带和干旱带。降水主要来源于印度洋孟加拉湾的暖湿气流，沿雅鲁藏布江河谷上溯而形成降水，峡谷地区降水量梯度变化明显。降水量自下游至上游呈递减趋势，自东南向西北迅速递减，流域多年平均年降水量约 946 毫米，年降水量的 60%～90% 主要集中在 6—9 月。年水面蒸发量约 1250 毫米，拉孜以上在 1200～1400 毫米。中游段的拉孜、拉萨、乃东、朗县为高值区，年水面蒸发量超过 1600 毫米，下游段则在 1000 毫米以下。流域内的径流由降水、地下水和高山冰雪融水组成。从河源到河口横跨少水带、过渡带、多水带和丰水带。径流的年内分配不均，流域暴雨主要发生在藏东南及下游地区，中上游地区主要发生局部短历时强降水，暴雨洪水多出现在 7—8 月。

雅鲁藏布江全部在中国境内，水能资源十分丰富，水能资源理论蕴藏量为 11350 万千瓦。干流水能蕴藏量为 7910 万千瓦，约占全流域水能蕴藏量的 70%；支流为 3440 万千瓦，约占全流域总量的 30%。在印度境内布拉马普特拉河的水电蕴藏量为 66065 兆瓦，占印度水电蕴藏量的 44.42%①。

---

① 樊基仓，李英改，李斌，等. 印度对布拉马普特拉河的开发及其跨境影响［J］. 世界地理研究，2010，19（4）：84-90.

3. 怒江

怒江，曾名潞江，古称泸水，发源于西藏自治区北部唐古拉山脉南麓安多县境内，干流流经西藏那曲、昌都和林芝 3 个地区，再流经云南省怒江、大理、保山、临沧、德宏 5 个州（市）。怒江由云南芒市的南信河口流出中国国境，进入缅甸，入缅甸后始称萨尔温江，经缅甸、泰国，在缅甸毛淡棉附近注入印度洋的安达曼海。怒江—萨尔温江全长 3673 千米，流域总面积 32.5 万平方千米。中国境内流域面积约 13.6 万平方千米，位于北纬 22°10′~32°48′（包括地域上单独成块的南卡江部分），东经 91°13′~100°15′。

流域呈西北向东南逐渐变窄复又展宽的带状。东以他念他翁山、怒山山脉与澜沧江相邻，西北连着藏北内流水系，西面以念青唐古拉山、伯舒拉岭、高黎贡山与雅鲁藏布江和伊洛瓦底江流域毗邻，北隔唐古拉山邻长江源头水系，南及西南部与缅甸交界。涉及的行政区划除干流流经的 8 个地、州、市外，还有云南省的普洱市（南卡江部分）。

怒江的支流众多。上游流域面积大于 5000 平方千米的支流有卡曲 8590 平方千米，索曲 13840 平方千米，姐曲 5590 平方千米，其次为色曲（又名金河）、嘎曲（尕曲）、达曲。中游的主要支流有德曲、八宿冷曲和伟曲（玉曲），其中，伟曲流域面积大于 5000 平方千米，为 9190 平方千米。下游左岸支流的发育，流域面积大于 5000 平方千米的有勐波罗河 6646.4 平方千米，南汀河 8207.9 平方千米（中国境内），其次有南卡江，其中南汀河与南卡江单独出境，在缅甸汇入萨尔温江。

流域大部分处于青藏滇缅“歹”字形构造体系及其与滇西的南北向（经向）构造体系复合部位，另有北东向构造体系和近东西向（纬向）构造体系。上游地处青藏高原东南部，地势高亢，河谷宽阔，两岸是海拔 5500~6000 米的高山、现代冰川发育，属高原地貌。中游进入藏东南和滇西横断山纵谷区。河流从东南走向渐变为南北走向，山高谷深，峰谷间高差达 2000~3000 米。河道比降加大，水流湍急，水面狭窄处仅有 100 米左右，两岸少有阶地。至滇西横断山区，为著名的怒江大峡谷，在世界自然遗产“三江并流”区的西部。河流两岸高山夹峙，谷窄水急，峰谷高差达 3000 米，东西分水岭之间的流域最窄处仅宽 21 千米。下游为中山宽谷区，呈上紧下疏的帚状地形。两岸山势渐低，左岸碧罗雪山延至保山市隆阳区，为余脉，海拔 1000~2000 米；右岸高黎贡山至龙陵县为丘陵盆地所代替，海拔 1700~2000 米。河谷宽 500~1000 米，两岸均有阶地分布。

河流水系在中国境内干流河长 2013 千米，天然落差约 4840 米。怒江在西藏境内为上游河段，进入云南境内至六库为中游河段，六库以下至中国和缅甸国界为下游河段。怒江中下游径流丰沛而稳定，落差大，交通方便，开发条件好，是水能资源丰富、开发条件较为优越的河段，也是我国尚待开发的水电能源基地之一。怒江流域干流规划拟建的布西、鹿马登、亚碧罗、跃进桥、双虹桥、蚌东6座梯级水电站，部分已建成并投入使用。

萨尔温江水能资源丰富，可开发的水能资源达400万千瓦以上。2013年3月，缅甸方面计划以BOT（build-operate-transfer，即建设—经营—转让）方式在萨尔温江兴建6项水电站工程，包括滚弄、脑帕、蔓导、孟统、月帝和哈基水电站。6项水电站建设工程由5家中国企业和Goldwater Resources Ltd（金水资源有限公司）、International Group of Entrepreneurs Co. Ltd（国际企业集团有限公司）、Shwe Taung（瑞东发展有限公司）等私营企业合作兴建。萨尔温江上游孟统水电站工程和哈基水电站工程，除了中国公司外，泰国发电局也参与了投资建设。

4. 吉太曲—独龙江

吉太曲—独龙江为伊洛瓦底江上游的主源河流，位于西藏自治区林芝市察隅县和云南省怒江傈僳族自治州的贡山县。干流源头吉太曲在西藏境内分东西两支，东支日东曲，长约56千米；西支嘎达曲，长约75千米，以西支为主干，发源于伯舒拉岭山脉西南苑然莫日峰附近，河源高程约4720米。除日东曲外，其余，西藏境内支流多分布于干流右岸且均较短小。

流域北接伯舒拉岭山，东以伯舒拉岭山和高黎贡山与怒江流域接壤，西界南北逶迤的担当力卡山与缅甸毗邻，西北部与隅曲流域相接。流域面积4344平方千米，其中西藏境内的吉太曲为2350平方千米，云南境内的独龙江为1994平方千米。流域呈微弯狭长条带状。

河流发源于西藏自治区林芝市察隅县境内的伯舒拉岭山脉西南麓。上段吉太曲河长90.5千米，天然落差2380米，由西北向东南流；下段独龙江河长86.8千米（中国境内），天然落差940米，在支流麻必洛河汇入后转为北向南流，出境前又折向东北—西南流。干流的最大支流为西藏境内的日东曲。云南境内流域面积超过100平方千米的支流，自上而下依次有麻必洛河、木切尔河（莫嘎洛河）、担当洛河（担当王河）、接壤河（特拉王河）。各支流的特点是河流不长，落差较大，产水量大。

干流西藏区间属喜马拉雅山南麓亚热带湿润气候区，四季温和，多年平均年降水量约1800毫米，年日照时数1615小时，年无霜日在200天以上。干流云南区间属北亚热带气候，多年平均气温在13.6℃～16.4℃，立体气候明显。高程 3800 米以上属高寒气候，多年平均气温在 4.5℃ 以下。区域位于西南暖湿气流北上的通道上，水气充沛，降水量大，多年平均年降水量约 3200 毫米，临近中缅边界的马库村年降水量高达 4796 毫米。一年内有双雨季，第一个为 2—4月，第二个为 5—10 月，降水日数大于 200 天，是云南省降水最多的地区。流域内径流由雨水、冰雪融水和地下水组成，属混合补给型河流。

流域地处青藏高原与横断山地的衔接地带，受冈底斯—念青唐古拉褶皱系之独龙江构造断裂带影响，主要山脉及河流都呈南北向延伸，总体地势北高南低，河流切割深度大于 1000 米。形成了可与三江平行峡谷区并驾齐驱的高山峡谷地貌。流域内受自然条件制约，交通极为不便，主要是靠乡间道路通行。流域内春季低温，连阴雨；秋季秋雨连绵，影响作物生长，并给人畜造成一定危害。独龙江有记载的较大洪灾出现在 1972 年 6 月中旬和 1973 年 4 月中旬，3 天暴雨，江水猛涨，引发了泥石流灾害。

吉太曲干流上建有一座吉太曲引水式电站，装机容量 1400 千瓦。支流上建有装机容量 640 千瓦的孔目水电站，为独龙江乡政府驻地供电。

5. 朋曲

朋曲为恒河水系左岸支流阿润河的上源，亦称澎曲（或彭曲）。发源于西藏自治区喀则市聂拉木县波绒乡色隆村以上的希夏邦马峰北麓野博康加勒冰川。进入尼泊尔王国后称阿润河。

流域涉及西藏自治区聂拉木、定日、萨迦、定结和岗巴五县，形似长方形、东西长约 320 千米，南北宽约 120 千米。国境内流域面积 24272 平方千米（其中冰川面积 1631 平方千米），河长 361 千米，落差 3325 米。流域东临夏布曲和多庆错流域，西与绒霞藏布、波曲和佩枯错流域毗邻，北与雅鲁藏布江上段南岸水系相邻，南与尼泊尔、印度接壤。

源头海拔 5530 米，向东流至白坝附近后折向南流，在陈塘镇的龙堆村下游8 千米处流出国境。朋曲较大支流多位于干流的左侧，左岸集水面积 16357 平方千米，右岸集水面积 8950 平方千米，流域不对称系数为 0.585。朋曲支流众多，流域面积大于 300 平方千米的左岸支流有朋秋曲、吉马曲、洛洛曲、叶如藏布等，右岸支流有朗弃曲、甲拉曲、铜曲、热曲、扎嘎曲、卡达曲等，其中，叶如藏布河最大，扎嘎曲次之。

流域内定结县城以北区域多年平均年径流深约 150 毫米，定结县以南区域多年平均年径流深 150~1000 毫米；流域水能资源理论蕴藏量约 298.23 万千瓦。

6. 马甲藏布（孔雀河）—格尔纳利河

马甲藏布为恒河左岸支流呼拉卡拉利河的上源，亦称"孔雀河"，发源于西藏自治区普兰县境内喜马拉雅山脉兰批雅山口附近。中国境内流域面积 3063 平方千米，河长 110 千米，落差 1800 米。流域东界为尼泊尔，南部与尼泊尔和印度毗邻，北部与拉昂错、玛旁雍错相接，西部与朗钦藏布流域相邻。

流域位于喜马拉雅山脉南坡。流域内有宽阔平坦的河谷平原，有雄伟壮观、秀丽多姿的高山地貌，高寒缺氧，四季分明，年日照时数约 3100 小时，无霜期短。多年平均年降水量约 300 毫米。河床由砂卵石组成，河水含沙量较大，水质较差。河流在冬季有结冰现象，部分河段出现封冻。径流以降水、高山冰雪融水和地下水补给为主，境内多年平均年径流深 100~200 毫米。水能资源理论蕴藏量 5.07 万千瓦。

干、支流源头冰川广布，山高谷深。自源头向北流，在呸耳桑岗姆附近折向东南流，右纳马洋浦、马山浦，左纳杜不弄后抵达农场，农场以上干流称布朗玛不加曲。河谷宽阔、平坦，灌丛草场分布较多。干流于农场附近纳古尔拉曲后折向南流，经多玛、切烈、纳亚色浦、绒果后至普兰镇（普兰县府驻地），渐渐转向东南流。两岸支流甚密且呈对称形状，右岸的主要支流有赤德蒲、东古英曲、果木子，左岸主要支流有纳如绒、太阳绒、岗芝隆巴。流经多则、岗芝、科加，于普兰镇斜尔瓦附近流出国境。

### 7. 吉隆藏布—特耳苏里河

吉隆藏布为恒河左岸支流根德格河的上源，发源于西藏自治区吉隆县宗嘎镇境内的子母拉山。国境内流域面积 2188 平方千米。河长 114 千米，落差 2785 米。河流入尼泊尔境内后称特耳苏里河。

流域属高原温带半干旱季风气候。流域内冰川广布，山高谷深，海拔在 6000 米以上的山峰就有多座。上游年降水量 350 毫米，下游年降水量在 1000 毫米以上。流域多年平均年降水量约 570 毫米。流域内干湿季分明，年日照时数在 30000 小时以上，无霜期短。河道由砂卵石、砾石组成，河水含沙量较大。径流由高山冰雪融水、地下水及降水补给，境内多年平均年径流深 150~180 毫米。流域水能资源理论蕴藏量约为 33 万千瓦，其中干流约 29.1 万千瓦。已建两座总装机容量为 1070 千瓦的小型水电站。

河流自源头向东流，两岸地势开阔、山峰较矮、支流较多、植被稀疏。经普拉、宗嘎镇，左纳卧马曲后折向南流，10 余千米后河谷变窄。河道迂回曲折，水流缓急交替，两岸山势挺拔、植被旺盛，远处可见皑皑雪山。至卓汤折向东南流，两岸山高坡陡、森林茂密、水流湍急。经吉隆镇至冲色，河流转向南流，于吉隆镇热索村附近，左纳岗勒拉后流入尼泊尔境内。吉隆镇位于吉隆县南缘的森林区，海拔 2600 米，为边境小镇，是西藏早期的通商口岸之一。吉隆藏布内风光秀丽，名胜古迹较多，有帕巴寺、查嘎寺、强真寺和吉隆江村自然保护区等。

### 8. 森格藏布（狮泉河）

森格藏布为印度河的上源，亦称狮泉河，发源于西藏自治区革吉县亚热乡雄瓦尔山北麓，是西藏阿里地区最大的河流。中国境内流域面积 27170 平方千米（其中冰川面积 286 平方千米），涉及西藏自治区的噶尔、革吉、日土、扎达 4 个县。

流域呈扇形，最大长约 340 千米，最大宽约 150 千米。位于东经 79°08′~81°49′，北纬 31°08′~33°17′。流域东、北部与藏北内陆河水系为邻，西、南部与朗钦藏布流域相邻，西南端与克什米尔地区毗邻。

森格藏布干流始向北流，然后折向西流，最后折向西北流，境内总长 440 千米。森格藏布的主要支流有生拉藏布、赤左藏布、噶尔河、噶尔藏布等，较大支流多从左岸汇入。左岸的集水面积约为右岸的 1.9 倍。

森格藏布流域属高原亚寒带干旱气候，日照时间长，辐射强烈，气温低，温差大，干湿分明，多夜雨，蒸发量大，年无霜期短，冬、春季干燥风大。该流域是全国太阳辐射总量最多的地方，也是全国日照时数的高值中心。径流由地下水、降水和高山冰雪融水补给，最大洪峰流量一般出现在 7~8 月。除局部河段外，河流在冬季均有封冻现象。

流域多年平均年径流深 10~50 毫米。水能资源理论蕴藏量约 13.6 万千瓦。域内耕地少，以牧业为主，农业为辅，主要的牲畜有牛、羊、马、猪，农作物主要有冬小麦、青稞和油菜。

### 9. 奇普恰普河

奇普恰普河为印度河支流什约克河—希奥克河的上源。奇普恰普河外流区位于新疆和田县南部、喀喇昆仑山东南端、西藏日土县东北角，西南与印控克什米尔地区毗邻，东南与藏北内陆湖水系接壤，东、北与喀拉喀什河流域相连。区域内自北向南依次分布有奇普恰普河、鸳鸯湖、天南河、西大沟、加勒万河、昌隆河和羌臣摩河等水系，除鸳鸯湖水系外，各河流出境后均经希奥克河，入印度河一级支流什约克河，最终注入印度洋。奇普恰普诸河水系中国境内集水总面积约 5900 平方千米。

奇普恰普河外流水系地处喀喇昆仑山西南坡，区域由西北向东南依次分布的山脉为克孜尔塔格山、天河岭、河西大雪山、平顶光山和喀喇昆仑山主山脉，流域海拔都在 5000 米以上。区域内河流两岸多为尖削、陡峻的雪峰及巨大的冰川，空气稀薄，太阳辐射强烈，温差大。喀喇昆仑山南坡受印度洋西南季风影响显著，西南季风常造成区域性大降水。

　　区域内高大的山体为水网的发育创造了条件，发育在克孜尔塔格山和天河岭之间的河流为奇普恰普河和天南河，发育在天河岭和河西大雪山之间的河流为西大沟水系，发育在河西大雪山和平顶光山之间的河流为加勒万河水系，发育在平顶光山和喀喇昆仑山主山脉之间的河流为昌隆河水系，源于喀喇昆仑山脉西段的河流为羌臣摩河。

　　奇普恰普河流域和鸳鸯湖流域的地势相对平缓，河谷浅宽平坦，沿奇普恰普河河谷可通行汽车。天南河、西大沟、加勒万河、昌隆河谷深沟窄，夏季水流湍急，河谷两侧均为险峰峻岭、雪山冰川，海拔均在 5500 米以上，通行困难。羌臣摩河上游多为时令性河段，河流基本穿行于高山峡谷间；一般公路可通行至本区域，交通较为方便。空喀山口地势稍有降低，为边界处的重要山口，是中国新疆、西藏通往克什米尔地区的重要通道。

　　奇普恰普河外流水系地处喀喇昆仑山的高山区，又位于中国与印控克什米尔地区的交界区域，山高谷深，自然环境较为恶劣，人类活动较少。区域内气候寒冷，且变化急剧，冬季气温可达−40℃以下，盛夏最高温度也不超过 20℃。冬季长达 8～9 个月，昼夜温差大，有“一日四季”之说。奇普恰普河外流水系东邻阿克赛钦盆地，盆地内有新藏公路通过，在甜水海附近分出 3 条支线通往该区域，沿途多沼泽、碱滩，新藏公路路窄、坡大、弯急。夏天山洪暴发，坡体易塌方；冬天狂风暴雪，大雪封山，交通时常堵塞。

　　10. 加勒万河

　　加勒万河上游源流称徒沟，发源于长平岭西北坡，河流自源头由东向西流经 16 千米，左岸接纳一无名支流后转向北流；又流 9 千米，右岸接纳由北而来的无名山沟（河长 12.5 千米）后转向西流；下游 9 千米、11 千米处，又先后接纳了由北而来的一无名支流（河长 14 千米）和由南而来的东岔沟（河长 24 千米）。东岔沟河口以下，河流始称加勒万河，下游约 5 千米处左岸又接纳西岔沟河（河长 14 千米）后，向西北流经 43 千米流出国境，汇入希奥克河，其间沿途分别有南沟、新加勒万河、九龙冲沟、红柳沟和大支流西南峡谷河等支流汇入。

　　新加勒万河为加勒万河的右岸支流，河流自源头由北向南流经 13 千米后，转大弯向西流；下行 21 千米，右岸接纳一无名支流（河长 20 千米）后转向西南流，又下行 10 千米后汇入加勒万河，河长约 43 千米。西南峡谷河为加勒万河右岸大支流，源流由阴暗沟和多湾沟汇集而成；汇合口以下称为西南峡谷河，河流由西北向东南流，再折向西流，继而南流，汇入加勒万河。加勒万河于汇口以下河长约 27 千米处汇入希奥克河。加勒万河全长 87 千米，其中，国境内河长 83 千米，集水面积 1745 平方千米。

### 11. 朗钦藏布（象泉河）—萨特莱杰河

郎钦藏布为印度河支流萨特莱杰河的上游段，亦称象泉河，发源于西藏自治区普兰县巴嘎乡毒庆拉（土青拉）山峰南麓的冰碛湖，是西藏阿里地区最主要的河流之一。流域位于东经 78°39′~81°12′，北纬 30°26′~32°36′，北部与森格藏布流域相邻，东部接拉昂错和马甲藏布流域，南部与西部和印度接壤。流域最大长约 260 千米，最大宽约 140 千米，境内流域面积 23070 平方千米。域内地势东南高、西北低，涉及普兰、噶尔、札达三县，主要位于札达县境内。

朗钦藏布境内河长 343 千米，有大小支流 20 余条，其中，流域面积大于 1000 平方千米的有 4 条，即索岗绒曲、玛那曲、香孜河和俄布河。河流两岸分布着绝无仅有的，也是世界上最大规模的雅丹地貌群之一。流域属高原寒带干旱气候，气候寒冷干燥，降水稀少，多大风，无霜期短。太阳辐射强烈，年日照时数在 3000 小时左右，流域多年平均年降水量约 250 毫米，降水主要集中在 6—9 月。洪水发生在 7—8 月，峰高量小，峰型尖瘦。流域多年平均年径流深 50~150 毫米，径流以地下水补给为主。域内植被稀少、土壤松软，水土流失严重，沿途河床多有淤积，河水含沙量大。

### 12. 左江

左江是郁江的右岸支流，古称"斤南水""斤员水"，属于珠江水系。发源于越南广宁省，在中国广西壮族自治区南宁市汇入郁江。地理位置在东经 107°22′~108°07′，北纬 21°38′~22°05′。流域地处郁江上游，涉及广西南部的 5 个地级市、13 个县（市）和越南东北部分地区。左江干流全长 591 千米，中国境内河长 342 千米。干流平均比降 0.34%，流域平均宽度 54.79 千米，流域面积 32379 平方千米，其中，有 20786 平方千米在广西境内，有 11593 平方千米在越南境内。

主要分水岭为西大明山和十万大山。东分水岭在邕宁、扶绥两县界上，东北为西大明山，西部以越南的谅山市、奇穷河、枯隆山为界。西北部分水岭在百色靖西市中部，南分水岭为中越边境公母山、上思县十万大山余脉，北分水岭经德保南部、天等县中部、江州区和扶绥、邕宁等县至河口，与右江流域相邻。

左江流域广西境内 100 平方千米以上的支流有凭祥河、水口河、上龙河、小湾河、明江、峪阳河、黑水河、安农河、板崇河、那渠河、客兰河、驮卢河、汪庄河、双侠河、下楞河。流域面积超过 500 平方千米的一级支流有水口河、黑水河、驮卢河、双侠河、明江、客兰河和汪庄河 7 条。干支流总长 3617 千米，河网密度 0.17 千米每平方千米。广西境内有地下河 56 条，补给面积 4865 平方千米，流程 837 千米，枯季出口流量 25.14 立方米每秒。

流域多年平均年降水量由西南向东北递减，变化梯度较大，年降水量 1039~1865 毫米，多年平均年降水量 1370.6 毫米。年内分配不均，旱涝频繁交替。受台风影响，60% 以上的降水量集中在 5—9 月，7—9 月台风降雨频繁，常引发洪水灾害。冬、春两季雨量很少。大部分地区多年平均年蒸发量超过 800 毫米，崇左市城区达 9992 毫米。

多年平均年径流量地区差异较大。上游响水河及黎溪河以上流域，年径流深 600~1077 毫米，干流沿江两岸的扶绥县、崇左市、宁明县年径流深仅 337~600 毫米。最大值 1077 毫米是最小值的 3.19 倍。径流量年内分配不均，7—10 月径流量占全年的 70% 以上，多年平均径流量 9 月最多，是最少月 2 月的 13.2 倍。

13. 元江—红河

元江发源于云南省大理市与巍山彝族回族自治县交界的者摩山茅草哨，上源称礼社江，在接纳绿汁江后称为元江，至云南河口瑶族自治县河口镇（海拔 76.4 米）流入越南后称为红河，在越南海防市注入南海北部湾。在我国境内，元江河长 692 千米，流域面积 3.46 万平方千米。红河在我国境内支流还有李仙江、藤条江、盘龙河、普梅江等，分别流入越南后，最终注入红河。

元江流域地势西北高、东南低，右岸为高耸的哀牢山脉，左岸是滇中红色高原，河谷深切，相对高差在 2000 米以上，河道比降 3.9%。三江口以下除了有 3 个平坝外，其他均为谷宽 80~100 米的峡谷，直到出境时展宽 300 米左右。支流李仙江河长 488 千米，流域面积 2.34 万平方千米，上游河段较开阔，中下游山势陡、河谷窄，沿河多有急滩。盘龙江河长 231 千米，流域面积 0.64 万平方千米，流域内石灰岩广布，溶洞发育，河道狭窄，水流急，多瀑布。

流域大部分地区年降水量为 1000~1600 毫米，降水主要集中在 5—10 月，占全年的 85% 左右。受地质构造、岩性、地貌和植被等多种影响，各地产流情况复杂，流域地下水为 153 亿立方米。由于流域内喀斯特分布广泛、地表水渗漏严重，造成严重缺水。流域以引地表水灌溉为主，蓄水灌溉为辅，水利化程度较低，水资源利用率为 3.1%。

元江是西南地区诸河含沙量最大的河流，年平均含沙量 3.86 千克每立方米。流域水能蕴藏量 989 万千瓦，目前只在绿汁江、依萨河建两个中型电站及一些小型水电站。由于受地形、地质和交通条件的制约，全流域基本处于未开发状态。

## （二）西南地区国际河流的特征

1. 主要为出境河流，水能资源丰富

西南地区的国际河流主要发源于青藏高原，小部分发源于云贵高原，以出境河流为主，最后注入印度洋或太平洋。发源于青藏高原的主要有雅鲁藏布江、怒江、澜沧江以及恒河支流的源头小河和印度河上游的狮泉河、象泉河等，发源于云贵高原的主要有云南中部的元江、李仙江、盘龙江（下游在越南形成红河水系）以及云南西部的伊洛瓦底江的上游河独龙河、大盈江、龙川江等。其中，较为重要的河流主要是雅鲁藏布江、澜沧江和怒江。雅鲁藏布江是中国第五大河，河床高程一般在3000米以上，是世界上最高的大河，水量丰盈，河流落差大，水能蕴藏量达7000多万千瓦，仅次于长江；澜沧江和怒江的水量均超过黄河，落差较大，水能资源极为丰富。

2. 境内通航里程较短，碍航因素较多

西南地区国际河流水量丰富，但是在中国境内多穿梭于崇山峻岭之中，水流湍急、滩礁棋布、谷深山幽，只有少数河谷平原地区可以通航。由于河流多由北而南深切高山，东西陆路交通也不方便。雅鲁藏布江中游河段的曲水—泽当段舟楫便利，其他段可季节性通行皮船或木船。澜沧江云南段整治卓有成效，通航里程及吨位大大增加，有效地促进了西南地区的经济发展。

3. 河流补给类型多样，自然资源丰富

西南地区的国际河流多发源于青藏高原，由于高原地区海拔高、积雪多、冰川广布，因此，永久性冰雪融水补给所占比重较大；又由于大量冰川堆积物的存在，土层松散且多孔隙，因此，地下水极为丰富，是重要的补给来源；此外，雨水补给也占有一定比例，如澜沧江流域内年降水量达1000毫米以上。在气候适宜、水资源丰富的西南地区国际河流流域范围内，各种生物资源丰富，旅游资源独特，局部地区土壤肥沃，农业基础良好且多为少数民族居住地。

# 第三节　中国国际河流的境内管理

国际河流的管理主要围绕水资源的管理展开，在中国行业管理的背景下，国际河流的管理以水利系统为主，此外，其他相关职能部门承担着国际河流相关的管理职责。

## 一、中国国际河流的水资源管理

（一）中国水资源管理体制

中国有关流域水资源的法律法规主要有《中华人民共和国水法》《中华人民共和国水污染防治法》《中华人民共和国防洪法》《中华人民共和国水土保持法》《中华人民共和国河道管理条例》等。地方与流域机构也结合自身情况制定了配套的法规，对流域水资源的综合开发和管理有着宏观的指导和规范作用。《水法》第12条规定：国家对水资源实行流域管理与行政区域管理相结合的管理体制。国务院水行政主管部门负责全国水资源的统一管理和监督工作。国务院有关部门按照职责分工，负责水资源开发、利用、节约和保护的有关工作。水利部作为国务院的水行政主管部门，是国家统一的用水管理机构，以环境保护和水污染治理为主要任务的环保部门也在河流管理活动中负有相关职责，此外，住建、农业、林业、发改、交通、渔业、海洋等部门也在相应领域内承担着与水有关的行业分类管理职能。2016年，中共中央办公厅、国务院办公厅印发了《关于全面推行河长制的意见》，全面推行河长制。在不突破现行"九龙治水"的权力配置格局下，通过由当地党政负责人担任河长、设立河长制领导小组、河长制办公室、明确各级河长体系等措施，保证相关职能部门之间的协调与配合，构建围绕河流管理的联动机制。

国务院水行政主管部门在国家确定的重要江河、湖泊设立的流域管理机构，在所管辖的范围内行使法律、行政法规规定的和国务院水行政主管部门授予的水资源管理和监督职责。水利部已按"七大流域"设立了流域管理机构，包括长江水利委员会、黄河水利委员会、海河水利委员会、淮河水利委员会、珠江水利委员会、松辽水利委员会、太湖流域管理局。七大江河、湖泊的流域机构依照法律、行政法规的规定和水利部的授权在所管辖的范围内对水资源进行管理与监督。

县级以上地方人民政府水行政主管部门按照规定的权限，负责本行政区域内水资源的统一管理和监督工作。县级以上地方人民政府有关部门按照职责分工，负责本行政区域内水资源开发、利用、节约和保护的有关工作。地方水资源管理的监督工作按照职责分工由县级以上各级地方人民政府的水利厅（局）负责。

## （二）中国国际河流的水资源管理体制

国内将国际河流水资源管理纳入一般水资源管理体系之中的，管理体制为水资源管理加外事管理的模式，因此，管理体制呈现出一般水资源管理的条块结合的特征。

### 1. 国际河流管理遵循一般水资源管理体制

国内对水资源实行流域管理与行政区域管理相结合的管理体制。在政府的各个部门职责划分中，国务院下属的水行政主管部门，即水利部专职负责水资源的统一管理和监督工作。此外，与水资源相关的其他中央部委根据职责分工，具体负责水资源管理相关的工作。同时实行河长制，实现河流的统一管理。

在流域管理方面，水利部在7个主要的河流流域设立了7个流域管理机构。由于国际河流长期处于未开发状态，因此除了黑龙江等东北国际河流外，其他国际河流并未设立专门的流域管理机构，而是根据流域范围和发源地，分别纳入长江委、黄河委、松辽委、珠江委等流域机构代为管理。例如，水利部松辽水利委员会的职能定位是水利部在松花江、辽河流域和东北地区国际界河（湖）及独流入海流区域内派出的流域管理机构，代表水利部依法行使所在流域内的水行政管理职责，为具有行政职能的事业单位。这些流域机构一般在内部设立了国际合作与科技管理部门，专职负责国际河流管理以及相关的外事工作，具体分属情况见表2-2。

**表2-2 中国主要国际河流所属流域管理机构**

| 区域 | 河流名称 | 流经国家 | 所属流域机构 |
|---|---|---|---|
| 东北地区 | 黑龙江 | 中国、俄罗斯、蒙古 | 松辽水利委员会 |
| | 鸭绿江 | 中国、朝鲜 | |
| | 图们江 | 中国、朝鲜、俄罗斯 | |
| | 乌苏里江 | 中国、俄罗斯 | |
| | 绥芬河 | 中国、俄罗斯 | |
| 西北地区 | 额尔齐斯河 | 中国、哈萨克斯坦、俄罗斯 | 黄河水利委员会 |
| | 伊犁河 | 中国、哈萨克斯坦 | |
| | 乌伦古河 | 中国、蒙古 | |
| | 阿克苏河 | 中国、吉尔吉斯斯坦 | |

| 区域 | 河流名称 | 流经国家 | 所属流域机构 |
|------|----------|----------|--------------|
| 西南地区 | 澜沧江 | 中国、缅甸、老挝、泰国、柬埔寨、越南 | 长江水利委员会 |
| | 雅鲁藏布江 | 中国、印度、孟加拉国 | |
| | 元江 | 中国、越南 | |
| | 怒江 | 中国、缅甸 | |
| | 伊洛瓦底江 | 中国、缅甸 | |
| | 印度河 | 中国、巴基斯坦、印度 | |
| | 北仑河 | 中国、越南 | |
| | 红河 | 中国、越南 | 珠江水利委员会 |

在河长制方面，河长负责组织、领导相应河湖的管理和保护工作，包括水资源保护、水域岸线管理、水污染防治、水环境治理等，牵头组织对侵占河道、围垦湖泊、超标排污、非法采砂、破坏航道、电毒炸鱼等突出问题依法进行清理整治，协调解决重大问题；对跨行政区域的河湖明晰管理责任，协调上下游、左右岸实行联防联控；对相关部门和下一级河长履职情况进行督导，对目标任务完成情况进行考核，强化激励问责机制。河长制办公室承担河长制组织的实施和具体工作，落实河长确定的事项。各有关部门和单位按照职责分工，协同推进各项工作。

对于国际河流的管理思路，政府正由搁置开发，逐步向河流水资源利用、水电开发、污染防治或航行开发等单目标开发转变，然后逐步向以河流流域为整体的开发、保护和管理的多目标利用兼顾与其他相关流域国加深联系与合作的协调管理的转变。然而在管理制度上，还没有将国际河流作为一类特殊对象而设立专门的机构进行管理，仅在某条国际河流出现涉水国际纠纷时才由相关职能部门包括水利部、生态环境部、应急管理部等进行协调和处理。这样的管理体制使得在国际河流上进行水资源开发利用时无论是对内还是对外都必须开展大量的协调工作，对外在国际河流中协调应对、维护自身正当权益成为必须面对的挑战。

2. 部分地方行政管理部门承担一定的国际河流管理职能

在境内有国际河流的部分省、市、自治区，地方行政管理部门在中央部委和流域机构的统一指导下，承担一定的国际河流管理职责。由于国际河流涉及的事项属于国家间的问题，都要通过外交部等中央部委，因此，地方上承担更多的是具体业务层面的配合工作。

新疆分别于1997年和2000年设立了额尔齐斯河流域开发工程建设管理局和伊犁河流域开发工程建设管理局来具体实施额尔齐斯河和伊犁河的管理工作。2015年，新疆维吾尔自治区政府印发了《自治区深化水利改革总体实施意见》，重新组建伊犁河和额尔齐斯河的流域管理机构。该《意见》还进一步确定了水资源统一管理，坚持流域管理与区域管理相结合、区域管理必须服从流域管理的水资源管理体制。文件决定构建南疆以塔里木河，北疆以伊犁河、额尔齐斯河、艾比湖流域和天山北坡河区流域水资源统一管理的全区水资源流域管理新格局，真正实现新疆境内河流的流域统一管理体制。

除新疆外，我国其他国际河流大都涉及多个省、市、自治区，一般也没有设立专职的流域管理机构，而是由地方水利系统实施管理。例如，黑龙江流域由松辽水利委员会主体负责，地方上则是由黑龙江省水利厅和各市县水务局具体负责。包括澜沧江在内的西南地区国际河流流经青海、西藏、云南等省，因此流经的省级地方职能部门都设立了相关的管理机构，但同时接受长江水利委员会指导。

（三）水资源管理的主要业务

国际河流水资源管理业务围绕水量分配和防洪展开，这也是水利系统的核心职能。

1. 水量分配

国际河流的水量分配，由水利部门纳入各流域管理机构加以管理。根据水利部"关于国际跨界河流、国际边界河流和跨省（自治区）内陆河流取水许可管理权限"（水政资〔1996〕5号）的通知：为加强国际跨界河流、国际边界河流（含湖泊，下同）和跨省（自治区）内陆河流水资源的统一管理，促进水资源的合理开发利用、保护和计划用水、节约用水，授予松辽水利委员会、黄河水利委员会、长江水利委员会、珠江水利委员会及有关省（自治区）在国际跨界河流、国际边界河流和跨省（自治区）内陆河流实施取水许可管理的权限如下：

首先，松辽水利委员会、黄河水利委员会、长江水利委员会和珠江水利委员会分别对其管理范围内的国际跨界河流、国际边界河流和跨省（自治区）内陆河流上由国务院批准的大型建设项目的取水（含地下水）实行全额管理，受理、审核取水许可预申请，受理、审批取水许可申请，发放取水许可证。

其次，在不同河流河道管理范围内的取水，分别由松辽水利委员会、黄河水利委员会、长江水利委员会和珠江水利委员会实行限额管理，审核取水许可预申请，审批取水许可申请，发放取水许可证。

2. 防洪管理

大江、大河的防洪工程涉及社会经济安全，属于国家的战略性工程。国际河流上的防洪工程及相关防洪体系建设和管理也是水利部门的重要任务，由于防洪工程涉及流域各国的公共利益，无论是上、下游的工程建设和运行，还是左、右岸各自流域体系内的工程建设和运行，在国际合作上各国均持积极态度。我国国际河流防洪工程问题以东北界河型国际河流为主，防洪工程主要涉及堤防和左、右岸的协调调度；西南地区由于我国属于上游国，防洪工程建设主要是服务境外下游国，因此，防洪工程主要是以水库调度为主。

在各级防洪体系中，由于涉及众多的区域协调和总体规划制订和实施，一般由更高一级的领导小组负责决策，对国际河流而言，防洪的协调必须由顶层做出。国际河流防洪协调最好的解决方案仍然是对流域整体进行规划和调度，这要求各国让渡一部分权力成立流域机构。

## 二、其他行业部门对国际河流的业务管理

### （一）国际河流管理中业务管理划分体系

基于当前的职能分工管理体制，对于国际河流相关领域的管理，在河长制基础上，不同的业务职能被分别纳入不同的职能部门，并构建了由外交部牵头的部际协调会议制度；在地方层面上，涉及的外事问题则由地方的外事办公室牵头协调相关部门。具体而言，发展与改革委员会负责大型项目建设的审批工作；外交部代表国家行使协调、谈判和交涉职能；生态环境部负责国际河流的水资源保护工作；交通运输部主要负责国际河流航运的开发和管理工作；农业农村部负责国际流域渔业资源的保护和管理。

### （二）水污染治理和生态保护管理

国际河流水资源管理最为核心的业务是水量和水质管理，河流水污染治理和生态保护等水质管理以条块状的管理方式实施，除国务院、水利部、省级以上政府部门及其水行政部门、环境保护部门以外，交通主管、国土资源、卫生、建设、农业、渔业等部门均对其辖区内河流保护管理有监督管理的职责。《中华人民共和国水污染防治法》第八条规定，交通主管部门的海事管理机构对船舶污染水域的防治实施监督管理；县级以上人民政府水行政、国土资源、卫生、建设、农业、渔业等部门以及重要江河、湖泊的流域水资源保护机构，在各自的职责范围内，对有关水污染防治实施监督管理。

由于国际河流大多处于边境欠发达地区，除了东北区域的国际河流外，大部分国际河流的水污染治理和生态保护工作并没有被专业部门专职对待。参考内河水污染治理与生态保护体制，主要涉及水利和环保两个部门协调、流域内跨区域竞争与协调、中央与地方水污染治理权责划分三个方面的关系。

1. 水利和环保之间属于部门协调

需要协调的工作涉及水污染治理规划、水质监测、机构、水量调配和污染物总量控制、跨界污染管理监督、水污染纠纷调处等多个方面，但是从流域管理体制看，七大流域管理机构是水利部的派出机构，其他省级的流域机构也主要是水利厅的派出机构，环保部门与水利部门在区域层面上可以在区域政府主持下进行较好的协调，但在流域层面的协调比较困难。

2. 流域内各行政区域之间属于区域协调

在流域层面需要统一管理的水污染治理工作落实到具体区域时形成矛盾，目前的水污染治理主要是以行政区域管理为中心进行责任划分，水污染防治指标分解、水污染治理投入等均主要是以行政区域管理为单元，但忽视了流域水污染治理的整体性要求。虽然流域管理机构应该对流域整体水污染治理负责，但实际管理体制难以做到这一点。

3. 中央和地方在水污染防治管理权责方面的关系

我国的水利和环保管理工作均实行中央到地方的分级管理，即以行政区划为单位，各区域的环保部门承担主要的水污染防治职责，上级环保部门对地方环保局只有指导权，各区域的水利部门同样如此。由于地方水利、环保部门是地方政府的职能部门，无论是数据监测、污染控制，还是建设项目审批上都被地方政府影响，上级环保部门的监督也无法逾越当地政府的权威，其治理主体见表2-3。

表2-3 我国跨行政区水污染治理主体及其职能

| 类别 | 参与主体 | 行为特征 | 职责与角色定位 |
|---|---|---|---|
| 区域涉水社会经济主体 | 各涉水社会经济主体 | 反映矛盾和冲突事件 | 矛盾与纠纷的当事人、污染主体 |
| 区域行政部门 | 国务院 | 制定治理原则和目标 | 指导者、调处者 |
| | 水利部 | 组织、监督、指导跨行政区水污染矛盾及纠纷的处理，处理国务院交办的省际水事纠纷 | 指导者、调处者 |
| | 地方政府部门 | 促进各方协调、沟通 | 治理参与者 |

| 类别 | 参与主体 | 行为特征 | 职责与角色定位 |
|---|---|---|---|
| 区域及流域的水行政部门 | 流域管理局 | 跨行政区水污染事件的监督者，与各级政府部门进行沟通，制订治理方案，协同各级政府监督方案的实施 | 治理主体、治理方案的制订者、跨界协商的参与主持者 |
| | 省级水行政主管部门 | 制订并具体实施方案 | 治理主体、方案制订者、协商参与者 |
| 区域环境保护部门 | 生态环境部 | 组织、监督、指导水污染纠纷的处理，并负责国务院交办的省级水污染纠纷；组织、协调国家重点流域水污染防治工作 | 水污染治理指导者、调处者 |
| | 省级环境保护部门 | 监督、治理水污染；就水污染成立专门小组，调查冲突事件；协助流域机构制订具体实施方案 | 治理主体、治理方案的制订者、跨界协商参与者、污染治理者 |

　　因此，我国各个流域的水污染治理必须进行各种协调，而且主要是以中央派出机构主持下的区域协调、中央政府主持下的部委协调等方式进行的。这种协调管理虽然复杂，但是在我国现有行政体系下仍具有较高的可操作性。对国际河流而言，由于其涉及对外的国家利益管控，这种协调方式反而比较复杂。

　　国际河流水污染治理和生态保护的协调管理形成了三个管理层次。第一，国际河流水污染治理和生态保护涉及不同主权国家之间的国际关系处理，存在一个对外的主权问题和国家间关系处理的问题，即使是国界之内的流域水污染治理和生态保护，也必须考虑对外的国际关系而不能仅仅沿用国内部门间、区域间的协调处理方式，还需要一个顶层的协调决策机制保证国家利益。第二，国际河流涉及流域内不同国家之间的水污染治理和生态保护体系的协调，不同国家之间在水污染治理和生态保护等问题的处理方式上会有不同的体制和机制。不同国家之间只有协调行动，才能应对水污染的流动与扩散以及流域生态环境的恢复与治理要求。第三，对于存在复杂边界和跨界关系的国际河流，预防、治理国际河流污染的工作需要将整个流域看成一个紧密联系的整体，从而达到系统优化的目标。

　　第一、二层面的事权划分和协调在我国这样多数为上下游型国际河流的国家问题比较突出，应重点加以关注；第三层次那种存在复杂上下游和左右岸关系的国际河流是我国远期需要考虑的问题。与水量的管理类似，国际河流的水质管理需要流域各国拟订一个统一有效的水污染治理计划，而不仅仅是国家之间协调沟通。

（三）航运管理

国际河流的航运管理已经形成了比较完善的国际法律规范，我国国际河流的自然与社会经济特征决定了目前国际河流航运主要是以东北地区和西南澜沧江下游段为主。

国际河流航运的主要事权范围包括设置和管理船只过坝设施，制订主要航道整治措施和各梯级的通航建筑物设置方案，负责航运枢纽管理区域内的航道、通航设施、助航标志和安全标志等配套设施的维护、管理工作，改善国际河流的航运条件，提高通航标准，确保设施的正常安全运行；做好枢纽通航安全管理的相关工作，包括确保通航设施安全，枯水期、汛期及恶劣气象条件下的安全防范工作，向航务管理部门通报有关通航安全的信息，配合相关部门维护枢纽管理区的通航安全，协助处理突发事件等。目前，我国国际河流航运管理面临的问题并不突出，这是由于我国与流域国签订了大量的合作协议。

（四）水电开发

国际河流的水电开发基本是国家总体调控，企业投资和经营。通过由各国的企业独资或合资建设和运行水电站，各国政府则对流域水能资源分配进行规划与调配，政府对国际河流水能开发的规划、决策和管理负有责任。国际河流上下游、左右岸的水能开发规划，水电站建设和运行协调是国际河流管理的重要内容，因为水电站设施也是防洪抗旱的安全设施。我国国际河流上的水电开发投资项目目前主要由国有电力企业作为实施主体，并且已经形成了一整套管理体制，包括规划、投资、设计、建设、运行等。

针对我国国际河流境外段的水电开发，目前还是作为一般的对外投资项目进行审批和管理。由于我国处于多数国际河流上游，下游水电开发虽然对我国产生的影响较小，但是从近几年的实际情况看，我国对外水电开发投资的协调和管控仍有必要。因为这些不是纯粹的市场项目，而是涉及政治与外交关系和我国对周边国家合作的安全政策，应该实施一定程度的引导和管控。

（五）外事管理

国际河流外事涉及的范围十分广泛，根据当前我国国际河流开发现实，国际河流外事主要集中在以下方面：水电投资、水污染整治、防洪、水量分配、航运等。虽然属于不同的业务领域，但是外事以外交部为总牵头部门，由相关业务主管部门具体负责。

1. 水电开发相关的外事事权

水电开发目前是西南地区国际河流外事工作的核心内容，随着我国在西南地区水电开发业务的迅速展开，不仅我国境内的国际河流，还包括下游境外段的水电开发业务都涉及外事管理工作。根据我国相关管理体制，外交部起着总牵头与联络的职责，对于境内段的大型水电开发项目，其主管部门除了以发改委、水利部等相关部门为核心外，还涉及相关流域机构，此外，自然资源部、生态环境部、农业农村部等相关部门也在其职权范围内参与相关业务的管理工作。

2. 水生态与水污染的相关外事事权

水污染是东北地区国际河流的重要外事管理内容，水生态则是西北国际河流的重要外事管理内容，这部分的事权也是由外交部总体牵头。相对水电开发而言这部分事权参与的部门较少，以环境保护部门为核心实施管理。此外，流域内的水文气象、社会经济用水（包括工农业用水）、水利工程等对水质也会造成影响，流域的生态用水、生态耗水则涉及水生态，这部分由水利部负责；农业农村部还参与了水生态方面的一些管理权限。地方上的事务也由省一级的外事办公室牵头，省一级的相关业务部门参与。

3. 水量分配与防洪

水量分配是西北地区国际河流的重要外事管理内容，防洪则以东北地区国际河流为管理重心，这部分事权由外交部总体牵头，水利部为核心参与管理。水量分配主要涉及境内外的水量分配以及对内的取水许可的审批与管理活动，防洪则涉及水库调度以及防洪堤坝，由新设立的应急管理部全权负责。相对而言，水量分配主要是以国家层面的事权为主，地方上一般不直接参与国际河流的水量分配管理活动；防洪方面由于不同国际河流防洪堤坝要求不同、影响不同，水利部与地方政府水利部门在各自管理权限内负责审批国际河流的堤坝修建与维护。

4. 航运

国际河流航运主要集中在东北区域，云南省境内部分国际河流在一定区域具有通航条件。通航在历史上就是国际河流合作的起点，因此，也是相应的准则、原则最为完善和成熟的业务领域。凡通航的国际河流流域国家在签署合作协议时都会涉及航运业务。在具体事权方面，同样由外交部牵头，交通运输部门具体负责相关的管理工作，此外，公安部、水利部门也会在相关的业务范围内具有一定的管理权限。

我国国际河流主要开发利用、管理涉及的具体部门和管理内容见表2-4。

**表2-4　相关外事部门及内容划分**

| 外事类型 | 主管单位 | 主要内容 |
|---|---|---|
| 水生态保护与水污染 | 水利部、生态环境部、当事地方政府、省级水污染行政主管部门、中央与省级政府和流域主管部门 | 污染排放总量控制与协调、跨界污染处理的执法 |
| 水电开发 | 水利部、自然资源部、生态环境部、农业农村部、水电行政主管部门 | 防洪规划同意书、水资源论证及取水预申请、水土保持方案、建设项目用地预审、环境影响评价文件、林业征用预审、行业审查等 |
| 水量分配与防洪 | 水利部 | 上下游水量协调、水库防洪调度以及堤坝建设与维护 |
| 航运 | 交通运输部、公安部 | 航道管理、水上执法 |

## 第四节　中国国际河流的境外管理

国际河流水资源共享性质要求我们不仅需要了解中国境内的国际河流水资源管理，还需要了解这些国际河流境外段的水资源现状及管理体制。周边国家的水资源主管机构见表2-5。

**表2-5　周边国家的水资源主管机构**

| 国家 | 中央/联邦政府形式 | 部门是否围绕水资源设置 | 中央或联邦政府涉及水资源的管理机构 |
|---|---|---|---|
| 柬埔寨 | 内阁制 | 是 | 水资源与气象部 |
| 泰国 | 内阁制 | 否 | 自然资源与环境部下设水资源司 |
| 老挝 | | 否 | 2007年，新设立总理府水资源和环境署 |
| 缅甸 | | 是 | 农业和灌溉部 |

| 国家 | 中央/联邦政府形式 | 部门是否围绕水资源设置 | 中央或联邦政府涉及水资源的管理机构 |
|------|------|------|------|
| 越南 | 党领导下的内阁制 | 否 | 《越南社会主义共和国水资源法》规定：农业和农村发展部代表政府行使国家对水资源管理的职能，各部、部级机关、政府机关依照政府的分工行使国家水资源管理职能。省等地方政府分级管理辖区内的水资源 |
| 蒙古 | 有总统的议会制 | 否 | 自然资源保护部下属的水利管理局 |
| 印度 | 内阁制 | 是 | 水资源部 |
| 哈萨克斯坦 | 总统制 | 否 | 农业部水资源委员会 |
| 朝鲜 | 党领导的内阁制 | 否 | 农业省管理水资源 |
| 俄罗斯 | 总统制 | 否 | 农业与水产、自然资源 |

## 一、东北地区国际河流主要流域国

东北地区国际河流涉及的主要流域国是俄罗斯和朝鲜。

### （一）俄罗斯

俄罗斯远东地区与中国接壤，是俄罗斯最大的经济区，面积占全俄面积的36.4%。俄远东地区河流纵横，其中，俄罗斯河道最长的阿穆尔河（中国境内称为黑龙江）的支流包括结雅河、布列亚河、乌苏里江、绥芬河等，兴凯湖和呼伦湖也是阿穆尔河流域重要的水资源宝库。阿穆尔河及其支流蕴藏着巨大的水能资源，可供修建总功率2000万千瓦的梯级电站。俄罗斯已经在左岸支流结雅河上建成1290兆瓦的结雅水电站，在另一条支流布列亚河上已修建布列亚水电站。南部地区受太平洋季风的影响雨季集中，常常造成河水泛滥，因此，必须修筑堤坝和其他防洪设施以保护农田和村镇。从乌苏里江到阿穆尔河上游是俄罗斯远东地区城市最集中、人口最稠密的地带，也是俄罗斯远东地区最主要的产粮区且工业相对发达。因此，阿穆尔河一方面直接影响着沿岸工农业发展，另一方面也承受着由众多人口以及工业污染所带来的巨大环境压力。

俄罗斯对于国际河流的管理是以阿穆尔河为典型。阿穆尔河流域水资源管理模式承袭苏联的管理模式，仍是以行政为主导，流域管理与区域管理相结合。俄方由阿穆尔河流域管理局负责阿穆尔河流域水资源的水行政主管工作，但是，由于阿穆尔河是国际河流，其涉及的各项职能管理活动由多个部委在部门相关职责范围内分别承担，包括外交部、自然资源和生态部等。因此，阿穆尔河流域管理局协调能力相对较弱。此外，俄罗斯阿穆尔河流域水资源管理是典型的公共问题管理，需要将常规管理与应急管理相结合。俄方由阿穆尔河流域管理局负责阿穆尔河流域水资源的水行政主管工作，承担阿穆尔河流域水资源管理的日常管理工作。一旦流域内发生紧急突发事件（如水污染、洪灾等），一般由紧急情况部（国家危机处理中心）牵头统筹，协调各职能部门工作，确保有效解决突发事件。

（二）朝鲜

朝鲜境内拥有丰富的水资源，其中，国际河流以鸭绿江、图们江为界与中国东北相连。鸭绿江发源于长白山天池南麓，流经中国和朝鲜，于辽宁丹东注入黄海，流域面积6.45万平方千米，其中，中国侧为3.25万平方千米①。图们江发源于长白山天池东麓，流向为西南至东北，沿途流经的地区包括中国、朝鲜、俄罗斯，最终注入日本海，全江流域面积3万多平方千米，图们江地处东北亚的中央位置，可从海上与俄、朝、韩、日等东北亚国家及北美相通，交通便利；该地区气候温润，森林覆盖率高，自然资源丰富；加上中、俄、朝三国边境地区经济差异大、互补性强，因此，三方边境贸易往来十分密切②。

朝鲜实行计划经济体制，其水资源管理纳入行政管理体制之中，在社会安全部下设国土管理总局，国土管理总局又下设山林管理局、河川管理局，负责山林和18条大江大河（包括鸭绿江和图们江）的建设、管理、保护。这样，就将山林和大江大河管理纳入国土保护范围之内，将国土保护作为国家安全的一个重要组成部分。朝鲜《土地法》规定，"治理河川是一项预防水灾，保护耕地，以及改变国土面貌的重要事业。国家根据有关地带的自然地理条件和特点，将河川整治和灌溉工程同时进行，也将大河整治和中、小河川的整治齐头并进"。"河川的整治，首先从遭灾严重的重要产业地区和居民区以及耕地保护面积较多的地区集中进行。"

---

① 郭树平. 东北亚地区协调发展中森林和水资源保护问题［J］. 林业经济，2009（11）：36-38.
② 徐小梅. 图们江次区域经济合作现状、问题及对策研究［D］. 成都：西南财经大学，2013.

## 二、西北地区国际河流主要流域国

西北地区国际河流涉及的流域国主要为中亚五国，其中，哈萨克斯坦和吉尔吉斯斯坦与我国有直接的国际河流连接。

### （一）中亚国家的水资源管理

中亚五国（吉尔吉斯斯坦、塔吉克斯坦、哈萨克斯坦、乌兹别克斯坦、土库曼斯坦）都曾是苏联的加盟共和国。由于五国地处内陆，与海洋相距遥远，降水稀少，四面又有高原和山脉环绕，气候十分干燥，大部分地区为干旱荒漠与干旱草原。苏联解体后，围绕着水资源的分配、使用和流域生态保护等问题，中亚各国经历了从冲突、争吵到走向协调、合作的艰难历程。独立后的中亚国家，由于继承的政治基础相同，因此，水资源特点与管理体制也存在类似之处。

中亚五国的水资源管理具有复杂的多边作用的特点：首先是苏联解体后，中亚五国打破了旧的指令管理体制，其次是用水户的性质和结构发生了很大的变化，由旧的封闭体制到走向世界的开放政策，用水户、供水户和其他利益相关方之间的市场关系得到发展，但是水资源的开发、维护、监测、管理和改进过程变得相当复杂且相互分离。为了在中亚五国实现水资源一体化管理，各国先后创建了跨国水利协调委员会、拯救咸海国际基金会等机构来协调解决中亚的水资源问题，并为此签订了一系列协议，设立了许多发展项目和技术协助项目。

与此同时，国际机构，特别是联合国开发计划署和全球水伙伴以及俄罗斯、挪威、瑞士等国家，高度关注中亚地区水资源问题的现状及其解决进程。这些机构和国家一方面在中亚地区投资建设相关的水利设施，帮助该地区合理规划和利用水资源；另一方面又投入大量资金帮助中亚各国引进近年来在西方发达国家形成的水资源一体化管理理念，对中亚各国的水资源管理体制进行改革，创立了一种新型的水资源一体化管理体制[1]。首先，最高层面的是水资源协调国际委员会和拯救咸海国际基金会，由水利机构的最高首长，甚至是国家领导人参与，代表本国政府协商谈判涉水问题并最终签订各类文书，形成的协议由阿姆河流域水利联合公司和（或）锡尔河流域水利联合公司具体承办。其次，地区流域级管理机构，由阿姆河流域水利联合公司和锡尔河流域水利联合公司构成。两家公司沿袭苏联时期的"阿姆河流域水资源管理局"和"锡尔河流域

---

① 杨立信. 中亚创立的水资源一体化管理体制 [J]. 水利水电快报，2010（6）：1-5.

水资源管理局"，具体负责所隶属区域（河流流域、灌溉系统、行政单元）的水资源和水利工程。然后，各国的国家水利机构包括哈萨克斯坦农业部水资源委员会，吉尔吉斯斯坦农业、水利和加工工业部水利司，塔吉克斯坦土壤改良和水利部，土库曼斯坦水利部，乌兹别克斯坦农业和水利部水利总局。这些部门代表本国政府管理国家所有的水资源和水利工程。接着，国家层面的流域级，即各河流的流域委员会或流域水利管理局按照流域水文地理边界管理本流域的水资源和水利工程，这种体制下，这些委员会或管理局的管辖范围跨州甚至跨国。最后是地方层面的水利管理部门，包括州（区）水利局、需水户和用水户按照灌溉系统（渠道）的水文地理边界管理本水资源和水利工程，这一层的管理组织会跨区或跨州。

（二）哈萨克斯坦

哈萨克斯坦沙漠和草原面积占总面积的 80% 以上，是典型的农牧业国家，对水资源需求较大。该国年可更新水资源总量 1005 亿立方米，其中，依靠国际河流的水资源总量为 440 亿立方米，总的水能蕴藏量为 11 万千瓦，水电占到了全国总发电量的 12%，但是仍难以满足国内的电力需求。政府对于水电开发有着积极的动力，因内河的水资源已经全部开发，因而，国际河流的水资源利用成为哈萨克斯坦社会经济发展的命脉。

2003 年，哈萨克斯坦通过了新《水法》，水资源管理体制逐渐完善。新《水法》把全国共划分成 8 个流域，并规定水资源管理以流域管理原则为基础，同时规定要建立流域水利管理局和流域委员会。按照新《水法》的要求，从 2005 年 7 月成立巴尔喀什—阿拉湖流域的流域水利管理局和流域委员会开始，到 2007 年 12 月乌拉尔—里海流域的流域水利管理局和流域委员会的成立，哈萨克斯坦的 8 个流域水利管理局和流域委员会全部组建完毕。由此，哈萨克斯坦实现了水资源一体化管理体制，其管理层级分为 4 级。第一级为国家级的水资源委员会，第二级为流域级的流域水利管理局和流域委员会，第三级为地区级的国有水利企业和渠道水委员会，第四级为用水户组织，包括用水户协会、用水户农业生产合作社、农业生产者和其他用水户等。①

（三）吉尔吉斯斯坦

吉尔吉斯斯坦主要有 7 条国际河流，首先比较大的是锡尔河、楚河、塔拉

---

① 刘丹花. 世界主要国家水资源管理体制比较研究［D］. 南昌：江西理工大学，2015.

斯河和爱沙河，流入哈萨克斯坦；其次还有阿克塞河、萨雷扎兹河和科克苏河，部分河流流向中国境内。吉尔吉斯斯坦大多数河流都由冰川或积雪融水补给。由于吉尔吉斯斯坦属于内陆国，在苏联时期，将其境内的 25% 的水资源量留在国内，其他都被分到相邻的国家，这种水资源分配方案延续到苏联解体，直到水资源协调国际委员会制定了新的分水策略。按此分配方案，主要河流中吉尔吉斯斯坦分得水量平均为 116.4 亿立方米/年，加上其他小型河流和巴尔喀什湖的水量，吉尔吉斯斯坦地表水资源总量为 181.8 亿立方米/年，这些水资源大部分用于农业灌溉和居民生活。总体而言，随着吉尔吉斯斯坦社会经济的发展，水资源短缺日趋严重。[1]

作为中亚五国成员，吉尔吉斯斯坦国内也形成了四级的管理体制，包括国家级、州级和区级以及用水户。农业、水利和农产品加工工业部水利司以下设立流域管理局（全国有 7 个流域水利管理局）来代替州级和 40 个区级水利管理处，流域界限与州的区域边界基本上相吻合。国家级、州级和区级水资源管理是农业、水利和农产品加工工业部水利司的特权。水利部门曾经是独立的部门，1996 年为了合并预算和更好地协调农业等相关业务，吉尔吉斯斯坦将水利部门并入农业、水利和农产品加工工业部。[2]

### 三、西南地区国际河流主要流域国

西南地区涉及的流域国主要是东南亚诸国，与我国有直接国际河流连接的国家包括越南、柬埔寨、老挝、缅甸和印度等。

#### （一）柬埔寨

柬埔寨位于湄公河下游，是一个江河众多、水资源丰富且面积较小的国家。主要河流有湄公河、洞里萨河等，还有东南亚最大的洞里萨湖。湿地资源丰富，约 90% 的湿地位于湄公河下游流域。水电储藏量约为 10000 千瓦，50% 的水电储藏在主要干流，40% 储藏在支流，10% 储藏在沿海地区，水电资源开发潜力巨大。由于柬埔寨长期处于战乱状态，水利设施严重缺乏或陈旧老化，大多数居民缺水严重，特别是旱季。不少地方用水异常紧张，不但无法保证水源，而且未能有效分配和供应卫生用水和种粮用水，因此开发诉求比较强烈，但是，受

---

① 李湘权，邓铭江，龙爱华，等. 吉尔吉斯斯坦水资源及其开发利用 [J]. 地球科学进展，2010（12）：1367-1375.

② 张小瑜. 乌兹别克斯坦水资源问题探析 [D]. 乌鲁木齐：新疆师范大学，2013.

国力限制，难以自行开发。

柬埔寨作为饱经战乱的国家，对于水资源的管理刚刚起步，尚未形成较明确的管理体制与机制。水资源管理政策和法规不健全，水资源的规划、管理和执法能力相对薄弱，水文气象的信息和数据能力是湄公河流域国中最弱的一个；大部分水利灌溉设施的维修、运作和保养面临重大压力；城市和农村供水设施严重短缺，饮水解困和饮水安全形势严峻；水旱等自然灾害频发；随着人口增长和社会经济发展，水资源供需矛盾将日益突出，而其水资源的时空分布不均、水资源利用效率低、污染严重、资源圈占、无序开发、环境破坏等又加剧了水资源的短缺。

### （二）老挝

作为内陆国家，老挝80%的国土区域在湄公河流域，湄公河对国家社会经济影响巨大。老挝年降水量为1250~3750毫米，年径流量为270亿立方米，相当于湄公河年径流量的35%。5~10月为雨季（集中了全年80%的降水），11月至翌年4月为旱季（集中了全年20%的降水），在中南部地区的一些河流旱季的降雨量仅相当于年径流量的10%~15%。水资源对老挝的社会经济发展贡献很大，尤其是在电力和农业灌溉方面，丰富的水能资源是老挝对外经济的支柱。

作为传统农业国家，老挝对水资源的利用主要在农业方面，比如灌溉、养殖、渔业及畜牧业，近年来开始了水电开发和水运，但是开发利用程度较低；水资源浪费以及污染严重趋势明显。全国仅20%的地区实现了灌溉，全国仅开发了3.7%的水电资源。

老挝政治相对稳定，已经形成了初步的水资源管理体制和相关政策，制定了涉水法律；政府相关部门为水电开发和农业灌溉等领域制定了一系列的优惠政策，加大了水资源开发的力度；初步制订了河流流域发展规划，具有较强的与流域其他国家合作开发的意愿。

### （三）缅甸

缅甸与中国共享湄公河、伊洛瓦底江和怒江，相对中国属于河流的下游国家。缅甸拥有丰富的水资源，境内10条主要河流流域面积约73.78万平方千米，水资源蕴藏量中地表水约为1082立方米，地下水约为495立方米。作为一个以农业为基础的国家，农业部门用水占所有用水量的90%。近年来，随着缅甸政治逐渐稳定，经济开始起步，对水资源有着进一步发展的动力，同时有着相当大的开发潜力。

缅甸水资源基础设施薄弱，境内洪涝、干旱灾害严重；随着人口增加和经济社会发展，对地表水和地下水的开采利用压力将不断加大；采砂以及对流域上游森林的非法砍伐导致水土流失加剧，生态环境恶化。在水资源管理方面，长期的封闭集权体制导致水资源管理的国家政策以及法律法规不健全，并没有形成统一规范的管理方法。由于国家比较贫困，水资源项目投入资金短缺，需要借助外界资金和技术协助开发。近年来，随着缅甸政治趋于稳定，社会经济也开始起步，缅甸逐步开展了水资源管理的法律框架建设，初步建立了有效和协调一体化的水资源管理模式，将开发与保护活动纳入了国家的社会发展进程；在管理体制上也强调集中管理，进一步强化和巩固现有的管理系统；重视能力建设，提高了水资源管理能力和水资源利用效率的协调度；重视对现有设施运行的监管，提高了可靠性、安全性和效率。

（四）越南

越南主要与中国共享湄公河和红河两条国际河流，相对中国都属于河流的下游国家。越南水资源丰富，有大小河流1086条，红河是第一大河流。这些河流组成了越南的15个流域。越南依靠国际性河流的程度很高，地表水有60%依赖于国外入境的河流，有6个河流流域依靠境外入流。在红河流域，40%的水来源于中国。越南是典型的农业国家，盛产水稻，国家也以农业人口为主，因此，这些河流直接影响了农业生产和人民的生活。

越南作为中南半岛经济最为发达的国家，面临严峻的水资源形势，人口增长、经济发展和经济结构调整消耗了大量的水资源，并产生大量的生产、生活污水导致了水资源的污染；地表水在不同流域、不同季节水资源分布不均，因此，对于水利设施建设需求旺盛；水资源在工业、农业、居民生活方面竞争突出；地下水开采严重，越南约一半以上的居民使用地下水，地下水水位下降严重；水资源的大量需求造成不合理开发活动，对海滨生态，水生生物的栖息、繁衍产生了重大的影响。越南政府长期重视水利建设，经济的快速发展和国家政治的相对稳定也保证了水利建设活动的顺利进行。越南政府对恢复和改善现有灌溉系统等基础设施的投资制定了优惠和倾斜政策，形成了较为完善的国家层面水资源管理组织，在污水处理、节水灌溉等方面引进了大量的先进技术，并注重人才的培养。

（五）泰国

泰国主要与中国共享湄公河，相对中国属于河流的下游国家，湄公河流经泰国段共 976.3 千米，流域面积为 18.2 平方千米。泰国是一个农业国家，有80%的人口从事农业生产，享有"东南亚粮仓"的美名，此外，泰国海域辽阔，渔业发达，拥有 2705 千米海岸线，泰国湾和安达曼湾是得天独厚的天然海洋渔场，还有总面积 1100 多平方千米的淡水养殖场。

泰国水资源管理相对完善，并且近年来加强了对水利资源的管理，积极参与水资源开发的国际合作，从而获取水资源开发的技术、信息；制定专门法律以规范国家对水资源的管理，如，设置不受行政区划限制的流域委员会对相关河流进行管理，建立预防和解决洪涝及水资源短缺的相关制度和专用水资源制度；确立了水资源管理的指导思想和原则，包括成立专门机构负责相关政策的制定和实施，设立专门的水资源管理及灾难应急指挥部门；坚持可持续的水资源使用政策；实现水资源管理系统化，包括天气预报及预警系统；统一解决水灾、旱灾和生态退化等长期问题；以"自足"理念为指导方针，提高公众意识，鼓励公众参与；建立减灾体系，为受基础设施计划投资项目影响的家庭及企业建立赔偿标准，设立救灾及灾后恢复方案，包括向受灾家庭及企业提供洪灾保险等；限制对地下水的开发，增加森林、农业的灌溉面积，加快向泰国湾的排水速度。

## （六）印度

印度与中国共享雅鲁藏布江（布拉马普特拉河），相对中国属于河流的下游国家。印度拥有 14 条大河、44 条中河和 55 条小河，水资源极为丰富。据印度国家水资源理事会调查估计，印度地下水的蕴藏量为 4000 亿立方米，但开发利用程度还不到一半。印度淡水资源的 40% 由于地质地貌原因无法被使用，实际可利用水资源总量仅为 11230 亿立方米左右。

印度水资源年利用总量为 188.2 万立方米，随着经济发展与人口数量的不断增加，以及气候变化所带来的对可补给自然降水的影响，印度水资源压力与日俱增，印度政府主要采取了以下措施：成立水资源部；成立国家水资源理事会，起草《国家水政策》；调查地下水资源；实施防洪计划和改良盐碱地；修建水利工程；加强水资源污染治理。与此同时，印度政府加强了水资源的法律管理，致力于解决其国内最突出的邦际水资源冲突、饮用水安全（包括供应及水质安全）以及地下水管理三大水问题，主要包括：邦际水资源冲突解决机制、水安全保障法律制度、中央地下水"模型议案"与地方规定。①

---

① 钟玉秀. 印度解决邦际水事纠纷的相关法律、做法和启示［J］. 水利发展研究, 2005
(11)：53-56.

## 第五节　中国国际河流开发

由于历史原因，中国长期没有展开对于国际河流的大规模开发活动，直到有社会经济发展的需要，国际河流开发的力度开始逐渐加大，国际河流的开发与保护才逐渐引起各方的关注。

### 一、中国国际河流境内段的开发

#### （一）总体开发现状

1. 尚未形成涵盖全流域的开发规划，甚至境内段也缺乏成熟的规划

中国在国际河流的水资源开发和管理中，相关基础工作总体上相对薄弱，缺少充分的前期研究，有些流域还没有形成总体规划，基础资料不完整，系列资料长度较短。这些客观条件在某种程度上制约了中国对国际河流开发的程度。

2. 水文监测和水质监测等基础工作薄弱

中国虽然国际河流众多，但是长期以来针对国际河流的水文和水质观测历时短、站点布设密度不够、观测仪器设备更新不足、技术力量薄弱。相对薄弱的基础条件致使国际河流（特别是界河）缺乏全面、准确的技术资料，难以为国际河流的极端洪水预报、防治和水污染的防治等提供及时有效的科学依据。直到最近几年，中国才开始逐步重视对国际河流的水文和水质监测。

3. 开发活动面临的周边国家压力较大

中国国际河流的流域国大多属于发展中国家，它们对于这些国际河流水资源的依赖程度较大，近年来社会经济又处于快速发展阶段，因此，对国际河流水资源的关注度逐渐提升，各国对国际河流水资源的开发利用与争夺也日益激烈。由于中国是多数国际河流的上游国，当前中国对国际河流水资源开发面临着诸多来自流域内其他国家或流域外的压力，特别是流域生态环境保护的需求。

4. 不同区域的国际河流开发程度与开发重点不同，但是总体而言，开发程度低于境内河流

东北国际河流主要为界河，依流域国的不同开发程度各异，水资源开发用途主要是水力发电和防洪。中国在东北地区的国际河流开发受自然条件和经济实力的影响，开发历史较短，程度较低。中国和俄罗斯关于黑龙江干流的联合开发虽然早期已达成原则协议，但是直至目前干流并未进行联合开发；中国和

俄罗斯双方在各自境内的支流上都进行了不同程度的开发。中国和朝鲜在鸭绿江进行了联合梯级开发，已建成四座水电站，属于东北地区国际河流开发较为成熟的河流。

西北国际河流缺乏干流控制性工程，开发活动主要围绕灌溉和供水展开。中国虽然地处上游，但是由于地理政治等方面的原因，西北国际河流在境内流域部分的开发历史晚于境外国家，开发利用程度也远远低于境外段。总体上开发程度较低，并且只是在支流上进行开发，新疆国际河流水资源利用不到地表径流量的1/4，远远低于新疆地区其他非国际河流。随着国家对西部地区经济的支持力度加大，切实有效地开发水资源，将成为下个阶段的重点工作。

西南跨境河流蕴藏着巨大的水能资源，但是目前仅澜沧江开始进行了规模梯级开发，其他国际河流开发相对缓慢。虽然西南国际河流水能蕴含量巨大，但是由于历史原因，这些国际河流开发活动规模小，水利设施严重不足，水资源工程建设缓慢，具有调节能力的大中型供水工程很少，以小型蓄水工程和引提水工程为主。中国境内除了澜沧江之外，其余国际河流基本没有实施有效的开发。当前，我国已经将西南地区规划为能源基地，在与流域国形成了有效的合作开发机制后，该地区的国际河流水资源必然进入大规模开发阶段。

5. 不同区域国际河流开发面对的主要矛盾各异，难以形成全国范围内的统一开发政策

我国三个国际河流聚集区域面临的环境相差巨大，对于国际河流的利益诉求也不同，需要根据各个区域的实际情况分别对待。东北地区的国际河流主要是支流开发对干流的影响、流域极端洪水、水污染及生态系统保护问题；西北地区的国际河流主要是国家间的水资源分配及流域水资源开发利用与生态保护之间的平衡问题；西南地区的国际河流主要是上游水电开发与下游渔业发展及流域生态平衡之间的矛盾问题。各个流域的主要开发矛盾不同，对国家制定统一的开发利用政策、协调对外合作带来挑战。

（二）主要国际河流的开发

1. 黑龙江

黑龙江流域的大型水库都建在山区，主要用于水力发电和防洪。1998年特大洪水之后，防洪成为水库的主要关注问题之一。黑龙江流域中国侧共修建水库1872个，总库容222.45亿立方米。其中，大型水库19个，总库容169.02亿立方米，占全部水库总库容的76%；中型水库119个，总库容34.00亿立方米，占全部水库总库容的15.3%；小型水库1734个，总库容19.43亿立方米，占全

部水库总库容的 8.7%。黑龙江流域已开发水能资源主要集中在松花江流域，松花江流域已建大型水电站 8 座，均分布在松花江主要支流上，总装机容量338.81 万千瓦，年发电量 56.69 亿千瓦时。黑龙江主要支流上建设的一些大型水库主要有嫩江上的尼尔基水库，第二松花江上的丰满水库、白山水库，牡丹江上的莲花水库、镜泊湖水电站等。

2. 额尔齐斯河

境内额尔齐斯河流域水资源丰富但土地资源缺乏，水资源的开发利用程度较低。额尔齐斯河是新疆目前开发利用程度最低的河流之一，水资源利用率约为 1/10。中国境内额尔齐斯河流域的阿勒泰地区现在已修建水库 43 座，总库容6.7 亿立方米，修建灌溉万亩以上的引水渠道 45 条。现有耕地中有效灌溉面积1.8 亿立方米，水浇地面积占耕地总面积的 88%，引水量 28.01 亿立方米，占现有地表水资源的 21.5%。地下水利用仅 0.14 亿立方米，基本处于未开发阶段。在整个新疆地区，阿勒泰地区水资源虽然丰富，但水土资源分布极不平衡，开发利用中存在许多问题，尤其是对生态环境的影响，对水资源的开发利用提出了挑战。

为了维护国家水权并满足中国境内新疆地区的用水需求，中国开始逐步加速额尔齐斯河的水资源开发力度，同时积极创造条件实施跨流域调水工程。根据原国家计委批复的《新疆引额供水工程规划报告》和国务院 2009 年 2 月批复的《新疆额尔齐斯河流域综合规划》，为了解决天山北坡经济带资源性缺水问题，规划在中国境内分阶段实施引额尔齐斯河供水工程。规划的工程项目包括，在额尔齐斯河干流上修建"635"水利枢纽和喀腊塑克水利枢纽工程，调控中游以上 33.8 亿立方米年径流量，从"635"水利枢纽引水，向北疆克拉玛依油田、乌鲁木齐经济区和沿线阿勒泰、塔城和丰县及兵团的农牧业开发三个供水对象供水；远期规划为在额尔齐斯河下游支流布尔津河上修建布尔津山口水利枢纽工程，调控 42.8 亿立方米年径流量，通过西水东引大渠，将布尔津河 27 亿立方米的余水调往额尔齐斯河中游，实现农牧业供水 25.3 亿立方米的目标。

3. 伊犁河

伊犁河流域的水资源和水能资源丰富，中国对伊犁河流域水资源的开发程度较低，大部分水量都流入哈萨克斯坦，未来开发潜力巨大。

伊犁河流域丰富的水资源及优越的农牧业发展条件，使其成为新疆重要的商品粮、油料、甜菜、畜产品、用材林基地。自中华人民共和国成立以来，伊犁河流域先后新建、改建、扩建引水渠 164 条，总长 2600 多千米；建成各类永久性渠首 64 座，引水能力达 853 立方米每秒；控制灌溉面积 1100 余万亩，在平原地区形成了人工骨干渠网。然而，由于现有水利工程的调蓄能力低，灌区渠系工程不配套，实际引水能力仅为 54 亿立方米，而其中的实际耗水量为 42.76 亿立方米，剩余水量则回归伊犁河。现有的引水能力仅占伊犁河总径流量（228.36 亿立方米）的 24%，占中国境内实际控制径流量（164.59 亿立方米）的 33%，占中国境内产水量（158.65 亿立方米）的 34%，大部分水量（126.4 亿立方米）都流入哈萨克斯坦境内。目前，伊犁河流域 95% 以上的水资源用于农牧业生产，其中，灌溉用水占 90% 以上①。但由于农业基础设施建设投入不足，农牧业生产经营方式落后，农业生产大多数仍停留在大水漫灌的粗放阶段，节水农业仍有较大发展空间；畜牧业仍以天然草原放牧的游牧业为主，伊犁河流域的水土资源开发利用程度低下，开发潜力较大。

伊犁河流域水能资源也非常丰富，水能蕴藏量为 705 万千瓦，占新疆的 21%，目前仅开发了 1.25%。开发条件较好的坝址有 30 多处，装机总容量 263.82 万千瓦，占新疆可开发装机容量的 30.9%。目前，中国在伊犁河流域的水电工程开发还仅限于伊犁河的主要支流上，已建成的 5 座水电站分别为：特克斯河上的恰甫其海水电站，巩乃斯河支流恰甫河上的三级、四级水电站，喀什河上的吉林台一级水电站，托海电站。

伊犁河流域作为中国新疆水资源开发优势和潜力最大的区域，今后应适当扩大伊犁河流域的水资源开发力度，充分满足区内用水的需求。同时，实施境内跨流域调水支援毗邻缺水地区，并适当照顾哈萨克斯坦下游用水需求。

### 4. 澜沧江

澜沧江流域目前开发主要围绕水电展开，澜沧江水电开发活动始于 20 世纪 50 年代，云南省境内的澜沧江干流分 15 级开发，利用落差 1655 米，总装机容量约 2580 万千瓦。上游段正在进行规划，初步规划分七级开发，总装机容量 960 万千瓦左右。澜沧江中下游河段规划两库八级开发方案，自上而下为功果桥、小湾、漫湾、大朝山、糯扎渡、景洪、橄榄坝、勐松电站，其中，小湾和糯扎渡具有多年调节水库。目前功果桥、漫湾、大朝山、小湾、糯扎渡、景洪等水电站已经建成。中下游河段规划各梯级总库容 421.99 亿立方米，总调节库容 222.88 亿立方米，为澜沧江年水量 640 亿立方米的 34.8%，具有很好的调节性能，总装机容量 1620 万千瓦。

---

① 李红梅. 澜沧江中下游水能资源开发的可持续发展思考 [J]. 边疆经济与文化，2006，(9)：30-32.

## 二、中国国际河流境外段的开发

### （一）总体开发状况

由于不同区域国际河流流域国差别较大，因此不同区域甚至不同河流的境外段开发活动也存在巨大的差异。

1. 东北国际河流依流域国的不同，开发程度各异，差异最为明显

中俄关于黑龙江干流的联合开发虽然早期已达成原则协议，但是并未实施。中俄双方在各自境内的支流上都进行了不同程度的开发，俄罗斯在黑龙江支流结雅河和布列亚河上都建设有大型水电站，并在黑龙江主要支流上进行了一系列的水电开发规划。流域境外的水资源开发用途主要是发电和防洪。

2. 西北跨境河流境外开发历史早于中国且开发程度高于中国

主要邻国哈萨克斯坦和吉尔吉斯斯坦都早已在其境内河段上进行了水资源开发建设或水电开发规划，特别是哈萨克斯坦在伊犁河和额尔齐斯河两大河流上建设了大型水库，控制了两大河流由中国流入的大部分水量。哈萨克斯坦在这两大河流上的开发历史早于中国，开发利用程度也远超过中国。流域境外的水资源开发用途主要是发电、灌溉和供水。

3. 西南跨境河流境外国家开发较晚但需求较大，大多都早已做好水资源开发规划并逐步实施

中国境内的水电开发历史相对较早，流域境外部分的水电开发相对较晚，但是流域境外国家基本上都做了水资源开发规划，并在逐步实施。流域境外的水资源及水电资源开发需求较大，主要用途是发电和灌溉。

### （二）主要国际河流的开发

1. 黑龙江

俄罗斯在黑龙江左岸支流已经进行的水利工程建设主要集中在结雅河、布列亚河和乌苏里江。根据俄罗斯的能源发展战略，这三条支流由于靠近俄罗斯远东地区的经济和政治中心而成为水电能源开发的重点。俄罗斯在结雅河和布列亚河上已建的大型水电站工程有结雅水电站、布列亚水电站、下布列亚水电站。根据俄罗斯远东地区能源开发和出口战略，俄罗斯计划在黑龙江左岸支流进行大规模的水电开发，以保证俄罗斯远东地区的能源供应和向周边国家输出电能。近期计划开发的支流有结雅河、布列亚河、乌苏里江支流俄罗斯境内的梯级水电站，此外，还有黑龙江干流、支流石勒喀河和其他靠近远东经济发达

地区的河流。

### 2. 额尔齐斯河

额尔齐斯河是哈萨克斯坦北部水量最丰富、水能最富集、航运条件最好的河流，额尔齐斯河中游水量丰沛，落差集中，水能资源丰富。自20世纪60年代以来，苏联时期在额尔齐斯河修建了许多水利工程，其中，比较著名的有布赫塔尔玛、乌斯季卡缅诺戈尔斯克和舒里宾斯克水电站等。其中，1967年建成的布赫塔尔玛水库总库容达496亿立方米，调节库容308亿立方米，径流调节系数达170%，完全控制了从中国流入的额尔齐斯河水量。此外，哈萨克斯坦在支流乌利巴河上也修建了3座中小型电站。这些干、支流上的水电站解决了哈萨克斯坦近65%的用电需求。此外，哈萨克斯坦中部地区水资源十分紧缺，但工农业相对发达，为了满足中部地区的发展用水需求，于1972年建成了额尔齐斯—卡拉干达运河调水工程，从额尔齐斯河引水22.3亿立方米到卡拉干达市解决当地的供水问题①。

### 3. 伊犁河

伊犁河流域的境外水资源开发历史悠久，自20世纪20年代末起，苏联就对哈萨克斯坦境内的伊犁河流域进行了大面积的垦荒灌溉，开发电力、水运和渔业等，并对伊犁河流域的干流和主要支流都进行了规划。当前，伊犁河流域是哈萨克斯坦水资源开发利用的重点区域之一。1967年建立了阿克达拉灌区；1970年在伊犁河中游建成的卡普恰盖巨型多年调节平原型水库，总库容280亿立方米，径流调节系数达56%，控制了全部由中国出境的伊犁河水量；1985年建成阿拉木图运河（长度150千米），用于解决灌区用水和阿拉木图市的生活用水问题。这一系列枢纽性水利工程的建设使得该地区的工农业得到了快速发展②。

### 4. 湄公河

对湄公河流域有组织的综合开发活动始于20世纪50年代。1957年9月，由越南、老挝、柬埔寨、泰国组成的"下湄公河委员会"成立，以促进、协调、监督和管理湄公河流域的资源勘察、规划和开发工程为宗旨。湄公河委员会对湄公河流域中下游地区的开发利用进行了大量勘察、研究和规划，并具体实施

---

① 杨立信. 哈萨克斯坦额尔齐斯—卡拉干达运河调水工程［J］. 水利发展研究，2002，2（6）：45-48.

② 付颖昕，杨恕. 苏联时期哈萨克斯坦伊犁—巴尔喀什湖流域开发述评［J］. 兰州大学学报（社会科学版），2009，37（4）：16-24.

了若干项目①。1994 年湄公河委员会编制完成《湄公河干流径流式水电开发》，从 13 个坝址中筛选了 9 个作为长期规划项目。但是，由于多重原因，尤其是地区安全形势不稳定及资金与环境等问题，湄公河下游干流的水电资源基本没有得到开发，多数开发项目还一直停留在规划阶段②。

目前湄公河已开发的水能资源仅占其水能资源总量的 1%。根据湄公河委员会规划，下游四国在干流共规划 11 座水电站，分别是老挝境内的本北、勃朗拉邦、沙耶武里、巴莱四座水电站，老挝、泰国交界河段的萨拉康、巴蒙、班库三座水电站，老挝、柬埔寨交界的栋沙宏水电站，柬埔寨境内的上丁、松博、洞里萨三座水电站。随着经济全球化进程的推进和地区形势的缓和，下游国家普遍将注意力集中在发展经济上，作为欠发达地区，下游国家面临着较为严重的缺电现象，对水电开发的需求旺盛，并且随着经济的不断发展，对水电的需求会更高。2012 年，主要由泰国出资的老挝境内的沙耶武里大坝正式开工建设，成为湄公河下游干流建设的首个大坝工程。但是，是否应在湄公河下游干流建设水坝这一问题，下游国家在水电开发与生态环境保护方面的政策选择受到广泛关注，其争论始终没有停止，这也极大地阻碍了水资源的开发进程③。

湄公河下游国家的水资源利用方式主要是灌溉和发电。对柬埔寨和越南而言，湄公河的灌溉作用尤为突出，柬埔寨大部分农田用水、越南南部农作物的灌溉用水都来源于湄公河水系。湄公河把大量泥沙带到越南南部入海处，造成湄公河三角洲不断扩大，由于地势低洼，海水倒灌一直困扰着农业生产，利用湄公河水清洗盐碱地和阻挡海水倒灌的水利工程建设，已成为湄公河开发利用的重要方面。对老挝和泰国而言，主要关注水电开发。水电开发对老挝经济发展影响很大，水电出口是其经济发展的战略核心④。近年来，下游越南、老挝两国水电开发获得迅速发展，水电产业已成为老挝主要的经济增长要素之一。

①　宋强，周启鹏. 澜沧江—湄公河开发现状 [J]. 国际资料信息，2004（10）：25-29.

②　陈丽晖，何大明. 澜沧江—湄公河水电梯级开发的生态影响 [J]. 地理学报，2000，55（5）：577-586.

③　郭延军，任娜. 湄公河下游水资源开发与环境保护——各国政策取向与流域治理 [J]. 世界经济与政治，2013（7）：136-154.

④　江莉，马元珽. 老挝的水电开发战略 [J]. 水利水电快报，2006，27（4）：24-26.

### 三、中国国际河流开发面临的问题

#### （一）总体的共性问题

水资源问题一般包括水资源赋存量的多少、水资源时空分布是否均匀、水质（水污染）程度的好坏、水生态条件的优劣、水资源供需矛盾是否突出、用水效率的高低、旱灾和涝灾是否频发、水资源管理是否规范等。中国当前面临的主要水资源问题可以用八个字概括，即"水多、水少、水脏、水浑"。对国际河流而言，也存在类似问题，但是在性质上存在差异。

中国西北、东北、西南各区域国际河流的天然生态系统稳定性总体良好，但随着流域境内和境外人口增多和社会经济发展的压力与资源环境不相协调的矛盾导致环境负载增大，形成了一些具有共性的水资源问题，包括水污染、水土流失、水资源利用效率低等，详见表2-6。

表2-6　中国国际河流的主要水资源问题及分布特征

| 主要水资源问题 | 西北地区 | 东北地区 | 西南地区 |
|---|---|---|---|
| 水资源缺乏 | ★★★ | ○ | ○ |
| 水资源时空分布不均 | ★★★ | ○ | ○ |
| 水资源供需矛盾突出 | ★★★ | ○ | ○ |
| 生态环境脆弱 | ★★★ | ○ | ○ |
| 水污染严重或易发 | ★★ | ★★★ | ★ |
| 洪涝灾害频发 | ○ | ★★ | ★ |
| 旱灾频发 | ★ | ○ | ★★ |
| 水土流失严重或易发 | ★ | ★★ | ★ |
| 水资源利用效率低 | ★★★ | ★★ | ★ |
| 水资源管理体制不健全 | ★★★ | ★★★ | ★★★ |

注：○不存在或不明显；★存在但不突出；★★存在且较为明显；★★★存在且非常突出。

#### 1. 水环境污染问题

水环境污染和水质恶化是河流普遍存在的水资源问题，世界范围内的国际河流也不例外。不管是国际著名的多瑙河、莱茵河，还是中国的国际河流，都曾经或正在面临水资源污染问题。世界范围内的水污染大多为工业废水造成的污染，包括各种有毒有害的有机物和重金属污染物等，其治理难度大、耗资大且难以从根本上解决污染源问题。

在中国各个区域的国际河流中，东北地区由于人口压力和工业结构导致的水污染尤其严重。鸭绿江部分河段污染严重，主要污染物为有机物和酚、汞等。在黑龙江流域，中俄境内都有大量农业区域及工业企业，其污水和废水排放对支流及干流水质、流域生态系统造成极大破坏。西北地区国际河流也存在水环境污染问题，而以伊犁河流域最为突出。伊犁河流域主要发展农业，工业企业设备较为落后，农业面源污染和工业点源污染越来越明显，其工业污染源集中于伊犁河的伊宁市河段。因云南经济相对落后，流域未受开发破坏，因此西南地区澜沧江水系干流、怒江水系干流、红河水系干流等国际河流的水质相对较好。

2. 水土流失问题

造成水土流失问题的原因除了本身的地貌、气候和土壤特性外，更为直接和重要的因素是人为的破坏，包括破坏植被、乱砍滥伐、过度放牧等，这些因素大多发生在一些经济生活相对落后的地区。因此，世界范围内的水土流失问题主要发生在一些发展中国家，而我国国际河流流域基本都是发展中国家，水土流失问题就比较突出，另外，由于我国国际河流大多处于上游位置，因此受影响更为突出。

水土流失问题在我国各区域的国际河流中均存在。西北地区伊犁河流域的水浇地、旱地都存在不同程度的水土流失；东北地区鸭绿江流域、图们江流域也有严重的水土流失问题；西南地区国际河流普遍存在水土流失问题，但目前该区域尚未被列入水土流失重点治理区。总体而言，东北地区界河为主的国际河流区域存在的水土流失问题相对更为明显。

3. 灌溉方式落后，水资源利用率较低

近年来，由于节水意识的不断提高，世界各国都在逐步改进灌溉技术和节水技术，但是水资源利用率低下问题在中国及周边国家仍然普遍存在。由于技术落后和人们节水意识不足，各地均存在资源浪费和利用效率低下的问题。中国周边国际河流流域国受诸多因素的制约，节水技术的推广更为艰难。虽然节水灌溉技术在中国西北地区已经逐步推广，但很多地区仍采用落后的灌溉手段，造成水资源浪费，继而还可能产生土地次生沼泽化和盐渍化的问题。例如，额尔齐斯河阿勒泰地区农田灌溉方式均为大水漫灌，灌溉定额高，多数灌区只灌不排。哈萨克斯坦的农业灌溉方式仍旧较为落后，水资源利用效率低下。东北地区国际河流在农业用水方面，由于各灌区未能实现合理调配，在输水过程中造成了较大损失。

**4. 水资源利用缺乏统一管理**

国际河流的管理由于牵涉上下游、左右岸不同的国家，在统一管理上难度较大。又因国际河流其本身的特殊性，水资源分配和统一管理是国际河流主要问题。由于缺少统一的管理，可能造成上游无节制用水和下游用水得不到保证，因而就会产生用水纠纷。世界上很多国家经历过因为水资源分配不均而产生的纷争，严重的可能会引发国家间的战争。

中国国际河流流域国基本为发展中国家，除缅甸、哈萨克斯坦、塔吉克斯坦、俄罗斯以外，均被联合国经社理事会评为有潜在水危机的国家，其中，朝鲜更被确定为有很高潜在水危机的国家。因此，水资源对于这些国家的生存和发展至关重要，国际河流开发利用稍有不当，很容易引起纠纷和争端。目前，中国与周边国家均没有就各主要国际河流流域设立流域层面的管理机构；中国境内也基本上没有成立专门的国际河流管理机构。

**（二）不同区域面临的特性问题**

**1. 东北地区**

东北地区国际河流流域水资源丰富、水资源利用条件优良、生物多样性丰富，主要问题是各流域国内支流水资源开发对界河干流的影响（包括界河护岸、水质、防洪）及流域生态保护问题。

以黑龙江为例，第一，界河的流动不断冲刷两岸，涉及流域国的国土稳定问题，因此国际界河的护岸工作是相关流域国家都极其重视的问题。长期以来，黑龙江界河中国侧的护岸工作力度不够，而俄罗斯侧的护岸工程做得很好，就使得黑龙江中泓线不断向中国一侧推移，导致了中国国土的流失。

第二，流域防洪形势严峻。东北地区水资源的分布不均匀，年内降水量大多集中在6—9月，其间降水量约占全年的60%~80%；在年际间，常常出现连枯、连丰、丰枯交替的变化。黑龙江中方和俄方境内主要支流上均建有大型水库，双方各自负责各自境内水库的运行调度，在流域洪水来临时，很难做到协调联合调度。水库调度时如果不考虑流域整体影响，将增加洪水引发的风险和灾难。因此，无论是对于流域局部洪水还是全流域洪水，所涉及流域国家应该尽力协同，共同应对防洪压力。

第三，界河两岸任意一方排入污染物都会造成界河干流的水污染及跨境污染，进而破坏流域水体的生态平衡。随着中国东北地区社会经济发展，区域内的农田退水和工业污水排放容易引起黑龙江的常规水资源污染或突发水污染问题。因此，界河的水污染问题，不仅是一国境内河流水体的水质问题，由于涉及不同的主权国家，产生的跨境影响往往会上升为两国的敏感话题。

第四，在界河流域的任意一国境内支流上兴建水利工程都将影响整个界河流域的水系连通，还可能切断鲑鱼和鲟鱼等洄游鱼类的洄游路线，阻隔河流与湖泊、湿地之间的水力联系，破坏流域的生态平衡。

### 2. 西北地区

西北地区国际河流流域均地处内陆干旱区，水资源缺乏，农业用水占比最大，水资源供需矛盾突出，生态环境脆弱，主要问题是水资源的权益分配。

对于这些内陆干旱区，水资源是支撑和制约经济发展、生态环境稳定的基础资源，水资源缺乏且时空分布不均将是当地经济发展及区域合作的重要约束。在此背景下，流域上人类活动的加剧更是激化了突出的水资源供需矛盾和生态环境脆弱问题。比如，哈萨克斯坦20世纪70年代在伊犁河上修建了大型水库，造成了伊犁河三角洲乃至巴尔喀什湖生态环境在80年代的急剧退化；哈萨克斯坦在额尔齐斯河修建了三座梯级大型水库，造成了额尔齐斯河中游滩地的生态退化问题以及下游俄罗斯境内的通航问题。

长期以来，这些地区的主要产业均为农业或牧业，农业用水在社会经济用水中占有很大比重。无论是流域的境内地区还是境外地区，历史以来的灌溉方式都较落后，水利工程等基础设施不完善，造成了大量的水资源浪费。随着境内及境外人口规模增大，以及社会经济发展对水资源需求的增加，亟须通过调整产业结构，实施和推广农业节水灌溉技术，提升水资源利用效率。从流域可持续发展的视角，在气候干旱背景下这些地区的生态用水不可忽视。然而，长期以来，各流域国在开发利用这些共享国际河流的水资源时，对生态用水没有给予足够重视。

### 3. 西南地区

西南地区国际河流水能资源和水资源都很丰富，开发条件优越，但是各流域国的开发需求与重点不同，主要国际河流问题是上游水电开发对下游的影响问题，以及上下游间的水电开发与河流水文和生态的影响关系问题。

第一，南亚和东南亚地区受季风气候的影响，水量充沛，旱季雨季分明，生物多样性丰富。在中国西南地区的国际河流境内或境外水资源开发中，最主要的问题是上游水电开发对下游水文、生态及渔业的影响问题。

第二，各流域国的社会经济发展程度差异较大，对水资源的需求不一，开发重点各异。中国对西南地区河流的开发需求重点在建造水库进行水能发电和航运，而境外流域国有的重视水能发电，有的重视农业灌溉，有的重视生态、渔业及航运。中国在河流上游进行蓄水发电，就会引起河流下游水文情势的变化，一方面给下游国家带来防洪的利益，又可能给下游国家的蓄水发电、灌溉、生态保护、渔业等造成一定程度的影响。

第三，中国西南地区的国际河流主要为上下游型，并且中国处于多数河流的上游，一般流经两个以上国家。因此，对下游各国造成影响。

第四，南亚和东南亚地区国家的社会经济发展在历史上长期受到西方国家的影响，国际河流水资源开发的技术和管理方面也基本沿用西方的体系和模式，接受大量西方的技术与政策援助，西方国家对该地区国际河流的介入比较深。因此，中国在西南地区国际河流水资源开发中，不仅会受到来自下游国家的压力，还会受到来自第三方（包括西方国家或国际组织）的压力。

# 第三章 国际河流管理涉及的国际水法与治理规则

国际水法是世界各国对国际河流实施管理的基础，国际环境法的基本原则为国际水法奠定了坚实的法律基础。国际水法的精髓及在此基础上形成的治理规则为国际河流管理构建了基本框架，为国际河流开发与保护提供了理论依据和政策保障，国际水法包括了普遍性国际水公约和区域性或流域协定等，其中，关于"合作"和"争端解决"的规定，为国际河流管理提出了更为具体的义务性要求。

## 第一节 国际水法

### 一、水霸权影响下的国际河流管理

1966 年《国际河流利用规则》（又称《赫尔辛基规则》）是第一个被广泛认可的国际河流领域的条约。在此之前，国际水法的组成多是国际河流流域国家间的双边条约，以及少量的多边条约。这些条约没有将当前利益与相关流域国利益、流域长远利益，乃至全人类的长远利益一起考虑，未能充分考虑有限的可更新资源的承载力和自然环境的容量。此阶段各类条约的当事国国力相当，条约以航行、水电和防洪等为主要内容，注重分配国际河流的相应利用价值。还有一些条约由强势国主导整个签约过程，条约内容也并不公平。由实力较强的国家切分国际河流的水资源并予以分配，而且赋予国际条约"公平"和"规则"的外衣；这被称为水霸权国，"霸权国家通过建立国际机制的方式来维护霸权并管理国家间关系是国际关系（尤其是 20 世纪国际关系）

的一个重要特点。"①

水霸权国家通过签订水条约，不但使自己的行为及所得到的利益合法化，而且可以通过流域各国对于机制合法性的承认，降低国际河流流域的管理成本，使该流域内有利于水霸权国家的秩序得以维持。但这种条约是从霸权国自己的国家利益出发的，客观上使其他流域国家利益受损严重，权利义务严重不对等，从而造成不公平的水权分配结果。那些利益受损的流域国会不断寻找措施，应对和改变这种状况，以使流域国之间的利益趋于平等。因而，流域各方之间的权利义务是否对等，是造成冲突或者促进合作的关键的变量。由于不公平的水权分配结果一般来说对霸权国家是有利的，因此，在这种情况下，水霸权国家往往成为维持现状、强调稳定、强调水条约的重要力量。如果水霸权力量足够强大，其存在会使国际河流形成暂时的稳定结构。

虽然国际河流流域的稳定是流域国家的共同利益，所有流域国家都能从稳定中获得一定的收益，享受安宁的国内和国际和平建设环境。但由于水霸权指导下的合作是以不平等的分配和收益为基础的，这种不平等的分配和收益，是水霸权国家凭借其在水政治复合体中的优势，限制其他流域国家利益要求而获取的。水霸权国家通过话语权影响流域国家的国际河流开发理念，创建一种利己的国际制度，建立起国际河流开发利用所要遵循的原则、规章和决策程序，规定何为合法、何为非法，从而使自己的利益得到保证，但限制了其他国家利益的实现。

迫于各种压力，部分国家会接受一些对自己不利的利益分配结果。但随着情况改变和自身认知的提高，这些国家为了维护权益，必然会提出权利义务对等的要求，从而对霸权稳定秩序形成挑战。因而，霸权稳定是在霸权结构下的结构和单元的暂时稳定，是霸权国家利用实力维持的一种弱性强制状态。这种不平等的稳定，潜藏着巨大的冲突因素。

总之，均势与霸权是国际政治现实主义理论和国际条约制定中使用非常频繁的两个概念。均势是一种国际关系的均衡模型，通常可以避免冲突，达成合作和相应的条约。因此，传统均势理论认为，国家间力量的均衡分配（均势）最有利于国际稳定。均势是国家在一定的对外关系政策指导下，通过国家间的多次互动，按照均衡原则建立起来的体系。在国际河流水法和水条约制定中，流域国家现实中应对问题的对策，正是通过结盟、引进外援以及关联博弈等手段，寻求国际河流水政治复合体内国家间力量的平衡。条约只有在平等均势的

①　秦亚青. 制度霸权与合作治理［J］. 现代国际关系，2002（7）：10-12.

基础上建立，才是公平正义和得以持久的，也是水资源合作的国际法律基础。

## 二、《国际河流利用规则》

著名的国际法学术团体国际法协会于 1966 年在其第 52 届年会上通过了《国际河流利用规则》。《国际河流利用规则》是就国际河流淡水资源开发和保护相关法律制度方面发展的第一个重大里程碑，是迄今为止国际社会中出现的对关于国际河流开发利用的国际法一般规则的最好的总结和编纂。它得到很多国际法律文件和国际法律实践的承认，对其后的国际法发展影响较大，也有效地遏制了国际河流领域的霸权行为。

《国际河流利用规则》提出的几项重要原则和制度被频繁援引，它在第 4 条规定中确认了国际流域的"公平利用原则"；在第 10 条规定中确认了污染范围内的"不造成重大损害原则"。最重要的是它规定了争端解决的模式，《国际河流利用规则》第 27 条第 1 款规定国家按照联合国宪章以和平方式解决有关争端的义务。《国际河流利用规则》第三章"污染"中的第 11 条第 2 款规定，如果国家不履行第 10 条第 1 款第 2 项规定，未采取合理措施，减轻国际流域现有的水污染程度，而对同流域国境内造成重大损害，则应要求该国立即同受损害的国家举行谈判，以求达成合理解决问题意向。

《国际河流利用规则》的第六章更是专门规定了"防止和解决争端的程序"用来解决各流域国因国际河流的水资源的利用而发生的国家之间的争端。这章是整个《国际河流利用规则》中条文最多、篇幅最长的一章。第 27 条第 2 款规定："建议各国逐步采用本章第 29 条至 34 条的防止和解决争端的方法。"

从条文的分析中可以看出，《国际河流利用规则》规定国家首先有义务采用对其有约束力的条约所规定的防止和解决争议的方法，如果没有履行相应的条约义务，则应采取"政治解决模式"在先，"法律解决模式"在后的国际河流争端解决的程序。

《国际河流利用规则》这些条文，尤其是第 33 条清楚表明了整个国际河流水资源争端解决程序的流程：争议各方谈判无法协商一致，则建立联合机构调查，并提出合理方案；若无效，则请求第三国或国际组织或人士作为第三方调解或斡旋；若仍无效，则成立调查委员会或调解委员会；若再无效，则建议提交专门成立的仲裁庭，或是常设仲裁机构，抑或是国际法院。

## 三、《国际水道非航行使用法公约》

1997 年，联合国大会通过了有较多争议的《国际水道非航行使用法公约》，不少国家对该公约的某些规定存在不同看法甚至有反对意见，但对于将谈判作为争端解决办法的首选，没有国家提出异议①。

《国际水道非航行使用法公约》被国际社会普遍认为是《国际河流利用规则》之后，国际水法发展史上另一个具有重大意义的里程碑式的国际法文件，可视为迄今最全面、最具权威的国际河流利用和保护法。《国际水道非航行使用法公约》第33条用了10个条款和1个附件去规定争端解决程序，在争端解决模式的选择上，几乎囊括了现有的全部争端解决方法，政治和法律方法并用，强制手段和非强制手段兼采，但侧重于法律方法。

（一）解决的争端范围

《国际水道非航行使用法公约》第33条"争端的解决"第1款规定：如果两个或两个以上缔约方对本公约的解释或适用发生争端，而它们之间又没有适用的协定，则当事各方应根据下列规定，设法以和平方式解决争端。这一规定与《联合国宪章》"和平解决国际争端的原则"，以及《国际河流利用规则》第27条第1款保持高度一致。就《国际水道非航行使用法公约》规定而言，这里所指的争端，并非本书所讨论的"国际河流水资源的争端"，而是"缔约方对本公约的解释和适用发生的争端"，这是需要特别注意的，也是第33条会侧重于法律解决模式的原因。即便如此，其对于争端解决模式程序的设计，仍然对各国解决国际河流争端有着指导意义，而且这一《国际水道非航行使用法公约》主要内容和适用目的就是"保证国际水道的利用、开发、养护、管理和保护，并促进为今世后代对其进行最佳和可持续的利用"。

（二）多种争端解决方法并用

《国际水道非航行使用法公约》第33条第2款规定：如果当事各方不能按其中一方的请求通过谈判达成协议，它们可联合请第三方进行斡旋、调停或调解，或在适当情况下利用它们可能已经设立的任何联合水道机构，或协议将争端提交仲裁或提交国际法院。此条款与《国际河流利用规则》之争端解决程序的规定相似，规定各国在争端解决中应首先进行协商与谈判，依次也可以提请第三方介入，或通过已建立的联合水道管理机构，又或提交国际仲裁或司法解决。此条款对于争端解决方法的选择与大部分国际条约一样，与其他国际环境

---

① 王曦，杨华国. 从松花江污染事故看跨界污染损害赔偿问题的解决途径 [J]. 现代法学，2007（3）：112–117.

条约的争端解决条款也并无显著区别，都是先采用"政治解决模式"，而后用"法律解决模式"作为补充。各种争端解决方式的适用均是一种层层递进关系，周密严谨，设有多道防线，以保证和平解决争端。

但是条文中有两个词，"可联合请第三方"中的"可（may）"以及"协议将争端提交仲裁或提交国际法院"中的"协议（agree to）"，说明尽管第三方介入进行斡旋、调停，以及提交仲裁或国际法院等方法已成为和平解决国际争端的基本方法，但是这些手段都是以国家同意为条件的。争端方"可"进行这些程序，也可"协议"提交仲裁或国际法院。这种"同意"一般是争端发生之后由当事国协商达成或在双边条约中订立，在这样的情形下，当事国对自己按有关争端解决程序可能会承担的义务才会有充分的估计和准备，这是国家主权原则的要求和体现。

同时，《国际水道非航行使用法公约》第 33 条第 10 款表明，在争端解决方法上，《国际水道非航行使用法公约》除了规定了谈判、斡旋、调停、和解等外交方法外，还规定了国际河流流域国可以在批准、接受、核准、加入《国际水道非航行使用法公约》时或在此之后的任何时候向《国际水道非航行使用法公约》保存国书面声明接受国际法院和（或）按《国际水道非航行使用法公约》附件规定的程序建立的仲裁庭的强制管辖。国际河流流域国对于国际法院或者仲裁法庭管辖的接受与否，即是否使用法律解决模式加以补充，由各国自行决定，但一经声明接受，即受拘束。该条款的管辖事实上是一种"任意强制性管辖"。第 10 款的规定比第 2 款的"或可协议提交"法律模式又更进一步，并且更加制度化。

（三）强制事实调查

《国际水道非航行使用法公约》第 33 条第 3 款规定：在符合第 10 款的运作情况下，如果在提出进行第 2 款所述的谈判的请求六个月后，当事各方仍未能通过谈判或第 2 款所述的任何其他办法解决争端，经争端任何一方请求，应按照第 4 款至第 9 款将争端提交公正的事实调查，除非当事各方另有协议。

很多学者将此条款界定为"强制事实调查方法"（strict legal approach），认为其有违主权原则。但是根据文本内容，要启动"强制事实调查"需要具备以下四个先决条件：其一，当事各方不应另有协议，也就是说，国际河流争端国之间没有解决该类争端的特别协议，如条约；其二，争端一方提出谈判请求的六个月后，仍未通过谈判、斡旋、调停、调解（第三方介入）、提交跨界河流委员会（联合水道机构）使争端得到解决；其三，在符合条约第 33 条第 10 款运作的情况下，即接受国际法院或仲裁的"任意强制管辖"当事国已经把该争端提交国际法院或仲裁，但于六个月的时限内该争端仍未解决；其四，争端任何一方请求启动"强制事实调查程序"。该款规定表明"政治解决模式"中的谈判为首选，其次使用政治解决模式中第三方介入和利用国际河流委员会（联合水道机构）的方式，最后使用"法律解决模式"（在符合第 33 条第 10 款的情况下）；以上方法给予六个月的时间。如果所有方法，包括任择性的争端解决方式（法律解决模式）解决不了争端，则"应（shall）"在一方请求下使用强制性的方式解决争端，而"强制性的事实调查方式"在国际水法的区域性法律文件和软法文件中是绝无仅有的。

《国际水道非航行使用法公约》之所以这样安排，是由国际河流所涉及的当事国各方重大经济利益决定的。如果争端解决机制疲软，致使争端解决不力或久拖不决，必损害当事方经济发展或引发新矛盾，影响国际社会的稳定①。因此，第 33 条体现了迅速有效解决争端，维护《国际水道非航行使用法公约》稳定性的意图。

引起多方争议的则是《国际水道非航行使用法公约》首次规定的强制性争端解决方法，对争议解决的"强制事实调查条款"引起五大国家的反对，包括中国、法国、印度、土耳其和哥伦比亚。为使《国际水道非航行使用法公约》生效，需要至少 35 个国家的赞成，但是到 2008 年，只有 16 个国家同意在《国际水道非航行使用法公约》上签字。到 2011 年，向联合国秘书长递交批准文件的国家仅有 23 个，而且已经批准《国际水道非航行使用法公约》的国家所拥有的国际河流流域面积比重很小（2%左右）。作为框架性公约，《国际水道非航行使用法公约》规定"争端强制解决方法"实属不当，"争端强制解决方法"是属于涉及国家主权的敏感问题，强制解决方法意味着争端的最终解决方案可能对争端所有的涉案方都是难以接受的。《生物多样性公约》和《气候变化框架公约》等框架性国际环境公约对争端解决模式都采取了比较保守而合理的做法，仅规定缔约国可以明示接受规定国际法院管辖和仲裁的争端解决条款，而没有所谓的"强制事实调查程序"。

在国际河流的争端解决模式中，《国际水道非航行使用法公约》规定的"强制调查程序"与国际法的传统相悖，有侵犯国家主权和扭曲《联合国宪章》之嫌，影响了《国际水道非航行使用法公约》的生效。其一，有违国家主权原则。

---

① 张晓京.《国际水道非航行使用法公约》争端解决条款评析［J］. 求索，2010（12）：155-157.

国家主权原则要求在涉及一国重大利害关系问题时，采取什么方式解决国际争端，应是国家有权选择的事①。一个主权国家不能被强制适用争端解决的程序，这是国际法的基本原则。《联合国宪章》规定"于争端之继续存在足以危及和平与安全之维持时"应尽先以谈判、调查、调停、和解、公断、司法解决、区域机关或区域办法之利用，或各国自行选择之其他和平方法，求得解决。在"足以危及和平与安全之维持时"仍然要使用各国"自行选择"之和平方式，而非强制的和平方式解决争端。其二，有违国际河流的特性。国际河流具有明显的差异性及个性，由于每条国际河流的自然条件、社会经济利用情况、生态环境都有很大的差异，加之每个国家对于国际河流管理的道德观念、政治制度和国内法律制度迥异，因此每条河流相应的争端解决机制也不尽相同，都是流域国根据河流的特殊情况选择订立的。如，1909 年《美—加边界水域条约》和 1966 年《康斯坦茨湖取水协定》条约的争端解决的具体规定就各不相同。上游国和下游国由于地理位置不同，对于争端的解决也有各自偏好的模式。《国际水道非航行使用法公约》作为提供基本原则的框架性公约，将"强制调查程序"不加选择的适用于每一条国际河流的任何一种对条约解释和适用的争端，显然是有失稳妥。其三，有违促进合作的精神。国际河流的争端往往涉及的是上下游之间、一衣带水的邻邦之间，不像有些环境问题涉及全世界的和平与生存，其涉及的是少数当事国的利益而非全球的安全与整体利益，用强制的解决手段和到流域国领土内强行调查，不但没有必要而且侵犯主权，影响国家间的关系，使得国际河流整体开发与合作进程受阻。

（四）"强制事实调查"的具体条文规定

《国际水道非航行使用法公约》第 33 条第 4~9 款具体规定了"强制性调查程序"的细节。第 4~6 款实际是"事实调查委员会"的成立及其委员的选定，以及工作程序的确定。

第 7 款规定"事实调查委员会"拥有强制调查权，当事各方不仅有义务（obligation）向调查委员会提供它可能需要的资料，并经委员会的请求，有义务允许委员会为调查目的进入各自的领土和视察任何有关的设施、工厂、设备、建筑物和自然特征。强制调查程序在《国际水道非航行使用法公约》的实际适用中赋予了国际河流的下游国干涉上游国开发国际河流在其国内部分的权利，依据第 7 款的规定，任何不能解决的争端都可能导致"事实调查委员会"进入

---

①　李铮. 解决国际淡水资源争端的条法化综述 [J]. 国际资料信息，2002（10）：12-15.

国际河流上游国的领土，这可能侵犯上游国开发商的商业秘密甚至是国家秘密。而且对国际河流的非航行开发利用关系到水道国的重大政治、经济、社会利益，关系到国家主权问题，强制调查实际是对主权的一种干涉。第7款规定国家有义务提供一切资料，还有义务允许视察任何设施，明显对下游国有利，为下游国干涉上游国的主权提供依据，对国家的主权提出了严峻的挑战。

第8款"事实调查委员会"以向各方提交报告的方式解决争议，报告对各国没有法律拘束力，各国只是应当善意地考虑这些建议。

第9款为费用的分担。

综上，国际河流开发利用过程中产生争端是不可避免的，争端解决方式也是多种多样的。国际河流争端的复杂性、所涉及利益的多重性以及高度的技术性，决定了必须建立强有力的国际河流争端避免与解决机制，为此《国际水道非航行使用法公约》做出尝试，试图满足实践的需要。在《国际水道非航行使用法公约》第33条第2款中列举了解决争端的各种方式，包括各种"政治解决模式"和"法律解决模式"，其中以"政治解决模式"为先。

《国际水道非航行使用法公约》开创性规定当适用谈判或其他方法不能有效解决争端时，经任何一方要求，必须对争端进行强制调查。但强制性方法无疑违反国家主权原则和国际河流制度个别性、技术性等特点，是多数国家所不能接受的。《国际河流利用规则》第33条也规定了事实调查解决争端的方法，但它的措辞比较温和，只是"建议"国家成立调查委员会寻求争端的解决。

中国不是《国际水道非航行使用法公约》的缔约国，所以不受其约束。因而目前尚未主动地利用司法方式解决国际争端，更不用说接受强制性的调查程序。但《国际水道非航行使用法公约》具有"造法性"，也是唯一一个规范国际水道非航行利用的多边条约，对中国解决国际河流争端仍然具有很强的指导意义。

## 第二节  主要原则

### 一、不造成重大损害原则

不造成重大损害原则，也被称为不损害原则、无害原则，是指国家在使用国际河流水资源时，采取一切适当措施，预防、减少和控制对其他沿岸国或其环境造成重大损害。不造成重大损害原则中的"损害"既指对水质的损害，也指对现行和潜在用水国用水量的剥夺。重大损害中的"重大"一词比较含糊，它要求较多地是对事实的考虑，而不是法律上的确定。重大损害包括对人的生命或财产、对水的任何有益使用的损害，或对水环境造成实际损害的国际水道污染等。损害的"重大"与否还涉及价值判断，而价值判断往往依情况和时间而异，因此对重大损害程度的判断，最终需要沿岸各国依据水道的特殊性进行协商确定，或者依据案件的具体情况而定。

国际河流的不损害原则一直被国际社会普遍认为是沿岸国家的基本责任，也在许多国际水法文件中有所涉及。1887 年《国际河道航行规则草案》第 26 条规定：当其他沿岸国已提出抗议时，禁止进行有可能改变共同水域的经济制度或妨碍航行的工程；1911 年《国际水道非航行用途的国际规则》第 1 条规定了界河的无害使用原则，第 2 条规定了跨境河流的无害使用原则。这里的损害包括了对国家、公司及个人的损害；1923 年《关于涉及多国开发水电公约》第 4 条规定：如果缔约国计划兴修的水力发电工程有可能对其他缔约国造成重大损害，则有关国家应举行谈判以达成施工协议；1933 年《美洲国家关于国际河流的工农业利用宣言》第 2 条规定国家在利用开发其管辖下的国际河流时不能损害邻国所享有的平等权利；1961 年《关于国际水域的非航行利用的决议》第 4 条规定，一国不能修建工程以严重影响他国的使用；1966 年《国际河流利用规则》第 10 条规定了要防止和避免污染造成流域国家的重大损害；1995 年《湄公河流域可持续发展合作协定》第 7 条要求各国尽力避免、减少和减轻由于湄公河水资源的开发利用可能对环境产生的有害影响；《国际水道非航行使用法公约》第 7 条要求各国不能以对他国造成重大损害的方式利用国际水道；2004 年《关于水资源的柏林规则》第 16 条规定各流域国在管理国际流域水域时，应当避免和防止其领土范围内的行为或不行为导致其他流域国家应被尊重的公平合理使用水域的权利被严重损害。

体现不造成重大损害原则的典型案例是国际常设法院 1937 年的"默兹河分流案"。该案是因比利时和荷兰两国关于默兹河的利用而引起的争议，双方互相谴责对方的运河水闸等工程违反了两国在 1863 年签订的条约。国际常设法院驳回了双方的指控，指出双方对其境内的河段和运河有利用的自由，只要该利用不损害原来的河道或者改变提水量和贮水量。该判决认为沿岸国对其管辖下的河流行使主权权利时，不得妨碍其他沿岸国对该河流行使主权权利。另外，在埃及与埃塞俄比亚的用水纠纷中，国际水法虽然以"公平合理利用"原则来维护上游国家的用水权利，但也通过设定"做出适当努力不造成重大损害"义务来约束其用水行为，维护了下游国的用水利益。

### 二、公平合理利用原则

公平合理利用原则，是指国际河流流域各国在开发利用和保护国际水资源时，有权并应当以公平及合理的方式进行。公平合理利用不仅指水量，而且指水质，否则将会造成不公平的结果，或者对沿岸国带来损害。公平合理利用原则的出发点是基于国家对国际河流水资源的永久主权：只有在承认了流域各国对国际河流水资源均享有主权的基础上，才能够兼顾各方利益，规范各方行为，以公平合理的方式，使各方的利益均达到最大化。

公平合理利用原则包含两个方面的内容：第一，各当事国应在各自领土内公平合理地利用国际水域。特别是各国在使用和开发国际水域时，应与充分保护该水域保持一致，并考虑到其他当事国的利益，使该水域实现最佳受益和可持续的利用。第二，当事国应公平合理地参与国际水域的使用、开发和保护。这种参与应当包括利用国际水域的权利和合作开发及保护国际水域的义务。

公平合理利用原则在很多重要的国际水法文件中都有表述：1921 年《国际性可航水道制度公约及规约》第 10 条第 2 项规定"沿岸国有权提出充分理由要求其他沿岸国合理分担养护费用"，也即各国在使用河道时，应当从公平原则出发，进行义务的合理分担；1966 年《国际河流利用规则》的第二章为国际流域的公平利用，用了一个章节共 5 个条款来规定公平合理利用原则，即各国在其境内有权公平合理地分享水益；《国际水道非航行使用法公约》第 5 条和第 5 条规定了公平合理的利用与参与原则，要求各国在其境内合理开发利用和保护国际水道；2004 年《关于水资源的柏林规则》第 12~14 条提出了公平及合理使用原则，要求整体分析各相关因素以确定何为公平合理。

除此之外，在国际水域利用和保护的司法判例中，公平合理利用原则也得到了充分地贯彻和执行。国际常设法院在 1929 年"河流秩序国际委员会地域管辖权案"的判决中就体现了这一公平合理利用原则。判决认为各沿岸国对于可航行河流具有共同的利益，这种共同利益决定了各沿岸国对于航行具有共同的、平等的法律权利。这一判决虽只针对河流的航行权，但它所体现出的沿岸国的公平利用原则适用于河流的其他用途；在解决埃及与其上游国埃塞俄比亚的用水纠纷中，国际水法同样以"公平合理利用"原则来维护各水道国，特别是上游国家的用水权利。

公平合理利用原则承认各沿岸国在国际河流利用和收益方面有着公平、平等的权利，还应肩负着合作保护国际河流的义务。公平合理利用原则有着坚实的国际法基础，为各国公平合理参与国际河流水资源的利用和保护奠定了良好的基础。

## 第三节 行为规则

### 一、交换数据资料与信息

交换国际河流水资源的相关数据资料和信息是开展国际河流水资源合作与解决矛盾冲突的基本条件，也是加强沿岸国家密切合作与保证国际河流公平合理利用的重要基础。《国际水道非航行使用法公约》将"经常交换数据与资料"作为一般国际合作义务，规定水道国应经常地交换关于水道状况，特别是水文、气象、水文地质和生态性质的便捷可得的数据和资料以及相关预报。

美国俄勒冈州立大学亚伦·T. 沃尔夫（AARON T. Wolf）等学者在对全球140 多个国际河流协定分析中发现，有一半以上的协定都有关于国际河流监测、信息数据的收集与共享的详细规定①，1994 年《多瑙河可持续利用和保护公约》中就有关于信息交流与公开的详细规定；1995 年《湄公河流域可持续发展合作协定》中也规定了沿岸国家应定期交换实施协定必要的数据和资料，为此，湄公河委员会还专门制定了《数据和资料交换及共享程序》。

当然，在可能涉及国家安全和额外增加工作费用等情况下，对数据资料与信息的交换往往都有一些限制条件。如《国际水道非航行使用法公约》中有规定："如果一个水道国请求另一个水道国提供不是便捷可得的数据或资料，后者应尽力满足请求，但可附有条件，即要求请求国支付收集和在适当情况下处理这些数据或资料的合理费用"以及"本公约的任何规定均不使水道国承担义务提供对其国防或国家安全至关重要的数据或资料"。在实践中，沿岸国家之间交换数据资料与信息都是在对数据资料与信息交换的必要性、用途、范围、规范标准、费用及具体执行程序等相互协商一致的基础上，并在达成有关协定的条件下才开始实施的。

### 二、事前通知

事前通知是指一国在其境内国际河流上计划采取新的措施应事先通知其他

---

① HAMNER J H, WOLF A T. Patterns in international water resource treaties: the transboundary freshwater dispute database [J]. Colorado Journal of International Environmental Law and Policy, 1997 (2): 161-177.

沿岸国，以避免可能对其造成的不利影响。事前通知规则，被认为是防止一国的开发计划活动对其他沿岸国家造成损害的一种重要手段。从通知的互动关系来说，有主动通知和被动通知两种。按照国际惯例，不论当事国之间是否签有相关规定的条约或协定，不论计划措施是否一定对他国造成重大不利影响，只要一国提出通知要求，被要求国都应做出适当回应。

《国际河流利用规则》在"争端的防止和解决方法"中规定：不管一个国家在流域中的位置如何，对于可能会改变流域水情、引起争端的任何计划工程或设施，该国应特别向其利益可能会受到实质性影响的其他流域国通知情况。《国际水道非航行使用法公约》在"计划采取的措施"中将事前通知作为一项重要秩序规则，并加以详细规定：对于计划采取的可能对其他水道国造成重大不利影响的措施，一个水道国在予以执行或允许执行之前，应及时向其他水道国家发出有关通知。这种通知应附有可以得到的技术数据和资料，包括任何环境影响评估的结果，以便被通知国能够评价计划采取的措施可能造成的影响。

在其他一些国际河流条约或协定中对事前通知也都做出了明确规定：印度和巴基斯坦于1960年签订的《关于印度河的水条约》中规定，如一方计划修建的工程会对另一方造成实质性的影响，则应将此计划通知对方并提供可能得到的资料，以便对方能了解工程的性质、规模和影响。即使该方认为不会对另一方造成实质性的影响，如另一方提出要求时，该方仍应向其提供相关资料。1995年的《湄公河流域可持续发展合作协定》中规定沿岸国家进行流域内的用水或流域间引水，应按照相关规定及时通知联合委员会并提供补充数据与信息，以使其他沿岸成员国讨论与评价其影响，并构成达成协议的基础。

### 三、生态受益者补偿

流域各国有义务独自或联合起来保护国际河流的生态系统，重点应放在预防、减少和控制水污染事件上。生态受益者补偿原则，是指在国际河流水资源的开发、利用和流域生态环境保护中，开发、利用水资源和获取生态利益的国家应当对进行国际河流水资源保育和流域生态环境保护的国家给予相应补偿。其中，享受生态服务、获取生态利益的国家称为"受益国"，"受益国"是补偿的义务主体；提供生态服务、贡献生态利益的国家称为"贡献国"，"贡献国"是补偿的权利主体。

在当代国际关系中，各国权利和义务都是一致的。但是，由于国际河流的特殊地域性，各沿岸国之间在权利享有和义务承担上存在严重不平等。如果"受益国"不对"贡献国"给予合理补偿，任由这种权利和义务失衡的状态发展，势必会影响其保护国际河流水资源和流域生态环境的积极性，既不利于国际河流水资源合理利用和流域生态环境的有效保护，又不利于下游国家经济和社会的可持续发展，还会影响沿岸各国之间关系的良性发展。

生态受益者补偿原则的目的是保障沿岸国能公平分享国际河流的生态利益，合理分摊生态成本，促进国际河流的可持续发展，保障国际河流生态利益的持续供给。在一些国际河流条约或协议中也得到了充分体现：1964 年美国与加拿大签订的《美国加拿大关于哥伦比亚河流的条约》中规定，美国将其增加的水电效益的一半外加防洪效益费用支付给加拿大，作为加拿大在其境内修建大型水库的补偿；南非与莱索托于 1986 年签订的《莱索托高地水项目条约》中规定，作为补偿，南非不仅负担在莱索托建设大坝的绝大部分成本，同时投入大量资金保护莱索托上游库区环境，并解决工程兴建所带来的社会问题，包括移民搬迁和安置等。

国际河流生态受益者补偿原则是对污染者负担原则的借鉴和超越，是生态补偿理论在国际河流水资源利用和生态环境保护中的具体实践，也是国际水法公平合理利用原则的新发展。国际河流生态受益者补偿原则应当通过一系列具体制度加以落实，包括基础调查制度、效益评估制度、成本分摊制度、受益补偿制度和权利救济制度。

### 四、和平解决争端

在国际河流水资源的合作开发中，应包含争议解决机制。和平解决争端作为一项重要规则，禁止流域各国使用武力或以武力相威胁。历史反复表明，国际水争端只有通过和平方式解决，才能真正促进国际河流水资源的有效利用和保护，以及沿岸国的长久和平与繁荣。以武力或武力威胁等强制性方法，不仅不能从根本上解决水争端问题，反而会激化有关国家之间的敌对情绪，也会使争端升级，成为冲突和战争的祸根。

在一些国际水条约和软法文件中，都有关于和平解决争端的方式和程序的规定。《国际河流利用规则》指明了国家有按照《联合国宪章》的规定以和平方式解决争端的义务，并详细规定了争端解决的程序；《国际水道非航行使用法公约》第 33 条表明，希望通过协商谈判，争端各方都可以达成协议从而解决争端。但是如果争端各方不能通过谈判达成协议，可以寻求第三方的斡旋、调停、调解，或者利用他们建立的任何一个联合水道机构，或者同意把争端提交仲裁或提交到国际法庭。

就和平解决争端的方式而言，有政治方法和法律方法两种：政治方法也称外交方法，是指法律方法以外的由争端双方自行解决或者由争端双方以外的第三方介入解决争端的方法，具体包括谈判与协商、斡旋与调停、调查与和解、通过国际组织解决争端等方法；法律方法是指用仲裁或司法解决的方式来解决国际争端，具体包括国际仲裁和国际诉讼两种方式。

就和平解决争端的程序而言，当发生争端时，应当首先进行协商和谈判；如果协商和谈判不成，可以借助其他政治性解决方法；如果仍不能解决争端，则可以采用法律方法解决。在解决争端的整个过程中，只要双方自愿，都可以随时采用任一种政治性解决方法。

# 第四章　国际河流争端与解决模式

因国际河流开发引发的跨国争端贯穿于人类开发国际河流水资源的始终。这些争端若处理不好就会引发严重的冲突。人类历史上已经爆发过多次因国际河流水资源开发而引发的战争。但是经过长期的实践探索，人类社会已经形成了一些具有实际效果的争端解决模式，尽量化解国际河流水资源开发争端。

## 第一节　国际河流争端的概念

### 一、国际河流争端的含义

国际河流争端主要是指主权国家之间发生的、涉及国家水权的争议，这些争端也包括由于违章、侵权的行为而导致的国际河流管理机构同河流的使用者如径流国地区的政府、企业和居民、通航船只的船主和船员之间的纠纷和冲突①。

国际河流蕴含着丰富的淡水、生物、水能等资源，其中，淡水资源是一种不可替代的基础性自然资源。随着人口的增加和经济的发展，淡水资源短缺已经成为社会进步的制约因素之一，甚至威胁着人类的生存。因此，与一般境内河一样，国际河流核心的安全问题是水资源问题，并且由于国际河流跨越了国境，问题便更加复杂。国际河流水资源的分配，最基本的前提是尊重和维护流域各国的主权。因为要平等公正地处理国际争端，所以必须要符合国际法的基本准则。其中，主权平等是《联合国宪章》所规定的联合国及其会员国要遵守

---

① 杨练. 关于我国国际河流开发中利益冲突的探讨——以对澜沧江—湄公河的开发为例[J]. 法制与社会，2013（19）：72-74.

的七项原则之首。此外，1962 年联合国大会通过的《自然资源之永久主权决议》中规定，"各民族及各国行使其对自然财富和资源的永久主权""各国必须根据主权平等原则，相互尊重，以促进各民族及各国家自由而有利地行使其对资源之主权"。

然而，在现实生活中，虽然许多国际条约都强调了主权平等，但是在国际河流开发活动中，冲突依旧存在。这种情况是国际河流流域普遍存在的权力不对称造成的。权力结构很大程度上影响着国际河流开发合作的开展状况。不对称的权力结构使流域内的合作并不都是建立在流域国平等、自愿参与基础之上的。有些合作甚至是以高压或者暂时的妥协和服从为基础。实力强大或处于优势地位的国家会在国际河流合作中占据主导地位，甚至一些国家的力量强大到能够占据支配地位，控制合作的方式和结果。

## 二、河流争端的类型

国际河流争端产生的原因错综复杂，共享同一条国际河流的流域国利益诉求都不尽相同，不同国家内部对水资源开发问题也会有各种不同的利益和主张，这就导致国际河流各种各样的争端在世界上不同地区不断出现。

目前世界范围内的国际河流争端类型按照内容可以分为以下几种：

（一）国际河流水域的划界争端

国际河流总是和国家边界有着一定的联系，它至少和两个国家产生自然地理上的联系，很多国际河流甚至就是两国的国界线。当两国之间的边界与国际河流流域水系相重合而邻国间对边界的准确位置的划分有异议时就会引发的争端；当国际河流沿岸国天然或人为地改变与两国间的边界相重合或者代表两国间边界的河道时也会引发争端。

因为国际河流有一定的宽度，而且国际河流的航道随着年际水文变化、自然条件、气候条件的变化和汛期旱期的交替等往往还会发生迁移，所以给两岸国家的划界带来困难和不确定性。这种由于河流地理变化引起的河流中心线的变化会产生新的争议，也增加了国际河流水域划界争端发生的频率。

### 恩昆特罗河：阿根廷和智利关于划界的争议

这一争议从 19 世纪到 20 世纪 60 年代几次经过国际仲裁都未能解决，问题的症结在于确定该河的主干道。尽管两国在 1881 年签订了界约，但对具体界线一直有分歧。该河支流众多，流过大片未开发的高山丛林，地形十分复杂，再加上没有精确的水文地理资料和地图，难以判定该河的干道，也就无法划定边界线。1966 年，英国伊丽莎白女王参与的仲裁裁决将东边河道定为主干道，强调在缺乏水文资料的情况下，应该根据公平原则将有争议的地区分别划给两国，为解决同类问题找到了一条途径。

### （二）国际河流水域的航行权争端

航运是国际河流最早的开发利用方式，也是国际水域的主要功能之一，90%的商品贸易是通过轮船运输的。莱茵河、多瑙河、亚马孙河和圣劳伦斯河等都是世界上以航运为主的国际河流。历史上经常发生因为下游国家封锁出海口或不按规定设立航标而引起的争议。目前的国际法公认国际河流所有沿岸国应享有平等的航行权，但是由于各种政治事件频发，国际海峡和国际运河的自由航行权始终在世界范围引发各种争端。例如，17 世纪荷兰封闭斯海尔德河的出海口，以及 18 世纪以后北美洲的密西西比河和圣劳伦斯河都发生过关于航行权的争执。

### （三）国际河流的水量分配争端

全球性水资源的短缺使得国际河流水资源的水量分配成为很多地区的争端甚至是战争的导火索。最早有记录的国际水条约就是关于水量分配的条约，大约在公元前 3100 年，美索不达米亚平原上游城邦国家乌玛和下游城邦国家拉格什就底格里斯河的水分配问题达成临时协议，暂时解决分水的争端。

水量分配争端是国际河流流域国因为争水产生的争端，也是一种"零和争端"，流域国中的任何一个分配的水量多了，则其他流域国分配的水量就少了，是一种绝对的排斥型的争端模式，也是长期被重点关注的争端类型。

#### 恒河：印度与孟加拉国之间水量分配的争议

恒河全长 2510 千米，流经印度和孟加拉国，位于恒河上游的印度从 1962 年开始，在离孟加拉国西北边境仅 11 千米的恒河河段修建了法拉卡拦河坝，为此，两国几乎成为势不两立的"仇敌"。围绕恒河问题争端的焦点是在枯水季节的水量分配。在枯水季节，孟加拉国需要全部的水都最终流入其境内以解决用水问题。目前，印度北部上游地区取水量的增加，加上法拉卡大坝的分流不断减少恒河枯水季的流量，这使得局势变得更加复杂。由于来水量不断减少，而自己国家的水需求量却迅速增加，孟加拉国除了要求从印度方面多分水外别无选择。但是，印度本国的水匮乏形势绝不会允许它满足孟加拉国的要求，于是，两个沿河国家必然发生争端。①

### （四）国际河流的水污染争端

国际河流水污染包括两种，一种是常规性污染，一种是突发性污染。常规性水污染主要包括对河流水源区植被的破坏与水土流失造成的水源污染；流域城镇和厂矿企业排放生产废水和生活污水造成的水体污染；船舶运输排放的垃圾污水、油污造成的水体污染；农业使用大量化肥、杀虫剂导致的水体污染和富氧化；修建大坝导致淤泥积压、水生态受损，以及水盐碱化等。

突发性水污染具有偶发性、难以预见性，其种类多样。主要包括运油船搁浅、碰撞或运送化学品的船舶倾覆造成的污染；工厂事故仓库爆炸、泄漏；甚至于核电站事故、地震海啸等其他突发事件引起的水污染事故等。

**科罗拉多河：美国和墨西哥关于水污染的争议**

科罗拉多河是美国和墨西哥两个沿河国家共同享有的国际河流。两国于1944年签订协议《利用科罗拉多河、蒂华纳河以及格兰德河水域的条约》。20世纪60年代初，美国亚利桑那州大量抽取科罗拉多河水，并将灌溉渠中含盐量很高的水引入该河，导致科罗拉多河水的含盐量增加，分配给墨西哥的水质急剧下降。

20世纪60年代墨西哥就水质问题向美国提出了抗议，认为水质的恶化违背了当初1944年协议的精神。1972年8月，尼克松总统派遣赫伯特·布朗尼尔（Herbert Brownell）作为他的特别代表寻求一个解决科罗拉多河含盐问题的"永久性办法"。通过一系列措施，墨西哥现在的含盐度比20世纪60年代降低了10倍。同时，美国承担了缓解科罗拉多河河水盐化问题所需的全部费用，而没有使用"绝对领土主权"的概念，因为美国担心加拿大在其他场合使用这一概念来反对美国。

### （五）国际河流水能开发争端

水能利用是一种非消耗性利用，建大坝开发河流的水能资源，既能调节流域汛季旱季的水量，又能发电，而且水能发电是典型的清洁能源。如果流域国尤其是上游国单方面进行水能开发，会对下游国家带来一定的不良影响，容易

---

① 何艳梅. 国际水资源公平和合理利用的法律理论与实践 ［D］. 上海：华东政法大学，2006.

导致国际争端。这种争端分为四种：

1. 由于水能开发利用引致的水益分配争端

虽然国际河流水资源由流域国家共同享有，但国际河流各段的开发和水利工程，通常都由各流域国在本国境内完成，各自享有其境内的水益权。由于河流具有不可分割的特性，水利工程及其受益范围，往往不可能按国界划分。上游国为了发电，有时会影响下游国的用水权益；下游国有时为了拦洪蓄水，需要在上游国修筑堤坝，很容易产生在他国领土上修建工程和工程受益分配等问题，从而引起国家之间的争端。①

### 哥伦比亚河：美国和加拿大水益分配的争端

哥伦比亚河的季节流量差别很大，大汛期时最低水位可增加 30 倍，因此需要调节流量。美国要求加拿大在上游修建 3 座蓄水库。蓄水库及堤坝建在上游国加拿大境内，而主要受益的是处于下游的美国，为此两国发生激烈冲突。1944 年，双方委托美—加国际联合委员会进行调查和提出解决方法。后来委员会提出公平分配水益的方案，明确了双方的权利和义务，这也成为合理解决水益分配的一个典型例子。

2. 水能开发对国际河流水量、水质、水生态等造成影响而引发争端

一国在自己境内建设水利工程原则上是自己主权范围内的事务，但是这种开发或工程建设往往会直接影响国际河流流域其他国家的水资源利用，影响国际河流的水生态、渔业、水质、周边环境等，进而引发争端。

### 澜沧江—湄公河：流域各国对于水电开发带来的影响争端

澜沧江—湄公河干流水电站对水生生物的影响，一直是国际上关注的一个话题。渔业是老挝、泰国东北部、柬埔寨和越南三角洲几百万居民动物蛋白的主要来源，在下湄公河流域，自 20 世纪 60 年代以来，曾经有过多个水电梯级开发方案，但均因生态环境问题而受到反对，特别是来自国际非政府组织的强烈反对而搁置。中国境内澜沧江干流的梯级开发也因此而受到下游国及国际组织的关注和反对，至今仍争议不断。

3. 水能开发导致流域国就事先通知和预先磋商的问题产生争端

各国有权利用本国境内或管辖下的水资源，但是对于国际河流流域国而言，

---

① 陈晓梅. 国际河流争端的避免与解决机制研究 [D]. 南京：河海大学，2006.

权利的行使要考虑到其他沿岸国家的利益，不能对其他国家造成重大损害，在利用国际河流的跨界水资源时，也应负有事前的协调磋商和通知义务，这又会涉及国家主权问题，进而引发矛盾与争端。

**拉普拉塔河—巴拉那河：巴西与巴拉圭之间的开发争议**

拉普拉塔河是南美洲仅次于亚马孙河的第二大河，20世纪70年代初，巴西和巴拉圭决定在巴拉那河上的伊泰普修建当时按规划世界上最大的水坝。工程引起了阿根廷的关注，因为它可能对下游地区的环境造成影响。阿根廷为此不仅将这个问题提交给了联合国大会，在第27届联合国大会通过第2995号决议，还在77国集团首脑会晤的时候又将这一问题提出，另外，借承办1977年马赛普拉塔联合国水资源大会之机又提及这一问题。经过紧张的谈判，三国达成了协议。巴拉圭在和阿根廷、巴西协调开发规划后，终于得以开发国内巨大的水能潜能，成为世界最大的电力出口国，为其国民赢得了宝贵的财富。

4. 利用水利设施作为战争武器或工具引发争端

一条河流的流域范围属于一个完整的系统体系，因此一些水资源开发利用活动会对其他国产生极其严重的不良影响，这就导致某些国家企图通过修建水利设施或者破坏水利设施来影响别国的政治取向，由此引发激烈争端。在国与国的冲突中，蓄意攻击蓄水设施可能直接导致对方水资源匮乏或使水质恶化，也可以淹没敌方大量的土地。国际河流的水电开发项目，一旦成为攻击目标，则有可能影响流域数国，上游国通过放水或改变河道流向，也会给下游国以致命的打击。中国在澜沧江修建水利工程就被下游国担心会成为破坏下游国的工具，中国在雅鲁藏布江迟迟没有进行开发，也是迫于印度的此类担忧。实际上，这种争端更多体现的是流域国之间紧张的国际关系，是国家之间激烈争端在国际河流上的投射。

**各国敌对态势中水利工程引发的威胁**

苏丹和埃及关系紧张时，苏丹领导人宣称要使尼罗河改道，断绝埃及的水供应；朝鲜在上游建坝的行为也对韩国起到威慑作用，因为水坝一旦被作为战争的工具，韩国的首都随时都有被淹没的危险；印度和巴基斯坦分治后就曾为印度河的用水权发生严重分歧，作为上游的印度以断水威胁巴基斯坦。①

---

① 王志坚. 从中东两河纠纷看国际河流合作的政治内涵 [J]. 水利经济, 2012, 30 (1)：23-27.

### 三、国际河流争端的特征

#### (一) 国际河流争端的广泛性、长期性

长期以来，国际河流水资源争端此起彼伏，由此引发的水战争也时有发生，这些都严重威胁着国际和平与安全。从争端的延续时间看，国际河流水资源争端往往具有长期性，从分布范围上来看，国际水资源争端遍布全球五个大洲的各个主要跨界淡水水系。① 国际河流水资源具有流动性的特点，导致一旦水体受到污染，凡是污水流经的地方都会受到不同程度的污染，从而侵害每个流域国的利益，争端涉及的对象具有广泛性。有些突发事件所造成的水质污染和生态破坏短期难以恢复，由此产生的国际河流争端普遍具有长期性。例如，罗马尼亚金矿氰化物污染事件曾经使得美丽的多瑙河成了"死亡之河"，并且短期内难以恢复。

#### (二) 国际河流争端内容和表现形式的多样性

国际河流各流域国所处的地理位置不同，社会经济发展水平不同，各国的需求也不同，客观存在各流域国的目标差异，各种不同的目标之间形成原因复杂的水资源问题，引起不同程度、不同内容、不同类型的争端。

国际河流的水资源利用具有多种目标，包括发电、渔业、灌溉、航运、防洪、旅游、城镇供水、生态保护、工农业用水等。这些利用既有消耗性又有非消耗性。在全球普遍的水短缺和水污染的背景下，各种目标之间经常会发生冲突。为了维持航运所需水位，必须限制甚至阻止灌溉用水；为粮食生产和灌溉所消耗的水量和导致的污染使饮用水、渔业、生态系统等受到影响。发展中国家往往更多地追求经济目标，而发达国家或水资源富裕的国家往往更多地关注水生态的保护。总之，各种目标之间，形成了表现形式多样、内容各异的国际河流水资源争端。

#### (三) 国际河流争端上下游流域国的不对等性

河水从上游流向下游，处于上游的国家地理位置就比较有利。上游国一般是河流的水源聚集地，水资源相对丰富，控制水源的优势使得上游国通常在开发上具有主导支配的地位，它可以对国际河流进行单边开发，实现国家利益的

---

① 张泽.国际水资源安全问题研究 [D]. 北京：中共中央党校，2009.

最大化。

上游国和下游国对待同样的国际河流角度不一。上游国以前崇尚"绝对领土主权说",而下游国利用"绝对领土完整论"针锋相对;上游国注重水电开发,而下游国注重灌溉、航运和渔业。

1. 上游国家

上游国具有国际河流中的地缘优势地位以及由此带来的权益。国际河流的上游国家对国际河流合作的动机较弱,倾向于维持流域内的单边关系而不愿意使合作制度化。

土耳其是两河的发源地,控制着两河的水源,在两河地理位置上处于极为有利的位置。土耳其长期利用水资源的政治内涵,以水资源为工具和手段,打压或安抚下游国家,调控与下游两国以及与阿拉伯世界的关系,确保自己在两河上的主导地位以及中东地区的影响。① 但是由于上游国地位优越,其利用国际河流的行为往往导致下游国的抱怨和指责。例如叙利亚对土耳其、巴基斯坦对印度、印度对中国都存在因国际河流开发而引发的不满。

受国际环境保护思潮的影响,目前国际上对上游国家承担的义务强调得较多,对下游国家承担义务认识不够,这也加剧了矛盾的形成与激化。

2. 中、下游国家

国际河流中、下游国家的地理位置相对不利,它们必须尽可能地寻求与上游国家的合作,致力于与上游国家达成合作机制,以保证本国水资源安全。

国际河流中段地域的国家,由于它们既可以利用"不造成重大损害"原则与下游国联合,又可以用"公平利用"原则和上游国联合为本国争得利益,所以往往不急于批准关于国际河流的国际公约,以免阻碍其外交政策的灵活性。例如,两河流域中的叙利亚就处于中游的地理位置,其在两河问题上就采用以经济为中心的实用主义政策,与上游国土耳其和下游国伊拉克巧妙周旋,从而寻求利益的最大化。

下游国地缘政治上的不利地位往往使其在用水问题上受上游国家的制约,只能选择和上游国家的合作,特别是用水方面的合作。例如,伊拉克在两河流域中就处于最下游地域,如果上游土耳其切断水源,伊拉克人畜用水都成问题;如果土耳其打开所有闸口,伊拉克又将被洪水淹没。虽然下游国在地缘政治中处于弱势地位,但也正因为此,其可以自主的使用其境内的水资源,开发水利,

---

① 王志坚. 地缘政治视角下的国际河流合作——以中东两河为例 [J]. 华北水利水电学院学报(社会科学版),2011,7(2):21-22.

而不用与他国协商。

### (四) 国际河流争端的技术性

#### 1. 争端内容的技术性

国际河流争端具有技术性，往往涉及水域、水体、水资源规划、水工程管理与保护、水功能区划、水资源配置、水量分配方案、水资源的环境承载能力等技术问题。《1991 年中苏关于中苏国界东段的协定》规定了。即便是国际河流的划界争端，也涉及大量的界标、航运、渔业等专业内容，需要实施勘界工作，确定界河主航道中心线、河流中心线或主流中心线的确切位置，确定国界河流中岛屿的归属，树立界标，起草勘界文件，绘制详细的勘界地图。① 同时，国际河流争端的解决和相应的法律体系必须体现自然规律，特别是生态学规律的要求，因而具有很强的自然科学性特征。②

#### 2. 国际河流开发与管理的技术性

国际河流争端目前最佳的解决方案就是全流域整体开发与管理，由于国际河流的政治边界打破了完整的流域自然界限，使得流域的整体开发与管理具有复杂性。不仅要考虑资源的供需平衡，考虑各流域国之间的目标差异、利益关系的协调和与此相关的制度方面的因素，如各流域国的政治、社会和组织机构的差异、利益矛盾、谈判的方式、协商的主要原则等，还要考虑技术上的可行性。

#### 3. 未来争端解决方法的技术性

通过先进的技术手段缓解水资源供需矛盾，化解国际河流水资源争端的压力，是一种带有根本性的解决手段。如果能够在不过度开发国际河流水资源的情况下部分解决水资源的供需矛盾，那么就能极大程度地减少发生国际河流水资源争端的可能性。对于国际河流水资源具有潜在影响的新技术包括：

（1）海水淡化技术。随着水科学技术的不断发展，目前已经能够实现大量的工业化海水淡化。如果可以大规模进行海水淡化，中东地区约旦河的争端将会迎刃而解。但是目前海水淡化还有一些局限，包括经济成本过高；环境污染严重，会造成大量的温室气体；受海洋地理位置的限制等。

（2）废、污水再利用技术。生活污水经过回收、处理可以再次使用在对水

---

① 确定主航道的主要根据是航道水深，并结合航道宽度和曲度半径加以综合考虑。主航道中心线是标示主航道的两条相应的等深线之间的水面中心线。

② 丁渠. 中国古今水事纠纷解决方法的比较研究 [J]. 中国农村水利水电，2008（2）：59-61.

质要求不高的工业领域和农业灌溉上。

（3）人工降雨增加水量技术。人工降雨虽然技术上难度不大，但是实际上是将地面上的水资源争夺，转向空中水资源的争夺争端仍然难以避免。例如约旦就指责以色列通过人工降雨减少了其境内的降雨量。

### （五）国际河流争端牵涉利益体的多元性

#### 1. 流域外国家

国际河流水资源的争端不仅涉及相关流域国，很多时候还涉及流域外的其他国家。例如，两河流域土耳其和叙利亚、伊拉克的争端中，与其说是三个流域国之间的争端，不如说是牵涉到整个阿拉伯世界和西方国家的冲突。在澜沧江—湄公河流域的合作开发活动中，也频频受到西方国家的干扰。

#### 2. 国际组织和机构

人们意识到要成功处理国际河流水资源的争端，必须有一个涵盖整个流域的"国际机构"，不能仅仅依靠国际河流的主要流域国自身，因而国际河流争端的参与主体中，不仅有大量的国际层面的组织和机构，也有大量的专门成立的国际河流流域组织。包括联合国开发计划署、联合国环境署、联合国粮农组织、联合国大学；国际组织如世界银行、亚洲开发银行、世界大坝委员会、世界水理事会；流域组织如湄公河委员会、保护莱茵河国际委员会等。

#### 3. 国内各州、各部门、地区、各部委、各级政府机关、企业等

国内的用水情况会影响该国针对国际河流问题的处理态度。美国和墨西哥在处理科罗拉多河河水盐化的问题上，最有效的方法应该是减少美国境内的灌溉面积，增加供给墨西哥的水量份额，冲淡河水中的盐量，但是美国西南流域各州农民要求在 1944 年分水协议之外不增加水量给墨西哥，使得美国谈判代表放弃了这一方案，转而花钱修建脱盐工厂。

流域国的部门之间也会发生国际河流合作，在德国和斯洛伐克，各州政府而非国家政府对河流管理承担主要的责任。① 在湄公河的问题上，中国定期把云南省监测站获得的汛期相关水义资料和雨量信息共享给湄公河委员会，在干旱时期利用上游的水库进行水量调节从而减轻下游的旱情，这些合作主要由流域国的水资源管理部门实施。

---

① MILCH R G, VERADY. In Germany and the Slovak Republic, state governments, not the national government, have primary responsibility for rivers [J]. Managing Transboundary Resources, 1998 (40): 10-23.

（六）国际河流争端的经济性

国际河流开发引起的水益分配争端，分配的是水益，争端的焦点与其说是水资源不如说是利益。有些时候，水资源是一种商品，国际河流争端的解决离不开经济因素的考虑，生产 1 吨的粮食大约需要消耗 1000 吨的淡水，有些国家把进口粮食作为平衡水短缺的关键战略，因为进口一吨粮食，本质上相当于进口 1000 吨的淡水，而且进口粮食比直接生产更具有经济和环境意义。

# 第二节　国际河流争端的动因

## 一、主权因素

如果所有的河流都不跨越国界，完全归属于某一个主权国家，那么河流的问题将仅仅是一个国内法的问题，或者一个国家的内政，争端无从产生。但是国际河流中的水，"自由"地从一个国家流向另一个国家，跨越了不同的政府疆界、打破了领土的完整性，为流域国家所共享。由河流沟通联系的流域盆地是一个独立的地貌与水文体系，但是两个或多个的国家常位于同一个流域以内，共享同一河流的水资源，导致国际河流的利用、管理与争端解决牵涉到流域各国的主权、国际关系、区域经济合作、边界管理、跨境民族社区的稳定、国际合作机构的建设、流域物种的保护、环境污染、水土流失、水能的开发利用、防洪、航运、捕鱼、灌溉等多种复杂的综合问题。

## 二、利益因素

如果国家间能摒弃国家边界的限制，将整个流域视为一个整体的角度来思考，国际河流的争端就有可能得到彻底解决。但是由于国界的分割和本位利益的考虑，在国际河流开发的过程中，各流域国都不得不从本国的利益出发，故而存在诸多水事纷争。界定水权归属、制订相关国际协约、确定争端的解决机制，这些都是进行合作开发以共享国际河流水资源的前提，也都无法单纯依靠一个沿岸国的单边努力完成，需要借助于沿岸国的积极合作，而沿岸国的利益诉求又存在复杂性。

### （一）利益诉求主体的复杂性

国际河流水资源利益诉求主体不仅包括国家政府、地方政府等主要治理主体，还包括其他利益相关者，包括非政府组织、公众、企业等。

1. 核心治理主体的复杂性

国际河流水资源利益诉求的治理主体主要是各国主权政府、地方政府，因此治理主体含有显著的国际性特征。地方政府是水资源开发利用中的直接受益者，因此，地方政府在水资源的管理中会出现与国家政府利益争夺的现象。治理主体的多元化、政治性色彩以及对利益的激烈争夺加大了治理主体的复杂性，使得利益诉求的治理缺乏统一性和协调性。

2. 相关利益主体的多样化

国际河流水资源领域的利益主体不仅局限于各国政府，还涉及非政府组织、公众、涉水企业、媒体等。其中，非政府组织、公众和企业等社会群体对国际河流的参与程度越来越高。例如，多家国际民间组织于 2009 年在泰国曼谷成立了国际非政府组织联盟—拯救湄公河联盟，旨在提高沿岸居民的环保意识，敦促湄公河流域各国政府保护湄公河的自然生态系统。

治理主体的复杂性和利益主体的多样化决定了在国际河流水资源利益诉求治理中，不仅要考虑多个主体、多种利益诉求，还要考虑利益诉求中所夹杂的政治因素，从而加大了利益诉求治理的难度。

### （二）利益诉求内容的复杂性

国际河流水资源利益诉求具有地区差异性、河段差异性、动态变化性和延伸扩展性，这些特征都体现出国际河流水资源的利益诉求具有一定的复杂性。按照利益诉求内容来分，可以将诉求分为经济诉求、社会诉求、政治诉求、生态诉求和法律诉求等。在不同地区、不同河段和不同时期会有不同的诉求内容。

在水资源充足时期，下游国家主要偏向于保护水质的生态诉求；在水资源不足时期，上下游国水资源利益诉求转向水量分配的社会和经济诉求；在水资源严重缺少时，下游国家不能实现最优取水量，加上上游国家的排污行为导致下游国家无论在水量还是水质上都无法达到正常水平，这时上下游国家的利益诉求便会产生冲突。

### （三）诉求治理手段的不确定性

国际河流水资源利益诉求呈现多样性的特点，为了合理有效地治理多种多样的利益诉求，需要有一定的参照标准。但是参照标准在实际运用中存在诸多问题。首先，公认标准的缺失。在处理国际河流水资源利益诉求时，应该根据国际现有惯例、条例及原则进行初步判断，但是，不同国际河流利益诉求的争议背景不同、情形复杂，国际惯例很难被诉求各方所接受。其次，国际水法和国际原则有自身的局限性。例如，标准模糊和效力缺失，国际法律规范不完备导致"公平合理利用"原则不清晰，利益不一致导致各国对"公平合理利用"的主观判定不同等。最后，利用仲裁、调停或司法程序来解决矛盾有一定的难度。当诉求矛盾无法通过国际惯例、国际水法及谈判的方式达成协议时，应提交仲裁、调停或司法解决。但是，大部分国家都不愿意将涉及主权的问题交由第三方决定。

治理手段的不确定性使得各国在提出诉求或者发生诉求矛盾时没有统一客观的参照标准和可靠的治理程序，这显然既不利于各国利益的获取和整体利益的最大化，又增加了利益诉求治理的复杂性。

### 三、公平标准因素

如果能有一个公平的标准来平衡协调各国的利益需求，并以此确立国际河流水资源的国际条约体系，各国予以遵守，则国际河流的争端也可能得到解决。国际社会一直试图建立国际水法体系，站在一个"公平和中立"的立场上，以水资源开发与保护并重为主线，对各国的国际河流水资源的开发利用行为进行约束，但目前只停留在基本原则阶段。国际水资源问题至今没有形成被广泛认可的国际公约，这是国际河流差异性极大、涉及因素复杂的特征所决定的。"公平"尤其是真正意义上的公平非常难以达到，这与主观判断有关、它与所持的公平标准有关、它与评定人有关。从《国际河流利用规则》到《国际水道非航行使用法公约》，传统的绝对主权观逐渐被以公平利用原则为核心的有限主权观所代替。近年来，在国际河流领域淡化或消除国家主权的观念不断兴起，试图为综合流域管理铺平道路。但是理论与实践表明有限主权观仍然局限在少数领域，涉及领土上的水资源，主权不可能消亡，公平往往难以保障，矛盾与冲突就只能求得暂时的缓解。

### 四、客观环境因素

水资源可由水质和水量两个因素来反映，这两个因素可统一概括为可利用的水量。如果全球的可利用淡水水量作为一种可再生的基础资源，非常充沛且能够满足需要，争端久会在一定程度上缓解。然而在客观环境上，水资源供需矛盾越来越突出，并成为国际河流水资源争端的重要诱因。

（一）全球淡水资源的稀缺

据统计，在全球水资源中，海洋总储水量为 13.38 亿立方米，占全球总水量的 96.54%；南极、北极和高山地区冰川积雪的储水量约为 0.24 亿立方米，占 1.74%；地下水约为 0.23 亿立方米，占 1.69%；存在于陆地河流、湖泊、沼泽等地表水体中的水约为 50.6 万立方米，占 0.037%。[①] 其中，全球淡水总和仅占全球总水量的 2.53%，大概为 0.35 亿立方米，这些淡水中的绝大多数（约 87.2%）又以固态形式分布在南北两极的冰川中，剩下仅有约 13% 以地表水、地下水及大气水等形式存在的淡水可供人类维持生命。

地球上水的总量基本不变，但是由于人口增长、浪费、污染、大量消耗、气候变暖、荒漠化等因素，水资源的可利用量持续减少，而人类对水的需求、消耗和污染却在持续增加，使水资源成为越来越短缺的资源。

（二）国际水资源的地理分布不均衡将长期存在

国际水资源分布的不均衡是目前引起国际河流水资源争端的一个客观事实。一方面是在世界各大洲之间的分布不均衡，另一方面是在不同国家之间的分布不均衡，各大洲的淡水资源见表 4-1。刚果人均水量高达 23212 立方米，而沙特却仅有 134 立方米，不到刚果的百分之一；前者水量极为丰富，而后者只得通过高成本发展海水淡化，并对数千年来形成的不可更新的深层地下水进行过度开采，才能确保经济、社会发展之需。

表 4-1　各大洲的淡水资源分布情况[②]

| 大陆（连同岛屿） | 占总淡水资源量的百分比 |
| --- | --- |
| 欧洲 | 7% |
| 亚洲 | 31% |
| 非洲 | 10% |

---

① 侯春梅，张志强，迟秀丽. 联合国世界水资源开发报告：呼吁加强水资源综合管理 [J]. 地球科学进展，2006，21（11）：1211-1214.

② 王学东，王殿武，李贵宝，等. 国内外水资源状况及存在的问题与对策 [J]. 河北农业大学学报，2003（S1）：238-241，248.

| 大陆（连同岛屿） | 占总淡水资源量的百分比 |
| --- | --- |
| 北美洲 | 17% |
| 南美洲 | 25% |
| 大洋洲 | 5% |
| 南极洲（不含冰盖） | 5% |
| 总计 | 100% |

就国家而言，巴西、俄罗斯、加拿大、中国、美国、印度尼西亚、印度、哥伦比亚和刚果9个国家的淡水资源占了世界淡水资源的60%。而在中东、北非及撒哈拉沙漠以南非洲的许多国家，缺水的情况极为严重，埃及当前用水量已占其可用水量的97%，但其人口还在持续增长当中。在此背景下，如果国际河流涉及其中，就容易引发对于水资源的争夺。水的供应不仅在地理范围上（空间上）分布不均，在时间上也很不均衡。非洲大陆的大片地区都遭受过一系列持续时间长、极其严重的旱灾，在这些旱灾发生的过程中，又常常出现同样严重的或"对旱情起缓解作用"的水灾。随着近年来全球气候的变化，极端天气变得越来越常见，这种时间上的分布不均，将会愈加明显。

这种地区、国家之间的不均衡，将导致两种情况：一方面，水资源丰富的国家往往不重视国际河流水资源的合作，甚至也有将国际河流水资源作为工具和手段达到政治目的的情况。另一方面，由于发展中国家大多数处于干旱、半干旱地带，由于自身的经济和科技发展水平，水资源的利用效率比较低，因此水资源的供需矛盾就特别突出，那些国际河流沿岸国的发展中国家难免对国际河流水资源的开发有着迫切的需求，但是国际河流水资源的合作开发又受到多种因素的而限制往往难以实现，由此导致的单方面开发就不可避免，国际河流水资源争端和冲突也就由此产生。

（三）人口增长和经济发展给国际水资源需求带来巨大压力

按照世界人口目前的增长速度，到2050年全世界人口将接近89亿，人口的快速增长和工农业生产的大规模发展以及各国迅速城市化和工业化都增加了各国对水的需求量，对水资源的过度消耗造成了水资源的匮乏。

（四）环境污染导致可用水量锐减

国际河流的跨界污染问题也是国际河流争端产生的重要原因之一。由于水质污染日趋严重，对于水资源的开发逐渐有由地上转为地下的发展趋势，这又反过来造成了地下水位下降和海水倒灌等一系列生态环境的严重后果。

由于缺乏干净安全的饮用水，每年都有大量的人群健康因此受到影响。人类活动和对水质的污染严重影响了可利用水量和自然环境：地表水水质由于城市和工业废弃物的污染而恶化；地下水的过量开采使得含水层缺乏蓄水能力，并导致地面下沉。

全球性的水资源供求矛盾的激化和水资源污染的加剧，特别是发展中国家的水资源形势的恶化，必然导致对国际河流水资源更加激烈的争夺。原本就不稳定的地区政治、经济、安全形势再混杂上对国际水资源的争夺，爆发国际河流水资源争端的可能性日益增加。

# 第三节　国际河流争端的影响因素

国际河流争端虽然是由于主权、国家利益、公平标准、客观环境等因素产生，但是争端的激烈程度、解决难度还受到更多更复杂因素的影响和制约。

## 一、流域缺水程度以及依赖性

一个国家的缺水程度往往决定了其使用国际河流水资源的急迫性和争端的难以调和性。在水资源研究领域，一般把人均年淡水占有量 1000 立方米定为一个国家水资源储量的警戒线，目前全球低于该警戒线的国家在持续增加。

在全球范围，国际河流为许多国家提供了生存和发展的绝大部分水资源，因此，流域各国尤其是上游国家对于国际水资源的开发利用，就对这部分国家的经济、社会可持续发展乃至生存产生了直接的影响。对于这些国家来说，保障国际水资源的安全对于整个国家的可持续发展有着决定性的影响。所以在富水国间行之有效的争端解决合作模式对于这些国家难以奏效。

## 二、流域国家数量和国际水域分布特征

在全球的国际河流中，大部分都流经两个以上的国家。国际河流水资源冲突大多数发生在同一国际河流的上下游流域国之间，国际河流流经的国家数量越多，矛盾往往越难以调解，越发错综复杂，发生国际水资源争端的可能性也越大。

中国国际河流中矛盾最突出的就是澜沧江—湄公河，它是亚洲流经国家最多的国际河流，而且都是发展中国家，而也成为世界范围内争端最为突出的国际河流。虽然不是所有涉及多国的国际河流都会引发争端，但如果流域内国家多，且政治、经济利益不同，在水资源的分配、利用、管理等方面就容易发生争端。

从国际水资源的分布特征来看，如果流经多国的国际河流流量不大而且对沿岸国家的整体水资源利用不产生重大影响，那么即使涉及相关国家数量较多，也通常不会发生较多冲突。但是如果国际水资源的分布导致一些国家所需要的水资源主要来自该国际河流的情况下，发生国际水资源争端和冲突的可能性就会大大增加。这些争端频发的国际河流往往都是"母亲河"甚至是"文明的发端"。

### 三、流域国家政治、宗教、文化、经济方面的差异性

国际河流流域国之间的政治、宗教、文化差异越大，发生水资源争端的可能性就越高。如果上下游国家在政治、宗教、历史和文化方面比较相近，那么在协调分配和使用国际河流水资源时就越容易达成一致，即使发生争端，也不容易激化。例如，多瑙河流域各国虽然也曾因多瑙河水的使用和污染问题发生过冲突，但是因其有相似的历史和文化背景，容易使得诸国在这一问题上的看法、态度，以及采取的应对行动取得一致，冲突的可控性较强，化解冲突的可能性较大。

政治、宗教、文化的差异大，往往会导致多种争端错综复杂的交织在一起。例如，在中东地区，伊斯兰国家和以色列之间，不但有复杂的民族、宗教、历史渊源，而且还都属于严重缺水的国家，因此，他们在国际水资源上的争夺和冲突就尤其激烈和难以化解。

经济的差异也会导致争端的解决方式不同，如果流域国都是发达国家，往往更多地追求水资源的最佳效能，更多地关注水质和生态平衡。由于这些发达国家都愿意也有能力承担相应的责任和成本，更有能力和意愿积极地参与流域的管理，更容易获取和交流相应的水文信息，包括分担流域水资源开发和利用项目的成本，具有为化解与其他沿岸国家冲突提供赔偿的能力，所以往往能够建立国际河流的一体化管理机构，进行统筹和规划。相反，经济差异较大，或都是欠发达国家，对当地自然资源和生态环境的依赖程度较高，有限的财政能力往往不足以对国际河流水资源进行最佳利用或综合开发。经济实力落后的国家也无力对污水加以有效的全面治理或提出较高的环保要求，水资源污染严重。

### 四、区域地缘政治

如果国家之间存在合作和同盟的关系，在共同利用国际河流水资源时往往采取协商和合作的模式；反之一旦在国际河流水资源开发利用中存在争议，则往往采取对抗或单独行动的模式，从而导致更复杂的矛盾和冲突。如果下游国家国力尤其是军事力量强于上游国家，当上游进行的水资源开发威胁到其利益时，就易爆发直接冲突，如1967年的"阿以战争"以及埃及和苏丹、埃塞俄比亚等上游国家潜在的因水资源而引发的武装冲突等。反之，如果下游国家国力和军事弱于上游国家，直接导致武装冲突的可能较少，但会危及地区稳定和安全，如印度和孟加拉国在恒河水资源上的争端。

国际河流水资源的分配有时也可以促进流域国之间的合作和区域政治格局的形成。同一国际河流流域各国的利益休戚与共，都是山水相连的邻邦，再加上各国之间经济文化等方面的密切联系，虽然国际河流客观上造成流域国地缘政治地位的不平等，但由于水资源对人类生活的极端重要性和地区安全的稳定性给流域各国带来显而易见的好处，使得处于国际河流不同地理位置的国家都不会以极端的方式对待共享水资源问题。国际河流的地缘属性是流域国家采取合作政策，化解冲突，寻求地区安全与稳定的客观要求。

## 第四节　国际河流争端的解决模式

### 一、政治解决模式

就国际关系而言，国际河流一方面可以引发争端，成为国家冲突的潜在因素，使流域地区局势恶化；另一方面，国际河流也可以成为流域国家互动的动因，为流域国家互动提供契机并搭建平台，它能缓和流域国之间的矛盾，消除流域国之间的差异，促进流域国之间的全面合作，从而维持流域地区的稳定。

（一）"政治解决模式"的含义和方式

谈判是有关方面就共同关心的问题互相磋商，交换意见，寻求解决的途径和达成协议的过程。在国际河流水资源争端的解决模式中，谈判与协商是国际河流流域国之间为了解决彼此之间的争端而进行交涉的一种方式，是"政治解决模式"中首要的方法，也是最常用的方法。

许多国际水条约和软法文件，都规定首先寻求谈判或协商的方式解决国际河流水争端，诸如《国际水道非航行使用法公约》第 33 条第 2 款，《国际河流利用规则》第 22 条、第 30 条，《联合国宪章》第 33 条也明确把谈判作为和平解决国际争端的首要方法，2004 年国际法协会通过的《关于水资源的柏林规则》中也对协商和谈判的义务有所体现。

谈判是最为务实、有效的解决国际河流水资源争端和促进合作的模式。在实践中，谈判不但用以处理那些刚刚开始的争端，而且可以防止未来的分歧。谈判不但有助于国际河流流域国减少冲突，避免沿岸国之间的关系恶化，还有助于在使用共享的淡水资源方面达成和平协议，可促进沿岸各国的互惠互利的达成。例如，印度和孟加拉国一直致力于通过双边的谈判协商模式和平解决有关国际河流恒河的争端，并通过两个有代表性的条约把这种争端解决程序和方法规范化。

（二）国际河流问题谈判的实践

实践表明，国家之间总是首先谋求通过谈判或协商解决争端。1959 年埃及、苏丹签订了《充分利用尼罗河水协定》，以协商和谈判的方式确定了两国占有尼罗河水的份额，并建立了一个技术委员会对协议的执行进行监督。1995 年 2 月，大部分尼罗河流域的国家在坦桑尼亚召开会议，同意成立一个专家组，按"公平分配尼罗河水"的目的，制定全流域分水方案，以防止尼罗河水的争端。尼罗河流域十国经过多次谈判和协商，于 2006 年在埃及达成《亚历山大协定》，同意就尼罗河水分配问题进行进一步谈判和协商。

因国际河流水资源污染而产生的争端，往往也通过谈判的方式解决。松花江水污染事件中，在跨界污染损害事件发生后不久，中俄之间就开始了频繁而有效的谈判和协商。通过谈判和协商，本着睦邻友好的原则，双方互谅、互让，和平而妥善地解决了松花江水污染跨界损害问题。

（三）国际河流问题谈判的利弊

1. 谈判协商模式解决国际河流争端的优势

第一，主体上可以充分保障争端各方的自由和权利，争端各方都可以在平等的基础上为本国利益据理力争。除了流域国政府，其他主体、利益团体甚至技术专家都可以在谈判过程中发表意见，可以使当事方考虑多种利益因素，提供更具灵活性的可接受的争端解决方案。

第二，程序上灵活、限制性小、随时可以启动、最为便宜和简单，但不排斥其他的争端解决方法，其他方法失败后可再次启动；谈判和协商过程中无第三方介入，争端当事方可以直接会晤，澄清事实、相互让步、做出妥协、开诚布公地交换意见，分配具体权利和义务，有利于争端友好地、彻底地解决。

第三，适用范围上几乎适用所有的争端类型，包括技术性和非技术性，也包括政治性质和法律性质的争端、

第四，效果上由于当事方拥有充分地自由裁量权，整个程序的进展控制在当事方的手中，最终达成的协议当事方乐于遵守，也排除了输赢形势的可能。

第五，影响上会促进国家间的友好、地区稳定。例如非洲南部，20 世纪 70 到 80 年代期间，当该地区处于一系列地方战争时，数项河流水域的协议得到了签署。虽然谈判十分复杂，这些协议却是该地区许多国家之间罕见的和平合作催化剂。

2. 谈判协商模式解决国际河流争端的不足

谈判协商模式有其不可替代的优势，但是国际河流的争端解决不能仅仅依靠这种"政治解决模式"，因为其也有诸多不足：

第一，耗时较长，效率较低。印度河协议的达成用了 10 年的谈判时间，恒河用了 34 年，约旦河用了 40 年。在保障各国平等参与、各抒己见的同时，谈判不可避免地牺牲了效率，往往缺乏固定的时间安排，例如，《国际水道非航行使用公约》的签订历经 27 年的谈判完成，《湄公河流域可持续发展合作协定》的通过则历时 25 年。

第二，受双方力量对比的左右。谈判又被称为"实力取向"的争端解决模式，这是由于谈判实际是一种"权力""力量"的角逐。谈判表面是争端各方自主自愿发起或进行的，但谈判的过程就是讨价还价的过程，是依据当事各方的综合实力而非争端本身的是非曲直，其结果往往缺乏预见性，很可能出现不公平的结果。例如约旦河争端中，以色列依靠硬力量的绝对优势占据和利用了绝大多数的水资源。

第三，缺乏全流域意识。各流域国都从本国利益出发，缺乏对整个河流生态系统的综合利用和环保意识。例如，印度河的谈判中，最佳方案当然是印巴双方搁置政治上的分歧与矛盾，共同制订流域综合开发规划，但最终谈判放弃了对两国都有利的这一理想，而是按河流水系分布来分水。

第四，有些谈判并非所有流域国都能参加。协商谈判必须由与国际河流有利害关系的所有流域国参与其中，那些把有关流域国排斥在外的不完整的解决河流争端的谈判，都具有极大的妥协性和片面性，难以取得长期的成效。例如，

以色列与约旦之间的《1994 年和平协定》就没有考虑其他流域国家的利益；埃及和苏丹的《尼罗河水协定》忽视了其他流域国，尤其是埃塞俄比亚的利益，成为该流域后来争端的焦点。①

第五，不具有稳定性。与争端各国的执政政府相互之间的政治关系有密切联系。现在大多数国家采取的是多党民主选举制，执政党随之更迭，不同执政党派的政治纲领并不相同，所代表的阶级阶层也不尽相同，虽然均是以保护本国利益为首要目标，但实现政策目标的手段和途径也都有所不同。有些对邻国采取温和的态度，有些则采取强硬的手段。在尼罗河争端中，由于 1958 年苏丹实行军事接管，迫切需要邻国埃及的支持，才会有《尼罗河水协定》的出台，1960 年阿斯旺水坝随之开工建设。但当 1985 年苏丹总统加法尔·穆罕默德·尼迈里（Gaafar Mohamed Nimeri）下台以后，二国关系急剧恶化，苏丹就表示要单方面撕毁协定，埃及为此不惜集结军事力量，准备一战。

第六，缺乏透明性和公众参与度。国际河流的水资源关系到流域各国居民的切身利益，但是谈判由于其政治属性，往往是不可能公开或进行实况转播的。很多国际河流的水文资料在国家范围内都属于机密。

第七，谈判协商缺乏全局性和长远性。谈判可以便利和加速有关争端国之间就国际河流的特定事项达成协议，解决眼前的纠纷，但可能只是较短时间的解决和权宜之计。例如，恒河争端中，至今双方也没有达成有关增加流量的治本之策。

## 二、经济解决模式

### （一）"经济解决模式"的含义

同能源一样，水被人类用来满足各种需求，水的使用效率也可以像能源一样通过技术和工艺的改善而大大提高。不同于石油的是，淡水是唯一有能力满足人类的某些特定需求的物质。因此，石油能够被其他的能源代替，而水资源的很多用途却没有替代品。② 世界银行和"都柏林国际水资源与环境大会"都呼吁将"水"作为一种"商品"而非"社会公有财富"，通过"经济原则"和"市场手段"来加以管理和用以解决争端。

---

① 徐婷. 国际河流争端解决机制研究［D］. 北京：中国政法大学，2008.

② GLEICK P H. 世界之水：2008—2009 年度淡水资源报告［M］. 何金平，译. 北京：中国水利水电出版社，2010：21-26.

最晚出现在国际河流水资源争端解决中的一个模式就是"经济模式"。"政治模式"是以权力为主导,"法律模式"是以规则为主导,而"经济模式"是以经济效益为主导,根据水的经济价值,利用经济学的利益权衡,结合市场化的水权交易和水能利益分享,使得流域国更好地利用国际河流水资源,并且解决争端。这既包括随着水资源日益稀缺,采用市场手段在各使用国之间对一定量的水进行分配,解决有关水量的争端;也包括通过经济赔偿手段或受益补偿手段,解决有关水质的争端;还包括通过项目手段,使得流域各方自愿合作,共同承担项目风险和收益,实现水能相关利益的扩大化,解决有关水能的争端。

"经济解决模式"是基于同一国际河流的各流域国有着不同的利益诉求,水资源也有着不同的价值,因而水的共享应考虑这些价值,通过重新分配水资源或水益分享来全面提高水利用效率的可能性。

第一,水的"价值"取决于水是否出现在我们需要水的地方,并且水量适中。世界上很多地区水资源稀少,非洲有2亿多人口处在水资源紧张的境地,相反地,在孟加拉国水灾比旱灾夺去更多的生命。由于水资源时空分布不均,在使用上就存在浪费和短缺共存的现象。

第二,水的"价值"取决于它的品质。实际上,水并不是纯净的,水中所含的生物或化学成分影响着人民的身体健康。在发展中国家,水媒疾病引起的腹泻每年大约会夺去450万人的生命,1981年全世界发生600万例疟疾,1991年共发生60万例霍乱。

第三,水的"价值"取决于它的运输能力。河流、运河和海洋维持着世界上最有效的长距离贸易线,如地中海和黑海这样的内陆海也成为最具活力的文明中心。

第四,水的"价值"取决于它所产生的水能。水能被视为可以替代石油的最佳清洁能源,"水电是过程能源,水流只是能量的载体,人们利用的是水体经过的落差进行发电,不消耗水体,不排放污染物,所以水电是可再生能源。"[1]

"经济解决模式"在国际河流争端的解决方案中,引入了"效率"和"公平":前者通过市场机制把水分配给其最高价值利用,以追求效益的最大化;后者关注如何分摊水能产生的收益。虽然"经济模式"可能不会被认为是最公平和公正的,但在国际河流争端解决中考虑经济因素有利于多渠道的缓解和解决争端,在相关地区实现更好的合作。

---

[1] 何学民. 我所看到的美国水电——美国哥伦比亚河流域水电开发与渔业之争 [J]. 四川水力发电, 2006, 25 (2): 123-127.

对于水量、水质、水能开发所导致的国际河流的争端，采用"经济模式"也是水资源优化配置、追求效益最大化、追求流域整体开发和解决争端的值得尝试的重要模式。

（二）"经济解决模式"的方式

争端是一种社会状态，指至少有两方在相同的时间对于稀缺资源提出利益诉求。"水量争端的经济解决模式"实质是以经济手段对国际河流的水量进行"再分配"；"水质争端的经济解决模式"实质是以经济手段对恢复、保护和改善国际河流水资源及其流域生态环境的费用在流域国间进行"分摊或承担"；"水能争端的经济解决模式"实质是以经济手段对国际河流的水电收益进行"分享"。

水资源不等于开发利用的效益，"水能争端的经济解决模式"就是以"利益分配"代替"水量分配"的理念，将水资源利用置于"最理想、最合适"的位置，对水资源利用产生的收益进行分配，而非分配水资源本身，即"分享"国际河流的"水益"，并通过全流域合作产生规模效应，把"蛋糕"做大，从而提高全流域整体效益。

国际河流以前的水电开发，采取各自为政，在自己的领土内修建大坝，不考虑对其他流域国的影响，也忽视了对国际河流水量和水生态环境的影响；国际河流的公共性导致各国认为自己不利用就会为他人所用，所以会"出于国家主权和国家利益的考虑"对国际河流进行掠夺性的开发。比如，土耳其不顾下游国家的强烈反对与谴责，在1990年2月，土耳其完成了幼发拉底河上最大的水利工程——阿塔图尔克大坝，水电工程使流入叙利亚的径流比正常年份减少35%，同时灌溉排水污染下游径流。

引起国际河流水电开发争端最突出的原因是共同拥有河流的某一流域国单方面的开发利用行为对其他方造成不可接受的负面影响。"水能争端的经济解决模式"是通过"联合项目水益共同分享"和"下游收益公平分配"两种方案化解争端。国际河流水资源开发利用中"利益权衡"比"水量分配"更易形成合作，更利于解决流域水资源开发利用中的次优和争端的问题。合作开发、效益共享更符合水资源综合开发利用和可持续发展的要求。

（三）"经济解决模式"的优势

"经济解决模式"的优势在于：

首先，水资源的稀缺要求各流域国更加有效地使用水资源，虽然这种要求不必总是通过价格刺激，但是价格刺激通常具有其他方法所不具备的令人满意的效果，特别是在流域国之间缺乏相互的了解以及充分地相互信任的情况下，比基于直接强制性的要求或道德说教要优越且有效的多，也使得很多不可调和的矛盾化解成为可能。

其次，将水作为一种经济"商品"，意味着承认折中的权衡，水的不同使用所涉及的成本和效益不同，而且各方的成本和效益分配也不同。潜在的爆发性国际河流水资源争端通过各方讨价还价而变得没有以前那么危险了，这是当今国际社会国与国之间较流行的一种关系。

最后，对国际河流水资源采取经济合作的方式会带来许多实际好处，不但可以提高边境两边易受影响的人民的用水安全，而且提高了流过这些国家的水的质量、数量以及可预测性。共享水资源尤其是"水能"不是零和游戏。

"经济解决模式"目前尚未得到广泛的运用，就解决国际河流的争端而言，只是针对某些争端类型，在有限范围内，作为"政治解决模式"和"法律解决模式"的一种补充性的争端解决模式。

### 三、法律解决模式

#### （一）"法律解决模式"的含义

"法律解决模式"也被称为"规则取向方法"（rule-oriented appraoch），尽管调停、调查与调解等第三方介入的"政治解决模式"也得遵循一定的原则或规则，但是，实际上西方学者所讲的"规则取向方法"，通常特指通过"国际仲裁"或"国际诉讼"解决争端的法律方法。

这种"法律解决模式"的特点包括：第一，一般要根据国际法的原则和规则做出裁决，即依法做出判决；第二，有比较完善的组织机构和比较固定的解决争端的程序规则；第三，国际仲裁和司法，也就是"法律解决模式"只能解决现行的争端，如果争端不存在，尚未出现或不再存在则不能处理，是完全的"事后救济模式"，"政治解决模式"还能就可能出现的水争端预先达成协议。另外，"法律解决模式"只能解决法律性质的争端，政治性质的争端通常是不可裁判的争端：第四，结果具有一定的可预见性，做出的判决在程序的保障之下相对公正；第五，仲裁裁决和司法判决对争端各方具有法律拘束力，争端各方有义务自觉执行裁决或判决。仲裁裁决和司法判决具有终局性，不可上诉，争端各方一般也不再诉诸其他强制性的争端解决方法和程序；第六，在实际运用中法律手段是政治方法的补充，即一般只有在一项争端不能以政治方法解决时，当事方才将其提交法律程序。而且在法律程序进行的任何阶段，当事方都可随时撤案，转而经由政治方法解决争端。双方也可进行"法庭协商"，这时谈判不是作为一种独立的手段去解决争端，而是作为法律手段的组成部分。[①]

主张采用"法律争端解决模式"的理由在于国际河流水资源的争端是经常发生的，长时间拖延不解决将对国际关系产生不利影响，因此，力主用强制性裁决作为最后解决办法。而反对第三方裁决的理由：第一，这类争议直接关系到当事国的重大利益，关系到领土和主权，自然不能交由他人决定而失去自主权；第二，国际河流水资源争端的技术性强，不是司法机关单独能解决的；第三，国际河流水资源争端具有特殊性，包括法律性质的争端混杂政治性质的争端、多变、很少只涉及单一争点、长期性、具有深刻的历史原因、多方参与、并非"陌生人"间的争端、具有升级的可能性、争端无法避免、政治因素对争端解决有重大影响；第四，国际河流争端往往只涉及少数流域当事国，而且主要涉及当事国的经济利益、国内法律和政策，它的解决带有较强的个性，这种争端解决的最佳途径是当事方直接协商谈判；第五，"法律解决模式"缺乏有效的调查手段和执行措施；第六，在国际水法体系和习惯法规则尚未得到确立和各国对其含义尚未达成一致认识的情况下，各国将难于诉诸裁判解决的方式处理争端，因为，这种裁判所创立的先例的影响，很可能是当事国甚至整个国际社会都不能接受的。

**（二）"法律解决模式"的方式与地位**

法律方法是辅助方法，一般是运用政治方法无法解决国际河流水争端时才运用法律方法，而且基本上都是"建议使用"，而不是"强制使用"。国际常设法院和国际法院都认为强制当事国提交裁决不符合国际法的基本原则，著名的拉努湖仲裁案的裁决意见明确表示不能将一切争议，不问其性质，均提交第三方处置。

1. 条约规定中的"法律解决模式"

《国际河流利用规则》"建议"解决流域国对国际流域水源的合法权利或其他利益发生的国际争议，在前述方法（政治解决模式）均不能解决，并且存在法律争议时，在国家同意的基础上提交专门的仲裁法庭，或提交常设仲裁法院或提交国际法院，即通过仲裁和司法解决。1909 年《英国（加拿大）—美国边

---

① 潘俊武. 解析国际争端解决机制及其发展前景［J］. 法律科学，2009，27（4）：112-115.

界水域条约》规定国际联合委员会还拥有仲裁的职权,关于两国边界河流的一切争议,无论是否经过委员会的处理,只要双方同意,都可以提交国际联合委员会来仲裁,仲裁决定对两国当然具有拘束力①。

另外,除了《国际水道非航行使用法公约》《关于水资源的柏林规则》等这些普遍性法律文件以外,国际水法文件很少规定司法解决方法。据1963年联合国秘书处的统计,在253个国际河流的非航行利用的条约中,有32个条约有仲裁条款,但只有2个欧洲国家的国际河流条约中规定了提交国际常设法院审理,这说明了各国避免采用司法解决的实际态度②。

2. 国际水争端实践中的"法律解决模式"

尽管国际水争端经常出现,通过国际仲裁和国际诉讼解决的却屈指可数。典型的有拉努湖仲裁案和多瑙河盖巴斯科夫—拉基玛洛大坝案等。欧洲法庭的裁决对治理莱茵河污染起了促进作用,《尼日尔河条约》和《乍得湖公约》都规定将争议提交非洲统一组织的调解和仲裁委员会,也是利用区域组织的一种尝试③。

实践中流域国尽量避免通过司法方法解决争端。究其原因涉及多种因素,包括国家维护主权的警惕性、对国际法院的不信任态度、司法解决只能对当事国的行为定性而不宜分配当事国的具体权利和义务、争端涉及领土和国家重大的经济利益、国家在这一解决方式中处于被动、国际法院工作效率不高。因此,各国在国际河流争端解决模式的选择上是非常谨慎的,是不太认同将管辖权交给国家以外的第三方进行法律性质的裁决,法律解决方法只能作为在政治方法不能解决国际河流水争端情况下的补充。

(三)"法律解决模式"的利弊

1. "法律解决模式"相对于"政治解决模式"的有利之处

第一,具有强制性和约束力。这是"法律解决模式"最大的特色与价值所在,当事国有义务遵守且不得上诉。

第二,具有确定性、稳定性和可预见性。"法律解决模式"有严格的程序性规范,轻易不会丧失中立性,一定程度上保证了裁判的公正性。

第三,具有强大的学术背景和实力。国际法院由若干具备相当资历的、代

---

① 韩耀斌. 试述跨界河流的国际法保护 [D]. 北京:中国政法大学, 2008.
② 王国锋, 杨洪斌. 国际水资源争议事件处理制度研究 [J]. 法制与社会, 2010 (8):46-47。
③ 盛愉. 现代国际水法的理论与实践 [J]. 中国法学, 1986 (2):56-62。

表世界各大文化和法系的、有着固定任期的法官组成，这是处理国际争端强大的组织和技术保障；常设仲裁法院也有一个常设的专家名单，将世界著名的法学家和各领域的杰出人才网罗于内。

第四，作为先例，推动了国际法的原则和国际法体系的发展。

第五，耗时短。案件的处理往往一两年足矣，即便是"乌拉圭河纸浆厂案"，也仅仅用了四年（2006—2010）时间。相较于谈判动辄十年甚至三十年的谈判而言，效率得到了极大提升。

第六，"法律解决模式"有针对性地解决当事方选定的特定争议事项。这就不像在谈判中，因政治因素的影响，使争端涉及方方面面的处理而变得庞杂难控。

2. "法律解决模式"在争端解决实践中运用较少，有其不足之处

第一，实践中，国家尽量避免通过司法方法解决争端。究其原因，涉及多种因素，包括国家维护主权的警惕性、对国际法院的不信任态度、司法解决只能对当事国的行为定性而不宜分配当事国的具体权利和义务等。

第二，缺乏有力的调查手段和执行措施。尽管具有法律约束力，但是没有强有力的执行机构；就调查而言，多瑙河盖巴斯科夫—拉基玛洛大坝案是国际法院的法官第一次亲临争端现场调查，而大多数情况，是靠双方提供资料，给人一种纸上谈兵的感觉。

第三，"法律解决模式"会导致非赢即输的结局。这样的模式很难适应复杂的国际河流争端，也很难取得积极的成果。

第四，"法律解决模式"往往更适合解决双边的法律性质的争端，一旦案件涉及政治因素就很难奏效。

第五，"法律解决模式"往往无法就国际河流的争端解决明确各方的权利义务关系，提供详尽而具体的措施，只是过多的关注程序而非实质性问题。

第六，"法律解决模式"程序严格而繁杂，相对比较昂贵且需要进行大量的举证、材料搜集、答辩、聘请专家等。

总之，应该把政治解决方法和法律解决方法灵活的适用于不同的国际河流争端，在"法律解决模式"的运用中也可以结合"政治解决模式"，各取所长，各避其短，在更大的范围内发挥"法律解决模式"的作用和价值。如果条约规定了在不同情形下，对几种解决方式的综合使用，将为争端的解决提供多元化机制。政治与法律解决方法的灵活运用，将保证更多利益相关者的参与。从1997年《国际水道非航行使用法公约》的规定来看，这正是发展的趋势所在。

# 第五章　国际河流合作开发的理论基础

长期的实践表明，国际河流的有效开发需要流域各国及其各利益主体开展合作，国际河流管理的核心不仅针对流域水资源及其他自然资源，也针对流域各利益相关者的管理，或称之为治理。只有实现合作开发，才能保证国际河流管理的目标得以实现，保障流域各国的利益。随着对国际河流合作开发的实践总结和理论探索，国际河流合作开发的理论基础日趋完善，并且形成了多个学科交叉融合的局面，理解合作开发及其已经形成的理论体系，对于有效开展国际河流管理十分重要。

## 第一节　国际河流合作开发的概念

### 一、国际河流合作开发的含义

由于国际河流合作开发活动更多地属于政府间推动的开发合作，三好将夫（Masao Miyoshi）基于《国际法》，把合作开发定义为"限制在基于政府间的协议而开展的开发活动"①。一般意义上，合作开发被视为是国内联合开发概念在国际上的延伸，与跨界或者重叠地理区域的自然资源开发紧密联系在一起。伯纳德·塔沃恩（Bernard Taverne）进一步将合作开发分为划界后的国家间合作开发和国家间在争议区的合作开发两种类型②。

由于国际河流的跨界属性，合作开发的概念自然被引入到国际河流领域开

① MIYOSHI M. The basic concept of joint developmen of hydroearbon resources in the continental shelf [J]. International Law Journal of Estuarine Coastal Law, 1988, 3 (1)：40–41.

② BERNARD T. An introduction to the regulation of the petroleum industry：laws, contracts, and conventions [J]. International Energy and Resources Law and Policy Seriesk, 1995, 29 (2)：652–654.

发领域。虽然国际河流各流域国在国际河流境内拥有开发的主权，但流域整体性特征以及水资源开发带来的跨界影响必然要求上下游国家开展合作，这种合作开发主要涉及国际河流水资源开发的协调活动；界河工程也是典型的合作开发，因为界河的开发同时涉及两国利益和领土，必须达成一致才有可能进行开发活动。当前在治理理论比较盛行的背景下，从流域整体角度考虑水资源利用与保护合作成为主导理念，这是国际河流合作开发的高级形式。但是由于参与主体利益众多并且复杂，各国对开发主权的认知也存在差异，成功的案例还比较少，仅有少数几条国际河流初步实现了这种合作开发模式，主要流域国大多是发达国家。

国际河流合作开发与利益紧密联系。正是由于各利益主体对于利益的高度关注才促成国际河流水资源的合作开发，国际河流合作广度和领域与流域国共同的利益成正比。相互之间共同利益越多、共识越多，实施合作开发的可能性就越大，流域国之间合作的收益共享与成本分担越容易实现，国际河流水资源合作开发也越容易达成。在这一理论预设下，国际河流水资源合作开发实质上是一种各利益主体为实现合作利益而采取共同行动的国际河流开发方式。合作方对于合作利益认可度越高，合作范畴就越广泛，最终形成全流域合作的可能性就越大。而如果各利益主体间共同利益越少，开展全流域合作的可能性就越小，一国水管理机构采取单边行动的可能性越大，潜在的国际冲突程度也越高。

总而言之，国际河流的特有属性、各国对于利益诉求以及流域各国之间社会、经济与政治的差异性，导致国际河流的合作开发呈现多样性和复杂性的特征。国际河流流域各国对于水资源开发的合作与竞争是当前面对的重大挑战。国际河流水资源的合作开发经历了从"不合作"的开发到"合作"下的开发的漫长过程，这一过程伴随着国家概念和国家意识的形成、国际规范的完善、全球化带来的嬗变，形成了不同的关于合作开发的治理理念和治理模式。

综上所述，可以将国际河流水资源合作开发界定为：两个或两个以上国际河流合作开发主体为了使国际河流得到公平、合理、充分、可持续的开发和保护，依照规定程序和要求，通过各种经济或非经济措施就共享的国际河流水资源的开发和利用开展国际合作，其合作开发的领域可以包括航运、发电、灌溉、防洪、旅游、城镇供水、生态保护、工程技术等多个领域。

## 二、国际河流合作开发的特征

### (一) 多样性

多样性体现在合作主体的多样性和合作内容的多样性。从合作主体看，政府是合作开发的传统参与主体，但近年来对政府在应对复杂水资源治理的能力上产生越来越多的质疑，因为一些社会和经济问题超出政府的管理范畴，因此，学者们提出需要从最底层识别水资源的各种利益相关者，并将这些主体全部纳入流域治理战略。非政府组织、企业等新型主体也参与到国际河流水资源合作开发过程中，以网络式的多主体、多维度互动形成对传统主权国家治理下的线性或平行治理模式的补充。国际河流水资源合作开发的主体由传统的政府演变成以政府为核心，多种组织广泛参与，体现了其主体的多样性特征。

从合作内容看，国际河流水资源合作开发以水资源开发为核心，包括投资、技术、基础设施建设、人力资源、旅游、环保等领域的合作。以湄公河流域的水资源合作开发为例，目前该流域除了传统的水灾害防治、水电开发以及航运外，生态安全、土著居民、食品卫生，以及沿岸各国的社会和经济状况都纳入了合作的范围，湄公河流域水资源合作内容趋于多元化和广泛化，极大地推动了流域政治、经济和社会的发展。

（二）开放性

国际河流合作开发涉及的地理范围一般只涉及各主权国家的部分领土，但也使得这种合作所具备的资源是有限的。一些合作主体和流域范围自身并不具有合作开发所需的资源和能力要求，从而需要借助区域外的力量来弥补自身的不足。因此，除了流域内主体外，国际河流合作开发往往还接受其他各种国际行为体加入合作中来，具有鲜明的开放性。

国际河流合作开发中，开放性有助于各主权国家、各非政府组织、各部门（企业或个人）所形成的多主体在水资源管理活动中的广泛参与。开放性的协商是水资源合作开发实现利益共赢的基础。通过协商，各利益相关方的公平参与、相互妥协、相互让步、增进了解，各利益主体比较容易建立起共同遵守合约、自我约束与相互监督。除各国政府为主，还有一些水资源合作开发由国际组织协调，例如，一些非洲的国际河流开发项目由联合国、非洲联盟、非洲发展银行与非洲国家共同参与水资源的开发管理，通过协商协调的方式形成共同宪章，并在国际河流开发上取得了一系列成果。

（三）动态性

国际河流合作开发要以动态和发展的眼光及思维去认识、考察和把握。动态性来源于国际河流的系统性，国际河流相关国家处于相互关联、相互影响与促进之中，每一方的经济与社会发展都相互影响与制约，彼此依存和相互联系。

因此，各国及其相关区域均有义务共同努力，既发展自己又协同与配合"他人"，共同积极地开展水资源合作开发，以谋求自己在合作中得到更好的发展。

国际河流合作开发动态性还与各国政府经济情况和流域地理条件密切相关。如果国际河流各方经济不发达，对水资源经济价值均具有极强的依赖性，各涉水国家涉水纠纷则容易发生且容易变得激烈，这需要进行高强度的调解和协调。如果流域各国经济发达，对于水资源的依赖性较弱，像涉水纠纷则较少发生，即使发生也很容易协商解决。因此，在不同历史背景和经济条件下，各国合作的范围、力度均会有所变化，处于动态发展中。

国际河流合作开发的动态性还体现在合作应对机制的动态性上。由于多主体合作过程涉及经济、政治、社会、安全等广泛领域，涉及领域的冲突往往是随机出现的，要求不仅用正式制度，而且用非制度协商应对动态的冲突变化。正式的制度化协商手段虽然有助于增加合作的长期稳定性，但是很难高效地应对突发危机和冲突。由于没有现成的协调手段可供使用，合作双方往往依据惯例、常规甚至文化习俗等进行沟通与协商，寻求取得共识，非正式协商为国际河流合作提供了新的渠道。

### 三、国际河流合作开发的层次

以合作层次为标准可以将国际河流合作开发的层次划分为"低层次合作""中层次合作"和"高层次合作"，见图 5-1 所示。

| | 1.初级合作： | 2.中级合作： | 3.高级合作： |
|---|---|---|---|
| 合作特点 | （1）涉水单一目标<br>（2）目标短期化<br>（3）参与主体少<br>（4）合作临时性<br>（5）合作领域包括涉水事务<br>（6）非制度性协商 | （1）涉水领域多目标<br>（2）目标长期化<br>（3）多主体参与<br>（4）具有合作框架<br>（5）合作领域包括涉水事务<br>（6）协商与制度化约束 | （1）涉水和非涉水多目标<br>（2）目标长期化<br>（3）多主体参与<br>（4）具有多维度合作框架<br>（5）合作领域包括涉水与非涉水事务<br>（6）协商与制度化约束<br>（7）嵌套于区域政治、经济一体化中 |
| 适用条件 | 流域各国具有合作的意向，但不具有深层次合作的基础。一般处于国际河流的合作初期，或者合作国之间尚未具备成熟合作机制。 | 合作国之间已经具有一定的合作基础，各合作国之间已达成一定的合作信任，各方普遍认为合作的收益大于不合作的收益。 | 合作国之间拥有包括治理组织、治理法律协定等完整的水资源合作框架，合作国之间在水资源合作之外的经济、政治领域也具有深层次合作。 |

**图 5-1　国际河流水资源合作开发的程度**

### （一）低层次合作

低层次合作主要是针对国际河流流域的突发情况进行的合作，具有类似于危机管理的特点，这类合作主要针对流域的灾害、安全等方面。这种合作的目标不是为了实现收益最大，而是为了避免损失扩大，属于水资源、水能单一目标、单一项目的合作开发。这一方式主要体现在一些国际河流的早期合作中以及在一些尚未具备合作传统的区域，这些河流多分布于南亚及非洲等发展中国家的国际河流。低层次合作主要是针对国际河流的一些常规管理，以及流域的偶发情况进行的合作，往往由"点"议题构成，各合作事项间从形式上缺乏联结。这一形式的合作，各方尚未形成系统的合作框架，合作形式具有一定的临时性、应急性，还具有一定的不确定性，同时合作参与方较少，合作渠道多依赖于各方正式与非正式协商渠道。从合作范围看，这类合作范围较窄，合作项目与水议题直接相关，涉及洪水预防、水灾害预警等方面。

（二）中层次合作

中层次合作不仅着眼于"消防员式"的危机管理需要，而且围绕水合作话题，着眼于流域国之间在水资源方面的进一步合作。这一合作形式往往已具有或者正在建设制度性的合作框架，在合作目标上由单一目标向多目标转换，注重在水合作议题上的对话和合作领域的制度性建设。这一合作模式往往在合作国之间已经具有一定的合作基础，各合作国之间已达成一定的合作信任，在具有强烈的深层次合作意愿的前提下进行合作推进。与低层次合作相比，中层次合作合作范围和合作领域开始扩大，合作事项之间存在的合作方开始增加。约束各方行动的合作框架在这一层次的合作中已经基本形成，合作中各利益方除了秉承传统的非正式协商的沟通方式外，合作事项的推进开始依据各方达成的合作协定进行推进。

（三）高层次合作

高层次合作则进一步覆盖至全流域合作的全面化、一体化合作，更加强调合作的深度和广度，目标是实现区域政治、经济一体化，以自然资源、生态、航运、渔业、防洪、水电、旅游、安全等议题为点，国际河流为线，以全方面合作为面，实现流域内包含"水议题"在内的多领域范围内的共赢。这一合作模式通常意味着流域国家之间已经由水领域合作依赖转化为非水领域合作依赖。高层次合作强调合作的制度化和常态化，具有成熟的合作框架和制度激励与约束。目前西欧的莱茵河、多瑙河已经基本达到这一层次。

但合作程度的差异并不是合作优劣的评判标准。某一特定水平的合作程度需要与流域特定的合作环境紧密联系才有效。从静态看，合作程度的选择必须与特定的合作环境相匹配，二者之间的对应才能够有效地推进国际河流的水资源合作。从动态看，合作环境处于不断的变化中，需要根据环境的变化调整合作程度以适应环境。但是从目前国际河流案例看，高级合作形式往往具有一定的"合作刚性"，即已经处于高级合作阶段流域各国的合作框架往往具有一定的稳定性，出现合作倒退、合作形式水平下移的可能性极小。而处于低级合作形式的国际河流相关国家则有可能随着治理环境的日趋成熟，对于合作趋于更强的依赖性，进而寻求更高阶的合作层次，这些案例非常多，在世界各大洲均有分布。

## 第二节　国际河流合作开发的治理理论

治理理论在公共资源管理领域有着广泛的适用性，国际河流水资源作为典型的公共资源，近年来对其的合作开发深受治理理论的影响。治理理论发展到今天，基于不同的领域和侧重点分化为多种理论框架，这些不同的理论框架应用于国际河流水资源开发的不同领域，形成了不同的操作性应用理论框架，在不同层面影响着国际河流水资源的合作开发活动。

### 一、治理理论概述

英语中的"治理"一词源于拉丁文和古希腊语，原意是控制、引导和操纵，主要用于与国家的公共事务相关的管理活动和政治活动中。20 世纪末西方学者致力于推广"治理"的新含义，并得到了广泛的认同。现代意义上，"治理"更多地被视为与统治、控制和管理并列的概念。1995 年全球治理委员在《我们的全球伙伴关系》中将治理定义为：治理是各种公共的或私人的机构管理其共同事务的诸多方式的总和；它是使相互冲突的或不同的利益得以调和并且采取联合行动的持续的过程；它既包括有权迫使人们服从的正式制度和规则，有包括各种人们同意的或以为符合其利益的非正式的制度安排。治理是一个互动的过程，该过程是以协调而不是以控制为基础，通过合作、协商、伙伴关系、确立认同和共同的目标等方式实现对公共事务的管理①。

可以从以下三个方面理解治理的概念。首先，治理涉及多个利益相关者之

---

① 俞可平.中国公民社会的兴起与治理的变迁［M］//全球治理委员会.我们的全球伙伴关系.牛津：牛津大学出版社，2002：193.

间的相互关系。治理可以看作是对范围广泛的组织或活动的有效安排，以求获得尽可能多的利益主体一致或取得认同，以便实施某项计划。其次，治理是关于利益相关者之间关系的制度安排。通过制度可以减少个别利益主体机会主义的或过分的诉求，使利益相关者的活动更可预见并因而促进社会分工和财富创造。最后，治理既包括正式的管理行为，又重视利益相关者之间的协商和谈判；既追求形成法规制度，又致力于利益相关者接受并享有共同利益的非正式的措施、约束①。

自工业革命以来，人类社会高度强调管理和市场，自然资源领域通过"管理"寻求最优配置，政治权威与对于自然资源有需求的民众之间存在命令、服从关系，民众作为自然资源管理的客体存在，被动地接受各类政府的管理；政府更多的是从法律法规和保护自然资源出发，甚至还会牺牲部分公众的利益。在当前社会，这种对于资源的行政管理方式受到了越来越大的挑战。这就是"治理"理念兴起的背景。"治理"理论高度区别于传统政府组织单方面实施自然资源的"管理"，并且其理论的兴起正是源自对于传统的政府"管理"的反思结果。

## 二、国际河流合作开发中治理理论体系

由于治理理论获得了深入的研究与积极的应用，范围非常广泛，因此也形成了不同的理论范式，但不同理论范式的侧重点不同。对于国际河流水资源合作开发有着深刻影响的治理理论主要有以下几类。

### （一）自然资源治理

自然资源治理理论也被称为环境治理理论，是治理理论在生态环境领域中的应用。由于国际河流水资源是典型的自然资源，因此，自然资源治理理论被应用到国际河流水资源合作开发研究与实践过程中。环境治理传统意义上是用技术手段和自然科学的手段来改善环境的质量，是由于人类活动导致自然生态恶化而采用的一系列技术手段的总称，其中包括了通过管理的方式来改善环境条件。治理理论下的自然资源治理强调的"治理"，则重在考虑与自然资源相关的不同主体间利益关系的调整和权力格局的重新分配，因而自然资源治理涵盖了自然资源可持续发展所涉及的一系列规则和实施这些规则的活动、行为，这些都与权力、权威、参与、决策等问题相关，其目的是使自然资源得到合理的

---

① 刘戎. 社会资本视角的流域水资源治理研究 [D]. 南京：河海大学，2007.

利用和保护。

## （二）全球治理

全球治理理论可以看作是治理理论在处理全球问题上的应用和发展。由于国际河流往往涉及多个国家，超越了国家的范围，传统的管理模式难以适用。并且国际河流水资源开发时容易引发区域性乃至全球性的争端，因此，在考虑国际河流水资源合作开发时，也将全球治理概念引入其中。理查德·赫高特（Richard Hecht）认为全球治理被视为行为体（公共和私人）试图通过超出国家边界的决策制定方式调节利益冲突，其中，创建治理的跨国机制和各个功能政策领域之间的网络是全球治理的核心，是在全球和区域层面调和诸多利益的制度和非制度安排。① 全球治理是全球化进程的治理，主要是用来概括一些特定的全球性事务的解决方式。作为构建全球治理的基础，治理机制问题是全球治理的核心问题之一，机制到位，就能为促进全球性事务的有序运作创造条件，为协同效应的充分发挥奠定基础。全球治理的核心理念是各国政府、国际组织、各国公民为最大限度地增加共同利益而进行的民主协商与合作，主要通过合作、协商、伙伴关系、确立认同和共同的目标等方式来解决跨国问题，全球治理的实质在于建立共同利益上的合作。

## （三）网络治理

网络治理理论重视利益相关者的信任合作和互惠关系，强调通过利益相关者之间的合作，实现保持网络内各成员的互利性关系，以实现最大的利益状态。由于国际河流水资源涉及的利益主体众多、利益关系复杂，因此，借鉴网络治理理论可以更为有效地梳理开发活动的利益诉求。卡内丝·琼斯（Canace Jones）最早提出网络治理概念，他认为这是一个有选择地，持久的和结构化的自治企业（或者非营利组织）的集合，这些组织以暗含或开放契约为基础从事生产与服务，以适应多边的环境、协调和维护交易②，网络治理理论逐步扩张到更多的领域，李维安提出网络治理结构应视为一种不同于传统的科层治理结构与市场治理结构的第三种结构③，其适用性更为广泛。网络治理其实是一种

---

① 俞可平. 治理与善治［M］//詹姆斯·N. 罗西瑙. 面向本体论的全球治理. 张胜军，刘小林，等译. 南昌：江西人民出版社，2000：109-113.

② 刘戎. 社会资本视角的流域水资源治理研究［D］. 南京：河海大学，2007.

③ 彭正银，杨静，汪爽. 网络治理研究：基于三层面的评述［C］. 第八届（2013）中国管理学年会——公司治理分会场论文集，2013：12.

共同治理的模式。与其他治理理论相比，网络治理更加强调治理的形态和治理所依托的网络工具，由于理论借鉴了企业网络理论与利益相关者理论的核心，将网络视为一种治理形式的思想，将网络当作使单个主体整合为一个连贯体系的社会黏合剂，把网络与传统研究中的市场、科层等并列，视为一种独立的交易活动协调方式。网络中的各主体不再是孤立的，而是会与许多关系主体发生交易行为的网络结点。

### （四）流域水资源治理

流域水资源治理是相对流域水资源管理概念而形成，在人类认识到河流流域的系统性完整性后，开始重视从流域层面实施河流水资源管理。在流域水资源管理的体系下，将流域视为一个完整的生态社会经济系统，各要素是相互作用、相互依存和相互制约的统一体，由此通过规划、政策、法规、监督、市场调控等手段，保障流域水资源的可持续利用，保持流域生态功能的完整，促进流域的可持续发展。此后在治理理论的影响下，对于河流水资源的管理又逐步转向了流域水资源治理。流域水资源治理从参与方、治理基础、治理方法、治理成效等方面与传统的水资源管理都存在差异。多元化参与、共同目标导向以及信任合作是流域水资源治理的特征。

多元化参与体现为社会各阶层，如行政管理部门、普通民众，以及其他公益团体能够在水资源治理体系中具有话语权，有途径与渠道表达及争取自己的利益诉求，最终形成各方认可的利益分配关系。流域水资源治理的目的就是为了维护和增进流域共同体的共同利益，在水资源治理中，流域内水资源的可持续发展，流域社会、经济、生态的协调发展取代了工程技术层面的水利管理的有效性而成为新的目标。治理的目的意味着在多方主体之间的妥协或者共识条件下，对共同目标导向的认可。从利益交换的视角出发，利益主体在流域水资源治理体系中的行为其本质是通过付出一定的成本以获取利益。当个体的成本与收益严重失衡时，就可能导致对抗性行为、不作为、"搭便车"等危害整体利益的行为。达成共同目标是对于妥协的认同，意味着认可个体利益的减少或者个体成本的增加，以保证在更长时间内或者更稳定条件下的利益，能够平衡个体的成本与收益，以达到整体利益的最大化。①

---

① 周海炜，范从林，张阳. 流域水资源治理内涵探讨——以太湖治理为例 [J]. 科学决策，2009（8）：56-66.

### 三、治理理论对于国际河流合作开发的探讨

不同的治理理论的侧重点不同，在应用于国际河流合作开发时研究的重点以及据此形成的政策建议也不同，但是强调多主体平等参与是国际河流合作开发的出发点。

作为典型的自然资源，自然资源治理理论被广泛应用于国际河流合作开发的研究。自然资源治理对国际河流合作开发的意义在于提出合作开发必须以整体性、系统性和可持续发展的观点去推进。人类社会与经济发展的最基本条件是资源的可持续性。随着人口的激增，自然资源可持续性问题日趋突出，世界各国纷纷利用管理或技术性手段来应对。但是自然资源开发是一个复杂的系统问题，人类发展的历史已经证明传统的管理和技术手段难以有效地加以解决，其局限性和脆弱性日益显著。2004 年世界资源研究所《世界资源报告》认为"世界上广泛认识到珍稀物种的减少和森林的减少标志着环境出现了问题和环境恶化，但是我们往往不能认识到这同时是治理出现了问题。"因此，自然资源急剧减少、生态环境急剧恶化的一个重要原因就是治理的缺失。

基于自然资源治理理论，国际河流是一个具有高度抽象化的概念，涵盖水资源，动、植物资源，矿物资源等在内的一切自然生态资源的集合，这一集合中的各个子生态系统相互依赖、相互关联。一方面面对当前在人类社会经济快速发展背景下国际河流生态环境状况日益恶化的现实，自然资源治理理论可以为国际河流合作开发提供合作的基本思路，即关注国际河流生态系统中各个利益相关者的利益，最大限度地促进生态系统的可持续发展。另一方面，自然资源治理也为国际河流水资源开发提出了问题分析的范式，即国际河流水资源合作需要在人类经济社会与自然生态的可持续发展中寻求平衡。

当更多地考虑国际河流的多国属性时，全球治理理论的适用性则体现出来。水资源在政治边界上分配和经济性开发利用之间具有不平衡性，而国际河流流域国在水资源的开发利用方面存在客观需求。面对这一矛盾，国际河流的地缘政治属性决定了流域国家之间必须采取合作的政策才能维持和促进地区安全。经过大量的尝试，国际河流合作开发经历了"不合作"向"全面合作"，由"利己"到"共利"的演进过程，全球治理理论也被广泛地应用到国际河流合作开发中来。为了促进国际河流合作开发，阿德莫拉·K. 布雷莫（Ademola K. Braimoh）和朱丽叶斯·I. 阿格布拉（Julius I. Agboola）认为需要有一种跨越国

界的反应机制来促进不同制度间的互动，即提高不同制度间的互动①。在致力于构建全球性制度的探索中，国际水法始终围绕国际水法体系结构，特别是全球性公约的发展、演变和构建。作为在国际河流开发领域具有较高权威性的国际水法的发展历程体现了各国围绕水权由一国单边管理观念向多边合作治理的观念演进的发展方向，表现形式逐渐由国际习惯向"条约化"和"文本化"发展，领域由航运和边界划分向水资源的利用、开发、保护发展，类型向专门性、流域性的国际水法发展，适用范围逐步扩大，整个过程也体现了全球合作而非孤立的思想。

全球治理理论为世界各国共同解决国际河流开发问题提供了一个新的思路。全球治理理论指导下的国际河流合作开发，需要建立在最大限度增加共同利益的基础之上。国际河流可以让各个流域国之间的相互依赖加深，国家与国家之间、国家与非国家行为体之间都需要通过超越地方、国家乃至地区局限的多层次、网络化的全球合作机制来解决国际河流水资源开发利用过程中面临的问题。因此，国际河流水资源开发应以协调与合作代替冲突与暴力，以对话代替对抗，通过参与、谈判和协调，制定与实施各种正式或非正式的、具有约束力的合作机制，以解决面临的各种问题，从而实现增进全流域共同利益的最大化。各相关国家在合作开发国际河流的基础上，应该坚持平等地分享国际河流共同利益，追求可持续发展，保护人类共同资源等合作开发的共同理念。以河流涉及国家的政府组织为主导，以非政府组织为辅助，建立起包括合作开发原则、规范、标准、政策、协议和程序等在内的，跨国性的国际河流合作开发机制。总体而言，全球治理理论一方面为国际河流水资源合作开发提供了合作的核心理念，即各国政府、国际组织、各国公民为最大限度地增加共同利益；另一方面，全球治理理论为国际河流水资源开发提供了可供选择的方式，即主要通过合作、协商、伙伴关系、确立认同和共同的目标等方式来解决国际河流开发问题。

国际河流合作开发中各利益主体共同构建并形成了一个巨大而又复杂的利益相关者网络，这一网络涵盖各类组织和个人，以多主体参与合作平台为基础。由于各利益相关者利益诉求不同，利益关注点存在差异，为了促成国际河流水资源的合作，还需要引导和鼓励各利益相关体在这一合作平台之上构建信任与合作的社会关系。因此，国际河流水资源合作所需要的信任、合作，以及多主

---

① BRAIMOH A K, AGBOOLA J I, SUBRAMANIAN S M. The role of governance in managing e-cosystem service trade-offs [J]. Magazine of the International Human Dimensions Programme on Global Environmental Change, 2009 (3): 22-26.

体参与的现实，需与网络治理的重心保持一致。网络治理理论直接影响着国际河流合作开发的形成、稳定和维护。由于网络治理比传统的管理和市场更强调合作与信任，因此，更符合跨越国界的国际河流合作开发的理论需求。世界上主要国际河流水资源治理发展至今已经成为多元主体共同参与的活动，信任与合作成为治理活动有效展开的基础。从网络治理形成的资源依赖观点分析，网络之所以形成和存在，是因为网络的参与方（结点）拥有独特的资源并且可以通过相互的联系而使这些资源更好地发挥作用，以达到共同目标。国际河流水资源开发活动中，处于各结点的利益相关者资源均以不同的形式控制着不同的资源，并对特定的理由有着诉求。从传统的国际河流管理体系视角来看，并不缺少资源，而是缺少资源的集中与发挥作用的有效途径。因此，可以通过网络治理，设计相应的行使途径使各利益相关体的资源得以集中和发挥作用。这些资源的运用对于优化国际河流水资源开发具有积极的促进作用。按照社会网络理论的观点，组织间的分工形成了相互依存的网络，相互结合能产生协同效应。在国际河流水资源开发活动中，如果缺少了使资源得以联接和发挥作用的结点，水资源开发活动的分工就成为分割、影响开发的局限。

# 第三节　国际河流合作开发的政治学理论

国际河流流域一般包括至少两个国家，国际河流的水资源具有国家的主权属性，因此对于国际河流的管理以及开发必然是一种国家间的合作。从这个视角出发，政治学理论就成为研究国际河流合作开发的最为重要的理论体系。国际河流合作开发的运行基础和构建国际河流合作开发体系都需要借助政治学的理论体系。

## 一、国际河流合作开发的政治学理论基础

合作和冲突是政治主体之间因有限资源所形成的两种对立状态。冲突会导致各方利益受损，合作则可能实现共赢，因此，寻求合作是政治学追求的目标。冲突与合作也是国际河流水资源开发的焦点，其理论也是致力于实现"合作"，将水资源开发视为一种合作行为。

（一）新自由主义

新自由主义虽然受到了诸多的批评，但却是合作理论最具有代表性的学派，

因此国际河流合作开发必然建立在新自由主义关于合作的理论体系之上。新自由主义理论建立在人类政治生活不和谐观点之上①，认为"人与人"或者"国与国"之间存在冲突，并不认为个体之间存在完美的状态，该理论认为纷争与强制曾经是而且一直是国际生活的一部分，更贴近于现实国际政治，虽然这一理论备受争议，但实际上却是对当前国际政治更为理性的思考。新自由主义理论认为相互依赖是一种客观存在的事实，世界政治中的相互依赖指国家之间或不同国家行为体之间的相互影响、相互依赖，依赖于强有力的或付出代价的相互影响、相互联系。这正符合了国际河流流域国之间的关系，各国因国际河流而相互依赖。新自由主义进一步指出相互依赖并不意味着利益的一致性，并且相互依赖状态为合作提供了可能性，有相互依赖不一定会导致合作②。是否能够达成合作还要看诸因素博弈的结果。另外，合作不应该被看成没有冲突的状态，而应该被看成对冲突、潜在冲突的反应。相互依赖为合作提供源泉，伴随相互依赖网络的加深，国家之间的合作关系比较容易实现③。因此，可以说相互依赖为合作提供了可能性和机遇，这一观点为国际河流的合作以及合作的实现提供了理论依据。

进一步说，新自由主义理论强调国际合作是实现人类自由的基本手段，充满利益冲突的人与人（国与国）之间期望通过合作来实现自己的利益，国际机制则是实现合作的基础。国际机制有三种形式：国际制度、政府间国际组织、国际惯例。这三种形式目前都在国际河流管理中予以体现，规范着国际河流开发的行为。在方法论方面，新自由主义理论认为国际合作是实现人类自由的基本手段，充满利益冲突的人与人（国与国）之间合作是可能的。为了促进人类政治生活的和谐，新自由主义理论关注人类在冲突与共同利益、强制和非强制的谈判，道德和私利之间达成的平衡。在这一基础上坚信个体可以通过制度安排、契约设定、社会交往、贸易等方式来实现协调彼此之间的利益冲突，共同的利益和非强制性的谈判会成为现代国际政治中的主要内容④。

新自由主义理论中关于合作的观点成为国际政治中特别是处理国际争端中

---

① 罗伯特·基欧汉. 局部全球化世界中的自由主义、权力与治理 [M]. 门洪华，译. 北京：北京大学出版社，2004：67-73.

② 罗伯特·基欧汉，约瑟夫·奈. 权利与相互依赖 [M]. 门洪华，译. 北京：北京大学出版社，2012：4-7.

③ 王一清. 论新自由主义国际合作理论 [J]. 青年与社会，2014（4）：357-357.

④ 苏长和. 自由主义与世界政治——自由主义国际关系理论的启示 [J]. 世界经济与政治，2004（7）：34-39.

重要的理论基础，在国际河流合作开发领域也具有现实意义。通过国际制度来进行国际社会的协调和管理，促进全球合作治理的完善，逐步实现国际秩序的合理演化和发展就成为新自由制度主义的重要逻辑。由于国际河流的具有显著的"国际化"特征，国际河流的水资源开发的背后涉及诸多政治主体间的政治角力，这一过程不可避免地受到各主权国家利益间的冲突，在新自由主义的理论框架下，既然国际社会间就国际事务可以达成合作，那么国际社会对国际河流合作的达成也就顺理成章。

（二）地缘政治学

"地缘政治学"最早由瑞典政治地理学家鲁道夫·契伦（Rudolf Kjellen）在《论国家》中提出，美国学者多把地缘政治看作是"一个国家依据地理因素对于安全政策的统筹规划"，"运用地理学为政治目的寻求指导方针的艺术或科学"，是研究国家的对外政治战略（包括国防和外交战略）决策与地理环境相互关系的学科。地缘政治学把地理因素（如地理位置、国土面积、人口、民族、资源、经济实力及战略军备等）视为影响甚至决定国家对外政治决策的一个基本因素；并依据这些地理因素和政治格局的地域形成，分析预测世界或地区范围的战略形势及有关国家的政治行为。地缘政治学理论体系涉及国家间、地区间或民族间基于地理区位、地理空间和历史地理等因素而形成的政治军事联合、结盟（政治和军事集团化）、政治对立乃至遏制或者战争的相互关系态势及演变过程①。

在地缘政治学理论体系下，国际河流流域可以看作一个地理空间概念。在国际河流开发过程中，因国际河流跨越边界或者形成边界，主权国家边界的形成使国际河流水资源的自然整体性在利用和保护的管理上被分开。受到各种原因的影响，国际河流水资源在政治边界上的分配难以保持平衡，经济性开发也无法保障平衡。流域各国在独自开发境内水资源时就可能导致流域其他国家利益受损，进而引发矛盾与冲突。人类历史上爆发过大量的因开发国际河流水资源引发的冲突，严重影响了区域政治、经济和社会发展的稳定。另外，冲突不仅不能从根本上解决各方的分歧，还经常会进一步加剧了区域局势的动荡。

国际河流的地缘政治属性决定了国际流域国家之间必须采取合作的政策才能维持和促进地区安全，即使在那些各种矛盾集中的地区，国际河流水资源也

---

① 陆大道，杜德斌. 关于加强地缘政治地缘经济研究的思考［J］. 地理学报，2013，68（6）：723-727.

在客观上成为国家间战争的阻却剂，起到了维持地区稳定大局的作用①。因此，国际河流的各流域国基于地缘政治考虑，会认可只有"加强河流管理中的协调""通过合作以实现共同利益"②。

## 二、政治学理论下的国际河流合作开发动机与利益

对于利益的追逐是各类政治主体采取政治行动的根本动因。政治学理论关注的"利益"的剖析以及利益冲突的协调，可以梳理和挖掘主权国家在国际河流合作开发政策背后的动机。政治学将利益分为既得利益和将来利益、基本利益和非基本利益、现实的利益和非现实的利益等类型，这些不同类型的利益在国际河流合作开发过程中，共同存在、共同作用、共同影响着国际河流的开发。通过利益分析探索国际河流开发合作中的矛盾本源，由此解释合作的动机以及各方权力诉求，可以为合作开发的决策和实施提供分析的框架。

国际河流合作开发中具有特殊的利益类型，根据利益的性质，还可以将国际河流合作开发的利益分为涉水利益和非涉水利益。涉水利益包括与水相关的自然资源、水电、环境保护、交通航运、防洪等；非涉水利益则包括地缘政治、国家安全、国际形象等方面。这两种利益并非相互独立的，而是相互联系，相互制约的，因此，诸多国际河流国际争端最终原因就在于涉水利益被非涉水利益所超越，国际河流合作开发需要根据利益格局及变化，先易后难加以解决。

在各种利益相互影响的过程中，如果缺乏合作意识就会导致流域国家难以获得期望的利益，这就需要加强合作来实现共同利益。对于实现国际河流合作开发的利益共享，根据政治学的观点，识别利益类型、可实现利益分享的领域、利益分享的远景，以及利益优化模式是出发点。短期强化现有的沿岸各国居民的联系，中期跟踪和提高跨界水资源合作制度安排，长期进行流域合作发展项目的投资。"利益共享"对于涉及水合作具有指导意义，即在涉及合作协定时，应该把合作焦点从水资源分配转移到水利益共享上，包括金融投资、水使用权的授予，以及提供商品或者服务等相关措施③。

政治学的研究对象包括利益集团，政治决策的形成是不同利益集团相互博

---

① 王志坚. 从中东两河纠纷看国际河流合作的政治内涵 [J]. 水利经济, 2012 (1): 23-27.

② 国际大坝委员会. 国际共享河流开发利用的原则和实践 [M]. 贾金生，郑璀莹，袁玉兰，译. 北京：中国水利水电出版社，2009：31-37.

③ TAFESSE T. Benefit-sharing framework in transboundary river basins: the case of the eastern Nile subbasin [J]. Project Workshop Proceedings, 2009 (19): 232-245.

弈、妥协、协商的结果。基于这一视角，国际河流合作开发是促成整体行动的动力和抵制整体行动的阻力双方博弈的过程，在不同利益交错的国际河流合作开发中，要取得预期的收益，首要条件是整体开发的压力大于抵制开发的力量，其次是整体行动的利益方也是整体行动受益方①。因此，促成国际合作的动力可以从六个方面加以总结：流域各国追求区域可持续发展的目标、单一国家开发能力限制、流域各国避免水摩擦的主观愿望、不合作的高成本、合作的高收益可能、国际组织的支持；阻力则来自认识差异、目标冲突和流域国历史现实关系三个方面。

## 第四节　国际河流合作开发的法学理论

国际河流合作开发的法学理论主要围绕国际法展开，国际法中对于国际河流的水资源建立在"水权"基础之上。基于研究水权理论的演变，国际河流合作开发经历了视国际河流水资源从绝对主权到相对主权，由"不合作"向"全面合作"的变迁，国际水法构建，解释与应用以及强调多边、双边合作法律框架是国际河流合作开发法学理论的主要内容。

### 一、国际河流合作开发的法学理论体系

国家间冲突与合作的权力、利益和文化等诸多影响因素与国际法学密切相连。国际法学始终以自身的视角、研究方法和话语形式，围绕国际法识别和适用、国际法原则，以及原则与具体事实之间的辩证对话，来弥补国际关系理论在国际机制（制度）解释、预测、话语形成方面的理论缺陷②。

国际法学是国际河流合作开发最为基础，也是最为贴近应用的理论框架，可以为国际河流的合作开发提供丰富的国际法细节材料，具有明显的工具性特征。国际法既注重静态的国际法律文件和国际组织结构，又注重动态的国际法解释和国际组织的管理运作。无论是建立国际河流合作开发的一般理论，还是运用国际法进行国际河流合作开发的个案研究，都建立在具体不同领域的国际

---

① 陈丽晖，丁丽勋．国际河流流域国的合作——以红河流域为例［J］．世界地理研究，2001（4）：62-67，53．

② 王彦志．什么是国际法学的贡献——通过跨学科合作打开国际制度的黑箱［J］．世界经济与政治，2010（11）：113-128．

法学说和案例的具体分析基础之上。此外，国际法作为国际机制的重要组成部分，国际河流合作开发与国际机制的构建紧密相关，国家行为和国际合作离不开国际谈判、国际习惯、国际条约、国际组织乃至国际裁判等正式的国际法机制。相对，国际河流合作开发的其他理论基础，国际法学领域的国际河流合作开发研究倾向于将合法性的问题转化为符合法律或法律性的问题，只有这样才能使合作更长久。

## 二、国际河流合作开发的水权理论

水权在不同的环境和领域内有着不同的含义。当其延伸到国际河流领域时，形成了国家水权理论，与传统水权概念相比，国家水权注重国际河流水资源的跨境与共享特征，以及国家的主权特质。国家水权理论是在国际河流水资源利用争端及其解决过程中逐渐出现的，一般被认为是国际河流流域各国对国际河流水资源享有的各种权利，包括开发利用权、管辖权、分享水益的权利和取得赔偿的权利等。萨拉赫丁·阿默尔（Salah El—Din Amer）认为国家水权的界定可以决定一国能否以其期望的方式使用水资源。各国在开发国际河流过程中，围绕着"水权"表达自己的主张，河流开发中各国"水权"主张的互动过程客观上促进了区域乃至全球水协定的发展①。现行国际法律秩序的基础和出发点在于国家主权原则。各国对于国境内的国际河流流域享有主权，对国际河流水资源享有公平和合理利用的主权。但是当前国际河流水资源开发产生的诸多冲突原因之一就是国家水权有着不同理论和观点。国家水权理论的发展与国家主权理论类似，经历了从绝对主权到相对主权，再到强调国际河流流域各国共同利益的演变。

国际河流合作开发的国家水权理论发展经历了四种理论的演进：绝对领土主权论、绝对领土完整论、有限领土主权论和利益共同体论。四种理论都试图在国际河流中国家实施开发的特定地位与一般国际法所认可和保护的领土主权概念建立平衡。

### （一）绝对领土主权论

绝对领土主权论是因国际河流开发矛盾引发的国际河流流域国在国家利益驱动下形成的极端理论学说，其以国家主权原则为基础，进一步加剧了国际河

---

① AMER SE. The law of water historical record ［J］. Mediterraneennes Séminaires Méditerranéens, 1997（2）: 381-390.

流开发的矛盾。绝对领土主权论最早由 19 世纪末美国司法部长哈蒙贾德森·哈蒙（Judson Harmon）在处理国际河流格兰德河开发所引发的美国和墨西哥矛盾时提出的。1958 年，墨西哥抗议美国在其境内将河流改道，影响河流流量，导致墨西哥境内的河段无水可用，对墨西哥农业造成损害。哈蒙在被咨询美国应承担的义务时指出国际法的基本原理是国家的绝对主权，在自己的领土内可以对抗任何其他国家，任何国家遵循自身的意愿处理境内事务，不必遵循其他法律[①]。由于国家主权是国际法公认的原则，因此哈蒙的观点被广泛认可。绝对领土主权论过于片面强调了一个国家的绝对主权，忽视了流域其他国家应享有的平等主权权利，忽略了其他国家对国际河流水资源的需要和依赖，并且忽视了主权在赋予权利的同时应承担义务的原则。坚持这一理论并不能有效地处理国际河流水资源开发引发的争议，反而会加剧矛盾，国际河流合作开发自然也难以实现。

### （二）绝对领土完整理论

绝对领土完整理论强调水资源是国家领土的组成部分，对水资源的任何改变都意味着侵犯领土的完整性，因此，必须保持国际河流水资源的自然状态。这一理论主要体现下游国的立场，认为上游国在任何情况下都不能改变国际河流水资源状态，除非得到下游国的预先同意，否则就是侵犯下游国的领土完整。这一理论赋予了国际河流内一国对其他流域国水权的否决权，要求国际河流流域国在其领土开发水资源必须事先征得其他流域国的认同。显然这一理论限制了上游国家为满足经济社会的发展需要而公平合理地开发国际河流水资源的权利，并且没有要求下游国对上游国为了下游国的利益保全水资源所受的损失提供补偿。如同绝对领土主权论一样，绝对领土完整理论并没有得到广泛的认可。

### （三）有限领土主权论

随着国际法的发展，国际社会逐渐认识到坚持绝对主权反而难以维护国家主权，国际河流流域国完全不相容的权利主张必然导致水资源开发引发的矛盾无法调和。因此，国际河流水资源开发需要平衡流域国的主权权利和利益，对流域国主权实行一定的限制，尊重流域其他国的主权并避免产生损害，由此形成了有限领土主权理论。有限领土主权论认可国际河流流域国对国际河流水资

---

① MCCAFFREY S. The Law of International Watercourses ［M］. Oxford：Oxford University Press，2001：281.

源享有开发和利用的主权权利，前提是受到其他流域国的主权权利的约束。各国都承认所有沿岸国利用一部分共同水源的权利，以及对这种利用进行管理从而不干扰其他沿岸国的类似利用的义务。

"有限领土主权论"在国际河流开发的法庭裁定、国家实践和国际条约中得到了广泛应用，成为现代国际水法的基础。现代国际水法据此也形成了国际河流开发的两个基本原则："公平合理利用"和"不造成重大损害"。但是这一理论也存在不足，首先只是提出对国家主权应限制，但是没有明确限制的范围与内容；其次没有提及国际河流水资源的水文特性和生态系统的整体性，在水资源的经济、社会和生态环境需求发生冲突时，往往牺牲生态环境需求，不利于对国际水资源和生态系统的保护①。

（四）共同利益理论

随着可持续发展理念被广泛接受，对于流域系统性与完整性的广泛研究，国际河流的共同利益理论逐步形成。共同利益理论超越了国家行政界线和主权要求（超越各流域国或沿岸国的水资源主权和水资源所有权），将整个国际河流流域作为统一的地理和经济单元，将流域国或沿岸国视为一个利益关系共同体，赋予它们共享国际河流水资源的权利，强调相互合作，采用国际河流共同管理模式，成立国际机构，制定和实施流域综合管理和发展的政策，从而实现整个流域最佳而全面发展的目标②。

共同利益理论通过淡化流域国主权，强调水资源的共有性质以满足国际河流合作开发的要求，强调流域国合作开发共享收益、共担风险。相对于有限领土主权论理论，共同利益理论追求流域的利益最大化，考虑流域综合发展，显然这一理论超越了国家的界线，是对之前形成理论的重大变革。

共同利益理论具有以下特征，首先，将国际河流整个流域作为单一的水文单位来看待，进而提出一体化管理的要求，将国际河流水资源的管理与水生生物、陆地、森林、海洋等其他资源的管理紧密结合，致力于实现流域水资源的最佳利用，同时尽量减少对生态系统的损害。其次，认为国际河流流域国应共同分享水资源，对流域水资源享有合法利益，在开发流域水资源发生矛盾时应通过谈判或协商加以解决，在没有达成共识时任何流域国都不能单方面的进行

---

① 何艳梅. 国际水资源公平和合理利用的法律理论与实践［D］. 上海：华东政法大学，2004.

② KLIOT N, SHMUELID D, SHAMIR U. Institutions for management of transboundary water re-sources: their nature, characteristics and shortcomings［J］. Water Policy, 2001（3）：229.

可能会对水资源造成重大影响的开发行为。最后，认为国际河流流域国都有义务参与流域的管理，包括分担流域水资源开发和利用项目的成本。

共同利益理论最大的局限性在于需要全体流域国的认同，否则就难以达成最终目标。现实情况是大多数国际河流流域国社会经济发展水平有着明显的差异，并且部分流域国之间的利益诉求存在竞争性，甚至有着尖锐冲突，此时利益诉求难以趋同。此外，国家主权与流域共同利益如何协调，目前尚未找到有效的解决办法。最为关键的是这一理论以生态系统为出发点，忽视了国家主权的地位，自然受到一些国家的反感与抵制。国际法的调整对象是国际关系，而国际关系的实质是保全和追逐国家利益，国家利益又是影响和制约国家行为的根本因素。

虽然"共同利益理论"能够体现人类的合作理想，但是国际河流合作开发受到经济、政治、社会、历史、宗教、文化等因素在内的所在国实际情况，以及流域合作意识、合作发展水平和国际舆论压力等诸方面差异的综合影响，因而上述几种理论在特定流域的一定时期内还会并存。不过在区域经济合作逐步加深和世界经济一体化逐步形成的背景下，国际河流开发从"孤立化"到"全面合作化"的发展趋势不可改变。

### 三、国际河流开发合作的国际水法体系

国际水法是国际河流开发合作的基础。当水量很多，可以充分满足需要时，水权是完全没有价值的，但是当水资源稀少为稀缺资源时，水权就产生了价值，同时成为一种财产并有了产权。为了能够保护水的产权，这就需要建立法律和制度来进行维护。作为国际河流合作治理的体现，国际水法的发展历程体现了各国围绕水权由一国单边管理观念向多边合作治理的观念演进的发展方向，它的表现形式逐渐由国际习惯向"条约化"和"文本化"发展，领域由航运和边界划分向水资源的利用、开发、保护发展，类型向专门性、流域性的国际水法发展，适用范围逐步扩大，可持续发展理念成为发展方向，整个过程也体现了合作而非孤立的思想。

究竟是基于全球性公约还是基于区域性河流协定构建国际河流合作开发，尚未达成一致意见。欧洲具有通过双边和多边协议和约定来解决水权争议的传统，但是国际环境管理理念的盛行也对区域性河流管理思路提出了挑战①。通

---

① CORREIA F N，DA—SILVA J E. International framework for the management of transboundary water resources［J］. Water International，1999，24（2）：86-94.

过全球协定将跨国水资源管理置于一个通用框架之下，再通过特定的协定来解决区域内具体的规划、管理和操作层面的问题，这有助于在社会、环境、技术、法律等方面达到适当的平衡，并且这一观点越来越被认可。

欧洲国家具有显著的跨国事务合作传统，欧洲的水法体系在国际上最为成熟，也是国际河流合作开发最为成熟的区域。欧洲的国际河流合作建立在稳定的制度框架下，国际河流争端能够在国际法的框架内，借助双边和多边协议、磋商来实现合作。其中，联合国欧洲经济委员会水公约、国家跨国共同协定及其行动指导方针对促进欧洲各国的多边协调起到了积极的作用。因此，在当前背景下，参考欧洲国际河流合作的具体理念与做法影响了世界范围内的国际河流合作开发，例如，湄公河流域的湄公河委员会就参考了欧洲国际河流流域管理机构的做法。

## 第五节　国际河流合作开发的经济学理论

国际河流合作开发必然涉及经济领域的问题，因此，经济学相关理论也为国际河流合作开发提供了理论基础。相对其他学科，经济学更多地在于提供一个客观的语境来识别和探讨合作机会。在经济学理论体系下，国际河流合作开发的可能性在于分析合作的利益，在以"产权"研究为逻辑起点的基础上，主要围绕"收益""价值""稀缺性"的研究框架展开，以构建一套激励与约束机制来实现合作利益的最大化的研究目标。

### 一、国际河流合作开发的经济学理论基础

经济学对于国际河流合作开发的研究构建在产权理论的基础之上，此外，国际河流水资源具有典型的外部性，因此外部性理论也影响着国际河流合作开发的研究。

（一）产权理论

经济学注重产权，所谓产权是规定人们相互行为关系的一种规则，并且是社会的基础性规则。产权是一个权利束，包括所有权、使用权、处置权、收益权等权利。阿曼·阿尔伯特·阿尔钦（Armen Albert Alchian）最早给产权确立

了定义："产权是一个社会所强制实施的选择一种经济品的使用的权私"①。为此，经济学家广泛认为产权"不是指一般的物质实体，不是指人与物之间的关系，而是指由物的存在及关于它们的使用所引起的人们之间相互认可的行为关系，产权安排确定了每个人相应于物时的行为规范，每个人都必须遵守与其他人之间的相互关系，或承担不遵守这些关系的成本。因此，……它是一系列用来确定每个人相对于稀缺资源使用时的地位的经济和社会关系"②。

产权具有主体、客体和内容三个构成要素。产权的主体是享有权利的人、组织或者国家，一般而言，河流水资源的所有权主体是国家。产权的客体是指特定的"物"，任何产权都是以特定客体为前提和基础的，产权的内容，也即主体对客体的权利。产权包括不同主体基于对特定客体的权利，相互之间发生的各种各样的经济关系。一般而言，河流的水资源所有权属于国家，国家通过取水许可授权给各个用水户使用，因而发生国家对取水户的监督管理关系。产权的内容包括两个方面内容，一是特定主体对特定客体和其他主体的权能，即特定主体对特定客体或主体能做什么，不能做什么或采取什么行为的权力；二是该主体通过对该特定客体和主体采取这种行为能够获得什么样的收益③。

基于产权理论，国际河流水权是一种资源产权，其产权的主体是主权国家，并且围绕产权所发生的一系列关系在国际河流流域国之间进行，由此可以从产权理论中为国际河流合作开发找到相关的理论支撑。

（二）外部性理论

1910 年阿尔弗雷德·马歇尔（Alfred Marshall）最早提出外部性概念，其后阿瑟·塞西尔·庇古（Arthur Cecil Pigou）进一步发展了这一理论。外部性指的是经济主体之间缺乏任何经济交易的情况下，一经济主体的行为直接影响另一经济主体的环境，对他人造成损害或带来利益，却不必为此支付成本或得不到应有的补偿④。外部性可以看作是一个经济组织对他人福利施加的一种未在市场交易中反映出来的影响，其表现形式有多重，包括正向（外部经济）和负向（外部不经济）。水资源是不可分割的资源，也就是对个人免费但又具有社会成

① 阿尔钦. 财产权利与制度变迁［M］. 上海：上海三联书店，1999：38-39.
② 菲吕博腾，配杰威齐. 产权与经济理论：近期文献的一个综述［A］. 上海：上海人民出版社，2005：204.
③ 郭思哲. 国际河流水权制度构建与实证研究［D］. 昆明：昆明理工大学，2014.
④ 约瑟夫·斯蒂格里茨. 政府经济学［M］. 曾强，何志雄，等译. 北京：春秋出版社，1988：39-42.

本的资源。水资源的外部效应体现在多个方面，如对水资源的过度利用，导致获取每单位水资源的产出成本上升；在某一时期的过度使用导致未来水资源的可获取量减少或被破坏；水资源流域的上游用户过度使用导致下游用户占有的水资源量减少；因水资源污染而导致其他用户减少了水资源利用程度。总之，一定时间段、一定位置段、一定水质状况下的水资源具有外部效应特征，其具体表现为取水成本的外部性、水资源储存量的外部性、水资源用户的代际外部性、水资源供给地段的外部性、水质状况的外部性①。

虽然经济学高度推崇市场机制，但是在水资源日趋稀缺的背景下，作为公共资源的水资源，外部性问题无法完全通过市场机制来调节，其价值属性无法有效地私有化，因此政府参与水资源管理成为必然。而国际河流水资源的跨国属性，又导致国际河流合作开发成为必然。

（三）增长极理论

经济发展的增长极理论源自经济发展辐射理论。经济发展辐射是指经济发展水平和现代化程度相对较高的地区与经济发展水平和现代化程度相对较低的地区进行资本、人才、技术、市场信息等的流动和思想观念、思维方式、生活习惯等方面的传播。一般把经济发展水平和现代化程度较高的地区称为辐射源。交通条件、信息传播手段和人员的流动等作为辐射的媒介。通过流动和传播，进一步提高经济资源配置的效率，以现代化的思想观念、思维方式、生活习惯取代与现代化相悖的旧的习惯势力。基于辐射理论，弗朗索瓦·佩雷（Francois Perey）于1955年提出了增长极理论，即在经济增长过程中，不同产业的增长速度不同，其中，增长较快的是主导产业和创新产业，这些产业和企业一般都是在某些特定区域集聚，优先发展，然后对周围地区进行扩散，形成强大的辐射作用，从而带动周边地区的发展。这种集聚了主导产业和创新产业的区域被称为"增长极"②。少数区位条件优越的区域成长为经济发展的增长极。增长极的极化效应使生产资料向发达地区集中，之后通过扩散效应把经济动力与创新成果传导到广大的腹地。雅克·劳尔·布代维尔（Jacques Raoul Boudeville）则定义增长极为在城市配置不断扩大的工业综合体，并在影响范围内引导经济活动的进一步发展。

结合国际河流流域的特征，可以将国际河流流域经济发展增长极视为以国

---

① 钟超. 论水资源的外部性及解决途径［J］. 湖北农学院学报，2002（6）：253-255.

② 徐洁昕，牛利民. 增长极理论述评［J］. 科技咨询导报，2007（14）：171.

际河流为核心辐射纽带，以国际河流流域为辐射范围，一定程度上弱化国家间的主权界限，将流域重大水资源工程投资如大型水电及相关基础设施投资作为主要的经济增长点，辅以公路、铁路、水道等交通路线为依托，遵循由"点"到"轴"，再由"轴"到"面"的逐渐演化的过程。基于流域资源分布先规划主导产业布局和中心城市，再发挥集聚作用，吸引生产要素向中心城市迁移，形成流域经济发展中心，当这些经济中心发展到一定规模后，则会沿着国际河流形成重点经济圈和一些次一级的城市经济中心和轴线，从而达到"以点带面"效应，进而形成"流域经济带"。

## 二、国际河流水资源特征的经济学基础

经济学理论建立在资源稀缺性的假设之上，水资源作为典型的稀缺性资源，自然成为经济学研究的对象。国际河流水资源具有典型的公共性和稀缺性两大基本特征，而经济学对于这两个特征有着大量的研究成果，这些成果为国际河流水资源合作开发提供了理论支持。

（一）国际河流水资源的准公共特征

国际河流流域范围内的组织和民众都应该是水资源的拥有者，每一个拥有者都拥有使用权。但是国际河流水资源又具有流动性、跨境性和共享性等特征，导致界定其产权比较困难，这也是国际河流合作开发面对诸多矛盾的根本原因。具有消费的排他性而不具有竞争性，或具有消费的竞争性而不具有排他性的物品叫准公共物品或"公用品"。水资源是公共资源，是一种公用品，具有竞争性但不具有排他性的准公共物品。虽然水资源所有权属于国家，但是国际河流的水资源具有跨国属性，所有权和使用权都无法有效确定。由于水资源的稀缺性使得水资源的使用又具有竞争性，也就是说，一个人对水资源的使用会影响他人对水资源的使用。由于公共物品不具有竞争性或排他性，每个人都希望在别人贡献的基础上自己"搭便车"导致了公共物品的供给不足、需求无节制，资源配置无效率情况的发生，市场对此类资源配置不再起作用，即市场失灵。经济学较早的就关注了类似国际河流水资源这类准公共性资源的配置问题。经济学经常讨论的"公地悲剧"就是形容在市场经济条件下，这类准公共性资源如果产权得不到明确的界定，就会被过度使用和侵占，从而造成准公共性资源枯竭的现象。这一现象在国际河流开发中非常普遍，因此，界定产品成为国际河流合作开发的基础。

在国际河流合作开发中，"公地悲剧"现象既说明产权问题与准公共性资源

的联系，又可以阐述产权与国际河流合作开发的逻辑①。在产权安排方面，新制度经济学认为资源配置效率会受到产权安排的影响。产权的一个基本功能就是影响和激励行为。针对国际河流合作开发，在国际河流水资源产权不明晰的情况下，运用产权理论构建一套激励与约束机制来实现合作利益的最大化是基于经济学理论展开研究的实践的目标。

(二) 国际河流水资源的稀缺性

经济学家一般认为稀缺性和效率是经济学的两个基本前提假设，而且稀缺性是主要的。因为如果资源是完全充分的，那么就不存在生产、分配和消费的效率问题，经济学的目的就是要探讨如何更有效地利用稀缺资源，从而生产更多物品和福利，以最大限度地满足人的需求。国际河流水资源作为典型的稀缺性资源，其开发必然也需要追求效率。

资源的稀缺性决定了资源的配置必须形成一套方法和制度以实现效率。为了保证稀缺资源得到充分利用，并使围绕稀缺而产生的竞争有效率，就必须对资源及其利用行为采取有效的行动并尽量降低交易成本。传统经济学认为，在处理集体行动问题上由于"搭便车"等因素的存在，合作行动难以达成。由于个体追求短期利益最大化、"搭便车"、机会主义的存在，进入开放状态下的公共资源势必出现对于有限资源进行争夺的"集体行动的困境"。

制度经济学承认交易必然会有成本，公共资源的政府所有虽然会因为集体行动导致的交易成本而变得无效，但是可以通过制度设计减少交易成本，使集体行动得以形成。公共资源在配置过程中，人们并不总是需要一个外来的权威，个体也能够形成信任关系，利用可靠的信息源，通过对决策执行的监督和创建新的工具。资源使用者在相互信任的基础上通过设计持续性的合作机制来实现自主治理。人们在面对复杂的资源困境时，资源使用者经过多次博弈，经常可以在相互信任与互惠的基础上形成具有复杂调适性的制度系统，通过创造复杂的规则与制度来规范、指导个体之间的博弈行为②。这意味着资源的使用者愿意组织起来制定共同的行为规范以惩罚违约者，从而使资源得到良好的利用③。

---

① DINAR S. Scarcity and cooperation along international rivers [J]. Global Environmental Politics, 2009, 9 (1): 109-135.

② 蔡晶晶. 公共资源治理的理论构建——埃莉诺·奥斯特罗姆通往诺贝尔经济学奖之路 [J]. 东南学术, 2010 (1): 48-56.

③ 埃莉诺·奥斯特罗姆, 拉里·施罗德, 苏珊·温. 制度激励与可持续发展 [M]. 陈幽泓, 谢明, 任睿译. 上海: 上海三联书店, 2000: 71-79.

显然这一经济学理论为国际河流合作开发的可能性提供了理论支持。

现代社会中越来越多的公共资源无法通过政府完全控制或者建立私人产权来解决实际中存在的问题，需要有效的合作来处理类似的问题，大量国际河流合作开发的成功案例也验证了其可能性。基于稀缺性的资源，实现合作的关键在于设计出有效的制度规则与结构。寻求强制的、统一的、单一的制度秩序，将极有可能导致自然资源的耗竭和对自然环境的严重损害，甚至带来具有大规模破坏性的冲突或危机，甚至引发战争。相反，由多元利益主体通过自主决策设计、监督和实施群体共同遵守的规则所构建的复杂治理系统往往比那些单一的中央控制系统更稳定，更不容易受到侵害。在国际河流开发中同样面临上述问题，制度经济学的分析说明面对有限资源，流域各主体在相互信任的基础上可以设计持续性的合作机制来进行治理，从而达成有效的合作开发活动。

### 三、国际河流合作开发实现的经济学探讨

经济学注重收益，当收益明确时，合作就有了基础。即使国际河流水资源的产权存在分歧，但是如果能首先确定国际河流合作的收益，并由此设计收益分享合作框架就可以避免因产权而引起的争议①。国际河流合作开发的收益可以从经济、社会、环境和政治领域总结。第一是合作自身的收益，合作可以保持生态系统的健康，以获得河流自身的利益。作为最基础的获益，河流的收益可以保障实现其他利益。第二是可以促进食物和能源产量，这建立在河流生态健康基础之上。第三是缓解紧张局势，这可以降低成本，自然受到经济学的推崇。第四是国家间高层次的合作，甚至包括经济一体化在内超越河流之外的收益，称为超越河流增长的收益。

据此，可以设计合作收益分享机制，进行包括合作获益和合作成本在内的合作净利的分配。在识别收益的基础上，进行收益的分享可以作为消除产权分歧的方法，这就将各国从关注水资源本身转移到关注政治、经济、资源等多维度利益上的合作，实现利益争夺中由"零和"到"正和"的转化②。国际河流流域国通过开发合作，可以互通有无，实现资源、产品和能力的互补，而如果不合作则会发生由于本国单独开发的超额成本投入，同时会失去合作下造成的

---

① SADOFF C W, GREY D. Cooperation on international rivers: a continuum for securing and sharing benefits [J]. Water International, 2005, 30 (11): 1-8.

② 周海炜，郑爱翔，胡兴球. 多学科视角下的国际河流合作开发国外研究及比较 [J]. 资源科学，2013 (7): 1363-1372.

超额协同收益。

由于国家之间的水资源竞争日趋激烈，水管理政策的效率和公平尤为重要，这也是促进国际河流合作开发实现的基础。这一前提下，把水作为经济商品来考虑是问题解决的思路。国际河流水资源作为商品有着两种价值①。其一是水的"用户价值"，来自个人、群体或者国家对于水资源单一和具体的使用过程中。其二是"系统价值"，通常表示一个单位的水穿过河流系统消耗或消失前能够产生的价值总额，这一价值的计算需要考虑到机会成本和通常不被计入使用者价值的外部性影响，因此需要被计入价值之中。在这一基础上，系统价值超过用户价值是实现合作的前提，而两种价值的整合则是促成实现合作水资源治理开发的最终目标。在利益整合过程中，虽然系统最优的发展路径但不一定对于各国最优，因而各国需要通过合作来进行利益的再分配。在具体合作中，经济学中的"帕累托公平分析"提供了对于不同投资和管理战略的甄选标准。

## 第六节　国际河流合作开发的管理学理论

管理学对于国际河流合作开发的研究集中于"组织"和"机制"等领域，关注流域管理组织的形成、运行、合作信任以及决策等，各种管理机制尤其是协商、协调机制。提高流域管理组织效率、实现组织目标是管理学视角最关心的问题。

### 一、国际河流水资源管理

管理学视角的国际河流合作开发理论依据更多的是通过整合其他领域的理论框架，并基于大量的实践案例总结而成。一方面，国际河流流域具有天然的统一性，并且相互独立的利益相关者众多，因此，具有引入流域管理组织进行全流域整体管理的外在条件；另一方面，水资源对于人类的重要性要求国际河流合作开发需要保证发展性决策和开放性决策过程中多主体的广泛参与，这一过程需要通过协商机制促使合作议题的整体解决②。

可持续发展理论为水资源管理设立了基本目标，这一目标同样适用于国际

---

① SADOFF C W，WHITTINGTON D，GREY D. Africa's international rivers：an economic per-spective［M］. Washington D. C.：World Bank Publications，2003：23-29.

② 李雪松. 中国水资源制度研究［D］. 武汉：武汉大学，2005.

河流水资源管理。可持续发展理念对于人类利用各类资源产生了巨大影响。1987 年，世界环境与发展委员会出版的《我们共同的未来》报告中提出了可持续发展概念，即"既能满足当代人的需要，又不对后代人满足其需要的能力构成危害的发展。"1992 年 6 月，联合国召集的"环境与发展大会"，通过了以可持续发展为核心的《里约环境与发展宣言》《21 世纪议程》等文件。此后，可持续发展理念在人类社会的各个领域得到了贯彻与发展。可持续发展的实质谋求资源利用、环境保护与经济增长、社会发展的协调一致。水资源既是宝贵的经济资源，又是构成环境的基本要素，自然在可持续发展思想体系中占据重要位置①，成为水资源开发与管理的基本目标。

传统管理学从微观组织出发研究战略、组织、结构、决策等问题，但国际河流管理需要在决策过程中吸引包括当地政府、公众代表和社会等多元制度主体的广泛参与才能促成水资源可持续发展目标的实现。因此，相对于传统微观组织的管理研究，国际河流管理更需要关注组织间的关系以及多主体参与的治理问题。传统管理架构中的层级、职能、命令让位于治理中的网络、专业化、协调。因此，国际河流流域管理组织最重要的是建立一个良好的治理架构，称之为"水资源治理"。从管理方法上，国际河流水资源管理视角下的国际河流水资源合作开发主要提出以协商协调、签订国际合约、成立流域管理机构等方式来实现国际河流合作开发和保护，另外国际河流水资源管理组织、治理结构和协商机制为主要研究内容。

## 二、流域管理组织

流域各国合作开发需要各种国际河流流域管理机构。由于国际河流水资源涉及国家主权，因此，国际河流水资源的管理早期由所在国政府实施管理，通过专门的流域管理机构进行专业化的管理，在国家政府的授权下全权负责各国所辖流域水资源开发活动的管理。对于国际河流则由不同国家对于同一条河流的流域管理组织实施对接，共同维持国际河流水资源的管理活动。这种国家自行管理的方式引发了诸多矛盾，甚至引发争端乃至战争。国际社会以及众多国际河流流域国政府逐渐意识到，整个国际河流流域的全部国家需要作为一个共同体来对待，通过共同管理来实现流域内和区域内的利益共享成为实施国际河

---

① 陈宁，张彦军. 水资源可持续发展的概念、内涵及指标体系 [J]. 地域研究与开发，1998，4（12）：37-39.

流水资源管理的出发点①。流域内必须成立跨越国家界限的管理机构，制定和实施流域内综合管理和开发，并且赋予各国共享国际河流水资源的权利，强调相互合作。

基于这一理念，构建涉及多个流域国的流域管理组织成为国际河流水资源管理的基本方式。在流域国让渡部分主权的前提下，流域管理组织实现对国际河流流域水资源的统一管理，以保证流域整体利益的最大化以及流域的可持续发展。这种跨流域国的流域管理组织又分为两种结构类型。一种是相对较为松散的治理结构，往往在相关国家签订有流域协定的基础上通过流域管理机构进行监督和执行，流域管理组织往往仅具有执行相应政策和指令的权力。另一种结构则是通过正式的流域管理组织进行流域整体治理，流域管理组织不仅具有政策执行能力，而且具有一定的政策制定权力，这一类流域管理组织的研究更为广泛。其中，对于欧洲莱茵河和多瑙河的治理最为深入，形成的研究成果也最多，并被推广到非洲、亚洲等诸多国际河流的管理实践中。

随着非政府组织在全球范围的兴起，具有影响力、资金和技术能力的国际非政府组织作为第三方大量介入到国际河流管理活动中，许多国际组织参与到国际河流的开发、保护与管理工作中。对这些非政府组织在国际河流合作开发中参与的研究也成为管理学视角不对于国际河流合作开发研究的热点之一。

### 三、水资源协商

协商是一种允许多元价值主体平等表达和参与的公共空间创立方式，是一种能够通过对话方式创造出合适的制度和组织安排的民主形式，也是一种经过充分合意讨论基础上的联合决策行为。国际河流水资源的跨境属性是协商机制的基础，水资源协商主要是指针对水资源事务的公共协商，包括水资源管理的政策、管理体制等方面。水资源协商作为资源配置的行政方式和市场方式之间的第三种机制提出。政府宏观调控、民主协商、水市场调节是实现水资源优化配置的体制保证。水资源协商是一种水资源利用多元价值需求的沟通融合，是一种水资源管理体制的民主政治安排，是一种多元利益主体间利益的磋商妥协。因此，水资源协商可以看作是平等、自由的冲突各方在水资源管理的公共商讨过程中，提出各种相关理由，说服他人，或者转换自身的偏好，在广泛考虑公

---

① MCINTYRE O. Environmental protection of international watercourses under international law [R]. Sweden：Sweden International Development Agency International Trans-boundary Water Resources Management Course，2006.

共利益的基础上，在公开审议过程中的理性指导下，对跨界水资源管理的制度安排、战略制定和策略选择进行管理的活动。

聚焦国际河流合作开发领域，国际河流水资源协商机制主要是各流域国政府为主导，引入各利益相关方参与的跨境水资源协商机制，有四个重要特征。第一是平等的多元主体参与，参与协商的各主体之间的关系是一种平等的关系；第二是非强制性的共识，国际河流水资源协商中的每一个具体行为都是建立在当事主体自觉自愿的基础之上；第三是广泛的信息交流，各方对于问题需要进行充分的信息沟通和相互交流；第四是多元价值的共识，充分尊重各方的利益诉求，寻求利益的最大化。

以协商的方式处理国际河流水资源矛盾的意义在于：第一，协商机制将国际河流水资源管理的竞争性行为转变为合作性行为，短期行为转变为长期行为，治标行为转变为治本行为；第二，协商机制可以从更广泛的角度和范围去考虑国际河流水资源管理的行政方式和市场方式的协调运用；第三，协商机制可以更好地解决国际河流水资源管理中的立法问题和跨境管理行为合法化问题，从而使得国际河流水资源管理行为更加快捷有效[1]。

---

[1] 周申蓓，汪群，王文辉. 跨界水资源协商管理内涵及主体分析框架 [J]. 水利经济，2007，25（4）：20-23.

# 第六章 国际河流合作开发的管理框架

国际河流合作开发的管理理论构建是一个长期的过程，目前各国仍然致力于总结实践来形成理论。经过长期努力，各国对于国际河流合作开发已经形成了一些基本的观点与理念、流程与框架，在国际河流管理实践之中不断地创新与整合，促进了各国之间对国际河流合作开发的共识。在梳理这些观点与理念基础上，可以初步构建一个国际河流合作开发的管理框架。

## 第一节 国际河流合作开发的目标与原则

国际河流合作开发是一个极其复杂的问题，必须确立合作开发的目标和基本原则。在遵循国际河流水资源可持续发展的前提下，国际河流合作开发目标的制定与相应目标需遵循的原则，可分为长期愿景目标和价值层面的原则、中期战略目标和制度层面的原则、短期策略目标和行为层面的原则。

### 一、长期愿景目标和价值层面的原则

国际河流合作开发涉及具有极大差异的各国主体及其背后的社会文化、价值观念，长期合作离不开精神与价值层面的目标树立。国际河流合作开发的长期目标是精神和价值层面的目标，是一种愿景目标，主要通过长期的非制度协商和沟通互动，形成合作各方对于水资源价值明确的认识，树立符合水生态原则的价值要求、价值规范和价值目标，关注和宽容不同利益体的诉求，形成对合作开发各主体之间价值观的认同，达到人水和谐、体制和谐、区域和谐，构建和谐的区域治理环境，为区域和平与政治、经济和社会稳定发展创造条件。

国际河流合作开发的价值目标强调追求合作、协商、共赢、互信以及多边主义、发展优先、普遍受益等价值观，基于此我们提倡：致力于在国际河流开

发过程中实现各国和谐共处，建设一个持久和平、共同繁荣的流域。

国际河流合作开发应实现流域中所有民众的发展，建立包容的流域环境。要摒弃单边思维，致力于实现不同国家及民众的共同发展和进步，以实现幸福、稳定、和谐的流域发展。在中国传统文化中，"和合观"博大精深，是中国传统文化的基本精神之一，也是一种具有普遍意义的哲学概念。"和"这一概念包含着矛盾的对立与统一，也就是说"和"是矛盾多样性的统一，是事物产生和发展的源泉和基础。"和合"思想中的"和"指和谐、和平、祥和，"合"指结合、融合、合作。"和而不同"应成为国际河流合作开发的出发点，国际社会中多国之间互动、互补、互利、互尊的价值文化的选择，是营造各国间互相谅解、互相协调、互相帮助的国际河流开发环境的重要规则。强调"和而不同"意味着在国际河流开发中，不是按一个标准和一个模式去"同化"一切，绝不是把对立和矛盾排斥于自身之外，从古至今无数的事实表明这在国际河流开发中无法实现。差异、对立和矛盾的存在是事物的内在本性，国际河流合作也不例外，和谐就在于把合作开发中的差异、对立和矛盾通过自我调和和协同纳入有序的运行轨道。而平衡则是这种和谐有序化的产物，消灭了差异、对立和矛盾，也就同时消灭了和谐与平衡。无论是"和"还是"合"，都不是强调绝对的"同一"，而是"和而不同"，即有差异、有特性的事物和谐共处，共同发展。

## 二、中期战略目标和制度层面的原则

国际河流合作开发的战略目标是要达可衡量的可持续发展效果并建立有效的合作制度体系，这是具有一定约束性、阶段性的合作成果。一方面，通过合作方的协商，使跨界水资源管理的竞争性行为转变为合作性行为，短期行为转变为长期行为，治标行为转变为治本行为，也就是制定国际河流水资源管理的战略目标体系；另一方面，通过多方协调，完善和健全现有的关于区域法律的合作框架，并根据具体情况出台一系列新的合作指针，协同合作方的行为，使合作开发制度化和条文化，从而形成相对稳定的合作制度框架。

制度层面的原则应该是具有建设性指导作用的，一是坚持水资源的可持续利用原则，二是坚持稳定、机制化的制度建设原则。

可持续利用的基本原则是指在自然资源的开发中，注意因开发所致的不利于环境的副作用和预期取得的社会效益相平衡。在国际河流开发过程中，为保持这种平衡就应遵守保护饮用水源和土地生产力的原则，保护生物多样性不受干扰或生态系统平衡发展的原则，对可更新的水资源不可过量开发使用和污染的原则。具体而言，对于水资源的开发必须优先满足国际河流流域中生物多样性繁衍、生态系统功能保护等可持续利用的需要。在水资源开发过程中，过度开发不仅会引起严重的生态危机，还会引起严重的社会问题，使人类社会发展受挫。因此，在处理国际河流水资源矛盾和纠纷的相关利益配置与调整过程中，在生存权得到保证的前提下，要优先保证流域水资源的良好状态和可持续利用，不过度使用、不污染和破坏。这是获得与国际河流相关的其他一切利益（包括区域利益、国家利益、个体利益）的基础。由于国际河流的跨界性特征，在水资源的开发利用活动中仅仅依靠一方之力无法实现这一目标，需要流域各方共同合作，以维持生命支持系统和生态系统，必须保证为社会和经济可持续发展合理供应所需的水资源，满足流域各国的用水要求并持续供水。

国际河流合作开发需要充分重视稳定的、机制化运作的合作框架的建立，从制度上形成处理国际河流水资源矛盾和水资源纠纷的基本原则，以充分维护相关方的权益，保障社会稳定和经济发展。虽然在面对跨界水资源矛盾和纠纷时，对比较突出、急迫的问题可以有针对性地进行协商和解决，但这是一种面向问题的应对方式；从长远的水资源合作开发治理来看，面向问题的方式应向制度构建的方式转变，使得双边或多边合作能够机制化，以保证合作的稳定性和有效性。

从维持国际河流合作的稳定性看，现行国际河流有关的国际法原则可以作为基础，但必须结合具体实际进行探索。合作框架的具体事项和框架内协议，在符合有关国际法规定的前提下，应当充分考虑各条国际河流的具体情况，以及流域各国的具体诉求。这样建立的稳定、科学的合作机制，就能在处理国际河流水资源问题时发挥作用。此外，还需要各国政府、非政府组织对各自的合作行为进行规范化，提供良好的运行环境。

### 三、短期策略目标和行为层面的原则

在具体的策略和行为上，国际河流合作开发的目标是要形成使合作各方都能接受的结果，形成合作开发的态势。在这一过程中建立和谐的合作气氛，协调利益冲突，寻求互利点，需要妥善地识别和预防合作中的各种危机和潜在冲突，突出对于潜在危机的防范，加强现实危机的应对，将各种矛盾和冲突控制在最低程度。策略目标和行为层面原则可以以现有国际法的原则为基础，以各国法律法规政策为基本框架，在协商机制和合作协议框架下实现合作开发，"公平和合理利用"成为这个层面合作的基本原则。

为了减少水争端，提高各国在利用和使用水资源时的效率，国际社会以公约、判例、条约等方式确定了一系列合理利用、分配和保护水资源的措施和原

则。其中"公平和合理利用原则"是广为认可并已达成初步共识的一项基本原则，《国际河流利用规则》《国际航道非航行使用法公约》等国际法律文件中将"公平和合理利用原则"作为国际河流合作开发、防范和解决水争端的原则，这一原则在国际司法实践中也起到了一定的积极作用。这项原则既确立了沿岸国的法律权利，又提供了这种权利的分配框架，在共享水资源的分配和利用问题上，为各利益相关国提供了协商和达成一致的机会。公平和合理利用原则，承认和评估所有沿岸国的共享性和竞争性利益，它以有限主权论为基础，是对在绝对领土主权论和绝对领土完整论下单边开发易引起主权国家冲突的反思。早期的绝对领土主权论、绝对领土完整论强调一国在其领土上行使主权时行为不受任何限制，优先考虑本国利益，无须顾及本国行使主权对他国造成的影响，而有限主权论则强调开发国际河流水资源时，需要考虑河流开发对他国的连带影响，强调对于本国利益的克制。进而，在以有限主权论为基础的"公平和合理利用原则"并不意味着禁止这种利用对他国造成的事实损害，而是禁止剥夺他国受法律保护的利益或份额。

"公平和合理利用原则"是每个国家有权合理和公平利用共享国际河流的水资源并有责任防止实质性危害。这一总原则在具体应用时需要充分考虑不同的国际河流及沿岸河流流域各国之间的政治、社会、经济和环境的具体条件，这体现出上述原则在处理国际河流水资源开发中的策略性。

## 第二节　国际河流合作开发领域

国际河流合作开发的领域比较广泛，目前主要围绕以下几个方面展开。

### 一、水资源利用与保护

国际河流水资源作为跨界水资源的主体，其开发利用等问题是近年来国际社会关注的热点。国际河流流经或跨越两个或两个以上国家，由于涉及不同国家的主权，其水资源的分配、利用及保护一直以来都是敏感而复杂的问题，分配不均、利用不当等都会导致流域各国间发生水资源争端，继而引发社会问题、政治问题，甚至武力冲突。为减少国际河流水资源利用的冲突，科学合理地开发、利用及保护国际河流水资源，国际社会以公约、条约和判例等方式确定了一系列的国际河流水资源分配、利用和保护原则。

## 二、水电开发

水电开发通常是指在河流或沿海的适当地点建设水力发电站、潮汐发电站或波浪能电站。水电开发一直是国际河流开发的重点，随着应对能源短缺和气候变化行动步伐的加快，可以预见国际河流水电资源会进一步得到开发。一方面，通过修建水库大坝，不仅可以开发清洁廉价的水能资源，还能对水资源进行有效调节，促进航运，提高供水和防御自然灾害的能力，可见水电开发具有防洪、灌溉、航运等诸多功效。但另一方面，水电开发会显著改变水体的流动形式、改变河流径流量、影响区域气候变化，造成生物多样性减少、耕地面积减少以及干旱等。国际河流水电开发工程的建设施工，会对河流流域生态环境造成影响，拦河筑坝也会改变河流水文情势，导致区域生态变迁，影响区域生物多样性。随着水资源短缺加剧，国际河流水电开发极可能引发流域上下游国家之间的矛盾，因此，有效的实施水电开发和合作，实现流域各国的共赢，是国际河流水电开发的目标。

## 三、生态环境保护

生态环境是指影响人类生存与发展的水资源、土地资源、生物资源以及气候资源数量与质量的总称，是关系到社会和经济持续发展的复合生态系统。随着人类对国际河流开发程度的增强，灌溉、航运、工业化和城市化等活动引发了严重的生态环境问题。国际社会对保护国际河流生态系统的认识不断深入，国际河流管理的聚焦点开始逐渐向污染防治和生态环境保护转变。确保开发与保护之间的平衡，确保国际河流流域生态环境不受破坏，是生态环境保护的出发点。

国际河流生态环境保护包括生物多样性保护和水质保护。生物多样性保护是对水生生物的保护。国际河流水资源开发会造成水生生物的物种多样性降低、物种种类数量降低、外来物种增加等。比如，干流上大坝的截流使得雨季水量减少、水位下降，导致下游湿地自然保护区的水补给量减少，湿地生态系统萎缩，进而使沼泽地中各种珍稀野生动物的种群数量下降；水资源开发导致的河流破坏还会影响河流生态系统中的上下游之间物质、能量、信息的交换，阻隔水生生物的迁徙、洄游。生态环境保护还包括对水质的保护。国际河流水资源的开发，很可能造成河流水质污染，如水中某些化学、微生物组分含量增加，致使水质恶化。由于国际河流开发而造成流域严重生态问题的典型案例是中亚的咸海流域生态危机。

### 四、水灾害防治与危机管理

水灾害防治具体包括水污染防治、水生物保护、沿岸生态保护、水土保持、植被恢复等。国际河流水灾害防治合作包括洪水、干旱、水污染以及其他地质灾害等方面的防治合作。由于国际河流的自然流动性、整体性、利害相关性等特点，使得国际河流水灾害防治相对境内河流难度更大、更复杂，因此，国际河流水灾害防治已成为流域层面国际河流合作机制的重要内容。水灾害防治首先要求做好各种水灾害预防工作，在水利工程规划阶段就要考虑可能带来的影响，同时做好水情信息共享制度，水灾害发生时需要及时协商，联合行动，灾害发生后要及时采取相关的利益补偿机制。

危机管理是指组织为应付各种危机情况所进行的规划决策、动态调整、化解处理及学习训练等活动过程，其目的在于消除或降低危机所带来的威胁和损失。通常可将危机管理分为两大部分：危机爆发前的预防管理和危机爆发后的应急善后管理。国际河流水灾害引发危机时需要及时处置，引领正确的舆论导向，保障畅通的沟通渠道。例如，2005 年中国吉林石化公司因爆炸导致松花江污染，使俄罗斯伯力的饮用水源受到污染，当地居民生活用水被迫切断。中国外交部会同驻俄罗斯领事馆，及时向俄罗斯通报污染状况，并向当地媒体及时发布中国与俄罗斯成立应急小组的消息，两国积极协商治理办法，以帮助当地尽快治理水污染。国际河流危机管理合作体现了流域国家开展深层次合作的需要。例如，1986 年，瑞士巴塞尔市的桑多兹化学公司剧毒农药污染莱茵河后，瑞士、德国、法国、荷兰四国进行了国际河流环境方面的合作。2000 年罗马尼亚巴亚马雷金矿的污水污染多瑙河后，罗马尼亚、匈牙利、南斯拉夫等国也进行了相应的危机管理合作。危机管理合作一方面立足于解决既有的危机，另一方面又着眼于未来的国际河流合作治理。

### 五、河流航道航运

航运是综合交通运输体系中重要的一个组成部分，它具有绿色环保、运量大、成本低、占有土地少等特点以及独特的地缘优势。共同享有国际河流的国家，在国际河流开发利用中，享有对河流航道航运发展及合作的天然优势。不同的国际河流在航道、航运合作上的方式有所不同，一些国际河流沿岸国家通过收取过境检查费、检验检疫费和港口停泊费受益，航运企业通过物资、游客的运输收益，沿岸居民和当地企业通过提供旅游等特色化的服务来增加就业和收入，这类国际河流以湄公河为代表。还有一些国际河流，沿河流域国家在航道、航运合作上通过共同签署航运协定，制定不收税、不收费的自由航行政策，以促进贸易和增强沿岸各国商品的竞争优势，这类国际河流以莱茵河为代表。为了有效促进国际河流航道航运合作，各流域国家需要积极开展合作改善国际河流航道，以保护国际河流航道航运安全。

### 六、流域经济开发

流域经济开发及合作是国际河流水资源开发合作的重要形式，包含涉水利益合作和非涉水利益合作。国际河流经济开发合作通过流域内相关国家签订协议，按照各方皆能接受的准则进行开发。传统理念下，这一开发形式主要体现在国际河流的防洪和水能发电等领域，其中，河流大坝和水电站建设在这一合作中占有重要地位。研究认为流域经济开发合作中又可以分为按照水量份额开发、协议共同开发、协议分段开发、按项目开发和水交易的形式。苏联与挪威就曾采取按水量份额开发的形式，虽然可以使国家利益清晰化，但是流域利益不能最大化；协议共同开发以美国、加拿大对哥伦比亚河的开发为代表，虽然合作难度很大，但是可以扩大流域整体利益；葡萄牙和西班牙对杜罗河采取的是协议分段开发，葡萄牙负责上游开发，西班牙则负责河流的下游开发；巴西和巴拉圭在界河巴拉那河的伊泰普水电站的建设中，采取的是项目开发的形式，合作协议规定建设成本和各种前期投入由两国共同分担，后期利益由两国共享；水交易以新加坡和马来西亚为代表，双方签订供水合约，由马来西亚向新加坡进行淡水供应，此外，以色列和土耳其也采取了这种形式的合作。

除了水电资源的经济合作开发外，旅游、渔业等资源的经济合作开发也应该纳入国际河流经济开发合作范畴。国际河流的经济开发合作属于较高层次的合作，对于稳定区域国家关系、扩大流域内国家经济利益、营造良好的区域政治环境具有重要的意义。

## 第三节　国际河流合作开发方式

国际河流合作开发主要围绕水资源展开，国际河流水资源在合作开发方式上与国内河流具有一定的共性。如在上游地区建造以发电为主要目标的高坝水库，以对河流径流进行调节；在上中游建水库蓄洪可减少下游洪水；在下游地区建设多利用目标水库，尽量减少洪水淹没损失等。然而，由于国际河流流域跨越了国界，其开发利用所产生的社会、生态、环境影响将呈国际化，远比国内河流复杂。国际河流水资源不同的合作开发方式所涉及的开发内容不同，所具有的特征也不同。目前，国际上的国际河流水资源合作开发方式类型多样，这些合作开发大部分是在合作开发协议签订的基础上完成的。

## 一、合作开发协议

根据 1969 年签订的《维也纳条约法公约》第 2 条规定，条约是指国际法主体之间以国际法为准据，所缔结的用以确定相互间权利义务关系的书面协定。跨界水资源国际合作以条约作为法律保障，是共享跨国水资源的国家间签订的有关分水、治水、用水、护水关系的国际书面协定。国家间签订条约虽然不能彻底避免冲突，但可以减少冲突并提供解决冲突的方法和规则。国际河流水资源要想实现持久、稳定的合作开发，需要合作各方在国际法的制度框架内，借助双边或多边协议的签订来强化合作并明确各方在开发中的权利和义务。

通过谈判缔结条约或协议是国际河流流域各国进行水资源合作开发的重要途径。据统计，公元 800—1985 年，全世界共签订了约 3600 个关于开发河流航运和其他用途的协定。根据联合国粮农组织统计，自 1814 年起，通过国际谈判产生了 305 个国际河流条约，内容涉及水资源管理、防洪、水能开发、消耗性或非消耗性用水分配等非航行水利用方面，其中，全文涉及水本身的条约有 149 个。条约的内容最早是有关航运、边界划分和水产养殖，进入 20 世纪后，条约内容开始向多元化转变，水能发电、灌溉用水、水量分配、水环境保护等内容逐渐成为协议关注的焦点。

在全世界 200 多个国际河流中，已签订条约的只占 1/3。即使是已经签订的条约也需要不断补充修改，使其内容更加充实完善，从初步合作逐渐发展到高水平的国际合作。全球水伙伴组织在其 2000 年发布的行动框架中号召各国到 2015 年在世界各主要流域建立机制并形成跨国水资源共享条约，但是至今仍未实现。根据国际河流条约或协议所覆盖的流域范围，国际河流合作开发协议可分为全球性合作协议、区域性合作协议和流域性合作协议。

全球性合作协议（也称公约）是指以全世界各国为参与对象而签订的国际河流水资源合作协议。在以上三种合作协议中，全球性合作协议相对较少，主要包括 1921 年的《国际性可航水道制度公约及规约》、1923 年的《关于涉及多国开发水电公约》《国际水道非航行使用法公约》等。其中，1921 年国际联盟订立的《国际性可航水道制度公约及规约》是目前唯一确认国际水道航行制度的一般性国际协议；1997 年通过的《国际水道非航行利用法公约》是迄今为止最有权威性的一项关于国际水道非航行利用方面的公约。

区域性合作协议是以地域为范围形成的国际河流合作协议，协议的签订主要立足于区域发展，其成员国基本上是基于特定流域内的特定区域国家。区域性合作协议基本遵循由低级向高级，由少数国家向全流域甚至更大范围，由初级的通航合作到高级的生态环境合作和经济合作演变。从合作协议的功能和作用上来看，国际河流区域性合作协议既有维持和平与解决争端的职能，又有促进和调节流域或区域内社会、经济及其他领域关系的积极意义。典型的国际河流区域性合作协议有 2000 年订立的《南部非洲发展共同体关于共享水道的修订议定书》、2000 年欧盟颁布的《欧盟水框架指令》等。

流域性合作协议是以流域为范围，在流域各国之间围绕国际河流的管理而签订的合作协议。欧洲莱茵河和多瑙河是形成流域性合作协议较早的国际河流，相关协议也是流域性合作协议的典范。此外，较有影响力的流域性协议还有1961 年美国和加拿大通过的共同开发哥伦比亚河水资源的协议、1963 年尼日尔河流域各国达成的《尼日尔河流域协定》、1975 年阿根廷和乌拉圭制定的《乌拉圭河章程》等。

## 二、水量分配协议

水量分配协议是指国际河流中的两国或多国对共享水资源水量的单纯分配，即流域两国或多国之间根据其达成的水条约和事先确定的准则，将流域内所有可确定的水资源量进行分配和使用。水量分配可分为三种情况，一是确定各国的用水量，二是根据水系的地理情况划分用水范围，三是前两种方法的结合。

美国与墨西哥对科罗拉多河的利用属于第一种情况。根据 1944 年美国与墨西哥《关于利用科罗拉多河、提华纳河和奥格兰德河从得克萨斯州奎得曼堡到墨西哥湾水域的条约》，上游的美国每年定期释放一部分水给下游的墨西哥，以保证墨西哥每年从科罗拉多河获得一定的水量。印度与巴基斯坦对印度河水的利用属于第二种情况。两国在世界银行的调停下，于 1961 年签订《印度河水条约》，确定了印度和巴基斯坦两国在印度河流域的用水范围：流域西部三条河流，即印度河干流和杰卢姆河、奇纳布河划归巴基斯坦使用；东部三条河流，即萨特累季河、比斯河和雷维河划归印度使用。美国与墨西哥对格兰德河的利用是将前两种方法相结合，即确定用水量与划分用水范围结合起来使用。

### 三、协议共同开发

协议共同开发的方法，是指为满足各流域国的水需求和经济利益，各流域国通过签订协议，按照确定的流域整体开发规划共同进行开发。协议共同开发的方式主要以发电与防洪为主。这一开发模式有效实施的关键在于：规划方案的完备程度，各流域国的合作与信任程度及其他技术、资金的支撑能力。协议共同开发的项目多采取各国共同投资、共同建设、共同管理的方式。对于共同开发利用的国际河流工程，参与开发的国家一般根据协议或条约建立国际河流联合委员会或其他组织机构，然后由联合委员会或其他组织机构负责进行有关国际河流工程的研究、规划、设计、施工、运行、维护等。

例如，位于北美洲的哥伦比亚河是加拿大和美国之间的国际河流，该河的水流落差大，开发条件较好。为获取电能，美国从20世纪30年代开始对哥伦比亚河下游进行梯级开发，在其境内建有以大古力水电站为首的12个梯级水电站，虽然对河流径流有所调节，但防洪作用还远远不够，下游不时受到洪水威胁。美国与加拿大两国经过长期谈判，于1944年达成协议成立联合委员会，对水资源进行全面综合开发，并制订了效益分配原则。

多瑙河是欧洲第二大河，它除具有重要的航运价值外，还蕴藏着丰富的水能资源。1963年南斯拉夫、罗马尼亚两国签订协议，在多瑙河中游的南斯拉夫与罗马尼亚边界上的铁门峡谷，以"对等布局"方案共同承担铁门水电站的施工任务和开发费用并平分效益，此项工程于1971年建成。

### 四、协议分段开发

协议分段开发，是指流域国（多见于双边合作）按某一个专门项目对所开发和涉及的水资源进行分配，这是一种局部的合作分配，而没有考虑流域的综合规划与全流域水资源分配，但要求合作各方进行密切的合作。这种分配模式通常可以满足合作方的用水需要，促进合作开发，但会受流域内其他开发项目或其他国家的影响。如，葡萄牙和西班牙在1927年决定对边界河流杜罗河进行分段开发，两国签订了《杜罗河国际河段水电用水调节协议》，明确了水电开发的具体河段和落差，上游河段的水能资源归葡萄牙开发，下游河段归西班牙开发。

### 五、组建项目开发

按项目开发，一般是指双边合作的流域国为满足双方国家的水资源利用需求，就一个专门的开发项目和涉及的水资源或产生的效益进行分配，签订双边合作协议。这种模式需要双方都有足够的资金实力和充分的信任与合作。这种开发方式比较灵活，一事一议的方式可加快开发进程。缺点是没有考虑全流域的水资源分配和综合规划，易受到流域内其他国家水资源利用和流域其他开发项目的影响。如，巴西和巴拉圭以开发伊泰普水电站项目为基础共同开发界河巴拉那河。1973年，两国签署了关于在巴拉那河上游修建伊泰普水电站的协定。协定规定建设成本、发电机组和发电量由两国均分，工程也由两国共管。

### 六、水市场交易

水市场交易主要指是水量的交易，交易方通过协议商定水量、水价、供水期和供水方式等内容。典型的案例如新加坡和马来西亚之间的水交易。新加坡是一个淡水资源缺乏的国家，其一半的用水量都要从马来西亚进口。1961年和1962年，两国签署了两项供水合约，两项合约期限分别是50年和100年。合约规定由马来西亚的柔佛州向新加坡供应生水（未经处理的淡水），2011年前供水量为32.5万吨/天；2011—2061年，供水量增加到94.6万吨/天；2061年后，双方将根据新加坡的实际用水量另行商谈具体的供水量。当时议定的水价是以1927年水价为基础，柔佛州按每4.54吨生水0.03林吉特（约合0.01美元）的价格卖给新加坡，新加坡在处理后又以每4.54吨水50美分的价格再售给柔佛州。1966年6月新加坡到联合国宪章秘书处，将这个水交易协定登记在案以保证未来有可靠的水供应。

## 第四节　国际河流流域管理与流域组织

河流比较理想的管理模式是实行流域管理，这就需要组建流域组织。国际河流由于流经多个国家，流域组织必然要得到各个流域国的认可，并且还要让渡部分主权，因此，国际河流的流域管理与流域组织与内河的流域管理与流域组织存在较大的差异。

### 一、流域管理的含义与特征

#### （一）流域管理的含义

自从人类认识到流域的统一性、系统性以后，流域管理的理念就逐步形成，并且付诸实际的管理活动中。流域管理就是从水资源管理本身出发，认为水资源具有以流域单元为一整体的自然特性，因此为了科学有效地开发、利用、保护水资源，需建立适应于流域系统特征的一套系统管理体制，包括法律制度、行政管理体制、经济政策、科学技术等其他措施。更为广义的观点认为流域管理涉及各行业与水土资源开发和发展有关的领域和部门，是为充分发挥水土资源的生态效益、经济效益和社会效益，以流域为单元，在全面规划的基础上，合理安排农、林、牧、渔各业用地，因地制宜采用综合治理措施，在防治自然灾害的同时，对水土资源进行保护、改良与利用。

### （二）流域管理的特征

#### 1. 流域管理的整体性

因水的流动所造成的流域内地理上的关联性及流域环境资源的联动性决定了流域是一个统一完整的生态系统。以水体为媒介，流域中的土壤、森林、矿藏、生物等也组成了一个紧密相关的整体，该整体中的任一要素发生变化都会对整个流域产生重大的影响。国际河流流域管理需要从全流域的角度综合考虑上下游、左右岸地区的社会经济情况、自然资源和环境条件，以及流域的物理和生态方面的作用和变化，但是这必须跨越国界，这会形成行政主权与流域统一管理的矛盾。最理想的国际河流开发是流域国让渡部分主权，流域管理基于流域的整体性，进行广泛水平上的公众参与、综合权衡、统一规划和多目标协调。

#### 2. 流域管理的专业性

国际河流流域管理是专业性很强的管理工作，它基于对水文水资源、河流自然系统、流域生态系统以及相关工程技术的深入认识之上，实施各项水资源配置、灾害防治、环境治理以及产业政策、社会发展政策等管理政策制定和实施。水资源管理的专业性使之区别于一般的公共管理活动，需要专业性的人士、专业性的组织。虽然流域管理组织可以被授予一定的公共政策管理权限，但不同于一般政府管理组织的设置，其包含了大量的科学研究、技术标准、科学评价等专业性工作，许多水资源问题不能用常规的协调、沟通模式解决，必须先进行专业性的研究、分析和方案制定，因此，国际河流流域管理更需要关注其专业性特征，否则会引起各方的沟通障碍。

#### 3. 流域管理的复杂性

国际河流流域管理的复杂性主要表现有三个方面：第一，流域形态多样，国际河流跨度大，穿越多个国家，上下游表现出明显的区段性和差异性，使得上下游、左右岸和干支流在自然条件、地理位置、经济社会发展和历史文化背景等方面呈现很大的差异性。因此,各流域的管理业务差异比较大。第二,各国流域管理模式多样,由于各国境内国际河流流域形态、水资源特点的差异,各国的流域管理模式呈现多样化的特征。第三,流域管理的跨境协调与合作复杂,由于各流域国所处的地理位置不同,社会经济发展水平的差异,带来需求的不同,代表各国主权和国家利益的需求矛盾直接体现对流域开发的目标冲突。

## 二、国际河流流域管理演变

由于河流的系统性与流域的整体性,人类很早就意识到需要对河流进行统一管理。20世纪初,美国田纳西河流域管理局的建立标志着流域管理模式正式形成。一个世纪以来,河流的流域管理模式逐步演变,但是成熟的流域管理模式仍然是最初以水资源统一管理和控制水质为目标的管理,之后的管理模式更多作为一种理念被推广。

### (一) 基于对水资源统一管理的流域管理模式

这是最早的一种流域管理模式,田纳西河流域管理局是其典型代表。20世纪初,美国政府通过对河流在运输、灌溉、防洪、水力发电等综合利用方面的可行性研究,于1933年成立了田纳西河流域管理局,具体负责田纳西河流整个流域的开发规划、流域工程建设、水资源利用管理等。此后许多国家参考田纳西河流域管理模式,通过建立流域管理局,对流域实行系统开发与管理,例如印度的戴蒙德河流域机构。此外,一些国际河流也接近田纳西河流域管理的模式,例如多瑙河流域管理局。但是这种流域管理模式也存在一些不足,包括受行政区划、不同利益群体的诉求、管理范围、管理权限的局限,难以实现对流域完全统一、系统、科学的管理。即使在美国,也只有田纳西河流域实施了这种模式。墨西哥甚至出现了放弃该模式的例子。

### (二) 以控制水质为目标的流域管理模式

随着人口增长,对水资源过度开发引发的问题早在20世纪初就开始涌现,到了20世纪50年代,水环境、水生态问题日益突出,水资源开发与保护问题成为当时讨论的热点话题。特别是随着现代工业的大规模兴起,水生态环境日趋恶化,一些以控制污染为主的流域管理机构应运而生,由此形成了新的流域管理模式。德国的鲁尔和威斯特法伦地区就把排水纳入了新成立的流域管理机构,水质控制成为流域管理的重要内容。1948年,英国基于新颁布的水法,成立了34个河流管理委员会，都赋予了污染监管的职能。1964年法国流域财政管理局集中解决环境污染问题，水质控制是其核心目标。到了20世纪后期，流域管理的模式主要是应对水质污染，以保护水质为主要管理目标。

（三）水资源综合管理模式

这一管理模式源自国际性的水资源领域会议，并逐渐被广泛认可。

1977年，在阿根廷召开的联合国水资源大会上，"水资源综合管理"作为调和水资源多方竞争性使用的方法被提出。大会通过了水资源综合管理的第一份国际协调行动计划——《马德普拉塔行动计划》，提出应将流域视为整体，以一种全局和综合的理念实施水资源管理。2000年，荷兰海牙举行第二届世界水论坛及部长会议，大会认为基本水需求、粮食安全、生态保护、公民权利、水风险管理、边界和平以及国际河流的流域管理，只能通过水资源综合管理获得。大会发表的《部长宣言》呼吁，要实施水资源综合管理需要推进水管理的机制、技术和金融创新；强化各层次的协调与合作；促进各利益相关方的积极参与；确立目标和战略；实行水治理透明化，并保持与国际组织和联合国系统的合作。

2002年，全球水伙伴组织在约翰内斯堡召开全球可持续发展峰会，正式提出实施水资源综合管理的概念。水资源综合管理是指一个促使水、土地和相关资源协调开发和管理的过程，旨在一种无须牺牲维持生命所需的生态系统的可持续性的公平方式，实现经济和社会福利最大化。该组织通过水资源综合管理概念强调水资源应该在全流域背景下进行管理，并遵循良好治理和公众参与原则。该概念将社会、经济和环境问题都考虑进来，认为公平化、有效性和环境可持续性是水资源综合管理的核心。会议还制定了在世界范围实施水资源综合管理的具体目标和行动纲领，包括到2005年为全世界所有主要河流流域制订一个水资源管理方案。此后，水资源综合管理成为国际上最被认可的水政策工具。

相较之前的管理模式，水资源综合管理不仅将环境保护和经济发展纳入水资源管理过程中，基于治理理论，还在决策过程中充分考虑各相关利益方，特别是流域的民众，并且与传统按专业分工管理模式相区别，强调系统性与综合性。但是至今为止，水资源综合管理更多地停留在理论层面，其原因在于传统的专业分工管理难以在短时间内融合，并且不同流域面临的问题也不尽相同，目前形成的理念、建议等需要有一个落地的过程。

（四）流域综合管理模式

流域综合管理是以流域为管理单元，对水资源实施综合系统的管理，产生于 20 世纪 90 年代，源自水资源综合管理，同时强调从流域层面进行综合管理。1992 年的"都柏林原则"、《21 世纪议程》以及 2000 年世界水资源委员会都提出应该对流域实行一体化的管理，目标是要实现水资源保护和可持续利用，兼顾水资源开发和水环境保护，进一步协调流域内上下游的关系，实现水资源的合理利用和开发。澳大利亚墨累—达令河流域较早的尝试了流域综合管理，流域包括 4 个州，因为灌溉引起了水资源分配问题，澳大利亚成立了墨累—达令河管理委员会，通过逐步扩大委员会的权限、增加水污染控制、防止洪涝灾害与生态环境保护等内容，将委员会转化为跨州的综合管理协调机构。欧盟在 2000 年通过《欧盟水框架指令》，在其 29 个成员国与周边国家中实施流域综合管理；南非于 1998 年通过《水法》，实施以流域管理为基础的水资源管理；新西兰甚至按照流域边界对地方行政区边界进行了调整，以促进地方政府的流域管理工作。

### 三、国际河流流域综合管理

（一）含义

流域综合管理作为在水资源综合管理基础上形成的概念，强调流域是经济、社会和环境的复合体，因此，需要在流域尺度上通过跨部门与跨行政的合作，实现流域利益的最大化。这种流域管理模式更适合国际河流，因为只有实现流域综合管理，才能保证，国际河流开发引发的跨境矛盾。欧洲的国际河流——莱茵河流域是实施流域综合管理模式的典型。流域内各国协调制定流域综合管理的协定，成立流域国际保护委员会，各国派驻代表统一监督协定的落实情况，同时对不同国家实行区别对待，最终实现了流域的可持续发展目标。

基于流域综合管理的含义以及国际河流的特性，国际河流流域综合管理可以视为从国际河流整个流域层面出发，通过跨国以及跨部门的协调管理，开发、利用和保护水、土、生物等资源，最大限度地适应自然规律，充分利用生态系统功能，实现流域的经济、社会和环境福利的最大化以及流域的可持续发展。

虽然在国际各类水资源管理会议上，流域综合管理的必要性受到积极关注，但将流域管理概念付诸国际河流管理实践仍然是个难题。构建流域管理机构的国际河流极为稀少，而涵盖全流域国家的流域管理机构更加稀缺，要求相关流域国家实施流域规划条款是较大难题，原因在于这要求流域国家让渡部分国家主权。国际河流实施流域综合管理的挑战还包括，缺乏有效的地方参与、缺乏国际水分配的协议、上下游国家经济和军事力量不平衡等。

（二）特征

流域综合管理最重要的特征是基于生态系统的管理。健康的生态系统是实现流域可持续发展的基础，流域内的湿地与森林生态系统除了为社会提供丰富多样的产品外，还在蓄洪、供水与水质净化等方面起着重要作用。建立在流域综合管理上的开发活动应主要通过调整资源利用模式来适应河流的自然生态过程，而不是反其道而行之。基于生态系统的流域综合管理提供了一种实现流域可持续发展的途径。

国际河流的流域综合管理不是原有水资源、水环境、水土流失等要素管理的简单加合，而是基于生态系统方法和利益相关方的广泛参与，打破传统国家与部门管理的界限；它既非仅仅依靠工程措施，也非简单恢复河流自然状态，而是通过综合性措施重建生命之河的系统综合管理。流域综合管理与传统的流域管理的区别在于：传统的流域管理注重工程的、单一部门的、单一要素的、以行政手段为主的管理。长期以来，流域管理注重通过工程措施实现供水、防洪、发电与航运等功能，往往通过不适当地改变河流自然状态来满足经济功能的需要，而忽视了河流的生态功能。在流域管理的措施上，往往体现为单一部门对单一要素的管理，而且解决水冲突的主要手段是行政干预。流域综合管理更注重河流经济功能与生态服务功能的协调。流域综合管理把维持和重建生态系统的自然生态过程作为目标之一，并把它作为维持人与自然协调发展和提供清洁淡水的先决条件，强调发挥河流经济功能要与河流的自然生态过程相协调。除了行政手段外，流域综合管理还注重通过规划、公众参与、信息共享等方式，促进利益相关方的交流与沟通，并把它作为解决流域内上下游、左右岸、不同部门与地区间冲突的综合手段。

（三）发展趋势

第一，越来越多的国家和流域意识到实施流域综合管理的重要性，许多国家通过修改法规，推行以流域为基本单元的管理，同时在流域范围内签署各类合作协议，以合作的姿态对待国际河流的开发与管理活动。

第二，流域管理包含的事项与内容逐步增加，管理重点随发展阶段而不断变化。早期流域管理主要集中在洪水控制、河道整治与航运、灌溉等；其后流域水资源等的综合开发成为管理的重要内容（如渔业、发电等），工业化程度高的国际河流流域国开始将污染控制变成流域管理的优先项目；当前，河流健康、生物多样性保护、湿地保护等领域越来越受到重视，流域管理的内容和方法更加丰富和完善。

第三，越来越多的流域综合管理采用"生命之河"理念。河流是有生命的，随着河流"健康"受到越来越多的重视，人们通过对以工程为主的治水思路进行反思，提出了"为河流让出空间""为湖泊让出空间""为洪水让出空间""建立河流绿色走廊"等理念，这些理念正被越来越多的国家和流域所接受，并进一步由理念转变为实际的行动。

第四，河口和下游地区常常是推动流域综合管理的重要力量。由于受到上游国家实施的某些工程与产业发展的影响，下游与河口地区往往对水量、水质、河流"健康"等问题更为敏感。下游与河口所在国家和地区既可以在政治层面影响上一级政府或管理机构的决策，又可以在经济层面为流域管理提供资金与技术支撑，构成了流域综合管理的原动力。

## 四、国际河流流域管理组织

### （一）含义

国际上的流域管理组织是专门实施统一的河流水资源管理的组织机构，大多拥有独立的法律地位、广泛的行政管理权和特定权威，执行流域范围内的综合开发、统一管理和监督、污染治理等职责。但是各国对流域组织的性质、地位、职能等都有不同的规定。

国外的流域管理组织大多属于非营利组织，拥有独立的法律地位、广泛的行政管理权和特定权威，执行流域范围内的综合开发、统一管理和监督、污染治理等职责。一般来讲，流域管理组织会设立董事会，拥有广泛的代表性，由政府代表、企业代表、用水户代表和专家代表组成。董事会构成的权威性和代表性，以及严谨的工作制度，保证了流域管理决策的科学性和民主性。

在中国，流域管理组织是水利部的派出机构，是政府职能部门依据行政管理某项行政事务的需要，在一定区域内设置的管理某项行政事务的机构。

### （二）类型

由于对河流实施流域管理已经成为广泛共识，因此，世界上存在着几百个流域管理机构在对各类河流、湖泊进行管理。在决定设立流域管理机构时，尽管每个国家及流域的水资源与社会经济条件差异很大，但流域或区域开发要求与资源压力是影响决策的两个主要因素。因此，目前主要有三种典型的流域管理组织。

1. 以协调为主的水资源理事会

这种流域管理组织是最为常用的一类，通常由自然资源管理和用水部门中的中高层管理人员组成。理事会实施定期会议制度，讨论政策和未来的规划计划，但不干预所在管理部门的正常职能，其主要目的是必要的协调、政策建议、数据处理和审计等，不拥有对于流域的任何实际的管理和控制职能。为保证理事会顺利维持，通常会雇佣少量的专职人员。在大多数开发项目已经实施、存在比较完善的信息管理系统、现行相关管理部门能够较好地行使职能而只需要进行跨部门之间的沟通、交流、协调和合作以调解冲突和弥补不足时，理事会能很好地运作。因此，这一类的流域管理组织负责的是改善水资源的日常管理活动，重点并不在于水资源的开发。

2. 具有规划和管理职责的流域委员会

这类流域管理组织比协调理事会具有更大的权力、更多的人员职位，是河流区域内各地方政府和有关部门的协调组织，由国家立法或、河流区域内各地方政府和有关部门通过协议建立，实行协商一致或多数同意的原则。流域委员会的职责是根据法律、政策、协议对流域内各行政区的水资源开发利用进行规划和协调，主要职能包括建立完善的数据收集和处理系统、制定流域用水和环境保护措施、制定水资源规划和开发政策与战略、建立系统的监督和报告系统、监测流域功能和流域内的用水等。流域委员会一般具有明确的法律地位，法律明确界定委员会的权力、责任和义务。委员会一般会负责和运行重要的监测站点，以及管理和运行重要的水利工程。但更多的是拥有监督、管理或管制权力，通过同有关机构的运行协议和合同监督、管理或管制重要工程和其他工程。不同流域委员会的权力差别很大，有的是流域管理的决策机构，代表国家进行流域管理，有权制定计划和管理政策，修建和管理水工程，负责用水调配等；有的则仅限于协调地方间的矛盾，制定流域规划并提供实施建议，促进流域资料的搜集和研究，向政府和用户提供咨询。

3. 实施开发和管理的流域管理局

相对于前两种流域管理组织，流域管理局拥有更大的机构、更多的权力和更复杂的职能。一般为中央政府下属的权力机构，不仅负责流域内的水资源管理，而且对流域内与水资源相关的经济和社会发展拥有广泛的权力。其目的是推进自然经济和社会经济的有序发展。流域管理局的职能通常覆盖流域与水资源相关的各类资源的规划和管理，是管制权力的多部门、全职能机构，其权力范围是流域水文边界，但通常涉及区域、流域外或流域间的活动。当建立或改革时，流域管理局可能接管一些现行机构的运行和管理职能以及人力资源和设施。流域管理局的成立和权力根据综合的法律授权。法律和条例清晰确定其权力、责任和义务，授予其对水和相关资源的监测、规划、配置、管理、监督、管制和实施其决定和活动的权力，以及实施其他涉及水、土地、污染防治、环境保护等相关法律中的政策和条款。流域管理局拥有各类专业人员和支持人员，覆盖政策制定、规划、管理和运行等专业。流域管理局通常拥有直接的上级部门，向其负责，同时与相关的行政机构和专业机构紧密合作。在制定和规划大量开发项目时，实施大规模的多部门战略，而现行机构分散、薄弱或不能实施，以及现有的数据收集和处理系统不足时，一般就会选择流域管理局这种流域管理组织形式。

4. 综合流域管理组织

这是目前较为流行，并且比较受推崇的一种流域管理组织模式。综合流域组织的职权既不像流域管理局那样成员广泛，又不像流域委员会或者理事会那样松散单一，它的职权主要是在调配水资源和控制污染上。这种流域组织模式在欧洲较为普遍实施。管理的基本特征在于着重于水循环，对流域内地表水与地下水、水量与水质实行统一规划、统一管理和统一经营，具有对水资源管理以及控制水污染和管理水生态环境等职责。

# 第五节　国际河流合作开发的利益相关者管理

## 一、国际河流流域管理与流域治理

### （一）国际河流流域管理

国际河流流域管理是从国际河流水资源管理出发，对流域内水资源的开发、利用、分配、保护等进行综合管理。流域管理的目标是充分发挥国际河流水资源的经济效益、社会效益和生态效益，在全面规划的基础上，合理安排国际河流水资源，在保证水资源安全的同时，对其进行有效利用和可持续性开发。

由于流域是一个自然地理概念，可能包含着不同的行政区域乃至不同的国家，因此，流域水资源管理需要打破国家与行政区的边界，实施跨行政边界或跨境合作管理。流域管理是在水资源管理基础上形成的概念，强调流域各国通过跨部门与跨行政边界合作，实现流域利益的最大化。目前国际河流的流域管理范围已经远远超出了最初防洪、灌溉、航运等领域，涉及自然环境、人类活动以及各种类型的法规和政策。

国际河流流域管理一般由具体的流域管理组织来实施，这时就需要按照所管理的业务内容和所需要的专业知识进行分工，形成管理体系。因此，流域管理需要明确管理的业务内容和范围，需要构建不同的职能部门和专业技术部门来实施对这些水资源业务的管理，因此，狭义的流域管理在管理架构上主要是一种职能管理模式。

### （二）国际河流流域治理

治理是使相互冲突的或不同的利益得以调和并且采取联合行动的持续过程，既包括有权迫使人们服从的正式制度和规则，包括各种人们同意的符合其利益的非正式制度安排。在国际河流水资源合作开发及利用过程中，由于利益相关者类型众多，各主体对国际河流开发合作的利益诉求逐渐变得多元化和复杂化，这使得国际河流管理已经不能用传统的层级命令来解决，需要向多元平等主体之间的流域治理转变。

流域治理内容十分广泛，涉及自然、社会、政治、经济等方面。流域治理结构主要是以流域管理组织为核心，需要对各利益相关者如何参与治理进行责、权、利安排，形成有效的治理结构。国际河流流域治理通常以水资源治理为核心，早期流域治理中更强调水电和灌溉，目前，国际合作、环境变化、生物多样性的监督、提高社会经济状况等也开始逐步纳入国际河流流域治理范畴。

以湄公河流域为例，湄公河委员会在湄公河流域治理中发挥着主要作用。它强调以知识为导向，以澜沧江—湄公河全流域为研究范围，通过水资源综合治理促进湄公河流域的环境保护与发展投资平衡。治理内容主要包括监测流域水环境、生态等方面变化，协调规划湄公河下游的水能开发利用，评估水能开发项目的环境影响，提出水环境改善建议，促进对话和联系商议等。开展的项目包括环境规划、应对气候变化计划、可持续水能开发行动、防洪减灾项目、信息和知识管理项目、抗旱计划、农业和灌溉项目、渔业项目、航运项目9个方面。

### 二、国际河流合作开发的利益相关者

国际河流合作开发首先需要辨别参与合作的利益相关者，只有清晰梳理国际河流合作开发中的利益相关者及其关系，才能依次制定相应的利益相关者策略。国际河流合作开发的利益相关者主要包括政府、流域管理机构、当地民众、涉水企业、非政府组织等。

## （一）利益相关者构成体系

1997 年，罗纳德·米切尔（Ronald K. Mitchell）和唐娜·伍德（Donna J. Wood）提出了利益相关者分类以及评价标准的三个要素：合法性、影响力、紧急性，以此为标准进行利益相关者分类和界定的模型称之为"米切尔"评分法。借助这三个标准对国际河流合作开发的利益相关者进行划分，得出利益相关者的关系结构：主要社会利益相关者、次要社会利益相关者、主要非社会利益相关者、次要非社会利益相关者。

主要社会利益相关者为主权国家政府、非政府组织、流域管理机构、公众等，这些主体是相关国际协定和条约的主要缔结方，直接决定国际河流合作过程中相关规则的制定，是国际河流合作规则最有力的推动者。在合法性、影响力和紧急性三方面同时具备显著性的是主权政府，国际河流的合作主要还是由主权政府所主导。流域管理机构和非政府组织在国际河流合作中也发挥着重要作用，虽然影响力略弱于主权政府，但是其在国际河流合作中呈现的影响力越来越大。近年来，公众在国际河流合作中也开始扮演重要角色，由传统的政策接受者逐渐成为政策制定的积极推动者。例如，在莱茵河和湄公河的治理中，公众均表现活跃，积极参与流域治理，并提供积极的监督和决策参与，成为流域治理不可或缺的力量。

次要社会利益相关者包括主权国家地方政府、企业（化工企业、渔业等）、媒体（报纸、杂志、网络）等，他们直接或者间接参与国际河流的治理过程中，是国际河流合作进程的影响者，也是国际河流合作的受益方。例如，网络媒体的影响力使得公民诉求能够得到迅速反馈，使利益相关者在合作中的合法性、影响力和紧急性增强。主要非社会利益相关者包括自然环境、非人类物种，次要非社会利益相关者为动物利益压力集团。

国际河流合作开发是一个合作治理的过程，合作治理需要通过各方利益相关者的共同参与才能构建。不同的利益主体对于国际河流水资源开发的利益需求不同，在资源开发中所起的作用和采取的行为也不同。要达到国际河流水资源开发效益最大化的目标并兼顾社会公平和生态环境保护，就必须了解各利益方的利益需求并加以协调。

## （二）政府

### 1. 主权国家政府

国际河流水资源的开发利用既是生态问题，是政治、经济、社会、文化问题，其复杂性要求主权国家政府作为公共利益的强制执行者，处于关键的核心主体地位。主权国家政府是国际河流合作开发中重要的利益相关者，对国际河流合作开发进程的影响力最大，对于国际河流流域合作框架乃至全球水资源合作框架的形成具有关键性作用。主权国家政府是国家利益的代表者，也是国际河流合作开发中的主要参与者。一方面，作为主权的象征，主权国家政府独立制定各项与国际河流有关的政策和法律。另一方面，主权国家政府积极与国际上其他主体共同推进合作。其中，通过缔结国际河流合作协定条约来推动合作是主权国家政府最主要的合作方式。

政府在国际河流水资源开发合作中作用巨大，由主权国家政府参与制定的国际水法的基本原则和内容奠定了国际河流合作开发文本和实践的基础。另外，主权国家还通过参与国际河流合作开发的各类管理组织来推动合作的深入。

2. 地方政府

地方政府，尤其是国际河流流经的相关地方政府，一方面是主权政府水资源政策的执行机构，另一方面也是国际河流合作开发的重要参与者，还是国际河流的直接受益者和义务承担者。地方政府的职能与各国的水资源管理体制有关。例如，美国的水资源属各州所有，管理行为以州立法和州际协议为准绳，全国无统一的水资源管理法规。中国在国际河流水资源管理方面，各级政府和相关部门是水资源管理的第一责任人，县级以上地方人民政府水行政主管部门按照规定的权限，负责本行政区域内水资源的统一管理和监督工作。

由于中国处于多条国际河流的上游，在河流的治理方面，地方政府与流域周边国家和地区产生直接联系，跨区域和流域水资源合作框架在一定程度上体现了地方政府在经济和政治等方面的利益诉求，因此，地方政府的利益诉求对于合作开发的推进会产生较大的作用。

（三）流域管理机构

国内河流的开发一般以流域为单元，成立流域管理机构对跨界水资源事务进行协调。国际河流的开发合作也需要流域管理机构对国际河流水资源开发事务进行跨境协调及合作。流域管理机构是否完善直接影响流域合作开发的有效与否。通常流域管理机构的主要工作职能是流域内的水灾害防治、水利规划、治水工程建设与管理，流域内各国间的沟通协调以及全流域水资源的保护和治理。国际河流流域管理机构最重要的职责是从流域经济和环境利益出发，通过协商、谈判来最大程度的维护整个流域的利益，制定流域治理和开发政策以及协调流域各国间的利益关系。

从管理范围看，流域管理机构有些是专为某项合作开发工程而建立的，有些是为协调管理一个流域、分支流域或某一河段的水资源而建立的。从管理职能来看，有些流域管理机构是永久性的或临时性的简单咨询机构，有些是具有独立行政权、决策权的混合组织机构。从目的上看，流域管理机构有两种类型，一种是某一主权国家为了本国水资源协调而设立的，另一种是多个国家为了协调管理流域水资源而设立的。目前，发展较成熟的国际河流流域管理机构有欧洲的莱茵河流域治理机构、亚洲的湄公河委员会以及北美洲的流域管理机构。

（四）当地民众

国际河流水资源的开发直接影响流域当地居民的生产生活。近年来，流域当地民众作为利益相关者在国际河流合作开发活动中扮演着越来越重要的角色。通常当地民众参与公共管理的方式多样，既可以独立参与，又可以以社团组织形式参与，还可以依赖其他利益相关者来表达自身诉求。在治理理论中，核心观点就是要求民众积极地参与到公共事务的管理活动中。由于公共管理直接涉及民众的利益，因此，在国际河流开发中需要充分听取当地民众的意见，取得民众的支持，吸引其参与到决策和管理活动中，只有这样才能保证公共事务管理的高效运行，才能得到民众的积极响应。

以湄公河为例，大湄公河次区域包括中国云南、柬埔寨、老挝、缅甸、越南和泰国，次区域面积230万平方公里，人口约3.2亿，其中多数居住在湄公河沿岸。当地民众的主要生活来源是基于湄公河而发展起来的农业和渔业，因此湄公河的开发对于依赖流域水资源生产生活的当地民众影响重大。目前，当地民众已经成为湄公河水资源治理环节中不可忽视的利益相关者，由于流域开发直接关系到他们的切身利益，因此，他们也十分积极地参与到流域开发治理的各项活动中。

（五）涉水企业

国际河流涉水企业主要是指在国际河流流域从事防洪、供水、排水、治污、水电资源利用的企业。其中，对于国际河流流域安全以及流域中其他利益相关者作用影响最大的是水电开发企业和排污企业，这两类企业的行为活动对于国际河流沿岸各国水资源的安全，以及流域的经济、社会和资源可持续发展都有着显著影响。

涉水企业一般包括跨国合营企业、国有企业和民营企业。涉水企业中的水电企业，直接影响流域下游的农业灌溉、供水、渔业以及生态的维持和发展。

因此，各国政府、流域居民与这些涉水企业之间存在着复杂的经济利益关系。

在国际河流大型水电开发项目中，由于利益主体通常为国家政府投资的企业，因而大型涉水企业的利益诉求在很大程度上取决于政府的价值追求，这也使得大型涉水企业的经济合作背景具有复杂的政治特征。中小型涉水企业，如水污染企业等更注重自身商业利益，但也不排除与当地政府利益相联系的可能性。

（六）非政府组织

目前。在国际河流管理中的非政府组织包括环境保护类组织、新闻媒体类组织和独立的技术监督机构，他们不属于任何一个主权国家。在国际河流合作开发中，非政府组织扮演着非常特殊的角色，它们既不是管理者，又不是被管理者，而是以评价和监督者的身份出现，以调适整个水资源治理网络，使国际河流水资源的开发合作更广泛、更长久。

目前，非政府组织的参与是国际河流管理的重要构件，它是推动国际河流单一主体治理向多元化主体治理转变的重要参与者，是由传统统治、管理向治理演化过程中的重要标志，也充分体现了由决策、执行、评价与监督中"第三种权力"的下移。非政府组织的广泛参与虽然有可能带来决策效率的降低，但它可以使管理结果更具有预测性，并能表达更多人的利益诉求，因此世界各国均十分关注。

### 三、国际河流合作开发的治理结构

国际河流水资源合作开发的利益相关者复杂多样，开发内容也十分广泛，涉及自然、社会、政治、经济等各个领域。根据基本利益分类构建不同层次的治理结构是一个比较容易操作的选择。

（一）国家层面的治理结构

水资源开发作为一项基本的公共管理活动，一般需要通过一整套体制系统加以实施。国际河流水资源的开发合作也存在国家层面的治理结构和管控系统。流域各国通过对国际河流开发的社会经济活动进行治理及管控，以避免国家之间发生冲突，维护国际关系的稳定。

以中国为例，中央政府、地方政府和流域机构共同构成了国家层面治理和管控的主体。中央政府及其代理人是管控的核心，在国际河流管理活动中起着决定性作用。在国务院授权下，水利部和生态环境部履行相应权力，其他不同行政部门也在各自权力范围内发挥管理职能。在国际河流开发管理活动中，中央政府相关部门都参与其中，并且对于国际河流的开发活动起到重要的领导作用。地方政府是国际河流开发的直接利益相关者，同时扮演着管控者角色。由于地方政府的职责和权利具有一定的局限性，因此在国际河流水资源合作开发中，地方政府更多扮演的是信息收集传递者、决议的具体执行者的角色。一方面地方政府继承了中央政府治水的价值观念，另一方面，地方政府在水资源开发上，受地方政府之间竞争关系、经济建设目标取向和政府官员考核方式等影响，有保护地方经济利益的动力，因此与中央政府在治理目标上存在差距。

### （二）区域层面的治理结构

国际河流区域层面的治理，以区域社会经济活动组织为核心，需要对流域水资源开发的社会经济活动中各参与组织进行有序的责、权、利安排，从而形成有效的区域治理结构。区域治理是涵盖经济、政治、社会、安全、生态、环境等在内的一个范围较广的概念。由于覆盖面较为广泛，参与区域治理的主体也更加复杂，因此存在极强的操作难度，目前还处于摸索阶段。随着区域治理的进一步推进和深入，区域治理结构有着进一步复杂化的倾向，各主体间互动和联系会更为紧密。

区域层面的治理仍然高度认可政府的作用，但是提倡各国政府应将部分公共事务让渡给市场，而政府承担相应的监管责任。在治理模式上强调政府和社会的互动和合作，共同分担社会的责任和权力，通过彼此的合作和相互协调共同构成治理体系，从而实现共同的目标。区域层面的治理结构具有以下特点。第一，治理主体的多元性。强调具有多元性治理主体的参与式结构，治理主体除了政府外还包括其他社会组织或个人。第二，治理主体的互动性。通过合作、协商等方式对公共事务进行治理，这也决定了治理方式的多样化，既可以采用正式的制度安排，又可以采取非正式约定，诸如平等合作、会议协商、伙伴关系等形式。第三，治理结构的网络化。每个参与者在网络中都是有自主性的，而这种自主性是建立在相互信任基础上的。

区域层面的治理鼓励公众参与。公众参与和监督可以有效地保证政府执政的效果，有助于促使与政府的互动，在一定程度上保证了公共利益的实现。

### （三）流域层面的治理结构

流域层面的治理结构主要是以流域管理组织为核心的治理结构，需要对各种利益相关者如何参与治理进行责、权、利安排，从而形成有效的治理结构。

以湄公河为例，在流域层面的治理中发挥主导作用的是湄公河委员会。湄公河委员会由三个常设机构组成：理事会、联合委员会和秘书处。其中，理事会是湄公河委员会的决策机构，联合委员会是执行机构。理事会和联合委员会主要负责制定湄公河委员会战略方向、政策、计划和决议，秘书处扮演者执行技术和管理角色，由首席官员领导负责提供技术支持和行政服务。

近年来，流域层面的治理开始寻求流域计划的整体性愿望和方法。在未来，湄公河委员会希望在组织强化、环境保护、跨国事务、适应性管理、生态模型、土著居民、食品安全等方面承担更多的责任与义务。这体现流域管理开始由涉水事务向非涉水事务延伸，流域治理开始向区域治理转变。随着流域管理的深入，流域治理与区域治理有趋同的趋势。

## 四、国际河流合作开发的社会参与

### （一）社会参与的趋势

社会参与，也称公众参与，是通过协商、博弈、对话、交流等上下互动的方式参与公共治理，是一个良性的、开放的动态过程。公众参与能实现信息的双向交流，广开言路，尽可能地遴选有代表性的公众参与，科学地扩大公众的范围，有效且最大限度地反映公众的真实意愿。公众参与的宗旨在于提高决策的执行成效，监督决策的科学性和公平性，使主管部门能了解公众心声并适当地考虑公众意见，而非强制性的自上而下的灌输。

水资源管理的参与应包括各个层次的利益相关者，管理过程需要各利益相关者共同参与。社会参与是国际河流水资源治理可持续发展的内在要求和关键环节。参与国际河流合作开发的社会团体主要包括非政府组织、跨国公司、全球性的大众媒体、公众等。在国际河流开发中，相关的政策制定、执行与评估等领域的社会参与群体日趋广泛，它们参与国际河流合作开发的积极性也不断提高。为了维护和争取自身利益，这些社会团体一方面通过独立的信息传播媒介发表自身的利益观点，另一方面则通过与其他社会参与主体的协作进行利益诉求的表达。其最终目标是希望获得直接或间接地参与国际河流合作开发的发言权。

如果在国际河流开发过程中，规划者、建设者不与受影响的社会公众沟通，开发项目的益处就很难被公众所理解和接受，甚至可能发生过激行为。例如在涉及跨境项目环境影响的乌拉圭河上的纸浆厂案中，乌拉圭政府于 2002 年和 2005 年分别对乌拉圭河沿岸城市弗赖本托斯（Fray Bentos）上建造的两座纸浆厂发放了许可，阿根廷强烈反映两个纸浆厂对两国界河造成重大的环境污染。2010年4月20日，国际法院判决，确认乌拉圭建造两个纸浆厂的行为不会对阿根廷造成重大损害。尽管该案在法律上已结案，两国必须履行法院判决，但阿根廷方面利益受到影响的群众、非政府组织等力量组成的抗议活动并未平息。因此，在国际河流开发项目规划、建设和运营的各个阶段，公众参与决策可以有效避免影响国家间关系的对抗行为。

近年来，为不同利益群体代言的大众媒体、学者或学术团体日渐增加，特别是在公共政策制定中，媒体、学者和跨国组织的增多，扩展了这一时期社会参与群体的范围，拓展了社会参与的广度。社会参与在国际河流管理中发挥着积极的作用，它直接代表了非政府主体的意愿和利益。在治理理论中，其核心观点也要求社会各类公众团体应积极地参与到公共事务的管理活动中，以保证公共事务管理能够有效推进。

### （二）社会参与的复杂性

国际河流合作开发的初衷是通过多方协同合作，实现国际河流水资源开发与维护之间的平衡，达到流域的可持续发展。这需要综合平衡远期目标与近期目标，平衡全局利益与局部利益，力争使全局与局部、近期与远期的利益最大化。

在国际河流开发合作中，非政府组织、企业、公众等社会参与主体在利益、目标上并不完全一致。一些社会利益主体较多考虑自身私益、眼前利益，并且有限理性使其反映的问题常带有片面性或提出不切实际的要求；有些甚至为了实现自身利益需求，"绑架"其他利益主体，这使得协同这些社会参与主体的利益变得极为复杂，并形成巨大的协调成本。

多利益主体的参与是国际河流合作开发的基础，社会参与构成了国际河流合作开发的独特路径。各参与主体之间利益的竞争是多方利益妥协的过程，也是公利和私利博弈的过程。社会参与主体对于利益的关心，在客观上调动了公众参与政策制定的主动性，激发了公众参与的热情。但是不同利益主体间的协同和妥协，势必影响政策制定的效率，影响决策的公平与公正，最终降低公众参与的质量。

从社会参与的技术层面看，由于国际河流开发的信息透明度不高，收集成本巨大，使得社会参与主体很难获得进行社会参与必需的信息资源，因此在国际河流水资源管理活动中所起到的作用也极为有限。随着科技的发展，社会公众参与公共事务的难度愈加增大，当歪曲的、失真的信息涌向社会公众时，其往往难以判断信息的真假，情感极易受干扰。加之社会参与各主体的影响力量不一，独立性弱，对政府或其他利益主体的依赖性大，因此，尚不能充分发挥其公众参与主体的作用，对自身利益诉求的表达也存在一定困难。

从影响结果看，由于对政策所要解决的问题及背景没有清晰的认识，对政策目标实现的可能性及途径理解不深，对政策制定、调整所带来的利益格局的变化和可能引发的冲突不能预知，因此社会公众参与的效率可能会大打折扣。由于社会公众参与者占有的信息不完备，可能对政策、资源配置及其运行的后果不可预见，这样碎片化的社会公众参与，既缺乏影响力，又易造成非理性的集体参与事件增多，最终影响社会参与的质量和效果。国际河流开发中承载的信息量极大，远超出了各类非国家主体的掌控范围，因而非政府主体在社会参与过程中难以进行比较全面的决策和判断。

# 第七章 国际河流水资源管理合作

水资源管理以保护和开发利用水资源为主要内容，主要内容包括水资源配置、水污染防治、洪旱灾害应急管理、水电资源开发、水土保持等，其目的是实现水资源的持续开发和永续利用。国际河流水资源管理同样需要面对这些问题，但是跨境的水资源管理要复杂得多，并且涉及战略层面以及水资源管理业务层面的跨境合作。

## 第一节 流域水资源配置的跨境协调

因国际河流引发的争议大多数是关于水资源的分配问题，因此，国际河流水资源管理合作，最重要的就是解决水资源的配置问题。

### 一、水资源权属

（一）国际河流水资源权属的定义

水资源权属即水权，就是水资源的财产权利，其理论基础正是源于现代产权经济理论。水资源权属制度的起源与水资源紧缺密不可分，在人类开发利用水资源的早期阶段，水资源利用是采用即取即用的方式，随着人口的不断增长和开发活动的强度加大，水资源成为一种短缺的自然资源，水资源权属作为解决特定地区社会系统冲突的制度而产生。目前为止水资源权属仍然没有一个非常明确的定义，普遍接受的概念为，水资源权属是水资源所有权和各种用水权利与义务的行为准则和规范，包括水资源所有权、开发使用权、经营权以及与水相关的其他权益。《中华人民共和国水法》第 3 条明确规定："水资源属于国家所有。水资源的所有权由国务院代表国家行使。农村集体经济组织的水塘和由农村集体经济组织修建管理的水库中的水，归各农村集体经济组织使用。"但是，客观上水资源所有权与使用权、经营权的主体不一致，即通常所说的计划经济体制下水资源经营模式：水资源的所有权和经营权实际上是合并的，而水资源的使用权与经营权是分离的，从而造成水资源产权模糊。

国际上对于国际河流水权概念的描述较为模糊，学者们根据水权定义的延伸给出国际河流水权的定义，即国际河流水资源所有权和各种用水权利与义务的行为准则和规则，主要包括水资源所有权、开发使用权、经营权以及与水有关的其他权益[①]。相比于国内河流水权，国际河流水权将水资源所有权，即不同流域国家对流经或产生于其领土内的水资源的所有权和使用权也包含其中。由于国际河流自身的跨界属性，通常流经多个国家，其水权也为国家主权所涵盖，使得国际河流水权的分配利用建立在处理好水权与主权关系乃至国家间主权关系的基础上。在处理国际河流水权的问题上，不但要尊重主权和领土完整，而且要在平等互利的基础上开展水资源合作。例如，美国和加拿大两国在哥伦比亚河流域水权分配过程中就提出"美国为加拿大在其上游修建的防洪设施提供现金补偿，加拿大有权从美国的水电收益中收取一半的费用"，既尊重了两国主权和领土完整，又对其进行一定程度的限制，实现了水权与主权关系的协调统一，有效地解决了两国对于哥伦比亚河水权的分配问题[②]。

## （二）国际河流水资源权属制度

水资源权属制度是划分、界定、配置、实施、保护和调节水权，确认和处理各个水权主体的责、权、利关系的规则，是从法制、体制、机制等方面对水权进行规范和保障的一系列制度的总称。建立健全的水权制度是实现水资源优化配置的重要手段，只有合理的水权制度才有益于水资源的优化配置，以保障实现更高层次的水资源高效利用目标。

随着国内外水权制度的不断演化，水权制度的原则主要有四大类，这些原则对于国际河流也具有参考价值：

第一，沿岸所有权原则。沿岸所有权原则规定流域水权属于沿岸的土地所有者，其精髓是水权私有，并且依附于地权，当地权发生转移时，水权也随之

---

① 汪恕诚. 水权和水市场——谈实现水资源优化配置的经济手段 [J]. 中国水利, 2000 (11)：6-9.

② 管纪尧. 浅议国际河流水权制度 [C] //. 中国法学会环境资源法学研究会, 水利部, 河海大学. 水资源可持续利用与水生态环境保护的法律问题研究——2008 年全国环境资源法学研讨会（年会）论文集. 北京：中国法学会环境资源法学研究会, 2008：6.

转移。对于大多数地区或国家而言，非沿岸地区水需求的矛盾日益迫切，而传统的沿岸所有权原则限制了非毗邻水源土地的用水需求，影响了水资源配置的效率和经济的发展，沿岸所有权原则并不适用。

第二，优先专用权原则。优先专用权原则将水权与地权相分离，水资源成为一项新的公共资源，政府以配给方式按先后次序分配给用水户。优先专用权原则认为水资源处于公共领域，用户没有所有权，水资源的所有权归公有或国家所有，承认用户对水的用益权。优先专用权原则比较适合水资源短缺或水资源分布不均的地区。

第三，比例分享原则。比例分享原则在优先权的基础上，取消了地权与水权的联系，同时取消了优先权原则中水权之间的高低等级之分，将水权界定为河川水流或渠道水流的一种比例关系，水的使用权表示为每单位时间的流量。水权持有者之间遵循的是共同分摊水资源的短缺与不足的基本原则。

第四，可交易水权原则。可交易水权原则在优先专用权原则的基础上，逐步放宽和解除对水权转移的限制，允许优先专用水权者在市场上出售富余水量，使水资源得到更充分利用。可交易水权原则是一种市场和政府相结合的水资源的管理方式，即政府为水权交易提供一个清晰、明确的法律框架和法律环境，而把提高水资源的使用效率和配置效率留给市场去解决。

（三）国际河流水权配置制度

1. 国外的水权配置制度

水权本质上是一种财产权，非经过合法程序不能被损害，初始水权的分配都具有一些共同的特性：水权都具有共有产权特性，法律规定水资源为中央或者地方政府所有，水权的分配提供使用权的分配；水权和地权分离，法律授予公民获取水使用权的权利，公民获取水权的标志是获取用水许可证或在公共登记处注册。由于世界上不同国家的政治体制不同，对于水资源管理差异较大，水权配置制度也存在差异。美国水权的分配采取"时间优先，权利优先"的原则；澳大利亚在早期，用水户申请取水和用水，不论其规模大小，州政府都批准其水权，但随着水资源供需矛盾的突出，水权获得主要是通过水权市场交易；智利的个人可以根据法律获取永久和可转让的水使用权，永久消费性水权是根据水体积或根据比例进行分配，根据用水者用水现状配置水权，新的和未分配的水权则是通过水权拍卖向公众出售。

2. 中国的水权分配制度

根据《中华人民共和国水法》，中国境内的水资源归国家所有，各级行政机关水权配置权限分别为：国务院发展计划主管部门和国务院水行政主管部门负责全国水资源的宏观调配；省、自治区、直辖市的水量分配方案和旱情紧急情况下的水量调度预案，由流域管理机构商有关省、自治区、直辖市人民政府制定，报国务院或其授权的部门批准后执行；其他跨行政区域的水量分配方案和旱情紧急情况下的水量调度预案，由共同的上一级人民政府主管部门商有关地方人民政府制定，报本级人民政府批准执行。

在水权分配顺序方面，《取水许可制度实施办法》规定，取水许可应当首先保证城乡居民生活用水，统筹兼顾农业、工业用水和航运、环境保护需要。省级人民政府在指定的水域或者区域可以根据实际情况规定取水顺利。可见在取水顺序中把生活用水放在第一位；农业、工业和生态环境用水可以根据各地的状况自主决定。这样把更多的自主权下放给地方，有利于地方政府因地制宜，使水资源得到更合理的利用同时，兼顾农民利益。

## 二、水资源配置谈判与协议

### （一）水资源配置谈判

1. 水资源配置谈判的含义

许多国际水条约和软法文件都规定首先寻求谈判或协商的方式解决国际河流问题，诸如《国际水道非航行使用法公约》第 33 条第 2 款，《国际河流利用规则》第 22 条、第 30 条，《联合国宪章》第 33 条也明确把谈判作为和平解决国际争端的首要方法，《关于水资源的柏林规则》中也对协商和谈判的义务有所体现。

谈判是目前最为务实、有效的解决国际河流水资源争端和配置的模式。在实践中，谈判不但用以处理那些刚刚开始的争端，而且可以防止未来的分歧。谈判不但有助于国际河流流域国避免越来越多的冲突和合作的减少，避免沿岸国之间的关系更加恶化，还有助于在使用共享的淡水资源方面达成和平协议，可实现沿岸各国的互惠互利。

2. 谈判模式解决国际河流水资源问题的优势

（1）从主体上而言，充分保障争端各方的自由和权利，争端各方都可以在平等的基础上为本国利益据理力争，畅所欲言。除了流域国政府，其他主体、利益团体甚至技术专家都可以在谈判过程中发表意见，可以使当事方考虑多种利益因素，提供更具灵活性的可接受的争端解决方案。

（2）从程序上而言，程序灵活、限制性小、随时可以启动、最为便宜和简单，不排斥其他的争端解决方法，其他方法失败后可再次启动；谈判和协商过程中无第三方介入，争端当事方可以直接会晤、澄清事实、相互让步、做出妥协，开诚布公地交换意见，分配具体权利和义务，从而有利于争端友好地、彻底地解决。

（3）从适用范围上而言，几乎可以适用所有的争端类型，包括技术性和非技术性，也包括政治性质和法律性质的争端.

（4）从效果上而言，由于当事方拥有充分地自由裁量权，整个程序的进展控制在当事方的手中，最终达成的协议当事方乐于遵守，也排除了输赢形势的可能。

（5）从影响上而言，可以促进国家间的友好、地区稳定，例如非洲南部，20世纪70—80年代，当该地区处于一系列地方战争时，数项河流水域的协议得到了签署。虽然谈判十分复杂，这些协议却是该地区许多国家之间罕见的和平合作催化剂。西欧从17世纪开始就通过谈判解决国际河流问题，在三四百年的时间里，有关国家对莱茵河、多瑙河等国际河流的利用问题不断进行谈判、协商、缔结条约、建立管理机制。到了21世纪，西欧已经形成了安全共同体，有关国际河流的谈判与合作在共同体形成进程中功不可没。

3. 谈判模式解决国际河流水资源问题的劣势

（1）耗时较长，效率较低。谈判模式在保障各国平等参与、各抒己见的同时，谈判不可避免地牺牲了效率，往往缺乏固定的时间安排。印度河协议的达成用了10年的谈判时间，恒河用了34年，约旦河用了40年。此外，谈判模式还容易受双方力量对比的左右。谈判又被称为"实力取向"的争端解决模式，这是由于谈判实际是一种"权力"与"力量"的角逐。谈判表面是争端各方自主自愿发起或进行的，但谈判的过程就是讨价还价的过程，是依据当事各方的综合实力而非争端本身的实际，其结果往往缺乏预见性，很可能出现不公平的结果。例如约旦河争端中，以色列依靠硬力量的绝对优势占据和利用了绝大多数的水资源。随着90年代"巴以和谈"的启动，水争端也开始被纳入和平谈判解决的轨道。但由于双方硬力量和谈判力量的差距，联合水委员会实际上延续了巴以水消费的不平等状态。谈判中巴勒斯坦水务官员甚至不敢表达更多的不满，以免"危害"双方已经不多的合作。在谈判中，双方实力的差距还往往体现在谈判议程的安排上。通过把某些问题排除在议程之外、打破程序、拖延举行会谈、控制参会人员、破坏讨论和控制会谈备忘录的内容等多种方式，实力强大的谈判一方很大程度上决定着议程的安排，实际掌控着谈判的进程和结果。

（2）缺乏全流域意识。各流域国都从本国利益出发，缺乏对整个河流生态系统的综合利用和环保意识。例如，印度河的谈判中，最佳方案当然是印度和巴基斯坦双方共同制订流域综合开发规划，但最终谈判放弃了对两国都有利的这一理想，而是按河流水系分布来分水。巴方为此用了十年的时间，耗资数亿美元进行替代工程建设。印度的内河联网的构思，也会对整个南亚的生态造成破坏。

协商谈判应由与国际河流有利害关系的所有流域国参与其中，但是这难以实现，把有关流域国排斥在外的不完整的解决河流争端的谈判，都具有极大的妥协性和片面性，难以取得长期的成效。例如，以色列与约旦之间的《1994年和平协定》就没有充分考虑其他流域国家的利益；埃及和苏丹的《尼罗河协定》忽视了其他流域国尤其是埃塞俄比亚的利益，成为该流域后来争端的焦点①；恒河谈判中，尽管孟加拉国希望有流域国尼泊尔的参与，但印度方面坚持用双边谈判的方式，因为双边的方式更有利于印度控制尼泊尔和孟加拉国两国。将一个国家完全排除在对该国有重大影响的谈判之外，无疑是对国家主权的挑衅和威胁。

（3）不具有稳定性。现在大多数国家采取的是多党民主选举制，执政党随之更迭，不同执政党派的政治纲领并不相同，所代表的阶级阶层也不尽相同，虽然均是以保护本国利益为首要目标，但实现政策目标的手段和途径也都有所不同。有些对邻国采取温和的态度，有些则采取强硬的手段。例如，在恒河争端的解决中，之所以能达成三十年的恒河分水协议，与亲印度的人民联盟主席谢赫·穆吉布·拉赫曼（Sheikh Mujibur Rahman）之女谢赫·哈西娜（Sheikh Hasina）1996年当选为孟加拉国总理有着密切关联。而在尼罗河争端中，由于1958年苏丹实行军事接管，迫切需要邻国埃及的支持，态度变软，才会有1959年协议《尼罗河水协定》的出台，1960年阿斯旺水坝随之开工建设。

（4）缺乏透明性和公众参与度。国际河流的水资源关系到流域各国居民的切身利益，但是谈判由于其政治属性，往往是不可能公开或进行实况转播的。很多国际河流的水文资料在国家范围内都属于机密。

（5）谈判协商缺乏全局性和长远性

谈判可以便利和加速有关争端国之间就国际河流的特定事项达成协议，解决眼前的纠纷，但可能只是较短时间的解决和权宜之计。例如，恒河争端中，至今双方也没有达成有关增加流量的治本之策。

---

① 徐婷. 国际河流争端解决机制研究 [D]. 北京：中国政法大学，2008.

（二）水资源配置协议

1. 水资源配置协议的方式国际河流流域国的政府之间主要通过签订各种类型的条约或者协议来推动水资源配置与合作。这类条约或协议大致可分为三类。第一类是全球性条约或协议，如《国际水道非航行使用法公约》，它是框架协议，为流域各国之间订立双边或多边条约提供指南；第二类是区域性条约或协议，这类条约在区域性国际组织的主持下缔结，典型的有《国际河流利用规则》、欧盟水框架指令、南部非洲发展共同体《关于共享水道系统的议定书》等；第三类是流域地区条约或协议，是流域中的两国或多国就国际河流的利用、保护等问题签订的条约，是目前国际河流条约的主体。

这类条约与协议根据缔约方数目，可分为双边条约和多边条约；根据其所覆盖的流域范围，可分为全流域条约和流域部分条约；根据条约规范的事项和目的，可分为水量分配条约、航行条约、水质保护条约、边界条约、联合开发条约和多目的条约等。自 20 世纪 90 年代以来，中国加快了与国际河流流域国谈判和签订双边有关国际河流条约的步伐：1992 年，中国与俄罗斯签署《关于黑龙江和松花江利用中俄船舶组织外贸运输的协议》；1994 年，中国与蒙古签订《中国与蒙古界河水利用与保护协议》，与哈萨克斯坦签署《中华人民共和国政府与哈萨克斯坦政府关于利用和保护跨界河流的合作协定》。在这些合作协定中都含有建立有关合作机构的条款。

2. 条约制定的策略

用条约和法律解决争端，促进合作是理想的未来发展态势。在国际社会，是否在规则的制定中占据主导地位，其理念是否成为规则的一部分，是衡量一国国际河流软权力是否构建起来的最终标志，也是流域国国际河流是否具有话语权的最终体现。一个国家如果不能将自己的理念渗透到国际制度中，只是简单地参与国际制度，那么它永远只是追随者，甚至被制度主导者的理念同化，不太可能享有软实力。当国际河流规则承载了一国价值观，以符合占优势地位国家意愿的方式来制约别国选择的时候，它就是一种潜在的实力来源。

但规则并不是依据理论就可以自动形成的，国际河流条约的缔结，并不仅仅是法律问题，还涉及历史、地理、政治等各个学科，需要各个方面的详细准备。我国应该从长计议、充分准备，然后积极参与国际河流立法，在条约和流域共同体的构建中发挥主导作用。

（1）做好条约缔结的数据信息准备。缔结条约的关键和核心是水权的分配问题。从目前实践来看，水权分配有多种形式，如按照水量的比例分水、按照水系分水以及综合分水。按比例分水的实践有美国与墨西哥对科罗拉多河的利用；按水系分水的实践主要有印度与巴基斯坦对印度河河水的利用；而美国与墨西哥对格兰德河的利用、西班牙和葡萄牙对共享水域的利用，则是综合分水方法的实践。但无论对于哪种方式的水分配，与水有关的各类数据和信息，都是谈判的基础。在权利和义务对等原则下国际河流水权的确定有三个关键因素：国际河流水资源总量、生态需水以及各沿岸国家对国际河流水资源的贡献率。另外，围绕这些关键数据，还有一些与分水有关的基础性的数据，如年降水量、年径流量与枯湿季径流变幅、生态和经济发展用水量、维护水资源和生态环境的费用等。只有掌握的所有数据都全面、客观、科学，才能为流域国提供决策的基础，才能使流域国在进行国际河流水资源谈判时处于主导性的地位，而所有这些数据的确定都离不开细致的基础工作。

缔约国之间相互交换数据与资料是确定条约内容的基础。在实践中，由于国际河流的每一个河段主权的存在，使各流域国家不能获取其他河流段的河流信息，同时每个流域国家获取河流数据和信息的能力不一，以及一些国家从保护自己利益和国家安全出发，对一些关键的数据保密等，导致经常会出现可靠信息不足的情况。另外，各流域国家科学方法差异和技术上的不确定，也会影响信息的获取。流域国家经常为蒸发率、流量（季节或者年）、含水层的数量和它们之间的联系而争论，这使得水量的评估非常困难。流域国可以通过相互达成协议，事先提供交换信息的清单使谈判更为透明，从而减少在获得信息方面的不平等。

（2）设定好国际河流谈判目标。国际河流水权谈判的紧迫和尖锐复杂，使谈判过程充满了艰险，因而谈判目标的选择就非常必要。条约可以是单一目标，也可以是多种目标。但一般来说，目标较少的情况下，更容易达成协议；目标越多，谈判的过程则越艰难。例如，在印度和孟加拉国关于分享恒河水资源而引起的争端中，印度的主要目的并不是获取水资源，而是确立其在南亚的主导地位。因此，两国恒河水争端，实质上是印度在其主导的南亚政策的支持下，凭借恒河控制孟加拉国。也正因如此，印度在对待关键问题——扩大恒河旱季水源的方案上，才可以做出相应的让步。

在实践中，为了达成协议，目标有时会显得非常的宽泛。例如，《南部非洲发展共同体水道协议修正案》在第2条明确地提出了目标条款，将其目标界定为成员国间开展密切合作，促进南部非洲共同体内共享水道的合理利用和保护，以及对这些共享水道进行持续、协调的管理，同时促进"南部非洲共同体"南共体区域一体化，缓解该地区的贫困。从这个规定可以看出，这些目标非常宽泛，不够具体和明确，实际操作上是很难实现的。但设定宽泛目标的好处是，流域国之间容易达成共识，促进条约成功缔结。

（3）精心设计条约条款。条约的条款是规则的具体体现，国际河流条约条款一般包括水权确定条款、流域国家权利义务条款、利益流转条款、机制设定条款、争端解决机制条款以及弹性条款。

第一，确定水权的核心条款。水资源配置方案的设计应充分考虑各种因素，找出流域内水资源配置的根本性标准，提出合理的水资源配置方案，使其不但能够满足维持河流生态所需的水量、水质标准，而且能使相关各国的权利义务对等。

第二，以水权份额为基础的流域国权利义务条款。国际河流流域国的权利义务有程序上的义务和实体上的义务，其设立依据是各流域国家在国际河流中所占的水权份额。主要内容包括围绕国际河流水和生态等产生的一系列权利义务，如对国际河流生态环境系统展开保护，对水资源进行可持续利用，以预防和控制国际河流水质污染和环境退化，履行自己的权利和义务，以减少对其他流域国以及流域环境造成的损害。国际河流条约对于流域国家程序上的义务规定得比较仔细，也较为成熟和细致，如通知义务、信息和数据上的相互合作义务、磋商谈判义务等。

第三，详细具体的受益补偿措施条款。这类条款主要包括流域内和流域外的受益补偿，具体为流域内和流域外受益补偿的多少以及在什么情况下进行受益补偿等问题。

第四，条约的执行条款（包括流域委员会的成立）。在条约缔结过程中，通常的做法是设立作为河流管理机构执行条约的各种类型的流域委员会。

第五，弹性条款。由于在制定水条约时不可能预见未来所有的变化，因而国际河流条约中还必须包含一些弹性条款以应对不可预见的变化，减轻冲突的潜在危险，例如水量变化引起的冲突。气候变化可以导致国际河流的水量变化，从而使原有的分水协议在执行中出现问题，最终引发争端。

第六，争端的解决机制条款。争端的解决机制对于国际河流河水的有效管理有着特别重要的作用。没有清晰的冲突解决机制，国家就会有欺骗的动机或者完全违反规则的行为。因此，在水协议中，争端机制的设计就是非常重要的内容，这在各个国际河流条约中都有反映。

### 三、水资源配置的实施与监管

合理、公平的水资源配置制度是跨界水资源利益相关者之间实现责任共担、权益共享的基础。而水资源要实现合理配置，利益相关者之间要实现责任共担、权益共享，则需要对水资源配置进行监督与管理。

基于公平、合理分配水资源的视角，在国际水法框架下，依据流域的客观实际，综合考虑流域地缘政治、法律制度、经济状况、宗教文化、安全外交等因素，以追求合作共赢为目的，构建权责明确、保障有力的跨境水资源合理公平配置的实施措施与监督体系十分必要。因此流域国应通力合作，制定跨界水资源确权及分配实施方法，以及分配过程中的监督与管理办法。水资源配置的实施与监督管理办法应兼顾权利和责任，流域各国共同制定实施与监管体制与机制，并建立共管的实施与监督机构。

因此，流域国可以借鉴境内跨界流域水资源配置与监督管理的主体构成及管理模式，依据跨境水资源配置的不同情景，选择兼顾效率及公平的水资源配置实施与监管模式，共同建立跨境水资源配置实施与监管的组织机构，设计组织架构和职能结构，制定监督管理流程与议事规则。

## 第二节　流域洪旱灾害管理的跨境合作

国际河流洪旱灾害管理的跨境合作包括洪水、干旱、水污染以及其他地质灾害等方面防治合作。由于国际河流的自然流动性、整体性、利害相关性等特点使得水灾害防治相对境内河流难度更大、更复杂，水灾害防治更加困难，而水灾害对于流域的影响大，因此成为流域层面国际河流合作机制的重要内容。洪旱灾害管理首先要求做好各种水灾害预防工作，在水利工程规划阶段就要考虑可能带来的影响，同时做好水情信息共享制度，洪旱灾害发生时需要及时协商，联合行动，并在灾害发生后进行相应的利益补偿，并最终形成某种机制，使洪旱灾害管理机制化。

### 一、国际河流洪旱灾害管理的现状与面临问题

近年来，国际河流洪水泛滥时有发生，诸多流域国家都面临着洪旱灾害的威胁。如澜沧江的湄公河下游三角洲地区、恒河三角洲地区等，均是洪水灾害频繁的区域。国际河流的自然流动性、整体性、利害相关性等特点使其洪水灾害的防治相对国内河流来说，难度更大、更复杂。尽管世界各国的河流自然条件千差万别，在推进洪旱灾害管理中所强调的理念与采取的措施也各有不同，但是实现河流的现代化管理是世界各国发展与追求的目标。

（一）国际河流的洪旱灾害管理的特点：

1. 以风险管理理论为指导，实施流域综合治水战略

当前，在实施洪旱管理的过程中，更加强调洪旱灾害的综合管理。洪旱综合管理的核心就是洪旱风险的管理。这种观点在欧洲大陆和美国最为盛行，在英国、澳大利亚和日本等其他国家也开始逐渐被认可。这些国家有的已经投入巨额资金建成了高标准的防洪工程体系，但是近年来发生的严重洪灾表明，超标准洪水的风险依然存在。

2. 采取防洪工程与非工程措施相结合的综合治理手段

随着世界人口的快速增长，向洪旱风险区域扩展生存的空间成为人类社会发展的必然趋势。因此，实现洪旱灾害治理理念的转变尤其必要，即从以建设防洪工程体系为主的战略转变为基于防洪工程体系建成全面性防洪减灾工作体系。突发性洪旱灾害频繁发生，各国应急管理体制的建设与完善刻不容缓。目前主流的应急管理体制建设是从立法入手，明确各个相关部门在应急行动中的责任与义务，制定不同等级的应急预案与启动标准，设立应急管理的特别基金与启用程序，落实应急组织管理体系，储备必要的应急物资等。

3. 洪旱灾害管理模式多样

各国国情不同，具体采取的洪水管理模式亦存在显著差异。例如，越南自20世纪90年代后，实施改革开放，经济进入了快速发展期。然而，由于国土狭长，各地洪水的成因与自然特性不同，防洪减灾战略也因地而异。在红河三角洲区域，实行"积极防洪"的战略；在中部地区，实行"积极预防、减轻与适应洪水"的战略；在湄公河三角洲区域，则实行"与洪水共存并调控洪水"的战略。

4. 洪旱减灾的社会化

在防灾减灾的过程中，政府作为公共服务的提供者，需要积极推动全社会的广泛参与，突出了管理者、专家与公众之间密切协作的重要性。减灾社会化的形式多样，例如，一些国家的政府通过不同类型洪水风险图的形式，将不同规模洪水的淹没范围与可能的水深信息公之于众。通过多种形式的防灾教育和训练，使民众熟悉应急警报和预案，掌握应对突发性洪水时自保互救的措施，实现与社区和民间组织的深度合作。同时，要建立公众（利益相关者）参与机制，在政府重大减灾决策实施之前，充分听取利益相关者的意见和建议，避免决策的重大失误。

（二）国际河流在洪旱灾害管理中容易发生的问题

1. 大坝工程运行管理不当

一般来说，上游国建设大坝对减少下游洪水灾害以及增加枯水期来水量都有积极意义。但在水库蓄水期及干旱期，由于对河流洪水的调节力度过大，容易减少河道的汛期流量，造成河床萎缩。另外，土地的无序开发、滩地的大量侵占和湖泊的过度蓄洪，都会压缩洪水的蓄泄空间，导致河流的洪水水位的不断抬升，甚至部分地区出现了大坝工程过度建设与洪水水位不断抬高的恶性循环。

2. 国际河流防洪安全保障水平低

国际河流流域内现有的防洪工程主要是堤防，这些堤防大部分是在民堤的基础上建设起来的，对保护边境地区的边民生命财产安全和发展生产起到了一定的作用。但由于堤防防洪标准低、防洪安全保障水平明显偏低，遇到较大洪水时，堤防普遍暴露出险工险段较多且险情严重的问题，难以抵御较大洪水。

3. 国际河流协议忽视洪水防治条款

虽然很多国际河流协议都规定了一些例外条款，但常常忽视对洪水的控制。事实上洪水给流域国，尤其是下游国构成了巨大的风险，在气候变化的背景下洪水发生频率显著增加。如果不加以管理，后果不堪设想。尤其是在缺乏机制能力的国际河流流域，洪旱灾害带来的损失将更加严重。

4. 信息障碍错失了洪旱灾害防治的最佳时机

由于国际流域各国语言、制度的差异，普遍存在信息障碍，主要表现为洪水汛情数据的不足，数据标准不统一。各国之间以及各国部门之间信息流通量小，造成对流域水文资源的认识的片面性和理念的差异性。下游国常常认为洪水灾害的预防是上游国的责任而与下游国无关，而上游国也往往认为下游国的洪水灾害纯属自然原因而上游国对此不负责任。水文数据信息的交流障碍与各国间的理念差异往往错失防治洪水灾害的最佳时机。

## 二、流域洪旱灾害的监测与预警

流域的洪旱灾害给各国经济发展和社会稳定带来了巨大威胁，需要建设相对规范的灾害监测和预警系统，以确保各国的灾害风险抵御能力，促进流域的可持续发展。具体来说，可从信息共享平台建设、监测和预警规范统一和信息发布准则确立等方面展开。

### (一) 建立信息共享与监测平台

流域国要共建一个流域监测网站作为一个监测与预警平台，同时作为洪旱灾害水文信息的共享平台，流域国可以根据各国实际把除涉及国家安全以外的水文数据信息上传监测共享平台，以供流域各国监测预警洪旱灾害所用。同时需要构建一整套共享合作流程、标准和规范，建立相应的洪旱灾害跨境合作组织和机制，并制定统一的监测规范与预警标准。流域洪旱灾害的跨境防治是一种长期的合作，需要流域各国之间的战略协调和长期的基础研究、监测和信息沟通。

### (二) 制定统一的监测规范

与洪旱灾害预警相关的水情监测指标应包括水位、雨量、土壤湿度等。目前，各国监测单位所依据的监测规范不尽相同，采样点位、采样时间、分析条件等差异较大，导致监测数据的差别较大，成为阻碍数据共享和灾情预警的主要矛盾之一。统一的监测规范包含两层含义，一是统一组织制定监测规范，二是各监测活动统一执行监测规范，包括监测方案设计、布点、采样、分析测试和数据处理等灾情监测全过程的标准、规范和要求。只有在保证监测工作各环节有章可依的基础上，才能确保数据的可比性、准确性。

### (三) 制定统一的预警标准

为了能够有效地监测、评估洪旱灾害，必须建立能够描述和预警灾害属性的统一预警标准。预警标准的建立可以采用专家调查与历史数据分析相结合的方法，先通过对历史数据进行整合，划定大致的预警值范围。基于此，结合专家调查法的分析结论，排除特殊案例和历史因素的影响，形成更加科学合理的预警标准。实施过程中还需根据预测结果不断进行调整，提高预警标准的科学性和准确性。但是，洪旱灾害的发生不仅与流域水情相关，还与流域国的水利工程、基础设施、生态环境载体等承灾主体的实际情况密切相关。因此，现存的流域监测平台上的预警信息无法反映真实需求，还需根据各国信息实际情况选择更为精确的灾害预警标准。

### (四) 制定统一的信息发布规则

洪旱灾害监测数据影响各国政府涉水决策的科学性、针对性，也关系到各国对流域的认识和了解。多年来，各国有关部门各自开展环境监测工作，数出多门，权威性和准确性不佳，缺乏数据共享的规则和平台，干扰了各国各级政府的综合决策。因此，建立各国流域信息统一发布机制具有重要意义。具体来说，要实行水情公告制度，由单一组织进行总体统筹。各国协商制定统一的信息发布频率和数据标准，定期公布有关洪旱灾害相关的流域水情指标，发布各国洪旱灾害的受灾信息，并建立良好的数据共享机制，以保证监测数据对政府决策的参考价值。

### 三、流域洪旱灾害的应对措施

#### （一）建立洪旱灾害数据库

流域各国要共同建立一个信息数据库，对洪旱灾害进行监测和预警，并针对不同的洪旱灾害情境，制定相应的应对措施。依据各国提供的数据建立一个洪旱灾害数据库，进行数据分类、信息评价、模型分析、发展态势预测，以辅助洪旱灾害应对措施的决策支持。

该数据库与系统一般可以包括以下功能：

第一，洪旱监测与预警。在国际河流干流和主要支流建立水文气象观测站和水位预警点，或整合已有水文气象观测站和水位预警点。不定期向各流域国发布全流域水文气象观测信息，同时根据这些观测数据建立水文信息数据库（宏观和微观的大型数据库），并保持更新，实现流域国及利益相关者之间的信息数据共享，根据水量检测系统检测的数据，为不同季节流域各国发布洪旱自然灾害预警。

第二，数据信息共享。为流域国抗击洪旱灾害提供合作对话平台，组织建立流域防洪抗旱论坛，为流域国政府组织、社团、国际组织及利益相关者提供数据信息分享、资源合作共享平台，把本国流域范围内的水资源相关信息与数据定期传送到流域治理机构的公共信息平台，以供流域国家共享。

第三，充当流域各国跨界合作的桥梁。这一系统应该成为各流域国防洪抗旱部门合作的中介，实现水文信息资源共享，为防洪抗旱工作提供科学的指导，优化各流域国水分配和水调度，实现流域水资源的合理开发与可持续发展。各国要共享水资源及洪旱灾害数据采集、收集经验，定期召开洪旱灾害管理会议和水资源可持续利用会议。通过这一桥梁，要进一步加强合作，共同行动，共同应对气候变化、洪水与自然灾害管理、水资源管理和可持续利用等领域的合作。

（二）流域洪旱灾害应对的工程措施

人类为防御洪水灾害而采取的各种手段和方法，称为防洪措施。按对洪水的处理方法不同，可分为防洪工程措施和非工程措施。防洪工程措施是指利用水利工程拦蓄调节洪水，削减洪峰或分洪、滞洪等手段，改变洪水的天然运动状况，以此达到控制洪水泛滥，减少经济损失的目的。

洪水管理常用的水利工程措施主要包括：修建河道堤防、修建水库、修建涵闸、规划蓄滞洪区、修建排水工程等，一般概括为"拦、蓄、分、泄"四种类型。"拦"即水土保持措施，适用较小流域，通过在流域内的水土保持工作，使土地在中、小暴雨期间能多蓄、渗一部分降水或拦截部分径流，并延缓集流时间，削减河道洪峰。"蓄"即在流域上中游筑坝建库，拦蓄洪水，削减洪峰，减轻下游防洪负担，是当前流域洪水管理系统中的重要组成部分。"分"即在河道适当地点，修建引（分）洪闸、行洪道等设施，将超过河道安全泄量的洪峰流量，引入预先开辟的分蓄洪区，经调蓄后，再有计划、有控制地泄出，称为"分蓄洪工程"。"泄"即充分利用河道本身的宣泄能力，使洪水安全下泄。

国际河流的洪旱灾害应对工程措施则需要流域各国合作进行，各个流域国遵从睦邻友好原则，通力合作，兼顾彼此关切。

1. 流域各国应统筹规划，建设洪水控制工程

洪水控制工程缺乏，不仅防洪能力脆弱，而且供水保障能力也低。因此，流域各国应从流域整体利益出发，统筹规划，按照"洪水资源化"理念，因地制宜，大、中、小型防洪工程相结合，结合现有各国水库、湖泊分布实际，根据需要，统筹建设具有一定防洪标准的水库控制性防洪工程。防洪工程的建设为开发利用水资源和保障防洪减灾创造基础条件。水库除蓄水灌溉外，还对调蓄暴雨洪水，削峰、错峰，减轻下游洪水灾害起到重要作用。这一过程涉及流域各国相关洪水数据资料的收集与交换，流域各国共同完成勘测、调查和研究的准备工作及相关资料的交换，流域各国共同进行相关防洪抗旱措施的规划和设计；流域国家共同实施防洪抗旱措施等。

2. 流域各国要重视界河重点堤段及干支流交汇口的整治

国际界河的工程治理具有特殊意义，不仅为了防洪减灾，也是一个国家治水理念的体现和窗口。界河的治理能有效保障边境贸易的发展，并有助于维持边境稳定。在国际界河治理过程中要避免模式单一，沿岸国要以可持续发展为原则，互相协商，彼此合作，要避免过分强调土地开发利用而忽视给洪水以出路，同时要避免造成工程单位成本过高，以及治理进展缓慢等负面问题。国际

界河治理要特别强调洪水管理思想，因地制宜，科学选择治理模式。国际界河防洪治理的重点是沿岸国确定的重点堤段，及国际界河的干支流交汇口，沿岸国要通力合作，采取必要的工程措施，以提高国际界河抗御洪水能力。在采取必要的工程措施时，沿岸国要一致行动，防止人为因素造成界河改道。界河改道会造成国土流失，引起纠纷。因此，沿岸国有必要一致行动，减少外事纠纷，有效控制国土流失，并避免洪涝灾害损失。

3. 修建水土保持工程及洪灾预防监测设施

国际河流流域往往面临水土流失问题，为了遏制水土流失，流域各国要采取的必要工程措施，有效控制水土流失，阻滞泥沙入河、入库，减轻河道淤积，提高河道行洪能力，并且增加蓄洪量。要在水土流失重点治理区建设拦沙坝、谷坊、坝塘和水窖等工程，作为防洪减灾工程措施的组成部分。至于如何确定水土流失重点防治区，如何建设这些工程措施，流域各国则要在不损害国家主权及安全的前提下，从流域整体利益出发，共同参与调研、科考、规划及建设。此外，在山洪灾害重点防治区建设水文监测、自动气象监测和泥石流预警监测等工程设施。各国要合作修建洪水预报预警中心、水文站及气象站并统一联网。建立数据自动采集系统，这些数据系统可由各国单独管理，并根据相关协议，密切合作，共享数据。

4. 病险水库除险加固

流域各国要有计划地、定期检查水库安全，排查病险水库，进行除险加固，消除隐患，确保防洪安全。各国本着对己负责、对他国负责的态度，各自按照轻重缓急对病险水库分期分批安排处理。各国不仅防洪减灾工程标准要达到设计要求，消除水库安全隐患，还要根据实际需要，新增防洪库容，力所能及地提高水库防洪标准和各自流域的防洪能力，有效保护下游安全。

（三）流域洪旱灾害应对的非工程措施

1. 联合实施洪旱灾害预警预报，加强水资源调度合作

洪水预报离不开水库水情的监测，流域国联合行动，把国际河流上的水库全部建立起水情自动测报系统。这能为实施洪水预报和洪水调度创造基础条件，反过来洪水预报和调度可以充分发挥工程的防洪减灾效益。

国际河流流域防洪抗旱合作要加强和完善水库、堤防等防洪工程的水情监测系统建设和流域水文（网）站的更新改造，以提高雨、水情预报精度和增长预见期，逐步开展实时洪水跨国联合调度，蓄滞洪水，削减洪峰，上游国给下游国人民更多的转移撤离时间，有效减轻人员伤亡和财产损失。

根据国际河流流域上下游降雨时空分布不均的事实（如上游暴雨，下游干旱），要把洪水当作水资源的一部分，在防洪的同时，依靠洪旱灾害预警预报技术，上下游国家联合调度，最大限度地科学利用洪水资源。流域国家要联合科研攻关，总结水电站动态控制库水位的经验，把各国成功经验逐步试用到全流域，联合探索抗击洪旱灾害的有效途径。

2. 联合编制洪旱风险图，为风险管理和洪水保险创造条件

洪水风险是基于对洪泛平原的开发和管理而兴起的，在防洪减灾中主要体现为风险分析和风险管理，并通过风险管理达到协调人与洪水关系，避免和减轻洪灾损失的目的。基于洪水风险的非工程措施，其重要实践就是编制洪水风险图，国际河流流域各国可以联合编制洪旱风险图，该图的编制可以在流域各国国家防洪抗旱指挥部的协调下具体编制，并充分利用风险图进行防洪抗旱风险评价，标注重点区域，并注明不同洪泛区洪水在泛滥时最大淹没范围。同时该图能增强各国居民防洪抗旱意识，为制定洪泛区土地利用和经济社会发展规划提供洪水风险依据等重要作用。

3. 联合编制防洪抗旱规划

防洪规划是江河湖泊治理、防洪工程建设、土地开发利用、经济社会发展以及实施防洪行政许可的基本依据。

流域各国制定防洪规划，应以流域防洪统一管理为原则，与各国经济社会发展相协调。既要坚持"全面规划、统筹兼顾、突出重点、标本兼治、综合治理"的原则，又要充分考虑流域的经济因素、社会因素，引入风险管理理念，针对治理开发中的突出问题，进一步调整、丰富和完善治河思路，科学确定防洪标准，各国应适度承受和分担洪水风险，联合划分蓄、滞、泄水区域，以流域整体减灾损失最小为目的，探索流域防洪抗旱联合规划与管理。

4. 联合科研，提高防洪减灾技术含量

防洪减灾要由控制洪水向洪水管理转变，这就需要各国联合科学研究，并进行技术攻关。要充分调动各国科研机构、高校等各个方面的积极性，利用各国技术和人才优势加强流域跨界防洪抗旱合作。流域国要根据各国防洪抗旱研究现状及趋势，结合流域实际，加强洪水发生规律研究、洪灾评估系统研究、适应洪旱季的农业产业结构调整研究、水库淤积与防治措施研究、洪旱风险管理研究、水库溃坝等突发性洪水灾害的应急管理研究等；同时，在洪旱预报技术、工程隐患探测技术、江河湖库联合调度技术、遥感技术应用等方面开展技术攻关。

在水情预报和数据传输方面，要随着现代计算机技术的迅速发展，流域内

有条件的国家应使用雷达测雨、卫星云图、全球气象数值模拟等新技术，不断提高流域降雨预报的精确度。在防洪减灾信息管理和防汛指挥系统建设工作中，应用地理信息系统、卫星定位系统、数据库、互联网和多媒体等信息管理技术和流域产汇流模型、水文学预报模型、人工神经网络预报模型等，提高洪水演进预报水平和调度水平。流域内科技能力强的国家有责任帮助能力弱的国家提高防洪抗旱方面的能力，定期举行技术交流与人员培训，以提高流域各国防洪抗旱整体水平与能力。

5. 联合建设跨境防汛指挥系统

条件许可的情况下，流域各国可以联合建设跨境防汛指挥系统、会商系统及防汛联合指挥决策支持系统，最终建成一个以水、雨、灾情信息采集系统和雷达测雨系统为基础、通信系统为保障、网络系统为依托、决策支持系统为核心的跨境联合防汛指挥系统。

### 四、洪旱灾害应急管理

近年来，由于气候变化，国际河流流域干旱、洪涝、泥石流等突发灾害频发，流域各国越来越重视气候变化对流域水资源治理的影响。因此，国际河流流域水资源合作与治理应重视突发灾害应急机制的建设，以降低突发灾害对流域环境、民众生活乃至流域经济造成的破坏和影响。比如2016年，湄公河下游发生旱情，应越南等流域国家的要求，中国对下游实施了应急补水，受到下游国家的好评。

在跨界河的灾害面前，需要流域上下游国家在平等互利、相互尊重主权的基础上，同心协力构建自然灾害、突发事件等应急事件联合行动机制。跨界河的洪旱灾害威胁会引起争议，上游堤防及水库的修建加剧洪灾的影响，下游国家也将会受到更严重的洪水威胁。因此，要实施流域防洪抗旱联合评估，并就建立应对跨界河紧急洪旱灾害信息共享沟通渠道开展联合研究。面对流域洪旱紧急情况或者灾害，上下游的流域机构应加强情报信息交流，构建应急处理和紧急协商机制，开展联合行动，将灾害或紧急情况对流域的损害降到最低，这是流域各方利益相关者最关注的，也是流域机构最重要的专业性管理内容。我国可以依托如澜沧江—湄公河水资源合作中心这样的流域机构，通过工程援助、技术援助和防灾减灾合作提供必要的紧急援助，形成有效的合作机制，以应对突发洪旱灾害。同时，上下游国家应构建应急处理和紧急协商机制，开展联合行动，提高流域灾害管理的效率和水平，将灾害或紧急情况对流域的损害降到最低。

# 第三节　流域水电开发的跨境合作

国际河流水电开发是国际河流水资源最重要的利用方式之一，由于水电开发对于流域范围会形成一定的影响，特别是水电站下游影响更为显著，因此水电开发是国际河流水资源管理合作的重要内容。

## 一、国际河流水电开发的现状与面临问题

一般来说，国际河流大都处在边疆地区，流域经济发展相对落后，开发能力也较有限，河流上缺乏大型控制性工程，导致水电开发程度与水资源利用效率较低。目前除了少数欧洲的国际河流水资源开发利用程度较高外，世界上大部分国际河流的水电开发利用率都较低，甚至还有不少国际河流几乎没有开发利用，潜力很大。

### （一）国际河流水电开发的特征

1. 国际河流水电开发水平地区差异大，总体开发程度低

由于水电开发属于大型工程，运作周期长，资金投入大。而国际河流流经国家的经济基础存在较大差别，各国政府筹集大型水电站建设资金的能力也不相同，进而导致国际河流水电开发水平差异化明显。如1949年多瑙河流域各国就已签订改善多瑙河自由通航的国际协定，开始了全流域的渠化工作，计划修建45级通航与发电的水利枢纽；而尼罗河作为非洲最为重要的国际河流，水能资源丰富，但目前装机容量超过200万千瓦的大型水电站仅有两座：阿斯旺高坝水电站和卡博拉巴萨水电站，非洲水电装机容量不超过世界的4%。

2. 跨境水资源合作组织成为协调各国水电开发矛盾的重要机构

针对特定国际流域的跨境水资源，建立双边或多边政府间国际河流管理机构（或跨境水资源合作组织）以解决或预防跨境水电开发纠纷成为绝大多数国家的共识。如1944年，美国和墨西哥成立了国际边界和水委员会，处理两国界河及其附近地区发生的纠纷；1950年，荷兰、瑞士、法国、卢森堡和德国等联合建立了旨在全面保护莱茵河流域的莱茵河保护国际委员会，明确规定了各国水电站运行规则；苏联解体之后，"中亚五国"为解决彼此之间的涉水纠纷，先后联合建立了国际水资源协调委员会、咸海盆地问题国际委员会等，就流域水电开发、生态环境保护和能源协调等问题进行磋商。

### 3. 水电联合梯级开发与单边开发并存

国际河流流经多国，任何一国在本国内的水电开发势必、对他国造成影响。建立在互惠合作基础上的水电联合开发模式能够实现多国之间的涉水利益协调，成为国际河流流域水电开发的重要形式。如多瑙河流域的南斯拉夫与罗马尼亚联合开发的捷尔达普高坝和铁门水电站，集水电开发、航道航运等功能于一身；中国和朝鲜在鸭绿江流域联合梯级开发的四座水电站；巴西与巴拉圭在巴拉那河流域联合开发的伊泰普水电站等。除了联合开发外，各国在境内的支流流域的单边水电开发模式也构成了国际河流水电开发的重要形式。如中国在澜沧江流域兴建的小湾、糯扎渡水电站，埃及在尼罗河干流建设的阿斯旺水坝等。

### （二）国际河流水电开发面临的问题

水电开发必然会对河流径流量、生态环境和土地资源造成影响，流域各国差异化的利益诉求、水资源的时空分布不均等放大了各项矛盾，使得国际河流水电开发面临种种问题：

#### 1. 各国利益诉求的差异成为阻碍国际河流水电开发的重要因素

国际河流流域各国的自然资源禀赋、社会文化背景和经济发展水平等差别较大，随着全球气候变化与人口增加，对于有限的水资源争夺愈发激烈，由水电开发引起的跨境争端频发，增加了地区冲突爆发的可能。例如，地处非洲的尼罗河流域的跨境水电开发纠纷不断，上游的埃塞俄比亚一直致力于在青尼罗河流域建设"复兴大坝"以满足本国的社会经济发展需求，而地处下游的埃及和苏丹则认为，上游的截流引水行为将影响下游的生存发展，埃及前总统穆罕默德·安瓦尔·萨达特（Mohamed Anwar al-Sadat）甚至表示："埃及将对任何可能危及青尼罗河水流的行动做出强硬反应，哪怕诉诸战争"。

#### 2. 水资源的时空分配不均是影响国际河流水电开发效率的自然因素

国际河流往往绵延数千千米，流域内的地形地貌、气候区域差别较大，水资源时空分配不均现象突出。比如以澜沧江—湄公河作为典型的国际河流，干流全长 4000 多千米，横跨亚热带季风气候区和热带季风气候区，流域内枯季和雨季分布明显。作为流域上游国的中国，在水电开发的同时需要考虑下游各国需求实施水量的季节性调度，不可避免地影响了正常的水电开发与使用效率。如 2016 年下湄公河流域遭遇百年一遇的大旱，中国应越南政府请求向下湄公河实施应急补水，增加了下游湄公河干流的流量，抬高了水位，缓解了湄公河三角洲的咸潮入侵。但这一举措干扰了中国境内的水利工程正常发电计划，降低了当期的水电开发与使用的效率。

### 二、流域水电跨境合作开发的参与动力

国际河流流域水电跨境合作开发的动力主要来源于各国面对的压力和合作可以带来的利益。

（一）生态与社会可持续发展的压力

人类社会可持续发展的最基本的条件是包括水在内的生态资源的可持续性。自然资源普遍具有不可再生性，自然资源的衰竭将意味着社会再生产将会终止，社会发展将无法存续。各国都面临这样的压力，由于水资源的不可再生性和流动性特征，意味着水资源的利用、河流系统的保护必须与流域各国的可持续性发展密切关联。只有通过资源生态方面的合作，与水资源有关的目标竞争与冲突才可以在更广泛的合作关系中得以协调，以促使社会可持续发展目标的实现。

（二）单边开发与治理难度大

由于国际河流的跨界性特点，在对于其水资源的开发利用中的诸如农业灌溉、国际河流航道开发、大型水电工程开发等项目，仅仅靠一方努力往往很难实现，需要上下游国的整体行动，才能够有效果。一方面，由于水资源的流动性特征，合作中的开发和管理需要涉及几个国家的利益，上游的大规模调水会等引起下游的径流变化，如果没有对径流控制的要求与水质要求等目标，以及协商和条约等管控将导致相关的流域国之间发生摩擦。同时目前水资源短缺是人类社会普遍面临的问题，因此，有必要在一个流域范围内通过对水资源的综合管理来改善其使用情况。如果河水流域所覆盖的区域属于两个或两个以上国家，依靠单边政策不能解决问题，就需要进行水资源整体管理来开展国际合作。另一方面，对干旱、洪涝、严重污染等紧急状况或灾害，仅靠一方往往难以解决和应对，需要依赖于流域各国建立的多方合作机制来提供预警信息、灾害防控信息。因而面对危机才能促成流域各方联合行动，通过合作解除灾害，减小危害，这在人类历史上已无数次得到验证。

（三）合作的高收益

国际河流合作的动力还主要来源于合作可以获得的高收益，从某种程度上而言，这是国际河流合作的内在动机，对于解读现实政治具有一定的可行性。面对合作中的收益，克劳迪亚·萨多夫（Claudia Sadoff）和戴维·格雷（David Grey）曾经提出国际河流收益的范围涵盖经济、社会、环境和政治四个方面，

他们认为可以通过合作来获取四种收益，这是合作的利益所在。第一种收益来自合作自身，因为通过合作可以增加生态系统得到更好的管理，这一利益源于河流增加的收益，这是最基础的获益，可以保障其他利益的实现。第二种收益来自高效合作的管理和对国际河流的开发，可以促进食物和能源产量，这是从河流中增加的收益。第三种收益来自由于合作而引起的紧张局势的减缓，这会使得相应的成本降低，也称作由于河流而降低的成本。第四种来自国家间更高层次的合作，甚至包括经济一体化在内超越河流之外的收益，称为超越河流的增长的收益。在萨多夫等人观点的基础上，流域国家之间通过不断合作，集体意识不断增强，通过共同的声音扩大在国际社会中的影响力也是一种潜在的利益①。

（四）不合作的高投入成本

在国际河流开发中，很多领域不合作所带来的成本远远高于合作所带来的成本，例如，水污染防控分散的水污染控制与全流域综合的水污染控制相比较形成的成本投入明显会增加许多，能源远距离传输与相邻国家能源联网相比较形成的高投入也是有目共睹的。因此，在国际河流合作水资源开发中需要互通有无，满足能源需求、产品的互补需要、追求资源开发的经济效益和市场可得性，使得每个国家都能取得净收益，或受损方获得相应的补偿，实现区域利益更广泛的合作关系。

（五）来自国际社会的外部压力与激励作用

随着国际非政府组织及其相关组织的迅速发展，非政府组织等开始介入到一些国际河流的开发中，要求一国对于国际河流的资源开发考虑对其他国家的影响，尤其是对环境的影响；国际财团、捐赠者、贷款者也开始从流域整体观出发，重点资助双边或多边联合项目，以促进合作，其构成国际社会外部的压力和激励。

## 三、流域水电跨境开发的合作方式

根据国际河流水电开发的历史实践，水电开发的跨境合作主要有以下几种。

第一，协议共同开发规划。流域国通过签订协议，按照确定的流域整体开发规划共同进行开发。协议共同开发规划的关键在于规划方案要完备，各流域

---

① 郭思哲. 国际河流水权制度构建与实证研究［D］. 昆明：昆明理工大学，2014.

国的合作与信任程度要高，要有足够的技术、资金的支撑。协议共同开发规划多采取各国共同规划、共同建设、共同管理的方式。对于共同开发利用的国际河流工程，参与开发的国家一般根据协议或条约建立国际河流联合委员会或其他组织机构，然后由联合委员会或其他组织机构负责进行有关国际河流水电开发工程的研究、规划、设计、施工、运行、维护等。

第二，协议分段合作开发规划。流域国（多见于双边合作）按某一个专门项目对所开发和涉及的水资源进行分配，这是一种局部的合作分配，而没有考虑流域的综合规划与全流域水资源分配，但要求合作各方对规划进行密切合作。

第三，依托项目进行合作开发规划。双边合作的流域国为满足双方国家的水资源利用需求，就一个专门项目开发进行的规划。由于"一事一议"的开发方式比较灵活，可加快开发进程，但也存在没有考虑全流域的水资源综合规划，易受到流域内其他国家水资源利用和流域其他开发项目的制约和影响。

### 四、流域水电跨境合作开发模式

第一，单边开发下的合作模式，即流域内某一国单方对流域的国内部分进行开发，不依靠任何国外力量。该种方案要求该流域国要拥有强大的技术能力、人才储备与充足的资金；或者是流域国单方进行开发，但在建设期依靠第三方国际组织的资金或技术援助；抑或是流域国单方进行开发，但在建设期依靠第三方国家的帮助，并在水库运行期交付第三方国家管理。

第二，双边合作开发下的合作模式，即流域两国进行双边合作开发，排斥第三方的参与。这一模式下又可以分为两种方案。一是流域两国双方共同参与水电工程规划开发的全过程。在工程建设的全过程，双方共同参与河流的开发规划、选址勘探、方案设计、工程建设、后期运行和管理。双方商讨各自在工程建设中所承担的资金、技术、原材料、人力等任务。工程建成后，双方共同管理，或者在水库的调度规则方面，双方达成一致的条件，交由一方进行运行。二是以技术、资金更为强大的帮助建设方为主进行工程的规划和建设。在工程建设前期，以帮助建设方为主对河流进行开发规划、选址勘探、方案设计；在建设期，帮助建设方负责全部（或大部分）资金和技术任务；在工程的运行期，双方共同管理。

第三，第三方参与的合作开发模式，即以双边合作为主，第三方国际组织或第三方国家参与为辅。

### 五、流域水电开发利益分配

流域水电开发利益在流域国家中会出现矛盾。比如，根据湄公河委员会秘书处完成的《湄公河干流水电站规划》，下游四国在干流共规划了 11 座水电站，尽管在合作协定的约束下，流域内四国对干流水电开发的态度具有一致性，但受到地理位置和国内经济结构等因素的影响，水电开发给下游四国带来的成本与收益并不完全一致，上游大坝建设的环境成本主要由下游国家承担，下游也没有对上游大坝防洪抗旱产生的效益建立补偿机制。因此各国在具体的开发项目、成本与收益分配等问题上分歧明显。

因此，要充分考虑流域水电开发利益的分配问题，以保证水电开发收益分配的公平合理。在国际河流水电开发时，既要考虑对水资源本身的利用带来的利益分配问题，又要考虑应对水危险造成的投入和损失问题。在国际河流合作开发中既要考虑水资源的合作开发，又要考虑水灾害风险的合作共担，实现上下游在投入和收益之间的平衡。

"水能争端的经济解决模式"实质是以经济手段对国际河流的水电收益进行"分享"。① 水资源不等于开发利用的效益，"水能争端的经济解决模式"就是以"利益分配"代替"水量分配"的理念，将水资源利用置于"最理想、最合适"的位置，对水资源利用产生的收益进行分配，而非分配水资源本身，是"分享"国际河流的"水益"，并通过全流域合作产生规模效应，把"蛋糕"做大，提高全流域整体效益。

"水能争端的经济解决模式"可以通过"联合项目水收益共同分享"和"下游收益公平分配"两种方案化解争端。"联合项目水收益共同分享"，共享国际河流的国家在国际河流流域联合建设和运营水利工程，公平分担工程建设和运营成本，并且公平分享工程运营所带来的水益。② 上下游共同或同时建坝一般会产生更好的经济效益，每个伙伴国都可以从增加的贮存水量和水电能力、泄洪能力及改进的航行中获益，降低建造、运营和维持必要工程的成本，通常可以使合作方达到共赢，但是合作方必须进行密切的合作，同时需要足够的财

---

① 开发利用中收益分配的争端，属于一种协调性的争端类型。除了传统的政治模式和法律模式，更多地借助于经济模式解决。水益分配的争端与其说是国际河流水资源的争端，不如说是美元和电力的争端。争端国主要协商的是如何分摊相应库容的投资运行费、如何分享发电效益和防洪灌溉效益。参见本书第二章。

② 何艳梅. 国际河流水资源公平和合理利用的模式与新发展：实证分析、比较与借鉴 [J]. 资源科学，2012，34（2）：229-241.

力支撑。

# 第四节  流域水环境生态保护的跨境合作

从 20 世纪 60 年代后期开始，人们的环境意识不断增强，国际社会对保护水生态系统的认识也不断深入，使得对国际河流水资源的合作开发开始关注水质的保护和污染的防治。流域各国在缔结的协议或条约中也开始明确而详细的规定，应预防、减少和控制跨界水资源的污染和加强水生态保护。

## 一、国际河流水环境生态保护现状与面临问题

随着全球人口的增加与工业化的发展，国际河流流域的水环境生态保护问题逐渐凸显，在日益严重的水环境污染与生态多样性减少等问题下，流域各国逐渐认识到水环境生态保护的重要性，并通过一系列举措缓解矛盾，实现流域的可持续发展。

### （一）开展国际合作保护国际河流水环境生态

高效的国际合作能够削减水环境生态保护的交易成本，实现水环境问题的有效治理，并成为诸多流域国家的共识。最为典型的《跨界水道与国际湖泊保护和利用公约》（以下简称"公约"），该公约于 1992 年由联合国欧洲经济委员会（以下简称"欧经委"）面向其成员国制订，1996 年 10 月生效。根据瑞士政府提议，2003 年公约缔约方会议通过修正案，准许并鼓励欧经委区域外的联合国成员国申请加入公约，于 2016 年 3 月正式生效。截至 2020 年 5 月，公约共有 43 个缔约方，其中，欧洲国家 36 个、亚洲国家 4 个、非洲国家 2 个；并含 1 个国际组织缔约方，即"欧盟"。公约主要包括与所有缔约方相关的条款、与沿岸方相关的条款、机构及最后规定等 3 个部分，全部围绕防止、控制和减少跨界影响展开。公约提出所有缔约方应防止、控制和减少跨界影响，沿岸方之间应开展双边与多边合作、协商、联合监测及评估等，有力地推动了流域水环境生态保护。此外，公约还建立了缔约方会议制度，以规范化的制度促进各缔约方履行公约，有利于发挥国际合作在水环境生态保护中的基础性作用。

### （二）通过国际立法促进国际河流水环境生态保护

国际河流水环境生态保护的争端主要是基于对跨境河流环境的破坏行为而

产生的纠纷和冲突，解决争端对于完善水环境生态保护机制具有重要作用。国际立法能够明确各方主体权利与义务，成为处理涉水纠纷，保护流域生态的有效途径。一些法律条约对此有所体现，如1997年的《国际水道非航行使用法公约》第33条就有争端解决的适用条款。但总体来说，目前并没有一个国际性、适用全球并约束各国的国际河流水环境生态保护法律文件，较为代表性的国际河流立法实践为国际法协会于2004年通过的《关于水资源的赫尔辛基规则和国际法协会其他规则》的修订。该规则是国际法协会在国际流域水资源管理法方面的最新发展，在综合其以前规则的基础上又增加了人的权利、环境流量、影响评价、极端情况、跨界含水层、国家责任及法律赔偿等方面的规定，是目前内容最全面的涉及水环境生态保护的跨界水国际规则。

尽管国际河流的水环境生态保护已经获得各国政府与学界的重视，并采取了一系列措施确保流域的可持续发展，但受全球气候变化、各国治理理念差异和突发事件冲击等因素的影响，国际河流的水环境生态保护问题一直较为突出，体现为：

### 1. 全球气候变化下的生物多样性威胁

近年来，随着全球气候变暖与极端天气出现频率的增加，对国际河流流域的降雨、蒸发、径流和土壤湿度等造成了重大影响，甚至改变了全球水文循环现状。体现为世界多条国际河流遭受了不同程度的洪涝灾害，部分国际河流的入海口三角洲地区时常发生海水倒灌现象，给流域内部的生物多样性造成了严重的威胁。提高流域的气候变化适应能力是近年来各国政府与学者关注的焦点，也是国际河流水环境生态保护的未来发展方向。

### 2. 掠夺式开发对水生态环境的根本性破坏

国际河流的流动性与共享性使得其"公共产品"属性突出，流域各国往往从自身利益出发，围绕着有限的水资源展开过度开发甚至掠夺式开发，容易陷入"集体行动困境"。"集体行动困境"下，"公地悲剧"频发，会对流域生态环境造成重大影响，甚至造成根本性破坏，制约了国际河流的可持续发展。比如，苏联曾大量利用阿姆河和锡尔河的水资源灌溉咸海流域的棉花，造成咸海面积锐减一半，土壤退化、水量匮乏等后果对流域的生态环境造成重大影响并延续至今；莱茵河的开发与保护也经历了一个"先污染后治理"的过程，早期流域各国争相开发流域内水资源，严重的工业污染一度使莱茵河成为"欧洲的下水道"，水生生物种群数量大幅度减少，河流生态系统恶化等问题严重，直至后期的"莱茵河保护国际委员会"成立，这种情况才有所好转。

### 3. 突发性水灾害事件影响下的水环境生态污染严重

由突发水污染事件带来的国际河流水生态环境破坏是制约国际河流水环境生态保护的重要因素，给人类、动物和植物均造成负面影响。如 1986 年莱茵河流域的瑞士巴塞尔市桑多兹化学公司的化学品仓库发生火灾，装有约 1250 吨剧毒农药的钢罐爆炸，硫、磷、汞等有毒物质随着大量的灭火用水流入下水道排入莱茵河，给瑞士、德国、法国和荷兰等沿岸国家造成重大损失；2000 年多瑙河流域的罗马尼亚污水处理池出现裂口，1 万多立方米含剧毒的氰化物及铅、汞等重金属的污水流入附近的索莫什河，并迅速侵入多瑙河，匈牙利、南斯拉夫等国深受其害。可见，国际水道的流通性客观上也推动了污染在各国境内的迅速传播，给国际河流水生态环境保护带来极大挑战。

### 二、流域水环境生态的联合监测

国际河流流域水环境生态合作保护需要流域国联合行动，例如，联合监测与数据共享、联合实施环保项目、联合生态规划管理、统一监测方法及监测指标等。联合行动是国际河流流域水环境生态保护的有效方式，在联合行动过程中能够增强相互了解和信任，增进友谊，及时沟通、交流信息，及时发现问题并解决问题。

#### （一）统一、协调各流域国监测标准、监测方法及监测指标

国际河流上下游、左右岸各国治理水污染、监测水环境生态的监测标准、监测方法及监测指标差异可能会造成不必要的矛盾。由于国际河流流域各国在监测标准、监测方法、监测指标、监测技术等方面存在不同，这给流域各国的合作交流带来技术层面的困难与障碍，因此，有必要统一各流域国都认可的监测标准、监测方法和监测指标来进行监测、评价、恢复与维护。

例如，通过对我国和俄罗斯水质标准的对比可以发现，中俄水质标准在项目设置和指标限值方面都存在着差异，并且俄罗斯的水质标准相比我国更严格，水质指标更丰富。中俄两国饮用水标准项目数量接近，但俄罗斯水质标准除了提出的 113 项指标，又在之后提出的 412 项扩展指标，规定了饮用水中的水化学成分最高容许浓度，进一步细化了饮用水水质标准，关于饮用水成分和性能的常规指标及有害物指标标准进行比较，在我国的 24 项基本项目中，有 17 项监测指标与俄罗斯相同，在相同的 17 项指标中，俄罗斯有 8 项指标标准值严于我

国，6 项指标标准值松于我国，3 项指标标准值两国相同。① 有差异必然会引起一定的争议，两国监测标准的差异容易引起水环境生态保护在技术层面上的障碍。

### （二）流域国联合制定流域水环境生态保护的合作机制

国际河流流域水环境治理行为必须有相关机制进行约束。因此，必须进行相关的机制建设，才能使水环境生态保护落到实处。

1. 建立水环境信息共享机制

流域国家要建立包括水环境在内的信息共享机制，把本国流域范围内的水环境相关信息与数据定期传送到流域治理机构的公共信息平台，以供流域国家共享。

2. 流域水环境生态保护的协调联络机制

要在流域国之间设立流域水环境生态保护联合工作组等联络机制。例如，中俄跨界水体水质保护的合作在两个机制下开展。一是通过中俄总理定期会晤委员会环保分委会机制，二是通过中俄跨界水合理利用和保护联委会机制。其中，在中俄环保分委会机制下设立了跨界水体水质监测与保护工作组、污染防治和环境灾害应急联络工作组，重点就跨界河流水质进行了联合监测和监测结果的交换，签署了《中俄关于建立跨界突发环境事件通报和信息交换机制的备忘录》；《中俄跨界水合理利用和保护协定》共确定了 16 项合作内容，其中，涉及生态环境的有 14 项。此外，2006 年 2 月，中国国家环保总局和俄罗斯联邦自然资源部签署了《关于中俄两国跨界水体水质联合监测的谅解备忘录》。5 月，双方进一步签署了《关于中俄跨界水体水质联合监测计划》。根据该《计划》，中俄两国将在额尔古纳河、黑龙江、乌苏里江、绥芬河、兴凯湖开展联合监测。

3. 建立流域生态补偿机制。

流域水环境治理应考虑通过利益交换实现各流域国发展机会的公平，从而体现对各治理主体的激励。即通过水环境生态补偿等方式，使产品和资源等交易与补偿最大化，从而保障水环境治理合作的长效性。一是确定流域水环境生态补偿主体。各流域国政府、受益者、污染者是流域生态补偿的主体，它们视受益程度与破坏程度，通过财政政策支持、生态交易等手段进行水环境生态补偿。二是建立流域水环境生态补偿基金。流域水环境生态补偿基金主要由各流

---

① 卞锦宇，耿雷华，田英. 中俄水质标准的差异及其对我国跨界河流开发与保护的影响 [J]. 中国农村水利水电，2012（5）：68-71.

域国政府划拨专项资金，在此基础上通过资助或援助等手段筹集资金，逐步构建以政府财政为主导，社会捐助、市场运作为辅的生态补偿基金来源体系。三是完善流域水环境生态补偿方式①。

4. 建立水环境保护相关的学术交流机制

流域国家要建立定期的水环境保护相关的学术交流机制，以提升各国，尤其是流域内相对落后国家在水资源水环境治理方面能力。"水文学、生态学、生物学、社会学等学科的理论都能应用于河流、湖泊的保护管理。设立针对流域的研究机构，加强学科间的合作与交流，整合来自科研院所、企业以及流域当地民众的各方力量，形成学术交流网络，推动具有针对性的流域管理的不断创新，能为流域管理提供强有力的科学支撑。"②

### 三、人类活动对流域水环境生态的影响评价

#### （一）要制定统一的水环境生态影响评价方法与标准

国际河流流域国往往存在水环境生态影响评价方法与标准不一致的情况。比如澜沧江—湄公河流域，下游5国中，除缅甸外目前都已经制定了环境影响评价制度，而缅甸在处理重大的项目工程的环境影响评价问题上往往借鉴世界银行和亚洲开发银行的环境法律、标准。澜沧江—湄公河流域6国都在实践过程中进行水环境生态的环境影响评价，但评价的方法、标准等各异，具体包括：对相同项目是否进行环境影响评价的标准不同；管理和执行环境影响评价的责任主体不同；环境影响评价前后的公众参与程度存在不同；执行环境影响评价和公众参与的指导方针有所不同；环境影响评价制度的立法体系有所不同；没有对跨界环境影响做出相应的规定。

另外，对各国是否存在重大影响的理解也存在很大的不同，在理论上，有两种方式可以评估是否存在重大影响，一个是采用环境质量标准，另一个是采用环境优先原则。由于各国环境质量标准存在着很大的差异，而且各国存在着不同的发展观和生态伦理观，因而6国在对待是否存在重大环境影响的问题上分歧很大。因此，各国要有统一的评价方法、评价标准，这样才能进行合理的

---

① 李宜强. 对构建国际流域治理体系的思考以澜沧江—湄公河为例［J］. 重庆理工大学学报（社会科学版），2015（3）：52-57.

② 宗世荣，赵润. 国际流域管理模式分析以及对我国流域管理的启示［J］. 环境科学导刊，2016，35（1）：30-33.

评价，才能反映客观现实。

（二）建立流域水环境生态影响评价机制

开展充分的环境影响评估是国际河流实施流域治理项目的一个重要环节与途径。环境影响评估要求流域各国在进行有关项目开发之前，必须对项目可能造成的环境影响进行科学、客观、公允地评价，同时要将项目交由流域治理机构或相关国际组织进行评价，出具评价结果与报告，根据评估结果决定项目可否建设，或是否需要进行某些开发方案的调整，以避免对流域环境造成重大破坏。澜沧江—湄公河流域开发进行了长期的环境影响评估，这些评估需要将澜沧江—湄公河流域水资源看作不可分割的整体，无论是对上游澜沧江的开发，还是对下游湄公河的开发，都要依据开发与保护相平衡的原则进行环境影响评价。

### 四、水生态保护措施

（一）采取措施，减少上游水坝对下游水质、泥沙的影响

大坝最大的生态影响是使流往下游的沉积物变少了，因为淤泥都聚集在水库里。比如湄公河流域，下游泛洪区和三角洲的肥沃土壤都来自上游洪水携带的泥沙，当地作物基本不需要施肥。而鱼类食物主要也来自上游泥沙携带的有机物，鱼类成为当地居民的主要蛋白质来源。一些评估报告及学者的研究结果都指责我国在上游澜沧江的大坝建设造成下湄公河泥沙量的减少，严重危害该地区的渔业、农业生产。水质方面，随着流域社会经济的发展，水质将会持续变差。近年的持续观测已经表明整个流域现状，水质总体上呈恶化趋势，清洁水体逐年减少。水坝建设也会进一步导致河流水质的恶化，这是由于大坝建设期间的污水会直接导致水质恶化的加剧。因此，流域各国要共同行动，采取技术、管理等各种有效措施，保证流域水质。

（二）合作科研，减少上游水坝对洄游鱼类及生物的影响

大坝的建设截断了水生生物的自然通道，对水生态系统造成危害。此外，大坝引发的下泄水流的流速、水深、浑浊度和悬浮物质等水流系统的变化，也影响了鱼类养料来源及栖息地，产卵区生态条件改变。最严重的是阻断了鱼类的洄游，导致流水鱼类的消失。比如湄公河流域，下游的水生生物多样性优于

上游，淡水鱼云南有 153 种，而泰国则有 650 种，柬埔寨甚至高达 850 种①。尽管澜沧江上游修建的大坝都采取了积极的举措以减少对江水中水生生物的影响，但是经过监测，在大坝修建前后还是出现了一些差异。长期以来曾经有过记录的一些鱼类近年难以观察到。此外，来自上游水库的下泄低温水对喜高温环境的鱼类也存在一定的影响。因此，流域各国要联合科研，以减少上游水坝对洄游鱼类及生物的影响。

（三）联合行动，减少上游水坝对农业的影响

比如澜沧江—湄公河流域，沿岸各国农民通过利用湄公河河水灌溉发展农业，湄公河对于沿岸各国农业是至关重要的。而面对中国的水电站建设，下游各国担心水量的波动和减少会影响农业灌溉。因此，上游水电开发对下游传统产业可能产生的影响应给予关注，对于可能发生的产业变迁应给予深入的研究。这方面的跨境影响主要是社会经济方面，与生态环境的跨境影响不同，此类影响直接触及沿岸的居民、企业、乡村和城市的利益，容易引起各种利益相关者的激烈反应。因此，中国在大湄公河次区域合作的框架之下，与次区域合作国家签署的《农业合作谅解备忘录》等，积极与成员国开展农业合作，通过积极介入和投资，协助下游的农业发展，通过联合行动，减少上游水坝对下游农业的影响。

# 第五节　流域水资源管理能力建设合作

## 一、流域规划合作

流域规划是依据流域内的自然条件、资源状况以及社会经济等方面的要求，按照自然、技术、生态和经济等规律的客观要求，制定出以水资源开发利用和以开发治理为中心的、流域发展的整体规划和总体布局②。国际河流全流域的开发是一个协调、统一、权衡的过程，不管开发模式如何，开发河段怎样排序，

---

① Mekong River Commission. Mekong river basin diagnostic study final report [R]. Bangkok Thailand: Mekong River Committee, 1997.

② 邢利民. 国外流域水资源管理体制做法及经验借鉴——流域水资源管理问题系列研究之一 [J]. 生产力研究, 2004 (7): 107-108, 163.

开发过程必须按照统一的流域规划有序进行①。合作开展流域规划的研究和制定是解决很多矛盾的重要方法。流域规划合作一般需要有一定的管理体制来保证实施，在国际河流流域水资源管理跨界合作中需要流域各国签订合作条约或者联合成立流域管理机构来进行统一的管理，统筹各方诉求，强调综合效益，将全流域规划与多目标开发相结合。

## 二、流域合作研究与交流

### （一）流域水资源合作论坛

流域合作论坛能够为流域上下游各流域国提供一个多层次的交流平台，促进信息合作交流，帮助流域国之间增进共识，协调各国利益诉求以达成合作。莱茵河流域国际河流流域水资源管理跨界合作即由合作论坛而来。为了使莱茵河重现生机，1950 年 7 月，莱茵河流域国家，德国、瑞士、法国、卢森堡和荷兰在瑞士巴塞尔成立了旨在解决莱茵河污染和治理莱茵河的政府间共同框架"莱茵河防止污染委员会"，委员会最初的构想只是把它设计成一个国际性的论坛，但在其后短短几年间就发展成由各国部长组成的国际间协调合作组织。尼罗河流域的合作也始于流域合作论坛，帮助流域各国就流域合作逐渐达成共识。

### （二）流域合作研究机构

流域合作研究机构的设立将为流域层面水资源管理与开发跨界合作提供强有力的智力支持。流域研究机构可以从技术与社会两方面着手，结合所需建设的水项目技术需求、沿河社区情况、民风民俗、环境影响等多重因素综合考量，为流域重大开发项目与决策提供支持，促进流域可持续发展。德国、奥地利、匈牙利、斯洛伐克等国家在开发多瑙河的过程中，就十分重视同有关高等院校和企业集团的科研力量进行合作，并建立了相应的科研机构，如多瑙河国际研究协会。

## 三、流域管理人力资源合作

由于国际河流的跨界属性，国际河流流域管理对于人才的要求远远超过内河流域的管理与开发。不仅需要一批在水电开发技术、通道运输工程建设、科

---

① 翟曌. 水资源流域管理规划体系研究［D］. 西安：西安理工大学，2010.

技创新等方面的人才队伍，还需要专业基础知识与精通多国语言的高素质管理人才。国际河流一般涉及多个国家，包括多个语言区域，在进行国际河流流域管理、跨国航道通道建设或者水电站的开发中少不了两国或多个国家之间的沟通与交流。因此，应当建立一套流域管理人力资源合作机制，充分挖掘各国留学生的潜力，在人力资源合作的同时，各国应重视自己国家人才的培养，引进具有国际化视野的高层次经营、管理领军人物及团队，推进人才队伍建设和人力资源市场建设，培养高技能、实用型高级产业人才以及金融、商务、物流等现代服务业紧缺人才，并建立完善的人才评价与激励制度，充分调动人才的积极性与创造性。

此外，流域大国在流域管理人力资源合作中，要充分发挥流域大国在技术与资金方便的优势，帮助各国提升流域管理人力资源的质量。比如，在大湄公河次区域（澜沧江—湄公河）合作中，中国利用自身的优势，在次区域的人力资源开发中发挥了重要作用。中国出资设立了"中国—东盟合作基金""亚洲区域合作专项资金""金边培训计划"，根据东盟及次区域各国的要求，已经举办了多次各类研修班和技术培训班，每年为大湄公河次区域国家培训了大量各级官员和各类实用技术人员。中国政府还鼓励国内有条件的学校与次区域国家合作办学，逐步增加了中国主要大学招收次区域各国留学生的数量。中国还成立了长江水利委员会国际河流工作领导小组，指导国际河流相关工作。举办国际河流管理培训班，提高相关人员的业务素质。组织举办大湄公河次区域洪水预报技术国际培训班，促进了与下游国家的交流合作。为中印跨境河流专家级技术谈判以及湄委会峰会等国际河流涉外事务提供技术支撑。开展西南国际河流调研，按照水利部的部署，开展澜沧江—湄公河跨界水合作的相关工作。

### 四、流域信息合作与共享

#### （一）战略层面的对外信息合作

战略层面的对外信息合作一般指在国家外交层面通过达成协议而执行。现实中流域各国并不愿给邻国提供相关信息，只有双方利益出现交集时，面对某些特定的挑战或形成某些共同目标时才可能，例如，水污染治理、洪涝灾害风险防范、取水及损耗潜在影响的磋商、流域规划设计、应急预案制定以及开发利用方案设计等。双方为了实现各自利益，才会形成信息发布与交换的政治意愿，愿意共同努力，增强互信。这一层面的信息合作一般在国家之间的合作协议或类似外交文件中加以明确，达成原则的或战略的意愿，用以指导具体的合作活动。

## （二）管理层面的对外信息合作

管理层面的合作机制是保证战略合作决策落实的运作执行机制。为了落实流域国在战略层面形成的信息监测与发布机制，就需要在各个业务管理部门之间构建信息监测与发布的机制，这就是管理层面的对外信息合作。在战略层面的合作机制框架下，不同国家的业务部门可以直接建立合作关系，定期的交流与发布相关信息，以促进国际河流开发合作。

## （三）技术层面的对外信息合作

各国之间由于数据收集、统一格式、定义、分析方法、收集数据的频率、监测网络密度和数据处理方式等方面存在差异，开展国际河流数据和信息交换往往存在一些技术上的困难，技术标准的差异还可能造成争议。因此，必须保证国际河流数据和信息技术标准的有效协调，来实现战略与管理层面的合作机制，而数据和信息标准的协调应当体现在国际河流信息采集、汇交、传输、处理和服务等各个环节。技术层面的对外信息合作很多工作是对标准的协商和沟通。为保证跨界监测数据的可比性和可获得性，要求相关各国在跨界监测中要统一协调监测程序、数据管理和评价技术标准等。

中国已经与周边国家开展了国际河流信息监测的合作与共享，比如中国水利部向湄委会秘书处提供澜沧江—湄公河汛期水文资料的协议。中国与俄罗斯通过协商确定了有关跨界水信息交流的内容、数量、时间；相互通报在跨界水上修建的和拟建的可能导致重大跨界影响的水利工程；建立了预防跨界水突发事件的必要信息通报、交换机制；统一水质监测标准、水质联合监测；学术交流、科研合作等①。但是，信息监测合作涉及国家利益保护和流域公共利益之间的协调，既要保护中国的国际河流信息安全，又要照顾流域内的公共利益诉求。

---

① 何艳梅.中国跨界水资源利用和保护法律问题研究［M］.上海：复旦大学出版社，2013：46-61.

# 第八章　国际河流外交与水安全合作

　　全球的人口激增、社会经济不平衡发展、全球气候变化等各种因素使得水资源短缺以及由此形成的争端与冲突已经成为影响国际关系的重大安全问题。国际河流的管理必然与国家外交紧密结合在一起，而国际河流的管理又是为了保证国家水资源的安全，这是国际河流合作开发的出发点。

## 第一节　国际河流水安全与水安全合作

　　国际河流由于水资源共享性和跨界影响，水安全问题具有特殊的意义，不仅涉及流域的生态与社会经济系统能否维持，而且与国际政治关系紧密联系。

### 一、非传统安全

　　国际关系领域的传统安全特指主权国家系统内的国家之间的关系，一般指与国家间军事行为有关的冲突，包括领土安全、主权安全以及与领土和主权安全相关的政权安全。传统安全的边界是国家主权，保证国家主权的自我安全感是主权国家的第一要务。传统安全的边界是国家主权，为了保证国家主权的自我安全感是主权国家的第一要务。

　　世界多极化和全球化背景下，国际恐怖主义、环境问题等各种非传统安全问题也日益引起人类的关注。在此背景下，"非传统安全"从20世纪90年代开始逐渐出现在美国、英国等国家国际安全问题的战略报告文献中。

　　与传统安全相比，非传统安全的内涵广泛复杂，涉及政治、经济、军事、文化、科技、信息、生态环境等方面，范畴也相对复杂，涉及的问题不再是单一线性的主权问题，还涉及大量的其他领域问题；涉及的主体繁多，大量的非政府主体参与到非传统安全的治理和维护中。非传统安全中有两个重要议题，一是环境，即人类活动直接作用于自然生态系统，造成生态系统的生产能力显著减少和结构显著改变，从而引起的环境问题。二是能源安全，即如何保证社会发展所需要的各类能源。国际河流的开发问题与这两个议题紧密相关，因此国际河流与非传统安全存在紧密的联系。

## 二、国际河流水安全

### （一）国际河流水安全的含义

水安全概念的提出始于 20 世纪 70 年代。1977 年联合国提出预警"石油危机之后的下一个危机是水"，并把整个 80 年代定为"国际饮水供给和卫生"十年，将水安全问题提高到全球的战略高度考虑。水安全最早作为环境安全的一部分展开研究，诺曼·梅尔斯（Norman Myers）在"环境与安全"中从国家利益方面来论述环境和生态问题对美国国家安全的重要意义，认为"生态完整成为国家安全的核心"。1992 年联合国人类环境会议第一次把环境和发展紧密联系起来，大会将可持续发展与环境安全或生态安全看成国家政治的一部分。2001年举行的波恩国际淡水会达成了共识：保护淡水资源和可持续的开发利用水资源对各国的安全和繁荣起到重要作用。《全球水伙伴战略 2009—2013》中指出，"一个水安全的世界对于美好未来是至关重要的：有足够的水维持经济社会发展和生态系统。一个水安全的世界集中了对水的固有价值及满足人类生存安康的所有利用的关注。一个水安全的世界利用了水的生产能力，并使其破坏力最小化。"这些都将水资源提高到涉及国家乃至人类生存与发展的高度。

当前国际上对水安全的含义没有形成统一认识，使用比较广泛的是 2000 年海牙世界部长级会议宣言《21 世纪水安全》提出的：确保淡水、沿海和相关生态系统得到保护和改善；确保可持续发展和政治稳定得到保障和加强；确保人人都能够得到并有能力支付足够的安全用水，以过上健康和幸福的生活；确保易受伤害人群能够得到保护，以避免遭受与水有关的灾害威胁。水安全的含义还可以从三个角度展开：第一是生态角度，指自然的水文循环波动或者是人类对水循环平衡的不合理改变，抑或是两者的耦合使得人类赖以生存的区域水状况对人类不利的演进正在或将要对人类社会各个方面产生不利影响，表现为干旱、洪涝、水量短缺、水质污染、水环境破坏等，并由此引发粮食减产、社会不稳、经济下滑及地区冲突等。该定义将水安全看成生态安全的一部分，强调水对生态系统和人类生存的影响。第二是水资源角度，指社会经济发展和人类在生产、生活、健康等方面不受水资源短缺影响，以及开发利用中不对生态环境产生污染等影响的一种状态，主要强调的是水量和水质的安全。第三是社会经济和资源角度，指一国的水资源在时空与质量上不应为某一因素的演化而对其造成过大的破坏。综合而言，水安全可以从内涵与外延两方面考虑，内涵又包括两方面的内容，一是水安全的自然生态特性，如干旱、洪涝、河流改道、水资源的时空分布不均等；二是水安全的社会经济特性，如水量短缺、水质污染、水环境破坏、水生态系统功能丧失、水分配不公、水资源浪费、水管理混乱等。水安全的外延指的是由水安全引发的其他社会经济和生态环境安全，如粮食、经济、健康、生态环境、国家安全等。

由对水安全概念的分析并结合国际河流的特征，可以看出国际河流水安全是水安全的重要构成部分，特别是从水安全外延的视角看待，国际河流水安全直接涉及国际政治关系，成为国际政治安全的一部分。借鉴水安全的概念，可以将国际河流水安全进行广义和狭义上的区分。从狭义来看，国际河流水安全局限于国际河流水资源领域，强调在国际河流环境生态承载能力内，国际河流水资源供给保证流域内人类社会生存发展的需要的状态。从广义来看，国际河流水安全是由狭义水安全所直接引起的国家政治、经济及其他领域的安全问题。国际河流水资源开发所形成的跨境影响、水灾害及其他人类活动所引起的各种跨境矛盾都会引发相关国家之间的争端，从而引起的国际政治与经济矛盾使得相关区域的稳定、和谐受到威胁。

国际河流水安全实质上属于国家安全中的非传统安全。国际河流水安全的非传统安全特征在一定程度上是由河流的流动性特点造成的。由于河流的流动性使得国际河流的跨国安全影响并不是针对某个国家的安全威胁，而是关系到整个流域内的居民全体利益的特殊安全。

（二）国际河流水安全的特征

1. 国家主权特征

国家主权一般可分为独立权、管辖权、自卫权等权力。按照主权的影响力又可分为内部主权和外部主权，其中，内部主权是指国家对内享有最高和最终的政治权威，外部主权是指国家在国际社会中享有独立自主权。从国家主权视角看，国家对于国际河流不仅拥有管辖权也拥有内部主权，特指一个国家对本国领土范围内的国际河流水资源享有永久主权。然而，由于国际河流中的水资源具有流动性的特点，一国对国际河流的开发利用势必影响这一流域其他国家的权利，这构成了流域中各国的共同利益关切。因此，对待国际河流的主权问题，是需要考虑的首要问题。目前，水资源对世界各国社会经济和政治生活的影响日益严重。因此，由于国际河流水资源开发引发的冲突不可避免地成为各种国际安全问题的诱因，并成为国际冲突的重要组成部分。如何在维护本国主权的同时，公平和合理且不损害其他国家相关主权、领土的完整和独立也是国际河流水资源安全要解决的问题。

2. 利益导向特征

水资源是国家经济社会实现可持续发展的关键和核心的要素，确保国际河流水资源的安全就是保证国家利益不受侵犯的一种形式。许多国际河流是流域国家民众的重要甚至唯一的生活用水，获得国家生存和发展所必要的水资源，对于水资源短缺的国家来说就有着关乎生死的意义。在国际河流水资源的开发和利用中既维护本国的国家主权利益，又能兼顾到流域整体利益以及他国利益，是国际河流合作开发中始终不能绕开的命题。这也使得国际河流合作开发具有显著的利益导向特征。

3. 跨国性特征

国际河流的跨国性影响使得国际河流的开发成为一个区域性乃至全球性问题。对于国际河流跨国性问题影响的防范和应对既是流域各国的共同利益，也是流域各国的共同责任和长期任务。在人类历史进程中，源于国际河流自身以及开发导致的各种灾害造成了无数的人员伤亡和财产损失，这些灾害多数跨越国界，在灾害预防以及开展救灾时仅靠一国之力已经很难应对，加强国家间的灾害救助合作是国际社会面临的重大课题。

4. 转化性特征

转化性特征包括两层含义，一是非传统安全与传统安全间的转化；二是应对手段上的转化。由于非传统安全与传统安全之间没有绝对的界限，如果非传统安全问题矛盾激化，有可能转化为依靠传统安全的军事手段来解决，甚至演化为武装冲突或局部战争。不论国际河流水资源自然循环系统的完整性和水资源的丰富与否、是否满足国家经济和社会可持续发展的要求，国际河流水主权问题都始终存在，因此，传统安全问题与非传统安全问题在国际河流领域极易发生转化和迁移。军事手段是应对传统安全威胁的主要手段，然而国际河流非传统安全威胁远远超出了军事领域的范畴，虽然国际河流中某些非传统安全威胁具有暴力性特征，但并不属于单纯的军事问题。面对国际河流水资源管理中非传统安全威胁，虽然可能需要采取一定的军事手段进行应对，但它们与传统安全意义上的战争、武装冲突仍有很大不同，而且单凭军事手段也不能从根本上解决问题，需要由单一手段向多手段进行转化，这一问题的解决更多地依赖于政治、经济、军事乃至文化等多种手段的结合。

### （三）非传统安全视角下国际河流管理

在非传统安全视角下，国际河流管理应形成新的理念。

#### 1. 树立新的安全观，更加注重共同安全的理念

对于国际河流管理面临的新问题，传统安全观面临越来越多的挑战，难以有效应对。传统安全观视角下国际河流管理习惯于从"零和"游戏出发来考虑开发事项，经常以牺牲他国的安全利益来实现部分国家自身的安全，具有很强的排他性。这种安全观显然不能适应当前国际河流管理的现实。非传统安全威胁具有超国家、超地区特征，要求重新认识国际河流的安全合作。对国际河流非传统安全的威胁不是仅针对个别国家的，而是流域所有国家共同面临的问题，因而非传统安全威胁使各国在安全问题上的共同利益增多了而不是减少了，为国家间培育共同安全意识提供了客观基础。因此，应对非传统安全威胁的一个重要前提是应在安全观念上淡化排他性的安全合作，强化共同安全，通过加强国家间的对话与协作，建立防范和解决传统与非传统安全威胁的国际安全新体系。

#### 2. 解决此类非传统安全挑战不仅需要政府主导，还需要利益相关者参与

水安全这类非传统安全问题的利益关系复杂、影响关系复杂，任何开发行为都具有很强的外部性。国际河流的相关衍生问题是不仅需要依赖政府力量，而且需要吸引流域居民及各类利益相关者积极参与，采取集体行动。由于水资源的公共性，以政府为主体去谈判、合作和解决又不可缺少，因此应对这类问题时政府与社会力量的合作非常重要。在国际河流主权特征十分显著的一些领域，寻找一种广泛合作的机制非常困难，往往一定程度的争端反而促使合作谅解的达成，从而逐步机制化、规范化。

#### 3. 更倾向于综合解决问题

国家河流开发活动引发的问题大都具有历史积累特性，问题发生时影响范围广，这时靠任何一种单一措施都难以彻底有效地予以解决，必须依靠多国力量，采取多种措施，通过多种方式的相互配合，才能实现有效治理。因此对于这些非传统安全问题，必须系统、整体应对，各国之间在流域综合治理上的合作是解决国际河流水安全问题的有效途径。

#### 4. 防止非传统安全问题激化和转化

国际河流安全问题多样化、复杂化趋势不断加强，各种不安全因素相互交织、相互影响，尤其是与其他传统安全问题之间存在着可能转化的情况。历史上由水安全争端引发的冲突乃至战争并不少见，但主要是各种安全争端相互作

用形成的，单纯的水安全争端很难引起冲突。因此，尽力防止非传统安全问题的转化和激化始终存在于国际河流水争端解决和合作开发之中。

### 三、国际河流水安全合作

#### （一）国际河流水安全合作的含义

国家间的安全合作一般指在国际安全领域里，行为主体对合作预期而形成的一整套明示或默示的原则、规范、规则和决策程序。国际河流水安全合作属于一般性质的国家间安全合作，同时具有一些特性。第一，国际河流水安全合作是作用于国际河流安全领域的国际机制，核心是水资源安全及其所引起的相关安全问题。第二，国际河流水安全合作的参与方是流域水资源利益相关方。因问题各异，水安全合作可以表现在多个层次，包括双边机制、地区性机制乃至全球机制。第三，国际河流水安全是指导国家行为的原则、规则和规范，针对各合作参与方具有稳定的约束作用。第四，国际河流水安全不仅是合作的期望和规范，还代表一种合作形式。是否具备组织形式并不是国际合作是否必要的构成因素，但是定期或者不定期的会晤、会议形式可以保证合作的运行。第五，国际河流水安全合作是建立在互信互利的基础上对于共同利益的认知，促使国家放弃短期自利的企图，从而追求长期的合作和共同利益。第六，作为一种涉及国家安全的合作形式，水安全合作的主要责任在国家层面，但是作为一种非传统安全，一些合作机制需要非政府力量的参与，包括非政府组织、企业、公众等。

#### （二）国际河流水安全合作的类型

参考国际安全合作的概念和分类标准，国际河流水安全合作可以分成不同的类别。中国在致力国际河流水安全合作时，应充分了解不同类型机制的特点，根据实际需求，构建起适应流域水资源特点和开发需求的类型。

第一，按照其表现形式，将国际河流水安全合作分为国际河流水安全正式机制和非正式安全机制。正式机制包括政府之间达成的各类多边、双边协议。目前中国与周边流域国中直接接壤的国家都构建了双边协议，保障了国际河流开发的顺利进行。但是目前面临的诸多问题也显示出仅仅依靠政府的协议难以有效的解决各类国际河流水安全问题，这就需要各利益相关者之间的大量合作。近年来，虽然非正式的安全机制在国际河流管理中发挥越来越大的作用，但是对该类安全机制的重视还远远不够。因此，国际河流各流域国为了避免矛盾与纠纷，应重视各利益相关者的利益诉求，在正式安全机制框架下加强非正式安全机制的构建。

第二，按照其作用的范围和层次，水安全合作可以分为全球性安全机制、地区性安全机制和双边安全机制。全球性安全机制是在全球范围内形成的安全机制，其中，既有所有相关国家都参与的机制有部分国家参与的机制。地区性安全机制是针对某一个地区的国家形成的，例如东南亚国家联盟（以下简称"东盟"），上海合作组织等。双边安全机制是两国之间达成的机制。可以看出，最容易达成的是双边安全机制，最难形成的是全球性安全机制。中国需要重视的是地区性安全机制和双边安全机制。目前中国也主要是围绕这两种安全机制方面展开与流域国的合作，相对而言，中国较为重视双边安全机制，这是中国当前面临的外部环境所决定的。但是从非传统安全的视角看，构建包含全流域的地区性安全机制需要在适当时机提上议事日程，只有如此才能实现流域整体利益与个体利益的双赢，才能从根本上解决国际河流水安全问题。

第三，按照其正式程度和期望汇聚程度的高低，可以把水安全合作分为正式程度高、期望汇聚程度也高的经典安全机制，正式程度高而期望汇聚程度低的字面上的安全机制，以及正式程度低而期望汇聚程度高的心照不宣的安全机制。长期以来中国在正式程度低而期望汇聚程度高的心照不宣的安全机制方面获得了巨大的成效，保证了中国的发展。但是新的环境下，正式程度高、期望汇聚程度也高的经典安全机制对于国际河流水安全问题更加具有现实意义。因此，中国应积极借鉴国际成功经验，通过各类型的合作框架，构建正式的合作机制，作为保证国际河流开发的支撑。在此前提下，可以发挥中国外交的特长，继续加强正式程度低而期望汇聚程度高的心照不宣的安全机制来处理各类应急事件。

**四、中国国际河流的水安全合作**

中国与周边各国建立了各种不同的国际安全合作关系，这些合作框架中包含着一些与国际河流相关的合作机制，在这些机制下可以展开国际河流水安全合作。

（一）中国与周边国家的主要国际安全合作机制

中国幅员辽阔，周边国家有 26 个，其中，领土接壤的国家有 14 个，近海相望的国家有 6 个。近年来中国就国际安全与各国展开合作，形成了上海合作组织、香格里拉对话会、东南亚国家联盟合作机制、六方会谈等多个国际安全合作框架，详见表 8-1。

表8-1　我国与周边国家的主要国际安全合作框架

| 区域 | 我国与周边典型的合作框架名称 | 合作领域 | 是否有涉水合作 |
|---|---|---|---|
| 东南亚 | 东盟地区论坛 | 合作涉及反恐、禁毒、救灾、防止大规模杀伤性武器扩散、警务和刑侦，防止疾病扩散等诸项议程在内的广泛领域。 | 无 |
| | 香格里拉对话会 | 合作主要针对非传统安全合作中的海上安全合作 | 无 |
| | 东盟与中、日、韩（10+3）合作机制 | 合作涵盖经济、货币与金融、社会及人力资源开发、科技、发展合作、文化和信息、政治安全和跨国问题8个领域 | 有 |
| | 东盟与中国（10+1）合作机制 | 十一大合作领域；五大重点合作领域，即农业、信息通信、人力资源开发、相互投资和湄公河流域开发 | 有 |
| 中亚 | 上海合作组织 | 在地区安全方面发挥作用，打击各种极端势力、分裂主义和恐怖主义 | 有 |
| 东北亚 | 六方会谈 | 由中国、朝鲜、韩国、美国、俄罗斯和日本六国共同参与的旨在解决朝鲜核问题的一系列谈判 | 无 |

东盟地区论坛是1992年初东盟首脑会议就加强地区政治、安全对话达成共识。自1994年成立以来，东盟地区论坛已经举行了21届外长会议。从东盟地区论坛创立来，中国就极度重视发展双方之间的关系。近年来，中国倡导各方应践行共同、综合、合作、可持续的亚洲安全观，倡导协商对话，而不是武力威胁；开放包容，而不是互相排斥；合作共赢，而不是"零和"博弈。

香格里拉对话是"9·11"后亚太地区新出现的多边安全合作对话机制，也是目前亚太地区安全对话机制中规模最大、规格最高的多边会议之一。"9·11"事件后亚太地区安全形势和安全议程的新变化，第二轨道外交的新发展和防务外交的兴起和转型，是香格里拉对话产生的重要原因。目前我国对香格里拉对话主要是通过双边会谈和小组讨论等形式，同与会各方就国际和地区安全形势进行合作讨论。

"10+1"合作机制以经济合作为重点，逐渐向政治、安全、文化等领域拓展，已经形成了多层次、宽领域、全方位的良好局面。"10+1"确定了五大重点合作领域，即农业、信息通信、人力资源开发、相互投资和湄公河流域开发。其中，湄公河流域开发由于包括涉水领域与非涉水领域合作，同时涉及人口众多、影响面广、开发潜力巨大等因素，因而成为双方最为关心的合作领域之一。

"10+3"合作机制是在东亚地区开展区域合作拥有一定基础条件的背景下产生的。湄公河和图们江流域等小区域合作为"10+3"合作机制的顺利推进提供了区域合作的基础。在"10+3"合作机制首次会议中，会议议题中除了涵盖21世纪东亚前景、国际经济问题方面的协调与合作等合作议题外，还包括深化地区经济联系方面的合作，包括东盟—湄公河流域开发合作的合作议题，会议中各方达成了推动工农业合作，加强中小企业，推动旅游业的发展，鼓励积极参与东亚增长区，包括湄公河盆地的发展的共识。在2000年举行的第四次会议中提出了建立金融、贸易和投资合作的框架，并就农业、人力资源开发、湄公河流域开发等领域加强合作提出一系列务实倡议。

上海合作组织的前身是由中国、俄罗斯、哈萨克斯坦、吉尔吉斯斯坦和塔吉克斯坦组成的"上海五国"会晤机制，2001年6月14日，乌兹别克斯坦以完全平等的身份加入"上海五国"，次日6国元首进行首次会晤，并签署了《上海合作组织成立宣言》，宣告上海合作组织这一国际组织正式成立，构成情况见表8-2。

表8-2　上海合作组织构成情况

| 构成情况 | 成员国 | 观察员国 | 对话伙伴国 |
|---|---|---|---|
| 数量 | 6 | 5 | 3 |
| 国家 | 中国、俄罗斯、哈萨克斯坦、吉尔吉斯斯坦、塔吉克斯坦、乌兹别克斯坦 | 伊朗、巴基斯坦、阿富汗、蒙古和印度 | 白俄罗斯、斯里兰卡和土耳其 |

共同维护地区和平、安全与稳定，推动建立民主、公正、合理的国际政治经济新秩序是上海合作组织的基本宗旨之一，自2001年成立以来，上海合作组织成员国以联合反恐为主要内容的安全合作取得了重要进展，先后组织了10次成员国部长会议，就国际安全和地区形势的重大问题交换意见，就安全合作事项进行协调沟通，制定未来的合作规划。① 上海合作组织安全合作成果以《打

① 孙壮志. 上海合作组织反恐安全合作：进程与前景 [J]. 当代世界, 2008 (11)：19-21.

击恐怖主义、分裂主义和极端主义上海公约》和《上海合作组织成员国组织和联合举行联合反恐演习的程序协定》等为标志的主要文件。

六方会谈是指由朝鲜、韩国、中国、美国、俄罗斯和日本六国共同参与的旨在解决朝鲜核问题的一系列谈判。六方会谈的目的是解决朝鲜核危机。自2003年8月27日开始，到2007年9月30日共举行过六轮会谈。2009年朝鲜宣布退出，六方会谈一直没有复会。

从涉及领域看，由于地理方面的原因，西南与西部地区的合作框架内容涵盖涉水合作领域的内容，而其他领域的合作框架则相对侧重于非涉水领域，即传统安全合作领域的合作。

（二）上海合作组织与西北国际河流安全合作

上海合作组织起源于1989年，是中国、俄罗斯、哈萨克斯坦、吉尔吉斯斯坦、塔吉克斯坦关于加强边境地区信任和裁军的谈判进程的组织。2001年成立后，上海合作组织进一步加强了在地区和国际事务中的磋商与协调行动，在重大国际和地区问题上互相支持和密切合作，联合促进和巩固本地区及世界的和平与稳定。

上海合作组织的宗旨和原则，集中体现于"上海精神"上，即"互信、互利、平等、协商、尊重多样文明、谋求共同发展"，加强成员国之间的互相信任与睦邻友好；鼓励成员国在政治、经济、科技、文化、教育、能源、交通、环保和其他领域的有效合作；联合致力于维护和保障地区的和平、安全与稳定；建立民主、公正、合理的国际政治经济新秩序。

从国际河流安全合作的角度看，上海合作组织提供了维护和稳定区域安全的制度性保障。中亚地区各国国际河流的特点迥异，总体而言各国水资源比较短缺又分布不均，而流经该地区的几条主要河流大都是跨国水系，如阿姆河流经塔吉克斯坦、阿富汗、土库曼斯坦、乌兹别克斯坦；锡尔河流经吉尔吉斯斯坦、乌兹别克斯坦、哈萨克斯坦；额尔齐斯河流经蒙古、中国、哈萨克斯坦、俄罗斯；伊犁河流经中国、哈萨克斯坦。随着各国经济发展，工业、农业、生活用水量都在不断增长，同时水源环境的污染状况越来越严重。如何合理地分配利用跨国河流水源，不仅关系到各成员国经济发展和区域整体经济水平的提高，而且已经成为影响各国睦邻关系的重要因素之一。在促进地区经济合作深化的过程中，协调和解决合理开发和利用国际河流水资源的问题成为上海合作组织区域合作现在和今后的重要合作领域。当前包括中国在内，俄罗斯、哈萨克斯坦和吉尔吉斯斯坦，都是上海合作组织的创始国。

未来西北国际河流安全合作可以以上海合作组织为依托，以上海合作组织的框架为框架。从组织结构来看，目前上海合作组织机构包括会议机制和常设机构两部分。此外，近年来上海合作组织框架下还成立了实业家委员会、银行联合体、上海合作组织论坛等机制。在组织机构和职能上，西北国际河流安全合作机构可以从已有的会议机制和常设机构着手，将国际河流安全事务纳入上海合作组织的合作范围，通过国家元首会议等确定西北国际河流安全合作的战略地位，通过上海合作组织实业家委员会和上海合作组织银行联合体开展水资源安全的经济合作，随着水资源安全事务的发展，在上海合作组织的框架下，建立类似上海合作组织论坛等性质的西北国际河流水资源安全机制。

从地理区位来看，中国西北地区的国际河流主要位于新疆地区，以跨境河流为主，兼有出、入境河流。由于该区域周边及中央有大量高大山体的存在，能截获较多的水气，因而发育了众多的国际河流，这些河流有雨水补给、季节融雪、冰川融水、地下水等多种补给形式，其中，不少河流水能资源丰富，对当地经济发展意义重大，而且国际河流的开发利用也有利于该地区的稳定①。因此，西北国际河流安全合作应该以西北国际河流水资源开发利用为主要内容。

总而言之，上海合作组织具备地缘优势，经济结构互补，这是西北国际河流安全合作的先天优势，在上海合作组织的框架下，西北国际河流安全合作的发展有巨大潜力。在上海合作组织中，以往的安全合作局限于联合防恐，在信息共享和协作原则上积累了大量的经验，形成了诸多的准则和规范，值得西北国际河流安全合作借鉴。国际河流开发利用首先要明确国际河流的水文特征，而这些数据由于河流跨国难以收集，严重影响了科学决策，导致各国在国际河流开发中各自为营，使得国际河流水源、水量和水质等受到影响，而在西北国际河流安全合作中只有引入信息共享机制和协作准则规范，才能使这一机制真正落到实处。

（三）中国东盟合作与西南国际河流安全合作

中国西南国际河流主要涉及东南亚和南亚国家，流域国家大多是东盟的成员国、观察国和伙伴对话国。中国在澜沧江—湄公河流域水资源合作方面一直

---

① 宗晓平，唐旻星．新疆北部国际河流区可持续发展战略初探［J］．中共伊犁州委党校学报，2009（3）：38-40．

存在着与湄公河委员会如何合作的问题，其中，最主要的障碍在于湄公河委员会的流域外力量影响着该机制的权威性。因此，中国可以在现阶段拓展为在中国—东盟合作框架下的多边合作尝试，因为这一合作框架核心是广泛的经济合作，这一战略目标符合中国在国际河流合作领域的基本诉求。从重要性上来看，目前中国—东盟合作仅次于中国—欧洲联盟合作，中国也是东盟第一大合作伙伴，这是中国西南国际河流水资源安全机制的先天优势。在中国—东盟合作的框架下，西南国际河流水安全合作的发展有着巨大空间。

湄公河作为东盟重要的一条国际河流，中国已经开始逐步开发澜沧江水电资源，中国与流域各国具有较好的外交关系，是西南国际河流安全合作的典型。国际河流安全合作方面最具实际意义的是东盟与中国的"10＋1"合作机制，这一合作机制确定的五大重点合作领域之一是湄公河流域开发领域，此外在执法、非传统安全等其他20多个合作领域也涉及部分的水资源开发；中国与东盟签署的10余个合作谅解备忘录和合作框架也部分的涉及湄公河水资源开发。可以说，东盟与中国的合作机制将湄公河流域的经济合作列为重要的合作领域。

除此之外，在亚洲开发银行的推动下，澜沧江—湄公河流域内的中国、缅甸、老挝、泰国、柬埔寨、越南6个国家共同发起大湄公次区域经济合作机制（Greater Mekong Subregion Economic Cooperation Program，简称GMS），旨在通过加强各成员间的经济联系，促进次区域的经济和社会发展。目前大湄公河次区域合作已形成了较完善的合作机制，使这一次区域合作开展得富有实效，并引起国际上较大的关注，日本、欧美、东盟及其他发达国家和国际组织也先后介入该地区。另外，中国还积极参加与湄公河委员会发起的每年一次的对话活动，围绕河流资源、河上航运、洪水控制、渔业、农业、发电及环境保护等所有可能产生跨越国界影响的领域进行合作。

目前，中国—东盟合作框架已建立一套完整的对话与合作机制，既有政府间的合作对话形式，又有政府与区域内组织的对话形式。未来西南国际河流安全合作可以在这个框架下继续发展，同时可以进一步将西南国际河流安全纳入政府首脑会议内容，对其长远发展做出战略性的规划和指导；在现有政府间合作的11个部长级会议机制上增设相关议题，负责水资源安全政策规划和协调；在工作层利用中国—东盟中心这一常设性平台，稳步推进西南国际河流管理的日常合作事务。

## 第二节　国际河流水外交

在淡水资源日趋紧张的背景下，国际河流水资源对于一国的意义日益重要，围绕国际河流水资源而形成的国家间矛盾与纠纷也逐渐增多，因此，国际河流水外交理念开始形成。水外交对于缓解因国际河流开发引发的矛盾与纠纷起到了积极的效果，因此近年水外交成为国际河流管理的重要内容。

### 一、国际河流水外交的概念

#### （一）水外交的含义

对"水外交"的重视是伴随着全球范围内气候变化、人口增长、经济发展与社会转型等所造成的水资源短缺而形成的。各国对水资源的争夺超越了以往的技术开发层面与单纯的水经济效益层面。因此，国际机构和部分国家开始重视该问题并采取相应行动。

联合国于 2011 年呼吁推进"水外交"政策，联合国训练研究所还开设了《水外交入门》在线课程。在此引导下，以印度为代表的国家开始积极推行"次区域水外交"。欧洲联盟于 2013 年提出将"水外交"纳入外交政策议程。与此同时，新闻媒体开始关注"水外交"，相关的报道和探讨逐渐增多。

目前对于"水外交"概念分为两种解释，一种认为水外交是在科学论证以及对社会约束条件保持敏感性的基础上，形成的一种水问题解决新形式；一种认为水外交是通过谈判交易和交换途径来缓和并解决国家间水资源准入及使用冲突上的一种方式①。水外交不仅要解决由于水资源争端可能造成的区域冲突和国际政治关系恶化，也要面对越来越多的公众参与挑战，在全球化时代，政府间的合作以及政府与公众的合作都是水外交的重要内容。

"水外交"的主要实施对象在地缘上一般具有跨境河流或共享水资源，因此地缘影响度高。由此可以看出，"水外交"基本围绕国际河流展开。相对于传统外交，"水外交"有一些值得注意的特征，注重包括水资源动态信息、水产品技术开发、生态环境影响评估等技术含量较高的内容，并需要更多专业人士的参

---

① 张励，卢光盛．"水外交"视角下的中国和下湄公河国家跨界水资源合作［J］．东南亚研究，2015（1）：42-50.

与；"水外交"需要关注对象国的国内水资源开发政策、区域外大国水资源开发竞争、水资源开发沿岸社会民众文化与宗教、水资源非政府组织与媒体行为、国际环境变化等众多社会因素；"水外交"在实施过程中，需要通过合作成员国间的谈判、协商、妥协等行为促进水资源开发和经济利益提升、国家间关系巩固，最终促成水资源合作和利益共同体的形成，并在合作中掌握主动权。

（二）国际河流水外交的含义

从"水外交"的内涵界定可以看出，国际河流水外交是"水外交"核心内容，可以看作是与周边国家共享水资源的国家，为防范水争端、预防水冲突，促进水危机管理与促进区域合作，就水资源分享议题，与周边国家展开对话，构建合作机制的政治外交活动。狭义上，国际河流水外交活动是代表国家的机构和官员，为了执行对外政策，通过交涉谈判等和平手段，围绕国际河流水议题处理国家关系和参与国际事务的一种政治性活动；广义上，国际河流水外交是政治与经济结合、双边与多边交织、政府与民间并举、政策制定与实施兼备、包括各有关部门、综合各有关领域的多层次全方位总体"水外交"。

国际河流的水外交涉及国家的水战略和国家利益的维护，属于政府外交的重要内容。同时，在国际上水资源问题已经成为世界各国所关注的重点问题，对国家和区域社会稳定、经济繁荣、粮食安全和环境长期可持续发展都起着至关重要的作用，"水外交"需要处理与国际上各种利益主体的关系，促进区域公共利益，积极开展与各方面公众的交流，提升国际影响力，因此，"水外交"又具有公共外交的性质。

随着全球能源、水资源与环境问题日趋突出，并且随着新兴经济体的迅速发展，传统的世界格局发生了巨大变化，许多发展中国家更加需要一个稳定安全的周边环境，国际河流水外交可以推动流域范围内的战略伙伴建设和各种公共外交。

对于中国这样与周边国家有着众多国际河流交集的大国而言，水外交更具有重要的地位。从全球视角看，中国的水外交需要回应国际水资源保护、环境生态可持续发展的全球合作趋势，国际河流领域的水外交是中国与周边国家"水外交"最具有现实意义的工作。当前中国国际河流水外交实践更侧重于广义的水外交，强调包括经济和政治在内多管齐下的治理方针。但是由于当前中国的各国际河流仍然处于开发初期，因此以狭义的"水外交"为指导更为现实一些。

（三）国际河流水外交的功能

国际河流水外交是水外交在国际河流领域内的应用，具有水冲突预防、水危机管理和推动合作三大功能。

1. 国际河流水外交具有水冲突预防的功能

水资源冲突根据激烈程度可以划分为语言象征性冲突、一般性（准对抗性）冲突、对抗性冲突、国际危机和国际战争五种层次。随着世界各国对水资源的需求量与日俱增，各国对于解决未来生存和发展所需要的水资源问题的重视程度不断加深，同时发生水争端的可能性愈发增大，在中东、南亚、非洲一些地区，国际河流争端此起彼伏，事实证明水冲突无意义推动水争端的解决。从目前欧洲、美洲的实践看，通过综合运用各类冲突预防、对外发展与合作政策，以及对外援助政策，有助于与邻国和周边涉河国家处理好外交关系，可作为预防冲突的积极手段。

2. 国际河流水外交具有水危机管理的功能

国际河流水外交可以针对与周边国家因水资源安全问题引起的各种危机进行及时反映和应对，快速介入与有效遏制，包括平息争端，开展协商与和平对话，重建友好关系等。以我国为例，通过开展水外交推动水危机管理是中国水资源安全治理的核心内容，通过与周边国家积极开展国际河流水外交不仅能维护中国的安全利益，而且能彰显作为国际负责任大国的治理能力。

3. 国际河流水外交具有促进合作的功能

水资源问题隶属于非传统安全问题范畴，具有显著的跨国性特征，不是某一国家存在的个别问题，仅凭一国之力是很难解决的，需要涉及国之间的沟通与合作，因此合作潜力和空间巨大。尤其是在一些涉水议题和非涉水议题错综复杂的地区可以将水资源合作作为突破口或合作起点，大力拓展双边或多边合作，推动与周边国家之间的区域合作水平，从而促进区域和平与稳定。

## 二、国际河流水安全与水外交的关系

国际河流水安全是国际河流水外交的政策落脚点。国际河流水安全需要通过流域各国的共同合作才能实现，水外交是在解决国际河流水安全威胁这一非传统安全威胁的过程中产生的，它淡化排他性的安全合作，强化共同安全，通过加强国家间的对话与协作，树立以互信、互利、平等、协作为核心的观念，强调建立防范和解决传统与非传统安全威胁的国际安全新体系。在这一过程中各国应互相尊重对方的安全利益，创造区域和流域共同繁荣和安全的未来，强调流域综合安全，即在国际河流流域内主张超越单纯军事安全，扩大国家安全视野，全面综合地谋划国家安全战略；强调合作安全，在互信基础上发展广泛深入的有效合作，和平解决在国际河流开发过程中国家之间的分歧和争端，防止水资源冲突的发生。

国际河流水外交是维护国际河流水安全的重要手段。在中国周边地区安全环境的构建过程中，中国面对两类水外交安全挑战：一类是如何解决国际河流水资源争端而直接引发的安全问题，需要当事国之间通过外交活动加以解决；另一类是以水争端为议题的国际政治较量，这种情况下流域内外各种政府与非政府的力量往往都参与，其最终目的是争夺国际关系的主导权。例如，周边国家或者域外国家以"水资源"问题为切入点鼓吹"中国威胁论"，实际希望借此营造"日益崛起的中国终究会成为威胁周边国家发展的主要障碍"此类对中国不利的国际舆论。这种国际政治较量反映了各国对外交影响力和主导权的竞争。在开展国际河流水外交过程中，水安全的非传统安全特征和水外交的公共外交特征是需要高度关注的。中国的综合实力载不断提高，作为一个负责任大国，中国需要在周边地区适时提供更多的公共产品，同时积极开展文化、经济、环境等公共外交活动，政治、经济与文化等结合多管齐下，才能应对水安全挑战。

### 三、中国国际河流水外交的重点

基于中国国际河流的实际特性，水外交应围绕水冲突预防、水危机管理和推动合作三个方面进行[①]。从狭义和广义的国际河流水外交角度可以确定国际河流水外交的工作内容重点。

（一）尊重与重视国际水法相关条约与惯例，在保障自身权益的前提下与世界接轨

国际社会对利益分享、国际水法等新的水外交理念的逐步接受和日益重视，中国水外交应尊重这一变化趋势，保持与国际惯例的接轨，以更好地维护自身的权益。为此，就要对国际水法的理论和实践进行深入研究与探索。中国考虑到《国际水道非航行使用法公约》若干核心条款可能会损害国家主权，投了反对票，未加入这一《公约》。但是该《公约》是迄今为止调整国际河流利用与保护领域最为全面的国际条约。《公约》融入了国际习惯法的相关规则，同时吸

---

① 李志斐. 水资源外交：中国周边安全构建新议题［J］. 学术探索，2013（4）：28-33.

收了国际河流开发与保护的实践经验，确立了国际普遍认可的公平合理利用、不造成重大损害、国际合作等国际基本原则。越来越多中国周边的国际河流流域国也加入了该条约，因此中国未来应重视《公约》对国际司法实践的影响力，以及作为框架性协议对区域立法及双边立法的指导作用。

（二）推动国际河流水资源议题的专业性外交

国际河流水外交虽然具有很强的公共外交特征，但水资源与环境生态问题的复杂性和专业性使得水资源问题的解决必须借助专业力量和长期的监测与科学研究，水资源问题的解决既需要利益相关者的参与和有效的激励约束机制，又需要专业与科学的解决方案，国际河流水资源问题不同于一般政治问题，并非只要解决利益机制就可以了，还需要科学的解决方案。中国在诸多周边国际河流流域国中是经济实力最强的，因此，需要构建与之匹配的专业性的水外交团队，建立专业性的水外交机制，开展更多专业性的水外交活动。

（三）积极主导中国国际河流开发合作的规则制定和机制设立

中国周边国际河流流域国的社会经济上正在进入一个快速发展阶段，出于水资源以及相关资源的需要，开始加紧推进水资源合作战略布局。美、日、澳等流域外国家也纷纷深度介入到部分国际河流的开发活动中，使中国水外交形势愈加复杂化。与周边国际河流流域国相比，中国经济实力最强，影响力最大，并且西南和西北地区的国际河流都属于上游国，因此应注重规则制定和机制建设，在继续扩展和深化与流域国家的合作的同时应尽力实现对国际河流开发主导权的掌控。由于中国国际河流大多数都是上下游类型的，在当前的背景下，制定一项统一的且具有广泛约束力的政策框架的条件仍不成熟。此外，对中国来说，由于边疆区域社会经济发展的需要，目前建立紧密的制度化合作也不符合自身的利益诉求。当前阶段比较现实的做法应当是推动以项目为主导的务实合作模式，同时与下游国家建立政治与外交对话合作框架，为深化各领域合作提供保障。当前中国力推的"一带一路"倡议合作和"澜湄合作机制"，都为开展国际河流水外交提供了良好的条件，借此机会，应尽快适时适度构建国际河流合作开发的规则与机制。

（四）推动经济与文化结合、公众参与的国际河流公共外交

政府外交对于国际河流冲突预防、危机管理与国家间合作非常重要，但国际河流外交问题常常体现在日常、琐碎和看似平凡的事件上，那些危机和冲突

看起来是突发事件，但都是长期积累形成的。水资源问题的产生是典型的量变到质变的过程，而且是一个漫长的过程，一些问题必须借助平常的、公众参与的公共外交加以预防和及时解决，必须运用经济手段、文化交流和居民之间的交往多种方式进行解决，这些都属于公共外交范畴。现代社会的公共外交还包括运用传播迅速的新媒体开展舆论的引导等。这些都需要构建国际河流公共外交的体系。中国长期以来高度重视政府外交，但面对如此广泛而复杂的国际河流跨境水资源问题，必须建立公共外交引导政策才能有效应对。

（五）推动中国与周边国家构建水外交合作战略框架

中国与周边国家的国际河流自然条件和社会经济条件差异很大，流域国之间的水外交活动需要逐步形成行动规则，并且从战略上形成各国之间的共识和谅解。共同的水外交合作框架可以借助中国与周边的各种外交合作机制形成，使其与中国及周边的安全合作政策保持一致。

国际河流管理问题对中国与周边国家来说是一个全新的安全问题。从西方国际河流合作的历史看，问题的解决是一个典型的历史经验积累和探索过程，而且不同河流之间的差异性使之很难照搬其他河流的经验。中国应该高度关注国际河流管理的现实困难和国际社会预期之间的差距，对未来的挑战应做前瞻性管控，这种前瞻性管控模式主要借助于中国与周边国家的水外交合作谅解，即设定最基本的外交原则和行为准则，通过行为规范来约束可能产生的危机。

# 第三节 国际河流公共外交

## 一、国际河流公共外交的概念

### （一）公共外交的含义

"公共外交"概念起源于美国，1987 年美国官方将其定义为：由政府发起交流项目，利用电台等信息传播手段，了解、获悉和影响其他国家的舆论，减少其他国家政府和民众对美国产生的错误观念，提高美国在国外公众中的形象和影响力，进而增加美国国家利益的活动。一般而言，公共外交是为了本国的对外利益与目的，提高本国的地位和影响力，提升国际形象，加深对本国的理解，通过与国外的个人及组织建立联系、保持对话、传递信息、相互交流等形式而进行的相关活动①。与传统的政府对政府外交相比，公共外交最大的特色在于它是一国政府对国外民众的外交形式，由于外交对象不同，因而外交形式包括文化交流项目、信息传播和互联网等，其主要表达形式是信息和语言。相对于传统的外交形式，公共外交可以为各国政府提升软实力。公共外交也不同于民间外交，公共外交是一国政府对他国的外交活动，而民间外交则是以公众为主体的外交形式，是一国的民众与他国民众之间的交流活动。与传统外交形式相比，公共外交的行为方式是间接的，是"隐藏的说服者"，致力于改变另一国政治生态，促进有利于自己的政策产出。

### （二）国际河流公共外交的含义

近年来随着水资源问题的愈发严重，围绕水资源问题的水外交逐步兴起，水外交其实就是围绕水资源展开的特定"公共外交"。国际河流作为水资源的重要组成部分，同时由于其社会属性与国际关系紧密关联，国际河流公共外交成为水资源公共外交的核心。国际河流公共外交就是围绕国际河流水资源分配、开发、利用、节约和保护，以一国政府为主导的、面向另一国社会公众的、以传播和交流为主要手段的，维护和促进国家水资源利益为根本目标的外交形式与外交活动。开展国际河流公共外交有助于本国国际河流水资源的对外利益与目的，提高本国的地位和影响力，提升国际形象，加深对本国国际河流水资源的理解，其形式包括与国外个人及组织建立联系、保持对话、传递信息、相互交流等形式等。

国际河流公共外交作为传统政府对政府外交的辅助和补充手段，与国际河流的政府外交共同构成国际河流外交手段。国际河流公共外交围绕国际河流水资源的安全、开发、利用和保护等问题，旨在促进国际河流流域国达成共识，开展合作，满足流域国国际河流水资源利益。国际河流公共外交面向国外公众，以间接的方式，通过媒体等社会组织进行舆论导向宣传，最终影响国外政府决策与行为。

### （三）国际河流公共外交的内容

国际河流公共外交的内容，围绕国际河流水资源开发面临的主要问题和国际河流的主要开发方式选择展开。基于国际河流水资源面临的主要问题和主要

---

① 金子将史，北野充. 公共外交"舆论时代的外交战略"［M］. 公共外交翻译组，译. 北京：外语教学与研究出版社，2009：69-81.

开发方式，国际河流公共外交的内容包括：

第一，水资源分配，这是国际河流公共外交的首要内容，这里的水资源分配主要指国际河流的定界问题，划分清楚河界涉及国家安全、国家主权以及领土完整，是国际河流公共外交的基础，因为国际河流公共外交的主体必须是主权政府，只有主权政府才有权力进行水资源分配，水资源分配涉及多方的诸多权益，历来被主权政府放在水资源公共外交的首位。

第二，水资源开发，这是国际河流公共外交的重要内容，水资源开发是水资源使用的起点，水资源的开发必须建立载水资源分配的基础上，水资源开发侧重于水资源经济效益的开发，当然，水资源经济效益离不开水资源安全，这个安全既包括国家安全，又包括水资源的自然安全。

第三，水资源利用，这是国际河流公共外交的主要内容，水资源利用使得水资源转化为经济效益和生态效益等，也在一定程度上发挥着政治效益。没有水资源利用，水资源公共外交难以良好有序进行，水资源利用是国际河流公共外交中一项长期的任务，水资源利用包括饮用、航运、发电、灌溉、养殖和生态等多种利用方式。

第四，水资源节约，这是国际河流公共外交的时代内容，水资源在时间和空间上分布不均由来已久，在当代，随着人口激增和经济迅猛发展，使得这一不均更加突出，并成为发展的重大阻碍和争端的主要矛盾。水资源丰富的国家和水资源匮乏的国家间矛盾也十分突出，因此，水资源节约就成为极其重要的解决之道。

第五，水资源保护，这是国际河流公共外交的保障内容，水资源保护是相对于水资源污染而存在的，水资源污染在国际河流中往往是由上游国家产生的，进而影响所有流域国家，并引发国际或区域争端。水资源污染会将水质败坏，使得其难以利用，甚至是不可利用，而水资源的再生速度一旦低于水资源的污染速度，水资源系统就会出现危机，因此，水资源保护是水资源公共外交不可或缺的保障内容。

## 二、中国国际河流公共外交的重点与存在问题

### （一）中国国际河流公共外交的重点

随着中国国际河流开发的持续深入，中国政府围绕国际河流开发冲突预防、危机管理和推动区域合作等重点领域开展了公共外交活动。

1. 冲突预防

国际河流引发的国家间冲突可按激烈程度划分为语言象征性冲突、一般性（准对抗性）冲突、对抗性冲突、国际危机和国际战争五种冲突。中国目前存在着前三种冲突，而中国国际河流公共外交也围绕这三种冲突展开。对于语言象征性冲突，中国水资源公共外交侧重于从水文化着手，增进双方了解，包括授权民间组织，升级民间交流为公共外交，解决这一冲突。对于一般性（准对抗性）冲突，首先通过缓和的方式，防止一般性（准对抗性）冲突发展为对抗性冲突；其次，通过共同的经济利益、生态利益等，调和这一矛盾和冲突，例如派遣国内企业援建水利工程等，在对抗性冲突中，主要以政府外交为主，以公共外交为辅，通过公共外交创造良好的国际环境，创造条件，一旦时机成熟，协助政府外交达成水资源共识。

2. 危机管理

在国际河流引发的危机面前，中国国际河流公共外交承担着引领正确的舆论导向、保障畅通的沟通渠道的任务。2005 年中国吉化双苯场发生爆炸导致松花江污染，使俄罗斯伯力的应用水源受到污染，当地居民生活用水被迫切断，中国外交部会同驻俄领事馆，及时向俄罗斯通报污染状况，并向当地媒体及时发布中国与俄罗斯成立应急小组，协商治理办法，援助液体色谱仪和 150 吨活性炭，以帮助当地尽快了解和治理水污染。在这场危机面前，中国政府的公共外交的举措赢得了俄罗斯远东地区居民的认可，减轻了俄罗斯政府的压力，为中国化解这次危机创造了良好的国际环境。

3. 推动区域合作

中国国际河流公共外交起着重要的舆论作用，为中国政府的外交活动创造有利的国际环境。区域合作主要通过政府外交实现，中国和中国国际河流流域国将国际河流开发问题纳入东盟、上海合作组织和大湄公河次区域合作等的对话框架和合作机制中。政府外交以双边合作和多边合作等形式实现，而公共外交作为政府外交的补充，及时有效地为推动区域合作造势，为各国实现双边或多边合作打开局面，通过国内媒体、包括企业、学校在内的民间组织，积极向区域内各国公众实施影响，引导舆论，向各国公众准确传达中国在区域合作中的态度和作为，为中国在区域合作中发挥应有的作用而做出了巨大的努力。

（二）中国国际河流公共外交面临的问题

1. 国际河流流域国社会文化复杂多变，难以寻求统一的方案，难度加大

公共外交是建立在跨文化的沟通上的，中国和周边的国际河流流域国都有

着悠久的历史和文化,基于国际河流的连接纽带,历史上各种类型的交流没有中断过。但是在新的历史环境下,也形成了诸多争议,这使得中国国际河流公共外交面临的环境更加复杂,语言、宗教、民族等因素都成为跨文化沟通的内容,也成为中国国际河流公共外交的重要挑战。更多地了解国际河流流域国的政治环境,文化特征以及对于国际河流水资源的需求状况,任何外交活动都建立在尊重基础之上,寻求双方可以接受的共同点,开展国际河流水资源的开发合作。

2. 国际河流领域的外交集中于政府外交,公共外交人才缺乏

中国公共外交的人才相对紧缺,特别是国际河流水外交这样比较专业的领域。长期以来,中国的外交活动集中于政府层面,国际河流开发引发的问题是近些年来才引起关注的,并逐步纳入公共外交的领域中,相对而言人才的培养和转化都滞后。国际河流公共外交对人才的素质和能力都有着较高的要求,既要求人才具备水资源专业的基础知识,同时要求人才具备诸如传播学、国际关系学、管理学、经济学等相关知识,属于典型的复合型人才。这种高级专业人才的培养需要相当长的周期。

3. 国际河流公共外交在引领国际公众舆论方面缺乏支撑

中国在周边国际河流流域国的舆论影响力尚比较欠缺,传统的对外宣传模式并不能适应周边流域国的多样化的社会环境。在国际上,公共外交的舆论宣传多依靠当地的媒介,传统的官方传播模式影响较为间接,信息在传递过程中容易丢失,甚至是失真。因此,有意识的支持相关的民间学术机构发展对于国际河流公共外交非常重要,学术机构在国际河流水资源开发领域展开研究,并支持其发表相关的研究成果,这些方式比单纯地依靠官方宣传更为有效。

### 三、加强中国国际河流公共外交的建议

#### (一) 将国际河流公共外交上升到战略层次

将国际河流公共外交上升到战略层次,有利于从宏观上改善中国在国际河流管理领域的国际形象,增进流域国对我国国际河流管理政策的了解,为我国国际河流开发活动营造良好的国际环境,通过借鉴西方国家在水资源公共外交上的做法和经验,协同政府外交和民间外交,充分发挥社会大众、媒体、企业和学术界的介质作用,进一步塑造中国全方位、大纵深、多领域和多层次的外交框架。

### （二）建立健全中国水资源公共外交框架和内容

国际河流公共外交是一个系统工程，因此，应构建国际河流公共外交框架和内容，做到公共外交有据可依，有流程可以执行，覆盖基本国际河流公共外交常见问题的应对办法。

### （三）健全公共外交部门协调机制

与传统政府外交不同，公共外交的受众是国外公众，除外交部外，将会涉及诸多领域的公共外交主体，出于本部门利益考虑，极容易出现混乱的局面，因此，国际河流公共外交应由外交部牵头，其他领域各部门、各主体在外交部的统筹组织下开展公共外交，进而形成公共外交协调机制，目前，外交部已设置部际协调机构，在此基础上可以进一步构建常设的机构予以负责。

### （四）加强与传统政府外交的补充配合

传统政府外交更重宏观，公共外交更重微观，无论是传统政府外交的战略设计，还是公共外交的政策实践，都不可偏离。公共外交应该建立在支持辅助政府外交的基础上，基于国际河流传统政府外交，开展，国际河流公共外交为配合，完成中国国际河流管理工作，提升国际河流大国的国际地位，打造国际河流负责任大国的国际形象。

### （五）西方发达国家与周边流域国并重

中国国际河流涉及的发达国家虽然不多，但在国际河流合作框架下，发达多家对中国国际河流公共外交的影响不容小觑，特别是部分西方势力借国际河流开发问题抨击质疑中国的政策，通过各种途径影响周边流域国的国际河流开发政策，对中国国际河流管理乃至国家发展带来负面影响。中国已经成为世界第二大经济体，在周边区域具有较高的影响力，周边部分流域国也希望借国际河流开发这一契机与中国展开合作，这必然影响那些希望插手中国周边国家事务的西方发达国家的企图。因此，中国在国际河流公共外交时不能仅仅关注于周边流域国，必须坚持西方发达国家和流域国并重的策略，降低西方发达国家对于我国国际河流管理的不良影响。

### （六）增强地方政府公共外交作用

国际河流地处边陲地区，地方政府不仅具有地缘优势，而且与周边流域国的社会文化具有天然的共同之处,① 因此理应成为中国国际河流政府外交的重要补充。国际河流公共外交需要落实,在区域性组织的框架下达成的各项协议需要执行,国际河流流经的边境地方政府,凭借其地缘优势和资源条件,能更灵活地进行国际河流公共外交,能以国际河流其他主体国家理解的方式进行交流和合作,推进国际河流公共外交的进程,伴随中国逐渐形成全方位的对外格局,地方政府的对外交往能力也在增强,地方政府应成为推进国际河流公共外交的重要力量。

### (七) 重视水资源公共外交人才队伍的选拔、培养和任用

培养国际河流公共外交人才需要较长的周期,因此多种途径选拔和吸纳一批熟悉国际和我国水资源政策、精通水资源相关业务、善于沟通的人才队伍,团结国际华侨和华人、留学生等一切可以团结的力量,有侧重、有选择地与当地媒体、权威和知名人士建立良好的关系。

### (八) 培育国内公众公共外交意识

国内公众是公共外交重要的参与群体,国内公众的行为不仅仅代表个人形象,更是体现着国家形象,与国家利益紧密地联系在一起。在"一带一路"倡议引领下,大量中国企业在周边国家投资合作,大量中国公众深入到国际河流的流域国,这些公众是公共外交的重要依靠力量。通过多方面的合作,中国应培养具有公共外交意识的国内公众,通过他们,向国际传达中国国际河流的大国地位和负责任形象,能有效地提升中国国际河流管理的话语权。

### (九) 积极联系海外华人华侨群体

海外华人华侨群体是中国在国际进行公共外交的直接力量,海外华侨华人的优势在于他们有着强烈的国家意识,同时广泛生活和工作在外国社会中间,能够最直接、频繁地接触其公众、企业、媒体和社会组织,而且他们了解外国社会价值观,能够用他们听得懂的方式介绍中国。并且在周边国际河流流域国,华人华侨在当地社会具有较高的经济实力和政治优势,影响力较强。但是久居海外的中国人群体对于中国的现状缺乏了解,难以准确向当地公众传递现代中国政策。这就需要中国通过驻外使领馆,紧密联系驻在国华人华侨,主动向他

---

① 北京外国语大学公共外交研究中心. 中国公共外交研究报告 [M]. 北京:时事出版社,2012:51.

们传递中国国际河流管理的信息，使他们清楚中国在国际河流上的立场、利益、政策和方针等，有效对抗驻在国媒体歪曲中国国际河流实情等负面报道。

（十）重视新兴和关键事件等新型公共外交手段

网络，尤其是流行的社交工具，已成为影响各国社会公众的快捷通道，网络自由和网络安全为公众舆论和导向培育了良好的土壤。了解和熟悉网络上的各种平台和环境，引导和影响网络上的舆论导向，应成为国际河流公共外交的重要领域。尤其是突发事件时，利用网络能够对事件做出迅速反应，并在第一时间将反应通过网络反馈给各国社会公众，得到当地民众的理解，可以及早地化解矛盾。

# 第九章　国际河流流域经济合作

国际河流流域经济合作属于高层次合作领域，更强调合作的深度和广度，目标是实现区域经济一体化。国际河流流域经济合作应该是全方位的、综合的，涉及交通、能源、旅游、水利、环保、自然资源综合开发利用、通讯、人力资源开发、投资与贸易等各方面合作。流域经济合作首先是围绕水资源开发利用而进行的经济合作，可以称为涉水经济合作，包括交通、能源、旅游、环保、水利等作为优先合作领域，构成流域经济合作的第一层次。其次，流域经济合作可以是依托流域的次区域经济合作，包括投资、贸易、人力资源开发等合作，构成流域经济合作的第二层次。

## 第一节　流域涉水经济开发合作

国际河流流域涉水经济开发合作是指国际河流涉及的流域各国为了满足自身的用水需求，与流域内其他国家对国际河流水资源进行开发利用的合作行为，具体包括航运、水电开发、旅游资源开发等。流域涉水经济开发合作以水资源为基础，属于流域经济合作的优先合作领域。水资源作为经济社会发展的重要基础性资源，是国际河流流域经济合作的重要基石。

### 一、国际河流航运合作

（一）国际河流航运合作的含义

国际河流航运合作是指共同享有国际河流的国家利用国际河流良好的水运条件，采取各种不同的形式开展航道和航运合作，目的是促使船舶顺利航行、保障国家和人员安全、扩大国际贸易，最终实现经济一体化。

国际河流是传统的连接周边国家的人员及货物的通道，实际上早期的国际河流合作主要发端于航运合作，由此形成了一系列合作的国际规则。由于大多数国际河流地区地形复杂，多处于山区等自然条件恶劣的地区，公路和铁路建设较为困难，而且投资巨大，因此，依托国际河流的航道建设与航运合作对于地方社会经济的发展显得至关重要。航运是综合交通运输体系中的一个重要组成部分，具有绿色环保、运量大、成本低、占用土地少、独特的地缘优势等特点。共同享有国际河流的国家，在国际河流航运合作中享有天然优势，属于涉水利益合作领域。为了能够有效的促进河流航道航运合作，需要加强改善航道和港口，对新成立的航运企业给予贷款和税收优惠，组建专业队伍，清除水下暗礁和危险浅滩，修筑公路以利港口货物集散。

（二）国际河流航运合作的内容

航运合作是交通基础设施合作，既包括投资合作，又包括管理合作等，具体可以分为以下三个内容：

1. 航道投资合作

航道投资合作是国际河流沿岸国家为保证船舶顺利运行而对航道进行共同整治。如，对航段的航标进行设置维护和调整；相关协定适用范围界限段航道进行勘测，了解航道变化情况；对部分航道进行施工，改善通航条件等。

中国、缅甸、泰国、老挝四国积极协调合作开发，在深挖河道、排除河道障碍、保障船舶通航上进行了对话协商，四国对航道改善达成了共识。航道整治工程极大地改善了湄公河航道的通行状况，方便了四国之间的商贸往来、人员往来。莱茵河沿河各国众多人工运河的开挖和河道的渠化，极大地改善了莱茵河的航运条件，促进了莱茵河航运业的发展，有力地推动了沿岸各国经济的发展和社会的繁荣。

2. 航运业务管理合作

航运业务管理合作是国际河流沿岸国家为确保船舶顺利航行，保障国家、人员和财产安全而对航运进行的共同管理。如，加强监督管理工作合作，按规定设置航标，保证船舶的安全航行；加强对各自船员的管理和监督工作，严格船舶的航行秩序，以防止各种海损事故发生，保障船舶航行安全等。

3. 航运综合管理合作

航运综合管理合作是国际河流沿岸国家为扩大国际贸易而对航运进行综合管理方面的合作，目的是实现国际河流流域经济的一体化。如，通航标准的确定，通商协议的制定等。

不同的国际河流在航运管理合作上的方式有所不同。以湄公河为例，国际河流沿岸国家通过收取过境检查费、检验检疫费和港口停泊费受益；航运企业通过物资、游客的运输收益；沿岸居民和当地企业可以通过提供旅游等特色化的服务来增加就业和收入。以莱茵河为例，沿河流域国家在航道和航运合作上通过共同签署航运协定，制定不收税、不收费的自由航行政策，以促进贸易、增强沿岸国商品的竞争优势。中国、缅甸、泰国、老挝四国随着通航问题的解决，逐步统一了四国之间的港口收费和检查收费的标准，方便了商贸交易。随着社会经济的迅速发展，中国和周边流域国在航道建设和航运合作上仍然难以满足区域社会经济发展的需求。最为明显的就是图们江流域。图们江作为三国界河，中国希望将其打造成国际航运通道，尽管中国距图们江的出海口非常近，但是由于各种原因，图们江航运合作依然没有较大进展。

## 二、水利环保基础设施投资合作

### （一）水利环保基础设施投资合作的含义

水利设施的投资建设是国际河流合作开发利用的基本保障，流域内的工农业生产和人民生活都离不开水利设施的兴建。旱涝灾害的防治也是上述地区的重要任务，灌溉农业的发展及用水时空调整需要有相应设施来保证。同时，加强生态环境的保护，控制污染物的排放和森林的过度砍伐及野生动物的捕杀，维系生态平衡也是国际合作的重要领域。

水利环保基础设施投资合作是指共同享有国际河流的国家从流域层面出发，将水利与环保的平衡作为基准点而进行的水利基础设施投资合作，最终目的是实现全流域的共赢。一国境内的资源开发会对其他国生态环境带来直接的影响，例如，上游水电开发对于下游渔业资源的影响，上下游与左右岸的引水工程和防洪工程会相互影响，使国际河流的资源开发需要跨国的协调与合作，实现在流域层面的共赢。国际河流各国的技术水平、资源管理体制、水环境质量标准、水污染物排放标准、水资源保护政策等不尽相同，资源开发伴随着跨境环境保护合作的挑战。水利工程建设与运营，特别是大型水利工程，对于国际河流流域生态环境影响较大。流域各国大多基于自身利益投资建设水利工程，较少考虑对于流域其他国家的影响，由此带来了矛盾与争端。因此从流域层面而言，在水利工程投资建设过程中就需要考虑有效的合作，将不良影响降到最低，在工程运营中进行上下游、左右岸的协调，应是水利基础设施投资合作的主要工作。

### （二）水利环保基础设施投资合作的内容

#### 1. 水利基础设施投资合作

水利设施的投资建设是国际河流合作开发利用的基本保障，流域地区的洪水及洪灾问题可通过国际合作的方式来减灾、防灾、救灾。水电开发对区域社会经济发展具有带动作用，是国际河流水资源业务合作开发的重要内容。例如，哥伦比亚河的水能资源极为丰富，水库和电站是美国和加拿大展开合作的基础设施。莱茵河流域各国十分重视水电的梯级开发，它们采取自主建造或者联合修建的方式，在莱茵河干流兴建了几十座各级梯级水电站，并已基本实现配套。

#### 2. 环境保护合作

在国际河流水资源开发合作中，环境合作是一个重要的话题，同时属于典型的涉水利益合作领域。国际河流环境合作特指国际河流流域国家为了减少河流环境问题带来的损失，以及针对既定的环境问题造成损失进行双边或者多边合作的活动。国际河流环境合作有时是流域国家深层次合作的标志，有时体现危机管理的需要。例如，1986年瑞士巴塞尔市的桑多兹化学公司剧毒农药污染莱茵河后，瑞士、德国、法国、荷兰四国进行了国际河流环境方面的合作。2000年罗马尼亚巴亚马雷金矿的污水污染多瑙河后，罗马尼亚、匈牙利、南斯拉夫等国也进行了相应的合作。这些合作一方面立足于解决既有的生态灾难，另一方面也着眼于未来的环境治理。在上述莱茵河水污染事故后，瑞士、德国、法国成立了协调环境事务的工作组，欧洲委员会则发布了《关于补救环境损害的绿皮书》。多国通过一系列举措来强化国际河流环境合作。

## 三、水能开发合作

### （一）水能开发合作的含义

国际河流水资源合作中的能源贸易主要指围绕水利水电开发的电力开发和电力贸易，涉水方面的能源合作主要集中在水电开发方面。水电开发对区域社会经济发展具有带动作用，是国际河流水资源业务合作开发的重要内容。

水能开发合作是指共同享有国际河流的国家利用国际河流丰富的水能资源，采取不同的形式共同进行水电开发和电力贸易，目的是协调跨境影响，将不良影响降到最低，从而实现流域各国利益的最大化，促进流域国家社会经济的共同发展。

（二）水能开发合作的内容

1. 水电开发合作

水电开发对区域社会经济发展具有带动作用，是区域层面国际河流的水资源合作开发的重要内容。水电开发是典型的政府审批项目，大型水电工程建设的投资与决策主体都需要有国家政府的审批核准，但是中小型水电工程的审批权更多的是以地方政府为主。水电开发的利益相关者众多，包括地方政府、移民等，涉及各国复杂的政府运作和社会运作模式，因此既是建设工程，又是社会工程。就我国周边国际河流而言，水电开发的直接受益方是地方的社会经济发展，这不仅仅是提供地方社会经济发展所需的电力，更为落后贫困地区的经济发展提供了契机。

国际河流的水电开发基本是国家总体调控，企业投资和经营。通过由各国的企业独资或合资建设和运行水电站，各国政府则对流域水能资源分配进行规划与调配，政府对国际河流水能开发的规划、决策和管理负有责任。国际河流上下游、左右岸的水能开发规划、水电站建设和运行协调是国际河流管理的重要内容，因为水电站设施也是防洪抗旱的安全设施。水电工程建设与运营，特别是大型水电工程，对于国际河流流域生态环境影响较大。作为开发主体的企业大多基于自身利益投资建设水利工程，一般较少考虑对于流域其他国家的影响，由此会带来矛盾与争端。因此，各流域国政府必须从流域层面进行上下游、左右岸的协调和管控。

2. 电力贸易合作

电力贸易合作是流域各国在电力领域展开的贸易与合作，通过合作来解决电力能源的问题，目的是满足流域各国共同的经济及电力发展需求。如我国西南地区水资源合作开发中的电力贸易，中国、越南、泰国、缅甸、柬埔寨和老挝六国 2010 年签署的《次区域跨境电力交易行动路线图谅解备忘录》，又如《南方电网公司投资建设老挝国家电网谅解备忘录》等，主要形式包括输电方式的网络化和电力贸易的区域化交易合作。大湄公河次区域经济合作成员国降水充沛、地势落差大、河流众多、水能资源丰富，开发水电资源能够较好地解决各国的能源问题。但是成员国经济发展水平不一致，次区域内国家除泰国外，经济相对落后，基础薄弱；由于多方面的原因，各国现有能源结构差别较大，水电资源并未得到大规模开发，电源结构中以石化能源为主；经济相对发达国家对电力需求更大，但往往自身供给不足，而经济不发达国家即便自身能源丰富，也缺乏相应的经济实力来开发。基于以上现状及各国的自身条件，对于各流域国来说，在国家间开展电力贸易与合作是十分必要的，既可以解决缺电国家的电力需求问题，也可以通过开发水能资源，促进水能丰富国家的经济社会发展。因此，合作开发次区域丰富的水电资源并通过电力联网来实现区域电力资源的配置成为成员国的共识。

## 四、流域跨境旅游合作

### （一）流域跨境旅游合作的含义

流域首先是一个自然体，其次它还是一个经济共同体和文化共同体。流域内的民族往往同根同源，语言相通相似；在历史上已经形成了一定的经济、社会、文化交流与合作基础，区域内各伙伴地区的社会文化认同感较高。根据相通、相似、相容原理，往往流域内在经济、旅游等领域的合作意愿较强、合作行为习惯相通和合作认同较高，形成一定的地域归属感，其成功的可能性较高。

流域跨境旅游合作是指流域国家在特定空间中开展跨境旅游及其相关经济活动的合作。国际河流为流域内各个国家提供了丰富的自然、生态、人文方面的旅游资源，国际河流的跨境旅游合作为各国提供了丰富而差异化的旅游产品，为一些边疆地区带来可持续发展的机会，从而促进各国的旅游业发展，增强各国人民之间的了解。

流域跨境旅游合作有一定的地域性、合作性和效益性。首先，从地域上看，国际河流是在国家的边缘地带，是利用山地、森林、水体、特色文化、城市和边境等生态旅游资源与生态环境所开展的旅游活动，具有独特的地域特性。一般国际河流流域内景观丰富、生物种群多样、人们活动独特，是一个集自然旅游和人文旅游为一体的生态系统。其次，国际河流是一个特殊的生态系统，往往关系到多个国家的经济利益和政治利益，因此在旅游开发中更应该注意生态性和整体性，这就要求国际河流的旅游开发遵循生态旅游和合作开发原则，在共享资源的前提下进行公平合理、互惠互利的开发合作。最后，流域跨境旅游合作最根本目标就是追求有经济效益、社会效益和生态效益而结合的综合效益的最优化，对人类和生物的共同繁荣承担责任。流域跨境旅游在开发和经营的过程中需要当地人的参与，在旅游活动的开展中有游客的参与。当地人积极参与旅游开发和经营并从中收益，有利于当地的社会经济发展，旅游者在实际参与中体验到国际河流生态旅游的独特性，从而更加热爱自然，理解文化的多样性，达到经济效益、社会效益和生态效益共同发展。

### (二) 流域跨境旅游合作的内容

流域跨境旅游合作的内容包括基础设施建设、旅游企业之间的合作、旅游景区建设、旅游产品开发等。"要想富,先修路"这一原理同样适用流域旅游圈的建设,对于旅游资源丰富的地区,旅游业发展的瓶颈往往是其"通达性"。基础设施是公共领域建设,投资建设的主体是政府而不是逐利的企业。基础设施建设包括"水、陆、空"立体交通网络。提高流域内河流的通航能力是流域旅游发展的独特优势所在。旅游企业建设、旅游景区建设、旅游产品建设都属于区域性旅游实体的建设,旅游经济所依靠的旅游经济实体一定要是跨区域型的旅游企业、旅游景区和旅游产品,国际河流跨境旅游需要重视这三个方面的合作,培育骨干型和支撑型的跨区域型的大型知名旅游企业、旅游景区和旅游产品。流域旅游实体的建设其实就是培育流域内各合作伙伴的共同利益体,它是吸引和维持各方合作意愿和兴趣的主要吸引物,也是流域旅游经济发展的增长极点。流域跨境旅游企业主要是区域性旅行社,旅行社是旅游链的下游,具有龙头作用和核心地位。对流域的风景名胜区、名山、湖泊、森林公园等旅游资源的开发,要以多边合作的形式建设成流域跨境旅游景区,实现旅游资源的整合与共享。对分散于各区域内的知名景点和项目,用流域跨境旅游线路产品的形式连缀起来共同推广。除此之外流域跨境旅游合作还应该包括合作开辟客源市场、塑造区域旅游整体形象、联合促销等。

## 第二节 依托流域的次区域经济合作

### 一、国际河流边境贸易合作

以国际河流为天然的边境贸易通道,流域国沿岸居民间长期以来就存在传统的边贸往来,但边贸活动高度依赖交通基础设施的完善。国际河流航运一直受到政府的重视,流域国政府也一直致力于推动边贸合作向国际自由贸易区、贸易港等现代贸易形势转型。我国的黑龙江、图们江、澜沧江乃至早期的额尔齐斯河等都是国际边贸合作的重要国际河流,依托这些国际河流形成了许多著名的边贸城市和港口。

我国在国际河流边贸合作方面持积极态度,希望通过双边和多边合作协议加强边境经济合作区的建设。可见,国际河流边贸合作拥有广阔的发展空间。

一方面，可以建设商贸街区，促进双边贸易、文化交流、旅游产业向更深层次纵向延伸努力；另一方面，还应推进边境贸易方式转型，促进边境贸易由简单的边民互市贸易、边境小额贸易向规模化、专业化的国际贸易转型。

边境贸易是照顾两国边界居民在经济生活上的方便和当地贸易的传统习惯而特设的一种贸易形式。长期以来中国和中亚五国之间的贸易总额仅占中国外贸总额的1%左右。一方面，这是由于边境地区经济发展落后，贸易水平有限；另一方面，中国外贸主要集中在沿海地区，贸易对象主要是以欧美发达国家为主。目前，中国依托国际河流展开的边境贸易主要集中在云南省、广西壮族自治区一带，相对东南沿海一带（上海、广州）的贸易相差甚远。

在未来的发展中，中国与周边国家形成的诸多经济合作机制中应重视国际河流边贸口岸的建设，因为这些口岸虽然难以同沿海口岸相比，但对于各国经济相对落后地区的发展具有战略意义。通过边境贸易促进当地的经济发展是一种相对低成本的投资，应纳入国家的西部开发计划和对外经济合作的主要计划。另外，目前中国国际河流口岸建设也需要转型升级，例如，图们江流域的口岸、中哈霍尔果斯口岸、澜沧江西双版纳磨憨口岸等建设可以引入自贸区的政策，重点建设一批高层次的国际河流对外口岸，推动边贸合作由小型、低层次向高层次转型。

## 二、国际河流次区域跨境贸易与投资合作

社会稳定依赖于民生发展，我国与周边国家在国际河流流域的民生基础设施方面都比较薄弱，主要依赖农业和自然资源开发，而涉水基础设施建设往往是国际公共基础设施，必须依赖国家的投入。因此，在进行国际河流开发时，为了维护和保证边境地区的和谐、有序、稳定地发展，从国家层面需要关注国际河流流域内社会与民生基础设施的建设，不仅重视国内的民生基础设施，也要积极关注对外的合作。这部分工作只能在国家层面加以规划和解决，在区域政府间合作框架内以及我国与邻国的双边合作框架内，积极推动相关的投资计划。

以澜沧江—湄公河为例，湄公河次区域是全球人口密度最大的地区之一，但是当地水资源基础设施缺乏。国际河流水资源的开发对于国际河流当地民众具有重要影响，尤其是对于水资源依赖巨大的农业和渔业。因此针对当地民众生存的重大工程措施和基础民生项目是国家层面对外合作优先考虑的问题。

在与下游国家进行投资合作中，尤其需要关注直接影响当地社会民生的项目。当国际河流合作开发符合或者与民众利益不发生冲突时，民众会支持河流

开发，但是当开发与民众利益相违背时，就会遭到反对，目前中国在一些国际河流的开发中已经遇到了类似的困境。国际河流多处于边疆地区，在大开发背景下社会利益结构的深刻调整和变化有时会诱发当地利益阶层之间的矛盾和冲突，这会对社会的和谐稳定构成潜在威胁，因而必须全面、综合考虑当地居民的切身利益诉求，并在此基础上进行积极地应对。

### 三、国际河流次区域经济一体化

区域经济一体化是指按照自然地域经济内在联系、商品流向、民族文化传统以及社会发展需要形成的经济联合体。同时，它是建立在区域分工与协作基础上，通过生产要素的区域流动，推动区域经济整体协调发展的过程。从系统科学角度分析，区域经济一体化是一个协同学概念，它是一个由多组分系统整体协同变化的自组织过程。或者说，区域经济一体化系统演化是一个整体共变的过程。在现代条件下，其内涵至少要考虑形态、市场、产业、交通、信息、制度、生态环境七个子系统。

流域经济一体化是区域经济一体化更为特殊的表现形式，两者并没有本质上的区别。国外的研究主要集中在流域的综合管理、规划、生态—经济评估以及可持续发展等方面，国内的研究则主要集中在泛珠江流域经济合作及珠三角经济一体化、长三角经济一体化和大湄公河次区域经济合作三个方面。一体化是估计河流流域经济合作的高级阶段，克劳迪亚·萨多弗（Claudia W. Sadoff）和戴维·格雷（David Grey）认为，国际河流流经多国，选择合作或冲突，很大程度上取决于各国所获得的相对利益；各国采取合作的方式会使各国得到更多的利益，原因在于一方面是合作能使生态安全得以保证并以此来提供福利，另一方面是合作及高效的管理可以产生重大的利益，如粮食增产和能源增加等，还有就是国际河流流经各国选择充分的合作将导致交易成本的降低。这些原因会推动各方向一体化的高级阶段发展。

中国比较重视与周边的区域经济一体化合作，西南澜沧江—湄公河次区域以及东北亚区域经济合作是比较典型的案例。大湄公河次区域是东南亚经济一体化发展的核心区域，其水资源合作与经济一体化之间有密切互动，是依托国际河流合作推动经济一体化的典范，中国在未来应该重视水资源合作作为一体化发展的纽带作用。国际河流的水资源合作开发可以促进流域范围内的区域经济一体化发展，但是如果水资源合作本身的难题解决不了，就会对区域经济一体化带来负面影响。国际河流是中国与周边国家的天然纽带，作为流域利益直接相关国和多数国际河流的上游国，中国在这方面具有主动性和优势，具有很好的参与区域经济一体化的优势，但是，至少目前看水资源合作并没有成为推动区域经济一体化的强大动力，这一问题在湄公河次区域合作中尤其突出。因此，通过国际河流的流域国水资源合作推动与周边国家区域经济一体化进程，是中国需要关注的战略性问题。

# 第三节　中国典型国际河流的经济合作

## 一、图们江流域通道型经济合作

图们江地区直接沟通中国、俄罗斯和朝鲜三国，东面与日本和韩国隔海相望，向西可辐射蒙古，中国东北地区一直是全国重工业最为发达的地区，社会经济发展水平相较于西南、西北地区优势明显，日本和韩国都属于自然资源稀缺的发达国家，朝鲜，蒙古和俄罗斯有着丰富的矿产资源，图们江地区力图通过国际贸易和经济合作建成一个中、韩、朝、俄、蒙的东北亚经济圈，经济合作解决的首要问题是交通运输，因此图们江流域水电开发并不是战略重点，国际航运通道建设、口岸基础设施建设以及由于工业发展带来的生态环境安全问题合作是图们江地区水资源合作的主要内容。

### （一）通航合作

由于半岛问题以及各种历史遗留问题所导致的地缘政治关系，中国迟迟无法获得图们江的出海权。打通从珲春沿图们江直接入日本海的通道，使得整个东北地区尤其是吉林省与外界进行更为直接的边界交流，至今为止还只是一个令人期待的战略前景。目前，中国东北地区只能选择由大连或者环渤海的港口出海，图们江出海口的战略价值巨大。

中国和苏联于1991年5月16日签订的《中华人民共和国和苏维埃社会主义共和国联盟关于中苏国界东段的协定》中，第9条明确规定了"中国船只（悬挂中国国旗）可沿图们江（图曼纳亚河）通海往返航行"，标志着中国图们江通海航行权的正式恢复。1991年5月28日，中国政府组织六十二名考察队员乘坐九艘挂着五星红旗的船只经图们江航行进入日本海，中断52年之久的图们江通海试航成功，并于1991年和1993年进行了图们江入海科学考察。

随着中国政府的积极努力以及和平自主外交政策的运用，俄罗斯对于远东地区发展的重视，朝鲜实施对外开放政策，中、俄、朝三国外交关系有了新发展，充分认识到图们江流域地区开展次区域合作的重要性，签署了中国船只经图们江通海往返航行的协议，象征着中国拥有了受俄罗斯和朝鲜保护的通航权。

图们江地区的合作为中国与俄罗斯、朝鲜国际通道的开辟带来了便利。以珲春市为例，珲春市是中国图们江流域水资源合作开发的重要城市。2000 年 5 月，中国借助第三国港口通海的陆海联运航线珲春—扎鲁比诺—束草航线开通，打开了珲春借港出海的生命线。借助这条航线，延边州出口韩国的商品不用绕道大连装船，仅此一项就可节省运费近 50%。2004 年，珲春—扎鲁比诺日本新潟航线的开通，打通了环日本海的航运通道，使中国东北到日本的海陆航期缩短了 3/4。2011 年，珲春市又开通了珲春—扎鲁比诺—釜山陆海联运航线，与国际五大中转港之一的釜山港实现联运，这意味着珲春连通了世界。

2012 年，中国与俄罗斯两国企业开始合作建设图们江出海口的扎鲁比诺大型万能海港，希望将其建成东北亚地区最大的港口之一。扎鲁比诺港的建设将进一步拓宽其连接亚太与欧洲、中亚的运输通道，促进俄中在远东和亚太地区的合作，同时将为吉林省解决其缺少出海口的困境。

使中国的珲春与俄罗斯远东港口城库拉斯基诺与朝鲜的罗津港联结起来，形成一个连接中国、俄罗斯和朝鲜三国的国际联运体系，这不是吉林省乃至中国能决定的，也不是任何两个国家就能决定的，必须期待相关各国在国际航运上的合作努力。

（二）生态环境保护合作

我国东北地区一直是重工业最为发达的地区，随着工业发展和城市化进程加快，工业排污已经成为图们江地区水质污染的主要来源。俄罗斯就松花江水污染事件向中国索取赔偿这一案例表面，由于水质污染而带来的生态环境问题是制约流域地区合作发展的重要因素。不仅仅是工业排污，还有大量生活污水、垃圾和杀虫剂的大量使用，也使图们江流域的水质受到严重破坏。另外，中国水土保护不力，护岸工作力度不够，再加上东北地区自身的气候原因，加剧了水土流失。随着图们江湿地的沼泽陆续变为农田，湿地也在逐渐消失。

因此，需要加强国际合作，提高生态环境保护在图们江区域经济合作中的战略地位。吉林省的一些湿地在国际上占有重要位置：向海是中国首批加入《湿地公约》的 6 个湿地之一；珲春市的敬信湿地已引起国内外湿地保护组织和专家的关注。多年来，湿地国际、联合国开发计划署、世界自然基金会、国际鹤类基金会等国际组织与吉林省在湿地环境监测等方面已经进行了广泛的合作。

### (三) 口岸建设合作

口岸建设是图们江地区水资源合作的一大亮点。图们江于中国一侧最早建立的是珲春长岭子对俄口岸，因此珲春市也被国务院批准为首批对外开放的边境城市，不断吸引韩国、日本等多个国家投资，之后还相继开辟了珲春铁路口岸、对朝元汀里口岸、对朝圈河口岸等2个对俄口岸、7个对朝口岸。

在珲春市的周围分布着众多俄罗斯和朝鲜的港口。俄罗斯有纳霍德卡、符拉迪沃斯托克、斯拉夫扬卡、波谢特、扎鲁比诺等多个港口，朝鲜有清津、罗津、先锋、雄尚4个港口。除了中国方面，俄罗斯和朝鲜也在努力加强图们江地区港口的改造和建设工作。

### (四) 跨国自由经济区建设

针对图们江区域合作项目的进展，联合国开发署曾就这一地区的开发模式提出了三种构想：一是每个周边国家都在自己的区域内建立并开发一个或多个地区，把它作为特别贸易区，各国在政策和管理上进行某种方式的协调；二是周边三国在各自疆域内建立并开发一个地区，使三个地区彼此相连，通过政策和管理上的协调形成一个特区；三是在管理方式上，三个国家共同在该地区划定一块区域作为特别经济区，通过共同管理促进其开发。并且自联合国开发计划署正式启动图们江流域地区开发项目以来，中外学者在其合作开发模式上都提出了不少有建设意义的设想，归纳起来有三种：跨国自由经济区模式，"成长三角"模式和"3+1"模式。

从目前提出的几种模式可以看出，仅仅依靠中、俄、朝、韩4国在各自经济区内进行单边、自主开发是远远不能达到图们江地区经济发展的目标的，这已经成为图们江流域各国的共识。

从地缘经济整体发展的角度来看，如果没有中国东北的参与，朝鲜和俄罗斯就会因为没有经济腹地而受到制约，日本扩大市场、韩国发展北方市场的规划也会受到影响，蒙古也无捷径可走；反之，如果朝鲜和俄罗斯不开放、不配合，中国单边开放也有困难。因此，在倡导多国合作与多极开发、积极开展双边合作和部分流域国多边合作的基础下，以中国、俄罗斯和朝鲜三角为基础，建立跨国自由经济区的模式是图们江流域区域合作开发的最佳模式。

在图们江跨国自由经济区模式下，将图们江流域经济合作分为以下几个步骤：开发自由贸易区—形成统一市场—建立跨国自由经济区。由中国、俄罗斯和朝鲜三国在其图们江经济圈区域范围内，各自拿出一部分土地与蒙古、日本和韩国共同建设跨国自由经济区。由各国的自主开发、分别管理起步，走向图们江流域区域经济一体化，最终目标就是在图们江流域建立完整的跨国自由经济区，由中国、俄罗斯、朝鲜、日本和韩国成立一个共同的管理机构，加强对这一地区的综合管理，使这一地区逐步走向经济一体化和管理一体化，最终实现图们江流域的区域一体化。

### 二、东北国际河流的陆海联运经济合作

陆海联运是中国黑龙江省与俄罗斯滨海边疆区之间开展经贸合作的重要领域之一，对形成有竞争力的东北亚地区综合运输和物流网络具有重要意义。近年来，中国与俄罗斯两国不断推进中国东北地区与俄远东地区开发，为两国国际运输及东北亚陆海联运合作带来了发展机遇。2009 年 9 月，两国元首批准了《中华人民共和国东北地区与俄罗斯联邦远东及东西伯利亚地区合作规划纲要（2009—2018 年）》，明确指出了进一步发展和改造中俄陆路口岸、完善旅检货检系统、加快口岸电子化、提高通关效率、完善口岸基础设施的重要性。依据规划纲要，中国与俄罗斯两国正在推进改造绥芬河—波格拉尼奇内公路口岸、同江—下列宁斯阔耶、萝北—阿穆尔捷特、嘉荫—巴什科沃、饶河—波克罗夫卡口岸等具体项目。自 20 世纪末以来，在经济全球化的推动下，东北亚各国之间的经贸合作日益紧密。与此同时，相关各国越来越重视物流运输领域的合作，对东北亚国际运输通道（包含陆海联运）的发展构想、合作途径以及实施方案进行了深入探讨。20 世纪 90 年代，在日本新潟市召开的东北亚经济会议上，设立了由东北亚各国科研、行政人员以及联合国开发计划署专家共同组成的"东北亚经济会议组织委员会运输物流常设分科会"（以下简称"常设分科会"）。2002 年，常设分科会在总结各成员方的调研成果及会议报告的基础上，共同撰写了《东北亚运输走廊未来构想》一书。该书具体提出了 9 个关于东北亚运输走廊的构想，其中，绥芬河运输走廊的构想尤为重要。绥芬河运输走廊起自俄罗斯的远东地区港口，经中国的黑龙江省（绥芬河、哈尔滨）、内蒙古自治区（满洲里）延伸至俄罗斯的外贝加尔斯克，与横贯俄罗斯东西的西伯利亚大陆桥连接。其中，俄罗斯滨海边疆区的主要港口包括东方港、纳霍德卡港、符拉迪沃斯托克港、波谢特港、奥莉加港、扎鲁比诺港（特洛伊察港）。

当前，黑龙江省与滨海边疆区陆海联运的运作模式可分为"中俄中"和"中俄外"，两种运作模式均属于上述绥芬河运输走廊的重要组成部分。"中俄

中"是指内贸货物先通过陆路运输,经哈尔滨、牡丹江、绥芬河口岸(东宁口岸)、波格拉尼奇内口岸(波尔塔夫卡口岸)到达符拉迪沃斯托克港(纳霍德卡港、东方港),再装船海运到中国南部沿海港口(上海、宁波、广州港)的陆海联运模式,即内贸货物跨境运输模式。"中俄外",是指外贸货物先通过陆路运输,经哈尔滨、牡丹江、绥芬河口岸(东宁口岸)、波格拉尼奇内口岸(波尔塔夫卡口岸)到达符拉迪沃斯托克港(纳霍德卡港、东方港),再装船海运到日本、韩国等第三国的陆海联运模式,即外贸货物跨境运输模式。为了促成"中俄中"运作模式顺利运营,2007年2月14日,中国海关总署发布了《海关总署关于开展内贸货物跨境运输试点工作的公告》,明确了"内贸货物跨境运输"的性质、适用范围、监管规定等内容。此后,黑龙江省政府批准牡丹江华晟国运物流有限公司和中国外运(集团)绥芬河公司为经营内贸货物跨境运输业务试点企业。同年10月,牡丹江华晟国运物流有限公司的12个集装箱,从牡丹江市启运,经绥芬河口岸出境,在符拉迪沃斯托克港装船转运到上海港,由此内贸货物跨境运输正式启动。之后该公司还多次利用"中俄中"陆海联运方式向中国南方地区运送了铜版纸、淀粉等产品。内贸货物跨境运输模式为黑龙江省货物南运开辟了一条新的通道。但是,由于粮食、石化等涉及出口许可证管制类商品没有纳入跨境运输内贸货物管理体制,内贸货物跨境运输业务范围在一定程度上受到了限制。为此,2011年2月12日,海关总署下发了《海关总署关于黑龙江省开展粮食等内贸大宗货物集装箱跨境运输问题的意见》,同意黑龙江省将粮食、石化等涉及出口许可证管制类商品的货物纳入集装箱跨境运输内贸货物范围之内,并在绥芬河口岸原有铁路运输方式出境的基础上,增加公路运输方式,同时增加东宁公路口岸作为试点口岸。此次举措为黑龙江省"中俄中"方式早日实现运营常态化及规模化提供了重要的制度保障。此外,"中俄外"模式陆海联运通道建设近期也取得了初步成果。2011年11月30日,由黑龙江省穆棱启运,经绥芬河口岸出境运往日本的2个标准集装箱货物(木器产品),在俄罗斯符拉迪沃斯托克港口利用滚装船通过海运于12月2日顺利抵达日本鸟取县境港。此次"中俄外"陆海联运的成功是黑龙江省与滨海边疆区陆海联运通道合作迈出的重要一步,同时为东北亚各国在物流运输领域的进一步合作提供了新的可能性。目前东北国际河流陆海联运经济合作已经启动,但发展缓慢,在中俄之间各种合作机制和框架、运营服务主体、出入境手续、口岸基础设施等方面存在障碍因素。

### 三、伊犁河流域经济合作

#### （一）水电开发合作

我国境内的伊犁河段，水能蕴藏量约700多万千瓦，开发条件较好的坝址有30多处，装机容量300万千瓦。现已建成中小型水电站132座，总装机容量约10万千瓦，其中，规模最大的是喀什河托海水电站装机5万千瓦，价值很高；同时坝址地形地质条件优越，适于灌溉、防洪、发电及水产养殖综合开发利用。中国境内伊犁河流域可利用地表水资源为176亿立方米，可开采的地下水资源为26.4亿立方米。中国境内的伊犁河段已建成各类永久性渠首64座，总引水能力达853立方米/秒。先后新建、改建、扩建引水干渠164条，总长2600多千米。

2008年，国家电网新疆分公司将在伊犁河流域建立三个水电站，吉林台水电站、温泉水电站、尼勒克水电站，在开都河建柳树沟水电站，在阿克苏库玛拉克河建两个水电站；2009年，特克斯河山口、吉林台二级和雅玛图等7座续建水电站按计划稳步推进，特克斯河山口、吉林台二级和青年电站已建成并网发电，新开工的尼勒克一级、塔勒德萨依、萨里克特等7座水电站建设进展顺利；2010年，建成伊犁河南岸干渠，加大伊犁河拦河引水枢纽及北岸干渠、伊犁河谷地土地开发整理项目推进力度，同时继续抓好南岸干渠灌区建设，完成19、20号干管灌区防洪任务；2011年，启动伊犁河流域上的哈拉峻、阔步、马场三座水电站的前期工作，哈拉峻水电站是"二库六级"开发方案中的最末一级电站，为引水式电站。电站设计装机容量为38兆瓦，装机三台，多年平均发电量1.476亿千瓦时，设计工期为29个月，工程总投资为4.6亿元，目前这个电站的引水渠首已开工建设。同时阔步、马场两座水电站的前期工作也在积极推进。

中、哈两国在哈萨克斯坦境内的阿拉木图州和塔尔迪库尔干州的伊犁河上，已修建卡普恰盖水库。水库于1970年开始充水，面积1850平方千米，容积281.4亿立方米，库长180千米，最大宽度为22千米，平均深度为15.2米，最大深度为45米，水位变幅约为4米，为多年调节水库，主要用于灌溉和发电，该水电站总装机容量43.2万千瓦，年平均发电量可达11.6亿千瓦时。

#### （二）水资源合作

我国与中亚水资源合作开发集中在中哈两国之间。早在2000年以前，中国和哈萨克斯坦两国就已经进行了三轮磋商，规定了在合理使用和保护跨界河流免遭污染方面的一些原则。这些协议实际上不单纯是水资源业务上的合作协议，还涉及两国水资源经济合作问题。随着流域经济的不断发展，为了开展进一步合作，两国于2001年签署了《关于利用和保护跨界河流的合作协定》，这也在一定程度上弥补了伊犁河流域缺乏统一的流域水资源管理机制的不足。2000年以来陆续签订了《中华人民共和国和哈萨克斯坦共和国2003年至2008年合作纲要》和《中华人民共和国和哈萨克斯坦共和国经济合作发展构想》等文件，对中哈两国在跨界河流域共同开展科学研究和技术交流做了安排。在具体的工程建设领域，2010年，中国与哈萨克斯坦共和国签署了《中华人民共和国政府和哈萨克斯坦共和国政府关于共同建设霍尔果斯河友谊联合引水枢纽工程协定》，合作工程目的是有效提高两岸农业灌溉、生态用水的保证率，减轻下游地区，特别是下游霍尔果斯口岸及正在建设的中哈贸易合作区的防洪压力。在企业层面，中国国电集团，中国水电集团吉尔吉斯斯坦国家和企业构建了合作机制，推进工程前期研究和规划。

## 四、澜沧江—湄公河流域经济合作

### （一）通航合作

湄公河水深，流量大，适宜通航，但是由于流经国家多，并且都深入内陆，以山地为主，一国单方通航的意义不大。2000年4月，中国、缅甸、泰国和老挝四国共同签署了《澜沧江—湄公河商船通航协议》；2001年3月，四国又签署了一份备忘录《实施四国政府商船通航协定谅解备忘录》，与此同时，四国通过协议共同组建了"澜沧江—湄公河商船通航协调联合委员会"，此后，四国积极合作，协调开发，并在2001年6月，四国实现了境内湄公河的正式通航。湄公河《商船通航协定》根据通航标准，对航道与水位进行了具体的规定：最高通航水位为10年一遇的洪水水位，最低通航水位是综合历年保证率的95%的水位。此后，四国对于进一步深挖河道，排除河道障碍保障船舶通航上进行了更多地对话协商，四国对航道改善达成了共识。此后，四国各派出专家联合对湄公河航道进行考察，经过考察，四国专家于2001年9月完成了《上湄公河中缅边界243号界桩至老挝会晒航道改善工程环境影响评估报告》。经过四国政府对报告可行性进行审核之后，2002年4月，四国政府正式批准了该报告并且由中国政府出资支持该项工程的启动。截至2002年年底，澜沧江—湄公河大部分航道已经得到疏浚，根据联合国开发计划署的报告称，疏通后的澜沧江—湄公河全年可通航 300 万吨级的船舶，年货运能力达 200 万吨，客运 40 万人次。2003年 9 月 3 日，中国国家发改委、水利部、交通运输部、外交部等相关 6 个部委与云南省政府组成 30 多人的专家组对上湄公河地区（四个国家交界地区）进行了7 天详细的考察，展开湄公河航道改善工程可行性认定。由于湄公河受季风的影响很大，丰水期、枯水期的水量差别大，导致旱季通航出现多种问题，四国政府经过协商，决定合作改善湄公河旱季航道通航。2006 年，经过多年合作建设，最终完成了澜沧江—湄公河三个枯水期的航道整治工程，极大地改善了旱季枯水期湄公河航道的通行状况，方便了四国之间的商贸往来、人员往来，2006 年，澜沧江—湄公河成品油试运输的前期工作顺利完成并于年底正式开始运输；随着通航问题的解决，四国逐步统一了湄公河沿岸四国港口收费和检查收费的标准，方便了四国之间的商贸交易。

## （二）水电开发合作

湄公河水流量大，落差大，蕴含了巨大的电力潜能。开发湄公河的电力，实现次区域内湄公河电力的开发是各国共同的目标。中国在澜沧江上规划了梯级水电站，已经建成了漫湾、大朝山、小湾、糯扎渡等水电站，下游湄公河流域干流的水电站的规划早已有之，1993 年亚行在《次区域合作——关于柬埔寨、老挝、缅甸、泰国、越南和中国云南省进行合作的可能性》报告中，论述了要开发澜沧江—湄公河水能资源的设想。近年来湄公河干流水电站建设也已实际展开，但由于下游各国之间的争议，湄公河干流水电开发一直比较缓慢。

在澜沧江—湄公河的水电开发合作方面，中国和泰国签署了《关于泰国从中华人民共和国购电的谅解备忘录》，协议规定，2017 年，从中国向泰国输送300 万伏的电力。此后，中国和泰国两国的专家联合对湄公河电站工程的可行性进行了长期的考察，最终在 2000 年得出了电站工程可行性研究报告和输电系统可行性研究报告，并付诸实施。中国云南省在境内修筑了水坝用以蓄水和发电，对于缓解中国西南地区用电紧张，抗旱起到了巨大的作用，同时，云南省的水电输往湄公河沿岸国家，缓解了当地的用电紧张状况。2004 年 9 月开始，云南成功地实现了从河内向越南老街通过 110 千伏输电线路送电，云南文山至越南河江 110 千伏送电项目于 2005 年 6 月底正式送电；2005 年 10 月，中国南方电网公司与越南国家电力公司正式签署《中国南方电网公司与越南国家电力公司有关向越南北部 6 省的售电合同》，正式启动了 220 千伏中越联网项目，经双方努力，云南向越南输电的第一条 220 千伏线路工程已经竣工，并于 2006 年 9 月正式对越联网送电。云南省还积极与湄公河周边国家展开电力合作，大力发展水电事业，与缅甸签署《合作开发境外电力资源意向书》，并且就未来的发展达成了广泛的共识。云南水电外输，促进了云南省经济发展的同时帮助湄公河沿岸国家解决了用电难和电力供给不足的问题。

对湄公河沿岸国家来说，旱涝灾害是该地区最主要的自然灾害，春季旱情严重，夏季洪水泛滥，这给沿岸国家的居民带来了巨大的灾难。应对这类灾害最重要的手段就是建设控制性工程。中国在澜沧江干流修建了一系列径流式水电站，近年来通过这些水电站为下游实施洪水拦蓄和干旱补水，取得了很好的效果。对于澜沧江干流水电站的担忧主要是基于上下游之间的信任机制欠缺以及各种域外力量的影响。下游的担忧主要在于，在旱季到来之时，认为上游的中国为了蓄水发电，会拦截更多的河水，导致下游国家的缺水现象更加严重；当雨季到来之时，中国为了确保上游汛期的安全，会加大洪水的排泄量，这将对下游产生更大的威胁，加剧下游的洪灾；中国西南地区是地震多发地带，在澜沧江修建水电站，下游国家普遍担心大坝的坚固程度，如果遇到强烈地震，大坝损毁，对下游国家来说将是一个深重的灾难。但是，事实上，中国在上游修建水电站大坝对下游国家来说是有益处的，旱季，中国可以加大排水量，以保证下游国家的用水；雨季，中国可以加大蓄水，减轻洪水对下游国家的威胁。因此，在上下游之间建立相对稳定的运营调度合作机制就显得非常重要，这是未来中国与湄公河流域国家开展水电合作的重要工作。

（三）电力贸易合作

湄公河次区域的电力贸易合作始于1992年，十多年来在亚洲开发银行的主持下取得了很大进展，成立了专门的政府间论坛和专家组，签订了《电力联网与贸易政府间协定》，审议通过了2020年的电力联网框架蓝图，并且达成了《大湄公河次区域电力贸易运营协议》，区域各国间的电力贸易正从点对点的零星贸易向网对网的大规模贸易发展。2005年7月在中国召开的第二次大湄公河次区域峰会上，与会各方再次强调了未来电力合作的重要地位，次区域电力合作将进一步推动本地区的经济合作与发展。

1. 电力论坛（EPF）

电力论坛成立于1995年4月，指按大湄公河次区域规划而成立的电力小组，其主要目标是：为次区域电力部门的经济合作拓展空间；推动次区域电力合作的优先开展；提供次区域合作相关的技术、经济、金融以及制度支持。

2. 电力联网与贸易专家组（EGP）

电力联网与贸易专家组创立于1998年6月，主要讨论工作程序的细节问题，并且向电力论坛提出建议，主要任务为促进次区域电力联网和推动电力跨国贸易。

3. 大湄公河次区域电力贸易协调委员会（RPTCC）

2002 年 10 月第 8 次电力联网与贸易专家组会议上通过了建立区域电力贸易协调委员会的指导方针，该指导方针详细规定了大湄公河次区域电力贸易协调委员会的目标、职责、代表、协调人、主席以及工作组。2004 年 7 月 13 日在中国桂林召开第一次会议，为电力贸易、电网互联工作建立了协调统一的管理机构和工作机制。大湄公河次区域电力贸易协调委员会专门设置相关机构，解决调度、输电价格等问题，并制定或调整区域间输电计划，确定跨境输电线容量，并将推动跨境输电系统尤其是跨多国输电线建设总体标准的颁布。

除此之外，历届大湄公河次区域部长会议和领导人峰会还针对电力合作进行磋商和研究，并签署了一些合作协议。

第一，《政府间电力联网与贸易协定》（IGA）。

2000 年 1 月，大湄公河次区域第九次部长级会议在马尼拉召开，与会的各国部长通过了旨在促进电力贸易的"大湄公河次区域电力贸易政策声明"。为了给电力贸易政策声明提供一个框架，《政府间电力联网与贸易协定》于 2002 年 11 月 3 日首届大湄公河次区域峰会上签署，成为大湄公河次区域峰会关于促进区域电力贸易建立竞争性的电力市场的第一个成果。《政府间电力联网与贸易协定》主要目的在于提高供电的可靠度；协调发电及输电设备的安装和运行；降低投资和运营成本；共享这些系统联网运作所带来的其他效益。

第二，区域电力联网的蓝图。

亚洲开发银行曾经于 2002 年资助开展了次区域电力联网的蓝图研究，该项研究确定了到 2020 年所有需要联网的电力系统，并制定了电力输送、规划、设计以及运营等方面的协调措施。"大湄公河次区域经济合作机制"成员国于 2002 年 5 月在第 7 次电力联网与贸易专家组会议上签署了此蓝图。蓝图在对电力需求进行预测的基础上分析各种电力联网的推荐计划，同时针对电力的生产、输送系统的规划以及经济效果等进行评估。

由于各国体制、技术和认知的不同，加上各方力量的影响，该蓝图并未获得实质性的实施。此后亚洲开发银行又研究制定了多套联网规划，以期实现区域内多买多卖、完全竞争的区域电力市场。尽管大湄公河次区域各国陆地接壤，电源结构互补性强，但由于各国出于各自平衡的考虑，对联网运行的技术观点未能一致，以及缺乏统一的市场监管规则和体系等问题，至今一直未能在整个大湄公河次区域建成互联电网。目前最新设定的实现互联互通的目标为

2035 年。

第三,《大湄公河次区域电力贸易运营协议》（PTOA）。

为了说明电力贸易的细节和指导方针,在第一次大湄公河次区域峰会上各国共同签署了《大湄公河次区域电力贸易运营协议》,《大湄公河次区域电力贸易运营协议》是大湄公河次区域核心计划的一个重要组成部分,将在跨国输送电力的关税安排方面和公平一致方面提供协调准则,并且为吸引私人对区域内自然资源投资提供政策保证。《大湄公河次区域电力贸易运营协议》正处于第一阶段的实施中,主要是相邻国家之间短期、小规模、中低压的电力互送,主要输送富余电量,单一买方和单一卖方,交易规则不具备普遍性。

在 2005 年 7 月初于昆明召开的大湄公河次区域第二次领导人会议上,经过亚洲开发银行和中国南方电网公司等方面的共同努力协调,与会各方签署了《大湄公河次区域电力贸易运营协议第一阶段实施原则谅解备忘录》。该备忘录为《大湄公河次区域电力贸易运营协议》第一阶段范围内的电力贸易提供指导,从联络沟通机制、跨境联网的运行协调、争端的解决、交易的结算等方面进行规范,这将促进跨境电网互联的发展,并在大湄公河次区域国家之间建立起一个高效、可靠的电力贸易框架,同时为中国公司对外投资与合作提供了机遇。

（四）水环境保护合作

湄公河水资源通过沿岸国家的合作开发,得到了进一步利用,但是伴随着水资源开发的同时,湄公河的环境破坏问题日益严重,环境的破坏严重地影响了沿岸国家居民的生活和生产,同时破坏了该地区的原生态系统,环境问题成为沿岸国家关注的焦点且被提上议事日程,中国作为上游国家,积极主动的与沿岸国家展开合作共同治理湄公河的环境问题,中国政府与大湄公河次区域合作成员国共同实施了"环境培训和机构强化""环境监测和信息系统建设""次区域国家环境战略框架""次区域边远地区扶贫与环境管理"等一系列应对湄公河环境问题的合作项目,在环境治理方面取得了成效,极大地改善了湄公河的环境状况。2010 年,中国财政部副部长廖晓军率中国政府代表团出席了在越南河内举行的大湄公河次区域经济合作第十六次部长级会议,提出要进一步深化各成员国之间的经济和贸易联系。

湄公河沿岸各国农民通过利用湄公河河水灌溉发展农业,湄公河对于沿岸各国农业是至关重要的,在大湄公河次区域合作的框架之下,中国积极与成员国开展农业合作,通过谈判协商,中国与次区域合作国家签署了《农业合作谅解备忘录》,从此,次区域合作框架内各成员国之间的农业合作步入了正轨,合作趋于稳定、有序。

### （五）旅游合作

大湄公河次区域各国为促进旅游业的发展实施了一系列措施，中国云南省与老挝、缅甸、越南在边境地区实行了旅游方面的互免签证，经第三国来云南省的外国旅游者可在昆明机场办理口岸签证；由有关旅行社实现提供名单的国外旅游团可在昆明机场办理登记入境。这些措施进一步促进了次区域各国旅游业的发展，并拉近了各国之间的距离。此外，中国还积极开展与次区域各国的旅游项目合作。

### （六）大湄公河次区域经济合作

自1992年亚洲开发银行倡导"大湄公河次区域经济合作机制"以来，大湄公河次区域在基础设施、能源、旅游、农业等多个领域开展了卓有成效的合作，取得了大量重要成果，有效地推动了次区域各国的社会经济发展。

1992年，湄公河流域六国发起大湄公河次区域经济合作计划，推动交通运输、电信、旅游、能源、贸易、投资、环境、人力资源开发和农业9个方面的合作。特别是1998年举行的大湄公河次区域第八次部长级会议提出了经济走廊的概念，将交通走廊建设与经济发展结合起来，通过交通走廊建设、物流走廊建设、经济走廊建设，推动了次区域各国之间的合作与往来。

从2002年开始，为了实现加强基础设施的连通性、推进边贸投资、增强私营企业竞争力、开发人力资源、促进可持续发展等五大目标，大湄公河次区域启动实施11个"旗舰计划"：南北经济走廊、东西经济走廊、南部经济走廊、电讯枢纽建设、区域间电力联网和交易协定、跨境贸易和投资的便利化、加强私营部门的参与和竞争力、人力资源和技能的开发、战略性的环境发展框架、防洪和水资源治理、湄公河旅游资源开发，进一步深化了大湄公河次区域经济的合作。

2008年，大湄公河次区域经济合作第三次领导人会议核准了《2008年至2012年大湄公河次区域发展万象行动计划》，从交通、能源、电信、农业、环境、旅游、人力资源开发、贸易便利化、投资9个方面推动大湄公河次区域经济合作与发展：第一，加速大湄公河次区域走廊未完成路段的建设和改造，大湄公河次区域走廊扩展为包含泛亚铁路等在内的多式联运通道；第二，建立可持续和有效的能源供应市场；第三，进一步完善电信基础设施，通过使用大湄公河次区域信息高速公路推广信息通信技术的应用，为大湄公河次区域农村地区电信的发展投入更多资源，召开大湄公河次区域电信部长级会议，促进大湄公河次区域电信事业发展；第四，落实大湄公河次区域生物能源和农村可再生能源发展倡议，扩展大湄公河次区域动物疫病防控项目，便利农村地区获得农业信息；第五，减缓气候变化等环境挑战对大湄公河次区域人民生活和发展的影响，呼吁加强森林保护合作；第六，加强自然和文化景点的可持续管理，联合对外推介大湄公河次区域旅游，强化大湄公河次区域旅游协调办公室的职能；第七，执行新的教育、卫生、劳工及其他社会领域合作战略框架和行动计划，拓展和深化金边计划的合作领域，支持湄公学院发挥作用，强化边境地区传染病防控；第八，协调和整合海关、移民、防疫等边境部门的规章和手续，便利通关过程，促进贸易物流的发展；第九，振兴大湄公河次区域投资合作，扩大工商论坛对大湄公河次区域合作的参与。

大湄公河次区域合作计划不仅促进了次区域社会经济发展，还在次区域国家间建立了信心与友善，也为次区域各国就促进该区域的和平与繁荣在政治上进一步达成一致奠定了基础，成为亚洲区域合作最为成功的模式之一。同时，自 2005 年大湄公河次区域经济合作第二次领导人会议以来，中国政府进一步推进大湄公河次区域经济合作，在各种协调机制中发挥着积极作用，在交通、能源、电信、环境、农业、人力资源开发、旅游、贸易便利化、投资、卫生、禁毒等各领域合作中取得了丰硕的成果，显示了中国作为地区政治大国和经济发展推动力量所起到的作用。

（七）区外国家与非政府组织参与的合作

近年来，美、日、印等国相继加大了在大湄公河次区域的投入，尤其是加强了在基础设施、能源与资源以及环境保护等方面的参与力度。主要合作机制包括，日本的政府开发援助计划、美国的湄公河下游行动计划、印度参与的恒河—湄公河流域合作以及韩国的新亚洲外交构想等。

日本是较早参与次区域合作的国家。据日本官方数据显示，自 2007 年开始，日本已向湄公河流域国家提供了近 4 亿美元的发展援助。2009 年在日本举行的首次日本—湄公河次区域国家峰会上，日本承诺在未来 3 年内将向湄公河次区域 5 国提供 56 亿美元的政府开发援助，支持该地区的稳定和发展。此外，日本政府将为湄公河流域 5 国环保事业提供为期 10 年的援助项目，包括通过扩大森林面积、打造绿色湄公河流域的水分配项目以及控制气候变化的自然环境保护项目等。2009 年，日本与泰国、越南、柬埔寨、老挝、缅甸在泰国召开部长会议，推动其主导的"产业大动脉构想"。日本的这一构想包括道路港湾建设等基础设施建设、建设工业基地进行产业开发、放松管制、改善各类制度等诸多内容。

2009 年 7 月，美国国务卿希拉里·克林顿（Hillary D. R. Clinton）与湄公河下游的泰国、越南、老挝和柬埔寨四国外长在泰国普吉举行外长会议，会议启动了湄公河下游行动计划。"湄公河下游行动计划"重点关注环境、卫生、教育和基础设施等领域。为此，美国启动或扩大了一批项目。在环境领域，2010年美国为湄公河流域的环境项目提供 2200 多万美元，支持湄公河下游行动计划的项目，其内容包括：第一，开展一个为期三年的项目，协助湄公河下游四国合作发展战略，应对气候变化对于水资源、粮食保障和居民生计的影响，美国已为该项目第一年拨款 300 万美元；第二，湄公河委员会和密西西比河委员会在 2010 年签署一项结为"姊妹河"的合作协定，旨在改进跨境水资源的管理；第三，持续开发"预测湄公河"这个预测性模型工具，用以显示气候变化和其他挑战对于湄公河流域可持续发展的影响；第四，资助一项湄公河下游诸国各大学进行的两年期研究项目，研究湄公河流域长期存在的有机污染源。在卫生和健康领域，2010 年美国为湄公河流域各国的健康项目提供的援助总计将超过1.47 亿美元，重点集中在提高次区域各国应对流行性传染疾病有关的培训、研究等能力建设方面。在教育领域，2010 年美国为该区域提供的教育援助总额超过 1800 万美元。

印度在 20 世纪 90 年代初就提出了"东向"战略，积极发展与东南亚国家和东盟的关系。2000 年，印度与柬埔寨、老挝、缅甸、泰国和越南五国共同达成了恒河—湄公河流域合作。2001 年该组织通过了《恒河—湄公河行动计划》，决定加快推动六国合作。近年来，印度与东盟贸易额逐年增加，2009 年达 480亿美元，比 2000 年增长 6 倍。2010 年 1 月，东盟—印度自贸协定开始实施，双方希望在未来 5 年内贸易额达 1000 亿美元。印度在大湄公河地区的影响力在不断上升。

韩国前总统李明博任期内积极推动其"新亚洲外交构想"。2009 年韩国—东盟特别首脑会议后，韩国与东盟签署协议，将双边关系上升到战略合作伙伴关系，双方将加强在政治、安全、经济开发、社会文化交流等领域的合作。其中，推进与湄公河流域国家的合作是该外交构想的重要一环。韩国政府计划通过绿色官方开发援助、技术合作、绿色合作、民间投资等积极参与大湄公河次区域经济合作开发项目，并决定在 2011 年下半年举行韩国与湄公河流域国家外长会议，旨在协助缩小东盟国家之间的发展差距，进一步加强韩国和柬埔寨、老挝、缅甸、越南、泰国等湄公河流域国家间的经济合作。目前，韩国在大湄公河次区域合作中关注的重点主要有四个方面：一是经济走廊沿线的基础设施、交通和贸易便利化；二是环保规划和提高各成员国面对气候变化的应变能力；三是推动清洁能源合作；四是发展电讯和通讯业。

目前，也有大量国际环境非政府组织活跃在澜沧江—湄公河水资源领域，这些组织关注的焦点是大湄公河次区域的生态环境和当地居民的利益。它们相互配合，开展调研，通过舆论给各国政府实施开发计划施加了强大的压力。例如，多家国际民间组织于 2009 年在泰国曼谷成立了国际非政府组织联盟——"拯救湄公河"，旨在提高沿岸居民的环保意识，敦促湄公河流域各国政府保护湄公河的自然生态系统。再如，由泰国学者和非政府组织活动者建立、成立于 1999 年的东南亚河流网络则主要致力于解决由大型水坝和国家资源管理政策而引起的环境和社会问题。

# 第十章  国际河流开发的工程投资与技术合作

　　国际河流开发最主要的方式就是各种类型的工程项目建设，这是人类对于河流水资源最为有效的开发方式，但是也是对自然环境影响最大的活动，不仅耗资大，而且影响广。国际河流开发项目涉及跨境影响和利益协调，为了有效地实施工程项目，需要在投资以及技术等方面展开广泛的合作，从而保证国际河流的可持续发展以及各方利益。

## 第一节  国际河流开发的工程投资合作

### 一、国际河流开发项目的投融资类型

　　国际河流流域开发的投融资特别是大型工程项目与内河开发的投融资类似，由业主提出融资需求已成为惯例，但是一般更倾向于国际合作。国际河流开发工程建设，业主要求承包商提供具有竞争力的买方信贷方案，或者要求承包商带资承包，以 BT、BOT 等形式实施项目也比较常见。

#### （一）援助资金

　　援助资金主要有无偿援助、无息贷款和优惠贷款三种类型。无偿援助即援助方负责东道国项目工程的全部资金。无息贷款是银行或其他金融机构按一定利率和必须归还等条件出借货币资金的一种信用活动形式，其中利率在约定条件下或由银行免费，或由政府或相对应的机构买单。优惠贷款是指低于金融企业同期同类贷款利率水平的贷款。采用这种融资方式的东道国经济往往比较薄弱。

### （二）外国直接投资

外国直接投资是指在投资人以外的国家所经营的企业拥有持续利益的一种投资，其目的在于对该企业的经营管理具有发言权。采用这种方式的东道国已具备一定的实力。

### （三）项目融资

项目融资有多种形式，采取这些方式的东道国从优惠政策转向注重投资环境的建设，以吸引高质量的国际资本。

TOT（transfer—operate—transfer）融资方式为一种转让经营权的方式，是指水利主管部门一次获得转让经营权的投资，而投资方则在经营期限内收回投资并获得收益。

BOT（build—operate—transfer）融资方式为一种"建设—经营—转交"的方式，是指经政府授权转让，项目发起人承担水利工程的设计、建设、营运和维护的任务，在规定的特许经营期内项目公司拥有经营权和收益权，特许经营期结束后再将水利项目无偿移交给水利主管部门。

BT（build—transfer）融资方式是BOT模式的一种变换形式，是指一个项目的运作通过项目公司总承包，融资、建设以及验收合格后移交给业主，业主向投资方支付项目总投资加上合理回报的过程。

### （四）股权融资

股权融资是指企业的股东愿意让出部分企业所有权，通过企业增资的方式引进新的股东的融资方式，总股本同时增加。股权融资所获得的资金，企业无须还本付息，但新股东将与老股东同样分享企业的赢利与增长。

采用这种形式的东道国在金融、证券、领域的对外开放程度已经相当高。

### （五）证券化融资

证券化融资模式是以项目所属的资产为支撑的证券化融资方式，即以项目所拥有的资产为基础，以项目资产可以带来的预期收益为保证，通过在资本市场发行债券来募集资金的一种项目融资方式。

### （六）证券融资

证券融资方式是指通过发行股票、债券等筹集资金进行水利工程建设。

### 尼泊尔卡贝利（Kabeli-A）水电工程

尼泊尔是较早实施国际 BOT 项目的国家之一。尼泊尔 Kabeli-A 水电工程位于该国东部开发区，海拔高程在 400-600 米之间，位于塔穆尔河（Tamur）河的主要支流卡贝利河（Kabeli）上，流域内降雨丰沛，多年平均降雨量 2260 毫米，径流主要由降雨和融雪形成。坝址处流域面积 964 平方千米，多年平均径流量 44.63 立方米/秒，保证率为 95% 的保证流量为 4.76 立方米/秒。充足的水量和集中落差条件，提供了丰富的水电资源。

工程区域内主要的岩石为花岗岩、千枚岩、石英岩和片麻岩，水电站装机容量为 30 兆瓦，年均发电量 1.75 亿千瓦时，年利用 5830 小时，安装 3 台单机容量为 10 兆瓦的水轮发电机组，为跨流域引水式电站，工程主要由三部分组成：首部引水工程、长 4.43 千米的隧洞引水工程和水电站厂区工程。

中国葛洲坝水利工程集团公司与尼泊尔联合开发该项目，开发的资本债务比为 30：70，资本金占有比例分别为 80% 和 20%，占总投资 70% 的债务部分由葛洲坝集团公司负责筹集，项目所发电力由尼泊尔负责全部收购，收购电价按照 2000 年 6 美分/千瓦时为基础电价，以后每年上涨 3%，连续上涨 15 年。

根据工程总成本 5579.4 万美元，投资回收期 7.12 年，财务净现值 4370 万美元，财务内部回收率 20.79%，财务指标优越。敏感性分析表明，本工程抗风险能力很强，即使在最不利的组合情况下，即投资增加 20%、电价降低 20% 时，投资回收年限只有 9.03 年，内部收益率为 16.22%，贷款偿还年限为 7 年。可见，工程的经济效益显著。

## 二、国际河流开发的融资路径

以东南亚国际河流开发的投融资为例，通过对资金筹集和运作模式进行分析，可以发现有以下三种不同融资路径。

### （一）国内融资和财政拨款

越南、泰国在东南亚地区经济实力较强，国内具有一定的融资能力，在国际河流合作开发前期通常依赖于国内银行和财政开发项目。但是随着项目规模增大、国际金融环境变化，该模式逐渐受到了影响。

例如，越南莱州水电项目融资过程中，越南农业农村开发银行、越南投资开发银行、越南外商银行、全球石化股份商业银行 4 家银行签订了总额为 2.601 兆越南盾的融资合同。这笔资金用于北部莱州省班查（Ban Chat）水电站的建设。由于受到金融危机影响，越南国内金融机构融资能力下降，导致项目出现融资危机，面临项目暂停和转让的危险。2014 年，中国进出口银行湖南分行积极跟进，为项目出具融资兴趣函、提供融资建议，并与其他三家金融机构合作为越南国家电力集团组织银团贷款，融资金额约 1.08 亿美元。

在泰国，政府财政对水利工程项目拨款是水利建设资金的最主要来源。泰国政府对水利建设一直比较重视，长期以来，水利财政支出占政府财政支出总额的比重相对稳定。政府水利投资随着国家财政支出总额的增长而增长。另外，泰国政府还采用多种方法吸引外资投资水利工程。第一，政府对水利建设利用外资统一管理。泰国水利工程项目利用外资由政府统一引进并由政府承担还款责任，水利部门无须还本付息，这提高借款主体的信誉程度，增强对外资的吸引力。第二，对获得外资资助的水利项目，政府承担项目总投资一半的配套资金责任，这为项目的及时开工、按时、按量和按质完成提供资金保证，从而提高外资的使用效率。第三，重视水利技术投资。政府通过利用国家进出口银行和技术设备公司引进先进适用水利技术，从而推动水利技术的更新换代。在政府的高度重视和不懈努力下，泰国水利利用外资的成效显著

（二）国际金融机构

截止到 21 世纪前 10 年，东南亚国家在国内建设资金不足的情况下，通常采取向国际金融组织寻求资金资助。例如，20 世纪 90 年代泰国和越南都在寻求世界银行帮助投资兴建两座各自拥有的水电站。泰国电力生产管理局寻求世界银行资助南达洪抽水蓄能电站工程的建设，工程费用估计为 5.2 亿美元，其中，世界银行投资 1 亿美元。越南为西贡河的主支流同奈河代宁水电站工程寻求世界银行的财政资助。2002 年老挝政府与国际金融机构联系南俄 2 号水电站融资、担保等事宜，世界银行给予老挝政府 2000 万美元贷款援助，作为老挝政府建设南俄 2 号水电站持股资金。同时决定向老挝政府提供风险担保 5000 万美元，以使其他国际金融机构对南俄 2 号水电站项目树立更多的信心。

（三）流域或流域外较为发达的国家

在政策环境比较良好的背景下，水资源开发具有较高的收益，流域国中比较发达的国家乃至流域外国家会有意于投资国际河流开发项目。随着我国水电企业走出去的步伐加快，中国金融机构的配套和支持也不断完善。这为东南亚国家国际河流的开发提供了更为充足、安全的融资途径。2010 年国家开发银行作为牵头银行为南乌江水电项目开发提供大约 18 亿美元额度的贷款。2014 年中

国进出口银行将向老挝国家电力公司提供约 12 亿美元用于支持中国企业总承包的南俄 3 号电站项目及相关设备采购。2014 年中国进出口银行广东省分行为南方电网国际公司与老挝电力公司以 BOT 形式共同投资建设的南塔 1 号水电站提供独家融资。2010 年中国进出口银行和中国信用保险公司分别为柬埔寨甘再水电站提供融资和保险支持。2013 年中国进出口银行为缅甸上耶崖输变电项目提供优惠出口买方信贷进行融资。2014 年工银租赁通过向国内企业采购电力设备及附属设施，直接跨境租赁给柬埔寨桑河二级水电有限公司使用。

### 三、国际河流开发的投资合作

由于国际河流流域本身具有经济、社会和文化联系，兼具跨国性和流域整体性，因此存在着广泛的投资合作空间。水资源是各种经济活动的战略性和基础性资源，包含水资源、水能、河道等资源，国际河流开发投资合作既有水资源开发投资合作的一般性，同时由于牵扯国际关系问题，又包含了国际问题的特殊性。

国际河流水资源是国家的战略资源，同时国际河流开发涉及一国的对外主权，因此国际河流的开发大都采取了政府主导，企业参与的模式。这一模式下，各投资主体的合作方式，是国际河流开发投资的核心问题。

（一）国际河流开发投资合作的含义

国际河流开发投资合作是指国际河流涉及的流域各国为了满足自身的用水需求，与流域内其他国家对国际河流水资源进行开发利用的合作行为，这是一种直接以水资源等相关资源开发为内容的投资合作，具体包括农业种植业的发展、航运、水利环保、水电开发等能源合作、旅游等。在国际河流流域内，各国间的跨境涉水投资合作强调参与国通过双边或多边协商共同合作开发。但是，对于不同区域的国际河流，由于水资源条件不同，投资合作的基础和面临的问题也不同。

（二）国际河流开发投资合作的内容

水资源作为经济社会发展的重要基础性资源，是国际河流流域投资合作的重要基石。国际河流合作开发的主要领域都可以作为投资合作的范围。

中国国际河流水资源开发的投资合作具体包括航运、水利环保、水电能源开发、旅游等。与此同时，对于不同区域的国际河流，投资合作的基础和面临的问题也不同。就中国具体情况来看，西北地区的国际河流水资源异常宝贵，由于边界与分水岭不一致，使得水资源权益划分错综复杂。水资源分配和合理开发利用是西北地区国际河流的核心问题。而东北地区以界河为主的国际河流，跨境涉水合作主要建立在各方对于边界和环境保护合作的基础上。西南地区国际河流水能资源丰富，流量大，具备较好的综合开发条件。涉水投资合作主要集中在水电等能源合作、航运合作及防洪、风光旅游等多个领域综合合作。

（三）国际河流开发投资合作的主体

国际河流水资源合作开发的行为主体包括流域相关国家政府、第三方国际组织、参与开发企业以及流域内居民。

1. 流域相关国家政府

流域相关国家政府是国际河流流经地区所属的国家。无论是国际河流水资源合作开发项目的制定还是开发进程中问题的解决，流域国家政府都是最终决策者。随着国家间共同利益增多，对于国际河流水资源的开发利用逐渐由单一国家自主开发向双边合作乃至多边合作发展，多边合作中又从部分流域国的合作开发向全流域综合开发的合作演进。

2. 国际组织

参与国际河流水资源合作开发的国际组织主要包括两类：一类是诸如湄公河委员会等的第三方流域管理机构，其主要职能是监管该流域内各国进行水资源合作开发项目的运行；另一类是如世界银行和亚洲开发银行等第三方金融组织，其主要职能是向开发企业提供资金、技术、人力资源等方面的支持。

3. 参与开发企业

企业是国际河流水资源合作开发的直接参与主体，比如，华能澜沧江水电开发有限公司就是中国在澜沧江流域水电开发的核心企业，在各国政府做出国际河流水电工程规划之后，还是需要通过企业进行项目的设计、建设、管理等环节。

4. 流域内民众

流域内民众的生产生活用水以及由于水电工程建设带来的移民问题都与国际河流水资源合作开发有着密切关系。以前，各国政府在国际河流开发过程中往往最先考虑的是获得更多经济利益，忽视了流域内民众的社会利益，随着社会经济发展及环境保护意识的增强，各国民众参与程度相对于以往有了很大的增加，相应地在工程项目投资合作中体现民众的利益就变得十分重要。

5. 其他利益相关国

其他利益相关国就是指在地理上并不接壤，但是仍然会出于政治、军事、经济等利益考虑而参与国际河流水资源合作开发之中。比较典型的就是美国为了维护其在亚洲的国际影响力和亚太战略的稳定实施而参与中国西南和东北国际河流水资源合作开发之中。

### （四）国际河流开发投资的合作层次

国际河流开发项目的合作是一种复杂的、多层次的合作，按照从宏观层面到微观层面的分类，我们又可以将合作的层次分为国与国的合作、国家与企业的合作、企业与企业的合作和民间组织的合作四个层次进行分析。

1. 国家—国家合作

国际河流水资源的开发投资合作属于跨境、跨区域合作，各类合作的开展首先应建立在政治互信和合作的基础上。国家与国家之间的合作应属于第一层次的合作，此处的国与国之间合作不仅包括了流域内各国之间对于国际河流水资源的投资合作，还包括了流域内国家与其他利益相关国（地理上不接壤）之间的投资合作，具体内容涵盖了合作原则、内容、框架以及合作机制的制定等多个方面。

2. 国家—企业合作

在国际河流水资源合作开发上，国家与企业间的合作属于第二层次的合作，如水电设计企业、水电开发企业与本国政府、外国政府间存在的政企合作开发。同样包括农产品、种植业、旅游业相关企业和公司与政府间的经济、产业间的合作。

3. 企业—企业合作

在国际河流水资源合作开发上，企业与企业间的合作属于第三层次的合作，包括本国企业与本国企业的合作和本国企业与外国企业的合作。因为国际河流合作开发项目往往工程浩大，牵涉面很广，单靠一个企业之力难以进行下去，需要一国多企业合作甚至本国企业与当地外国企业的合作。

4. 其他主体间合作

国际河流流域经济中的民间组织主要是指流域内民众的合作以及第三方组织，如世界银行、亚洲开发银行等，主要合作形式包括资金支持、银行贷款，而流域内民众的合作则包括土地租赁、农业种植等方式。

### 四、国际河流开发的合作投资体系

国际河流开发的合作投资体系按照主体划分为区域主导型、国家主导型和企业主导型等主要类型。其中，区域主导的投资体系建立在流域各国在合作开发目标一致的基础上，由流域管理组织或其他合作组织主导，双方或多方共同出资、按比例分配利益；国家主导型则是由流域某一国家单独规划，政府或通过直接投资或通过合资方式主导开发，再通过补偿形式将利益分配给下游国家；企业主导型投资较为特殊，其规划、投资和开发完全由企业承担，开发项目所在国政府承担辅助工作。

### （一）区域主导型投资

由于合作开发的投资对于收益分配产生直接影响，因此国际上采取区域或流域整体投资的案例较多，但主要是以发达国家为主。例如在莱茵河水电开发过程中，意大利和瑞士等国联合投资开发水电，并按照投资比例进行利益分配；加仑河上的西班牙和法国也按照该模式联合投资。

### （二）国家主导型投资

国家主导型的投资就是由流域国实施主导投资。这种投资体系在发展中国家比较常见。中国西南地区的国际河流，尤其是湄公河流域由于流域共同开发目标难以形成共识，区域主导投资难以实现，这就使得各国独立开展投资。该区域内各国具有投资能力的企业较少，因此，常采取国家主导和吸引外资相结合的方式。

老挝的电力规划、开发、实施及运营由老挝国家电力公司负责。泰国水利水电投资主体主要包括各级政府和农民，其中，政府在水利投资中处于主导地位，是水利投资的主力，政府水利投资领域包括灌溉排水工程、防洪工程、工业用水、水土保持、水电工程和因水利工程建设中的土地征用和移民安置，其中，灌溉排水工程、防洪工程、工业用水工程由皇家灌溉局负责实施，水土保持工程由土地开发局负责实施，水电工程由电力局负责实施。而农民在水利投资中处于次要地位，农民水利投资领域仅包括小型灌溉工程部分管理维修费用以及农村饮水工程建设费用的20%。

### （三）企业主导型投资

有些国际河流流域国实行比较宽松的经济管理模式，高度对外开放，就会依赖企业实施国际河流开发，这在落后的国家比较盛行。柬埔寨政府对于水电开发的投资较为薄弱，在柬埔寨申建水电站的有关法律相对宽松，由投资者自行设计施工、不限定投资额、不指定使用机组等有利条件，只要不危害到环保和当地民众的日常生活即可。在柬埔寨建立水电站一般以 BOT 项目为主，即投资公司自筹资金及自负盈亏，向工业部申报投资额，一般营运期为 20—25 年，期满后交还国家。

## 第二节　国家主导投资体系下企业的应对

中国企业不仅仅致力于开发国际河流境内段的开发，在"一带一路"倡议的引导下，也积极拓展国际河流境外段的开发项目。由于境外面临的环境与国内相差巨大，加之水利工程投资规模大，回收期长，提高投资收益是中国企业需要重点考虑的问题。

### 一、开发企业面临的问题

由于中国国际河流流域国是以发展中国家为主，因此境外段的开发基本采用了国家主导投资的方式。在此背景下，企业与国家主导的投资体系合作存在着地位不对等、投资风险等问题。企业参与政府主导规划的水电项目开发，很容易受到该国政治、经济局势的影响，一旦企业违背了政府或者民众的利益诉求，很容易产生纠纷，导致项目开发难以为继。企业在政府或国家主导的合作开发模式下需要承担很大风险，一旦投资失败，不仅仅使企业遭受巨大经济损失，也可能引发国际纠纷，破坏两国的外交关系。

（一）国家主导的投资体系关注的利益范围较广，与企业单一经济目标不一致

企业作为理性的个体，其目标往往是追求经济利益的最大化。但是，国家在水电项目开发方面不仅仅要考虑经济利益等显性、短期的利益，还要更多地考虑社会利益，比如环境保护、水土保持、国民文化信仰以及国民就业问题等。

因此，企业在进行河流开发时，需要兼顾多重目标需求，采取多种开发方式，在满足当地政府和民众利益需求的前提下来获取自身最大化的利益。例如，美国田纳西河的开发正是遵循这一主导思想：首先，创造一个有安全保障的环境和能源交通等各方面的基础设施，促进国土开发；水电配合火电、核电，大力发展高耗能的炼铝工业、原子能工业、化学工业，建成最大的电力和铝化工基地。其次，较快地、因地制宜地全面发展农、林、牧、副、渔各业，强调环境保护和提高环境质量，促进旅游业的发展。最后，普及科学技术和文化教育事业。田纳西河的开发已经证明和取得了较好的经济效益。电力、防洪、航运、

旅游四项主要效益已达 269 亿美元以上，相当于政府拨款的 6 倍多。相反，如果只片面地追求经济利益而忽视长远的利益，就会导致项目的失败。例如，亚马孙河流域的开发，导致热带雨林大片减少，以致洪水泛滥，水土流失严重，局部小气候变化较大，乃至于对全世界的气候也有一些影响。

（二）国家主导的投资体系受开发国政治局势影响较大，企业投资主体难以预见此类风险

国家主导型投资体系最大的特点就是项目从属于和服务于国家间关系，受国家间关系的影响较大。国家间关系的波动和震荡都将直接影响项目的实施。以密松水电站投资为例，中资公司对于缅甸国内政治风险估计不足，仅与军政府方面合作，并委托其对受影响的克钦族民众进行补偿。然而，当缅甸国内产生政治动荡时，与军政府单方面合作的密松水电站自然成为冲突双方利益争夺的牺牲品。

（三）企业在与国家主导的投资体系合作时，双方对于项目的自然、经济、社会等事关项目可行性的重要信息方面存在严重不对称

可行性研究是指在调查的基础上，通过市场分析、技术分析、财务分析和国民经济分析，对各种投资项目的技术可行性与经济合理性进行的综合评价。可行性研究的基本任务，是对新建或改建项目的主要问题，从技术经济角度进行全面的分析研究，并对其投产后的经济效果进行预测，在既定的范围内进行方案论证的选择，以便最合理地利用资源，达到预定的社会效益和经济效益。

## 二、多投资主体的合作

由于国际河流项目开发时考虑多目标的必要性，以及企业在做出投资决策时自身的有限理性，再加上水电项目投资较大的风险性，使得企业在参与国家主导的投资体系下的水电项目时，必须构建同该投资体系下的政府多元化的合作模式。

（一）合理安排投资结构，将单独的风险分散化，将企业投资目标和东道国的利益捆绑，实现风险共同承担

跨国投资公司可以通过调整经营和金融政策，把政治风险降到最低，具体可采取以下措施：跨国投资公司应努力找寻更多的利益相关者，国际金融机构和公司持股者和客户均能成为利益攸关方，可以利用多渠道融资将风险导入东道国或其他利益相关方，一旦投资所在国发生任何政治或经济风险，投资公司

不必承担太多的风险，还能得到多方声援和国际保护；再者试着将工程原料、工程设备加工、零部件供应和投资所在国市场接轨，一旦任何风险发生，东道国同时也会遭受巨额损失，这种"感同身受"会让东道国谨慎自己的不当行为给他国造成的损害。

## （二）构建企业在海外投资的风险评价体系

严格执行将风险控制指标引入企业境外投资绩效评价体系中，由于中央企业的规模和影响力，其海外投资会引起社会各界的高度关注，因此更需防范境外投资风险，以确保巨型投资的安全和保障海外投资的价值。在某种程度上，对大型中央企业境外投资的评估，不仅仅取决于其预期的经济效益，还取决于其风险防范政策是否周全。很多时候，后者的意义更甚前者。因此，构建以风险控制为导向的境外投资绩效评价体系甚为重要。将中央企业境外投资风险的预警和控制评估系统纳入境外投资绩效评价体系中，不仅能综合评判海外投资合理性，也是风险预警和风险控制的重要依据，因为这两者是风险应急处理的基本元素。一个包含足够具体且合理指标设计的企业综合绩效评价体系，不仅能反映海外投资企业的财务业绩和管理效率，还可以反映其海外投资的风险控制能力。恰当的评价指标还能较准确反映境外投资的风险及其程度。

## （三）积极推动海外投资主体本土化

企业应加强公关策略，要利用各种舆论媒体宣传投资给当地政府和民众带来的实际利益，并且在矛盾凸显时和当事方及时沟通，争取将矛盾和误解消灭于萌芽状态。在投资方式上尽量采取和所在国合资的形式以取得一定的本国企业身份的"本土化包装"，这也是规避风险的重要环节。

## （四）预设风险转移方案

在境外水电项目的风险管理中，经常采用且非常有效的处理方法是通过具有法律效应的条款转移风险。例如，通过在合同中设置全面的履约担保条款为工程提供履约担保，还有近年发展起来的投保工程险也是一种有效的方案。前者通过预先设置保护性条款和工程合同的履约担保这两种方法，由于其成本低且易于实现，已广泛应用于各种海外投资合同中。后者工程保险这种方式保障程度更高，但高有效性也导致高成本、程序也较复杂，需要受过专业训练的人士才能操作。随着保险市场的日趋成熟及海外水电投资日见规模，工程保险将成为风险转移的主要途径。

### 三、中国企业参与国际河流开发投资面临的问题

#### （一）盲目投资，盈利较少

部分企业依照思维定式，照搬国内经验、盲目乐观，其实企业面对的是与国内政治、法律、文化、交易习惯有很大差异甚至完全不同的投资环境，且国际河流开发项目大多有多个参与方，投资周期较长，导致对海外市场上各种风险的复杂性没有充分认识，有时会过于乐观，对项目成本、工期、可能遇到的阻力估计不足。其中，劳工制度和商业思维差异所诱发的海外运营和管理风险较为突出。

#### （二）国内竞争被引入国际河流开发中

国内水电行业的投资建设趋于饱和，产能过剩逼着企业"走出去"，尤其是大型央企和国企，更加关注水电开发的总产值，因此，国内企业的竞争被随之带入国际水资源联合开发活动中，甚至不惜以低于成本价中标，以求占有市场。

#### （三）不规范的思维运营模式成为国内企业参与国际水资源联合开发的短板

于海外投资的中国企业大多在国内有着不错的业绩，也熟悉并善于运用国内法律和商务模式，但是这种经营经验有时会制约海外投资活动。在中国对外承包工程商会所做的问卷调查显示，海外受访者被问及中国企业在对外投资过程中面临的最大困难的时候，得票第二多的选项为"对当地商业惯例缺乏了解"。

另外，中国人做生意讲究建立感情关系，在海外投资时为了争取项目，有些企业倾向于在合同中使用模糊语言，寄希望于项目开始后再明确相关问题。而这种做法在完全以合同条款为出发点来执行项目的国际市场却行不通。在一些项目中，一些企业先报较低的价格，计划项目开始后再通过合同变更，弥补签订合同时未预计到的预算超支，但这种方式不被严格执行合同条款的外方业主所认同，导致成本、工期双双超出预算，而企业无法从业主方获得补偿。

此外，普遍的思维定式是，对于重大项目企业会从地方政府和有关部门获得大力支持和配合。然而，这只是中国特色的政府行为。在国际水资源联合开发过程中，企业日常经营行为往往由企业自身来完成，政府干预较少，比如，项目征地拆迁，很少会有国外政府出面协调。一些企业由于没有事先考虑到这

一问题，而延误了工程进度，造成了经济损失。

（四）缺乏完善的风险管理体系是中国企业参与国际河流开发的瓶颈

经过十多年的高速发展，中国企业对外投资已经积累了一定的经验和教训，绝大多数企业已经认识到风险管理体系的重要性。很多企业建立了风险管理体系，尤其是针对海外投资风险的管控框架。但大多数企业的风险管理体系还需完善，在实施过程中也存在一些问题，包括重形式，认为风险防范体系和规定只是一些书面的文字，没有认识到风险管理体系在生产运营中所发挥的作用；在实际工作中风险管控措施没有真正融入管理过程；企业各部门之间缺乏在风险管控方面相互促进、相互制约的机制；内部员工对企业的风险管理体系的运作机制和实际效果认识不到位，不了解自己在整个风险管理体系中所起的作用，以及与其他风险管控点的关系，因而缺乏执行风险管理职责的热情；未将各级员工风险管理工作情况纳入业绩考核范围，对于风险管理执行情况的监控不够到位等。

在这样的情况下，由于缺乏风险管控的组织基础，在对外投资活动中很少有企业能够充分利用风险管理工具，切实履行风险管理职责，即在对外投资活动过程中开展识别、评估、应对和监控风险的工作，导致企业在投资前的可研、立项及尽职调查等重要环节对风险识别不充分、风险应对策略不清晰、未能前瞻性地建立重大风险的应对措施，特别是在对拟投资对象估值时，未能充分考虑风险因素，导致投资决策失误，或投资过程失控，最终难以实现预期投资收益。

### 四、中国国际河流开发的投资体系建议

中国企业一方面开始实施国际河流境内段的开发工作，另一方面也积极引导中国企业参与国际河流境外段的开发活动，因此中国国际河流开发应从整条国际河流的视角建立一套系统的投资体系，引导企业科学有效地参与各类开发活动，以保证流域实现可持续发展。

（一）中国国际河流开发投资思路

1. 建立国家主导型的投资体系，落实国家重大战略部署

中国政府应该制定一系列的政策来支持和鼓励各类有条件的中国水电企业"走出去"开展境外资源开发、对外承包工程、对外劳务合作等各种形式的对外经济合作业务。例如，对外承包工程保函风险专项资金、对外承包工程项目贷

款贴息、支持中国企业带资承包国外工程的办法、出口信贷及出口信用保险、中小企业国际市场开拓资金、援外合资合作项目基金等支持手段，还可以推出财税、信贷、保险、外汇、通关、质检、出入境、领事保护等政策措施，从而可以有效地促进中国水电企业"走出去"开拓东南亚国家水电市场战略的组织实施。

同时，中国政府应该积极为中国水电企业提供服务，利用高层互访和多（双）边会晤，积极宣传推介中国企业，推动承揽境外大型水利工程项目，纳入政府合作框架，并利用多（双）边经贸联系机制和磋商机制，落实和推动有关项目。建立和完善公共信息服务平台，建立良好的国际形象，发挥经济外交优势，改善企业投资的外部环境。

2. 政府应通过进一步完善对外投资公共信息平台，成为中国企业"走出去"的"最佳向导"

通过公共信息平台，政府部门可以为企业参与国际水资源联合开发提供各种东道国的投资环境信息，如投（融）资优惠、财税补贴、风险因素等。政府主管部门可推进企业之间的交流与合作，就中国企业在国际水资源联合开发中的关键问题和典型事件进行共同探讨和分析，以避免多家企业为同一错误重复"买单"的情况。此外，相关部门应完善中国企业参与国际水资源联合开发的统计制度，为企业、政府主管部门和行业组织提供准确的统计数据，减少因信息缺失而导致的决策失误。

在防范风险的支持服务体系方面，政府的作用体现在建立海外投资预警机制，加强对企业的风险提示，完善中国企业参与国际水资源联合开发项目的境外突发事件应急处理机制等方面。另外，政府还可以考虑加大对设立国际水资源联合开发项目投资促进机构的鼓励和支持力度，特别是鼓励建立境外会计师事务所、律师事务所等中介机构，为企业提供认证、财务、法律、诉讼、救济、索赔等咨询和必要的技术支持，指导企业应对海外反垄断审查和诉讼。

3. 在国家层面推进国际水资源联合开发的便利化的同时，企业应建立投资主体地位的意识

相关单位和部门须密切配合。十八届三中全会已经明确传递了"扩大企业及个人对外投资，确立企业及个人对外投资主体地位，允许发挥自身优势到境外开展投资合作，允许自担风险到各国各地区自由承揽工程和劳务合作项目，允许创新方式"走出去"开展绿地投资、并购投资、证券投资、联合投资等"的信息，相关配套措施会逐步跟进、到位。在国际水资源联合开发中，更应突出以国家为导向、企业为主体的对外投资战略。

### 4. 企业应构建国际化经营的体制与能力

提高水平有两个层面的含义，一是提高工程本身的水平和档次，包括管理方式、产品质量、工程质量、合作方式等。总之，就是向产业链高端发展，提升项目的技术含量。二是提高企业自身水平。企业在拓展市场的过程中，在提高自身管理水平、技术水平、市场份额和经济效益的同时，必须着重提高自身的法律责任意识、社会责任意识和道义责任意识。如此，中国参与国际水资源联合开发项目的成功就有所保障了。

### （二）中国国际河流开发投资主体结构的建议

从宏观视角看，中国对国际河流的开发投资制度变迁与中国整体经济体制改革相伴相生。中国对外直接投资的每一次变革都与中国经济发展变革紧密联系，但中国对外直接投资制度的变迁明显落后于中国整体经济制度的变迁进程。从投资实践来看，中国每一次对外直接投资大发展都与政府的大力推进密切相关。可以说，中国对外直接投资制度变迁过程实际上是政府主导型对外直接投资的形成过程。初始阶段的中国对外直接投资主要是依靠自发形成，并且主要是国际经济合作和援助性质的项目。其后阶段，政府在企业对外直接投资中的引导规范作用日趋显著，实践中表现为通过国务院职能部门以及各地方政府部门进行管理。

从企业视角看，中国企业对国际河流的开发呈现一种特殊的"自上而下"的扩展过程。政府对外国际河流的开发投资政策的演变也是一个渐进过程，对于对外直接投资的审批、监管与支持政策都随着政府的整体政策指向变化而发生着变迁，缓慢的连续性的政策变动导致微观企业主体，尤其是民间资本，在对外直接投资决策中主动性不强，对于国家政策走向不敏感，或者即使敏锐地感受到国家对外直接投资政策发生了改变，也无力参与对外直接投资过程中去。因此，一方面，为了推动企业对于对外直接投资的认识，政府首先对国有企业进行激励，通过参股控制国有企业，率先驱动国有企业，尤其是大型中企对国际河流的开发投资。另一方面，从投资收益方面看，对于微观主体来说，由于很多项目由政府推动并由政府积极参与到投（融）资过程中去，出现很多由政府担保的项目，在这样缺乏严格监督机制的条件下，对国际河流的开发投资企业往往会出现基于机会主义的决策，漠视经营风险，不顾投资收益的案例常常发生，经常使对外直接投资项目出现所有者缺失的情况。

当前中国参与国际河流开发仍以国有企业为主，这些企业短期内仍难以从传统的企业文化和经营模式中摆脱出来，企业的经营缺乏规范的现代企业战略、体制与机制。缺乏透明性和违规失范行为不仅会直接影响中国参与国际水资源联合开发的效率和形象，也难以应对日益变化的国际法律、监管法规、税收条款和政治环境等方面带来的挑战。

国家对外投资的监管部门已经认识到，参与国际河流开发中小民营企业不积极，实际上是中小企业无力"走出去"的局面，开始采用了一种特殊的"政府主导型对外直接投资"的方式来引导企业"走出去"。

综上所述，中国对国际河流的开发投资应是一种政府主导下的以政府为主导、企业为主体的国际河流投资开发结构。国有企业为中国对外直接投资的主力，在中国对外直接投资中占有主导地位，是中国对外直接投资的主体力量。

### （三）中国国际河流开发的融资路径建议

1. 目前中国水电企业参与国际水资源合作多是大型央企和国企，以企业融资为主，多采用总承包模式参与建设

中国的水电企业多为业主提供从勘测设计、施工、机电设备制造、采购及安装、到项目咨询监理、维护运营的一站式服务，业务覆盖能源、水利、交通、市政等多个领域。但是由于种种原因的限制，如设计能力缺失，设计与施工长期脱离导致建设模式较为单一，多是施工承包或 EPC 总承包模式，虽然近些年中国水电企业承接了部分"EPC+融资"的项目，但是中国水电企业离真正意义上参与 PPP、BOT、BT、BOO 等新型合作模式仍有很大差距。①

2. 中国企业参与国际水资源合作应逐步以有限追索的项目融资为主，发挥市场在资源配置中的决定作用

中国企业在国际河流合作开发项目中有着项目承包模式单一和企业融资能力不强的问题，限制了项目签约量上升和项目利润率的提高。项目融资可以有效地解决这两个问题。项目融资的理论产生于 20 世纪 80 年代，于 90 年代开始付诸实践，是以项目公司作为借款人，筹措贷款后以自身的现金流和项目运营收益作为还款来源的一种融资方式。项目融资的主要形式有 PPP、BOT、BT 等模式的项目融资。以项目为主体的融资模式是指项目发起人从项目所在国的地方政府获得基础设施项目的建设和运营权，在项目公司的平台下开展项目建设的融资、设计、建造和运营。该模式在不同国家的称谓不同，通常我国称为

---

① PPP（Public—Private Partnership），即政府加社会资本合作；BOT（Build—Operate—Transfer），即"建设—经营—移交"；BT（Build—Transfer），即 BOT 模式一种变形；BOO（Building—Owning—Operation），即"建设—拥有—经营"。

"特许经营权"或"特许权"。该模式扩展了工程承包的融资渠道，应该是中国企业参与国际水资源合作的主要融资模式。

相比 EPC 总承包建设模式参与国际水资源合作，该模式对承包商的风险更大。但这在客观上提高了社会资金的运行效率，有助于提高项目质量。项目提前完工意味着可以提前进入运营阶段，承包商可以更快地收回成本，这也有助于缩短项目工期，客观上要求企业提高自身的管理和运营水平。此外，东盟国家多为发展中国家，经济发展多处于百废待兴的阶段，这种模式减少了项目所在国政府的财政负担，使政府在自有资金不足的情况下仍然可以筹建一些大型项目，促成国内发展经济急需的一些基础设施项目尽快启动。这种模式在一定程度上扩大了一个国家的工程承包市场，对提高我国企业在参与国际水资源合作中的深度和广度有较大意义。

3. 扩大投资规模，奠定中国水电企业的品牌地位

中国企业在国际河流合作开发项目中应尽可能与外部资本深度融合，制造合作机会，在条件合适的时候可以培育一批以水电产业为主的专门参与国际河流联合开发的上市公司，通过发行股票等资本运作方式进行"走出去"的国际水资源联合开发，进一步加强我国水电企业的融资能力，从而保证水电企业在参与"一带一路"倡议的投资能力，奠定中国水电企业在国际水资源联合开发过程中的品牌地位。

# 第三节　国际河流开发的工程技术

## 一、国际河流开发的工程技术体系

国际河流的合作开发工程体系可以划分为工程建设技术体系和支撑体系，其中，技术体系主要涉及国际河流合作开发项目的规划、设计、建设期的相关工程科学技术；而支撑体系主要包括合作开发项目的投（融）资管理，合作开发的信息共享、联合监测以及环境保护等支撑技术。

（一）技术体系

工程技术是水资源合作开发的基础，从我国与周边国家国际河流的特征上看，勘测、施工、环保和信息技术是工程技术体系的重要基础。工程建设技术体系框架如图 10-1 所示。

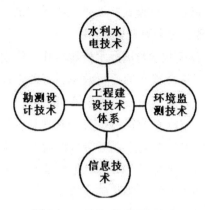

图 10-1　工程建设技术体系

1. 勘测

勘测是国际河流水资源开发的基础工作之一，与工程投资和安全运行关系十分密切；其任务是对国际河流流域或地区开展工程地质、水文地质、地形地貌、灌区等多种工程条件的综合调查与勘测，分析研究其性质、作用及内在规律，评价、预测合作开发可能产生的自然环境问题，为水利工程规划、设计与施工运行提供基本资料和科学依据。勘测技术主要包括水文水资源调查、水利工程测量、工程地质勘察、水文地质调查及灌区土壤调查。

2. 水利水电技术

水利水电技术主要包括水文水资源、水环境与水生态、水利规划、泥沙研究、水工建筑、水力发电、地质勘测、工程施工、农田水利、防汛抗旱、水利经济、建设管理、运行管理等一系列直接关系到水利项目建设的技术种类。水利水电技术是国际河流水资源开发实施阶段的关键技术，是事关水利工程能否正常实施和竣工的关键环节。大型国际河流水电工程施工中的复杂技术、特殊技术和紧急情况比较多，在施工中要不断地解决一些技术难题，因此水利水电技术是国际河流水电工程技术体系研究的重点。

3. 监测

国际河流因其特殊的地理位置而受到各国的高度重视。一国对国际河流的开发和环境影响往往会波及另一国或几个国家的环境、生态安全，影响人民的生活和国家社会经济的发展。在国际河流合作开发过程中，联合监测不仅是有效解决国际河流冲突和争端的重要技术手段和途径，也是实现流域一体化规划、建设、开发、运营、维护的基础和保障。国际河流环境监测与保护主要包括水环境监测点位设置与优化、水样采集与预处理、生化指标、无机物指标、有机物指标监测、水质等级评价与预测等方面的信息互通、标准互认等①。

### 4. 信息技术

信息技术是指有关信息的收集、识别、提取、变换、存储、处理、检索、检测、分析和利用等技术。我国国际河流存在着合作开发利用程度低、上下游信息不对称、灾害预警系统不完善、缺乏可持续发展等问题，这些问题需要通过流域国之间开展积极的信息交流与合作，逐步建立和完善国际河流水文、气象、地质、生态、水质以及相关信息的传递交流和共享机制。

### （二）技术支撑体系

国际河流合作开发的工程规模较大，存在跨国投资、建设管理和运行的问题。保障流域各国在合作投资、建设与后期运行的顺利开展和有效衔接是合作开发的关键问题。从水资源合作开发建设角度，将技术支撑体系分为投（融）资体系和联合运营技术体系。

资金短缺和开发水平落后正成为我国周边国家，尤其是湄公河次区域水电开发落后的两个主要障碍。以缅甸瑞丽江为例，缅方资金短缺导致项目烂尾，最终由华能联合另外两家中方公司投资 29.6 亿元与缅甸政府合资建成（项目总投资 32 亿元）。因此，根据国际河流沿岸国经济社会水平合理设置和选择水资源开发的投（融）资体系是流域合作的重要保障。

目前国际上水电合作开发以河段和双边合作开发为主，缺乏流域层面的合作，形成了投资—效益等比分配、平均分配和差异分配三种模式。跨境型河流水电合作的投资—效益分配以等比分配为主，上游国通过向下游国提供发电用水分享其发电效益，下游国则通过补偿上游国的方式推动合作；界河（含界河段）的水电合作开发以平均分配为主。经济发展水平相当的合作国家间主要采用平均分配模式；经济发展水平存在差异的国家间则兼顾采用等比分配和差异分配模式，并实施更多的补偿措施②。

国际河流开发存在多个投资开发主体的问题，在运行调度上如无法达到默契配合，就不能最大限度地发挥各梯级电站的能力和效益。要提高流域水电站的综合效益，重点在于实施全流域的联合调度，而国家间联合调度的重要基础是河流水量、流量、流速等基础信息的实时监测、信息共享和多主体交互预测。

---

① 贾生元，戴艳文. 中国国际河流水资源保护问题与对策 [J]. 水资源保护，2004（2）：62-63.

② 冯彦，何大明. 国际河流水电合作开发投资—效益分配模式及特征 [J]. 地理研究，2014（10）：1807-1816.

只有在监测和预报信息的共识基础上，才能实现联合调度和风险分摊。

## 二、国际河流开发工程技术的特性

国际河流工程施工工期长、工程量大、施工难度很大。工程建设施工条件复杂，涉及专业多、牵涉范围广，具有极强的实践性、复杂性、多样性、风险性和不连续性特点，主要表现在以下几个方面：

（一）国际河流工程建设受水文、气象、地形、地质等限制，众多的随机因素都可能会对工程技术的使用造成影响

国际河流由于流经两个或两个以上国家，流域国家之间相互影响，以及洪水等气象灾害对国际河流工程的施工都会产生影响。

我国东北仅有一条入境的国际河流，其他均为边界河流。西北地区国际河流包含了所有情景，既有界河，又有跨境河流且出入境频繁。最大的伊犁河、额尔齐斯河的干流出境，但一些较大支流源头却从境外流入我国，汇入干流后再次出境。西南地区的国际河流均为出境河流，其特点是干流出境，两岸的支流都以分水岭或河道为界。这给水文测量和水文计算带来很大不便，使国际河流的水资源评价内容复杂，需要投入大量财力，耐心细致地计算各出入境水量①。

（二）国际河流开发的工程项目具有工程量巨大、施工难度高、季节周期性强等问题，开发难度高于国内河流

国际河流大型水利水电工程施工工程量巨大、工期长，必须采用配套大容量的施工设备，高度机械化施工②，以及采用现代施工技术和科学的施工管理，因此需要花费大量的资金、材料和劳动力等资源③。

多数国际河流水利水电工程位于深山峡谷中，施工场地狭窄、施工道路拥挤，给工程的快速施工带来一定的影响④。国际河流水利水电工程施工具有很

---

① 何大明，冯彦，陈丽晖. 跨境水资源的分配模式、原则和指标体系研究［J］. 水科学进展，2005（2）：255-262.

② 刘沐，张晓廷，陈洪文. 迪克戈洪大坝施工导流与填筑分区规划［J］. 水利水电施工，2011（6）：41-44.

③ KLING H, STANZEL P, PREISHUBER M. Impact modelling of water resources development and climate scenarios on Zambezi River discharge［J］. Journal of Hydrology: Regional Studies, 2014（1）：17-43.

④ 杨春喜，王志成. 抗风雪，战严寒，为保护国土做贡献——新增跨界河流国土防护工程建设速度快、质量好［J］. 水利天地，2009（2）：51.

强的季节性，需充分利用枯水期施工，要求有一定的施工强度和温度控制措施。西南地区国际河流处于热带、亚热带气候，气候湿润多雨，普通水工材料、技术和设备难以有效适用，工期难以保证。西北、东北地区国际河流又面临寒冷、干燥气候特征，这些都对合作开发的技术需求提出了更高的挑战①。

（三）沿岸各国由于所处的地理位置不同，对河流的依赖程度不同，对水能资源开发利用的立场、观点有一定差异

流域国的国家间利益冲突，流域国内部的部门间利益冲突以及国家、地方与个体之间的利益冲突不可避免②。而这些冲突的具体表现形式往往是合作开发工程项目的规划位置、具体技术参数的争议问题。

中国国际河流开发利用涉及的主要是国际河流水资源共同利用及分享权益③；在国际河流上建设工程所引起的国家权益保护问题，如水能开发、水运、防洪、水量、水质、旅游资源、水生生物资源、环境与生态、水利工程淹没等④；国际界河护岸和河口的保护工程建设。

中国东北国际河流以界河为主，界河、界潮水域国境线总长达 5000 千米，我国护岸工作力度不够，国土流失严重。同时，存在兴建水利工程所引起的防洪、水运、水利工程淹没补偿等问题。西北地区国际河流地处内陆干旱区，水是支撑和制约经济发展、生态环境稳定的基础资源⑤，水资源异常宝贵。因此，水资源权益分配是新疆国际河流的核心问题。同时，由于边界与分水岭不一致，使得水资源权益划分错综复杂。西南国际河流水能资源丰富，流量大，具备较好综合开发条件，如水力发电、水运、防洪、灌溉、旅游等。尤其是国际河流航运前景广阔，将使云南省从一个内陆省份变成西部直通东南亚的枢纽。

---

① 罗扬生. 我国西南国际河流暴雨洪水特性 [J]. 水文, 2000 (3): 59-62.

② MIRUMACHI N, CHAN K. Anthropocentric hydro politics? Key developments in the analysis of international transboundary water politics and some suggestions for moving forward [J]. Aquatic Procedia, 2014 (2): 9-15.

③ 华坚, 吴祠金, 黄德春. 上下游型国际河流水资源分配冲突的博弈分析 [J]. 水利经济, 2013 (3): 33-36.

④ 边永民, 陈刚. 跨界环境影响评价: 中国在国际河流利用中的义务 [J]. 外交评论 (外交学院学报), 2014 (3): 17-29.

⑤ 汤奇成, 李丽娟. 西北地区主要国际河流水资源特征与可持续发展 [J]. 地理学报, 1999 (S1): 21-28.

（四）国际河流基础工作薄弱，自然、社会信息缺乏，不利于合作开发的可行性研究与项目实施

区域特征决定了国际河流区域通常缺乏必要的投入，水文站点少，缺乏系统的科学考察、自然资源和社会经济发展的评价，基础研究薄弱，家底不清①。这些对于水资源合作开发的规划、设计、施工以及后期运行带了众多不便。例如，柬埔寨甘再水电站在投标阶段没有提供有效的水文地质信息，而面对激烈的国际投标竞争，投标方也未详细审阅相关资料，最终水电八局承包下来后又多次派技术人员赴柬埔寨补充测量，导致初期设计方案的多次变更并延误了工程进度。

（五）国际河流开发成本高，制约了工程技术的使用与合作

国际河流开发成本高，而中国周边国家，尤其西南、西北周边各国经济发展相对落后，财力有限，仅仅靠国家和地方大规模投资有一定难度，约束了工程开发的进度。

（六）国际河流开发的多目标性，对工程技术提出了约束和限制

国际河流具有资源性、生态性、经济性等多种属性，开发项目通常需要兼顾能源、航运、防洪、环保等众多目标②，综合利用水利水电技术、环保技术、航运工程等多学科技术综合优化。

中国国际河流所在的边疆地区是传统的经济发展落后区域，通常也是多民族聚居地，生存条件艰苦。尤其是西北国际河流地处极度干旱区，是西北主要贫困地区之一，改善农牧民的生存条件和维护正常的生态条件都有赖于水资源的利用。因此，国际河流水资源开发利用是保障边疆地区人民基本生存权和发展权的必然要求。国际河流许多地区境内（外）人民往往属同一种族，这要求双方政府友好协商，解决国际河流利益划分问题。同时，要防止出现相反的结果。世界各地历史和现实的经验表明，地区共享资源开发的问题如果渗入种族因素，将使问题极端复杂化。

---

① 郝少英. 我国国际河流水资源信息资料交流存在的问题及其法律对策［J］. 清华法治论衡，2014（3）：348-360.
② 李奔，谈广鸣，舒彩文，等. 国际河流水资源开发利用的多目标决策模型［J］. 武汉大学学报（工学版），2010（2）：153-157.

### 三、国际河流开发工程技术的分类

从国际河流合作开发的工程项目生命周期上看，可以划分为勘察设计、规划、建设、运营等阶段。在各阶段中，测绘技术、水利水电施工建设技术直接服务于项目建设，而环境监测则贯穿建设全周期。

（一）测绘技术

测绘技术涉及面广，包括测量工程的自动化、数字化、智能化、一体化，工程测量与数据分析，全球定位系统（GPS）测量与应用、地理信息系统及应用、地籍测绘及土地管理等方面，测绘技术在国际河流的航线界定、项目选址等各方面具有广泛应用。

测绘信息的准确与否关乎国际河流水利工程项目的正常实施。准确地进行国际河流源头确定、长度测量、国际河流航线的界定，以及水利工程项目的选址都是非常重要的环节。例如，受测绘技术水平的限制，对雅鲁藏布江、印度河、怒江和伊洛瓦底江等河流的源头并没有明确的认识，它们的长度和流域面积等重要数据混乱，这成为世界地理学界悬而未决的难题。直到2013年中国科学家通过卫星遥感影像分析及实地考察，确定了雅鲁藏布江、印度河、怒江和伊洛瓦底江的源头，并对这4条国际河流的长度和流域面积进行了测量。这为国际河流的合作开发奠定了良好的基础，也为解决合作开发过程中的争议问题提供了科学、公正的依据。

（二）水利水电技术

中国与周边国家的水资源合作开发以水电项目建设为主。其中，包含的主要建设技术有：

1. 施工围堰与导流技术

从周边国家主要国际河流上看，进行水电开发工程施工的时候必然会使用围堰技术，按照施工所必须满足的标准不同，围堰拦截河床也具有不同的面积。科学合理的围堰平面设置能够有效地降低河道冲刷，便于进行排水以及航运等操作。而在实际建设水利水电工程的时候，还需要通过导流技术系统综合地部署及控制工程建设四周水流区。

2. 坝工技术

在复杂地形地质条件、高地震烈度区、狭窄河谷泄洪等特定条件下的国际河流水电工程坝体设计施工方法中，碾压混凝土坝和钢筋混凝土面板堆石坝的设计和筑坝技术具有重要的作用。尤其是在中国西南地区与东南亚国家的跨境河流，需要具备高温多雨环境下的碾压混凝土快速施工技术①。中国国际河流水资源开发将向西部高海拔、高寒山区转移，地质条件更加复杂、自然条件更加恶劣、生态环境更加脆弱、社会环境更加敏感，将建设众多 300 米级大坝和大型地下厂房，坝工技术将面临更大的挑战。

3. 水电设备技术

在水力发电生产过程中，使水流机械能转换成电能的机械装置称为水力发电设备。广义的水力发电设备应当包括能量转换的机械装置及保证机组安全稳定运行的控制、监测和生产过程自动化等一系列机电设备的总称。从中国周边国家情况来看，除俄罗斯外，其他国家水电设备技术相对落后，对于国外水电设备依赖较强。通过三峡机组的引进、消化、吸收加上自主创新，中国已经完全具备了独立设计制造特大机组的能力，用不到 10 年时间，实现了 30 年的技术跨越。目前，制约中国大型水电机组制造的技术瓶颈已彻底打破，这也为中国与周边国家合作开发水资源奠定了良好的技术基础。

（三）环境监测技术

国际河流的环境监测技术以水、气、废、土壤、物理污染为主线，监测并研究各种主要污染物的分析检测及数据处理技术，同时包括简易快速监测技术与突发污染事故应急监测技术。

现阶段世界发达国家和一些国际组织研究和讨论的热点话题就是河流生态环境问题，河流生态环境直接影响水利工程项目的可持续发展。借鉴欧洲国家经验，国际河流通常需要建立完善的监测网络，主要由国家或区段期固定观测站、地面雷达网、遥感卫星等组成。主要包括：水质监测网、水文、气象监测网、大地测量站网、遥感和航测及其他监测站网。

## 四、国际河流开发工程技术实施的支撑与约束条件

国际河流开发工程技术实施的支撑是指为实现水资源开发所需要的资金、信息、环境等支持条件。其中，资金、信息属于直接服务工程技术实施的必要条件，而环境合作则是实施工程技术合作必须满足的外部约束条件。

从工程投资需求角度，东南亚、中亚邻国经济水平普遍偏低，水电工程投

---

① 郏凤山，何璟. 20 世纪我国水电建设的坝工技术成就 [J]. 水电能源科学，2002（4）：1-4.

资能力较弱。周边国家对于项目建设资金需求量较大。国际河流的自然特征决定了对其开发成本较高，往往超出了周边国家可承受范围，因此投资合作是其工程技术合作的保证和基础。

通过对周边国家代表性国际河流开发项目的投资金额和投资模式进行了总结和分析，如表 10-1 所示。从表中可以看出，目前 BOT 模式在中国国际河流合作开发中的应用较为普遍，这与周边国家投资能力不足存在一定关系。从表中可以看出，国际河流水电项目的运营周期相对较长，最长可达 40 年，平均运营周期超过 20 年。

表 10-1　我国周边国家主要水电开发项目投资与运营模式

| 项目名称 | 总投资 | 建设模式 | 特许经营时间 | 所属国家 | 建设单位 |
|---|---|---|---|---|---|
| 甘再水电站 | 3 亿美元 | BOT | 40 年 | 柬埔寨 | 中国电建水利水电建设股份有限公司 |
| 额勒赛水电站 | 5.8 亿美元 | BOT | 20 年 | 柬埔寨 | 中国华电集团公司 |
| 达岱河水电站 | 5.4 亿美元 | BOT | 25 年 | 柬埔寨 | 中国重型机械总公司 |
| 南立 1—2 水电站 | 1.49 亿美元 | BOOT | 25 年 | 老挝 | 三峡集团 |
| 南塔河水电项目 | 20 亿人民币 | BOT | 28 年 | 老挝 | 南方电网公司 |
| 沙耶武里水电站 | 38 亿美元 | 总承包 | – | 老挝 | 中、泰、缅参建 |
| 南椰 2 水电站 | 3.45 亿美元 | BOOT | – | 老挝 | 三峡集团 |
| 哈吉水电站 | 24 亿美元 | BOT | – | 缅甸 | 中、泰、缅三国合作。中国水电投资 10 亿美元，成为该项目控股方 |
| 密松水电站 | 36 亿美元 | BOT | – | 缅甸 |  |

中国境外段国际河流开发采用 BOT 模式的优点主要表现在：采用 BOT 模式开发水电市场，能够带动中国的大型水电成套设备、建设材料、资金、人力以及技术的出口。这将使得中国水电行业由单纯的施工承包向设计、施工、运营一体化升级。在水电项目的运营阶段，中国企业可以有效利用东南亚的资源优势，将电力回送至中国境内，有效缓解中国资源不足的问题，并且能够从项目公司获得一定的红利。项目运营期满之后，也就是项目特许期结束之前，中国企业还可能从项目公司以高价出售的股份中获得一定的资本回收。

采用 BOT 模式合作开发国际河流也存在一些缺点：采用 BOT 模式开发水电项目前期的工作比较繁杂，主要有调研、谈判和磋商以及规划和勘探。项目前期时间长，同时所花费的费用比较高、投资额巨大、投资周期很长、未来收益的不确定性大。另外，水利水电项目建设过程比较复杂，建设过程中可能发生的各种风险无法预测。

信息合作方面，水文水资源信息共享是实现国际河流水资源公平合理利用的最基本的保障条件。虽然中国已向社会公布公益性水资源资料，但就已发布的水资源信息来看，将其直接用于流域开发规划尚显不足。从总体上看，信息共享是中国参与国际河流开发所必须面临的一个问题，也是一个应履行的基本国际义务。

从环境保护角度，水环境安全是当今国际社会关注的热点，而国际河流流域水电开发中的水资源保护与水环境安全又是这一热点中的敏感点。国际河流为两国或两个以上国家共有，而其水环境容量有限。一国如果过多地排放超标准（一般为国际标准）污水致使水质恶化，就会危害其他国家的利益。如果各有关国家都向该河排污，那就只能使各国一起蒙受损失，而下游国家最为严重，由此而将引发国际水事争端[1]。

# 第四节　国际河流开发的工程技术合作

## 一、国际河流开发工程技术合作含义

国际河流开发的工程技术合作是指国际河流流域国共同开发水资源的全生命周期进程中所有有关工程技术问题的合作。通过工程技术合作，可以保证流

---

① 贾生元. 关于国际河流生态环境安全的思考 [J]. 安全与环境学报，2005（2）：17-20.

域统一的开发行为，避免矛盾的产生与激化。

## 二、工程技术合作的动力与吸引力

国际河流工程技术合作从参与主体角度上可以划分为合作主体内部的驱动力和外部吸引力两个方面。内部驱动力通常来源于技术差异性，而外部吸引力则与区域经济、技术合作相关。只有较好地识别工程技术合作的动力机制，才能更好地促进水资源的开发合作。

### （一）内部动力

1. 技术优势形成了技术输出的内部驱动力

按照技术转移差距理论，技术之间的梯级差距是国际技术转移的前提条件，并且认为技术如同世界经济一样也存在着二元结构，技术是由掌握先进技术的发达国家，即技术的"中心"，向技术比较落后的发展中国家，即技术的"边缘"进行转移的。

技术差距具体体现在世界各国专利持有情况、世界各国对现代高新技术的拥有量及其水平、经营管理技术水平、技术模仿、消化吸收和创新能力等各个方面。目前，技术转移多为正向梯级转移，即由技术中心向技术边缘转移，先进地区向落后地区扩散。如果两个国家国民经济的需要之间重叠部分越多、发展差距较小，则技术转移就越容易、频繁，反之亦然①。

工程技术能力的差异性正是国际河流流域国之间开展技术合作的内在动力。在半个多世纪的发展历程中，中国完成了包括三峡、小浪底、二滩、小湾、龙滩、溪洛渡、向家坝、锦屏、拉西瓦、南水北调等在内的大中型水电站和水利工程的主要建设任务，中国水利水电施工技术得到了迅猛发展，中国水利水电施工企业积累并掌握了一系列具有国际先进水平的水利水电及相关建筑领域的施工技术，在土石方开挖、机电设备制造安装、坝工技术、基础处理等多方面处于行业技术领先地位。周边国家与中国在技术领域的巨大落差自然增强了我国在国际河流开发中技术输出的内在动力。

2. 产业转型升级进一步促进了技术合作

需求资源关系理论认为，一个国家的经济发展及对外经济活动，受该国国民的需要和资源两者关系的制约。需求资源关系的不相适应正是国际技术转移

---

① 陈健雄，徐翔. 国际技术合作的动因及其理论解释 [J]. 国际经济合作，2009（12）：19-23.

发生的原因，也是促进技术创新的动力。需求资源关系通过技术转移不断得到调整，同时在调整的过程中又不断地出现新的问题，从而不断地推动技术转移向更高的层次发展。需求资源关系决定了技术转移的速度与规模。一般来说，需求资源关系失衡的可能性越大，技术转移的需求就越大。世界各国技术转移的历史经验证明了技术转移的发展过程和国民经济的发展阶段及其所产生的需要与资源的关系基本相互协调。

一方面，欧美国家由于国内水电市场资源开发殆尽，缺乏后续力量，从而退出了水电建设行业国际市场中的主导地位。另一方面，具有竞争关系的新兴发展中国家的水电建设能力普遍较为滞后，与中国目前水平相差甚远。同时，中国大规模的水电项目开发越来越少，国内工作不饱满的水电企业已经将目光瞄准国际市场，以很大的力度进入国际市场参与竞争。这一竞争必然产生技术合作与技术输出。

### （二）外部吸引力

#### 1. 国际组织的激励作用

国际河流开发作为区域合作的载体，往往容易受到国际政治、贸易和货币组织的青睐。如非政府组织要求一国对于国际河流的资源开发考虑对其他国家的影响，尤其是对环境的影响；国际财团、捐赠者、贷款者重点资助从流域整体观出发的双边或多边联合项目的趋势。此外，国际银行、一些国际投资基金优先向国际河流的资源开发提供资助。

#### 2. 共同的利益诉求吸引技术合作

国际河流流域各国共同追求区域可持续发展的目标。由于水资源利用、河流系统的保护都与地区的可持续性相关联，流域内开发与流域外比邻地区经济发展相关联。因此，与水资源有关的目标竞争与冲突可以在更广泛的目标上得以协调。如增加粮食导致的灌溉需求用水矛盾，可以通过合作，发挥互补优势，互通有无，满足能源需求、产品的互补、收入增加等这些更广泛目标的实现，最终协调单纯灌溉需求的水冲突问题。

此外，根据技术交易的成本理论，国际技术合作是一种以契约为基础的技术交易。根据交易成本理论可知，由于买方和卖方之间信息的不对称，交易的技术越是复杂，交易合同的复杂性就越高，交易的成本也就越高，作为企业获取必要知识和技术的市场就越无效率。国际河流的水电开发技术非常复杂，不合作所产生的高投入成本是任一流域国都难以承受的损失。如果能够较好地开展技术合作，每个国家都能取得净收益，或者受损方能够获得相应的补偿。降低技术交易成本就成为工程技术合作的共同利益诉求。

3. 对外投资带动了技术输出

根据比较优势理论，不同国家之间的生产要素存在差异性，会产生比较成本的优势，进而促发对外直接投资的动力。东道国丰富的资源条件与优越的引资政策对投资国具有很大的外部投资吸引力。该理论可以指导对国际河流的投资与技术合作，流域国之间如果符合比较优势特征，则会通过巨额资本带动成熟水电技术的输入，利用当地丰厚的资源和廉价生产要素，满足当地电力需求以及技术输出国电力回送的目的。

中国国际河流流经的国家大多是比较落后的国家或者是发展中国家，不论是经济相对发达的泰国，还是经济发展相对落后的越南、老挝、柬埔寨和缅甸，目前都有着很好的电力需求市场，发展经济是这些国家的共同目标。经济发展较为落后的国家都将开发水电作为促进国家经济和社会发展的重要战略之一，跨国开发、引进资金也成为该地区水电开发的重要特色。这些国家开发和建设高坝和大型水电站的总体水平还比较低，需要先进的技术，这对我国水电设计咨询和施工单位是一个极好的对外发展机遇。

### 三、国际河流开发工程技术合作特征

#### （一）从合作方式看，技术标准的统一是合作开发的前提

从项目建设方式分析，国际河流合作开发主要分为两种方式，第一，委托开发，是指国际河流的水能开发国根据自身需要，委托有能力的国际工程总承包商企业进行水利水电技术开发的一种科技合作方式。第二，多主体合作开发，是指国际河流的合作开发利益相关方以合同或契约的形式，共同提供资金、研发设备和研究人员，对水利水电技术或项目共同进行研究开发的一种合作方式。由此可见，不管是委托开发还是合作开发，技术标准的统一是二者的前提条件。

#### （二）从合作种类看，纷繁复杂的技术种类导致技术标准相差甚远

国际河流开发工程技术合作种类包括：水利水电技术、环境监测技术、测绘技术和信息技术等。水利水电技术主要包括水文水资源、水环境与水生态、水利规划、泥沙研究、水工建筑、水力发电、地质勘测、工程施工、农田水利、防汛抗旱、水利经济、建设管理、运行管理等一系列直接关系到水利项目建设的技术种类。各个国家均有纷繁复杂的技术种类，不同的技术种类中的技术标准更是相差甚远。

## （三）从合作范围看，统一技术标准为扩大合作范围铺平道路

国际河流开发工程技术合作范围包括：双边合作和区域合作。双边合作即以项目为主的合作活动，保证项目的规范化、制度化，推动合作的深入发展，保证项目的质量；区域合作，以东南亚跨境河流为例，区域合作主要是以跨境国际河流为载体，经过流域国多方乃至世界范围内各国的协同开发，形成稳定区域合作市场。双边合作和区域合作都需要统一技术标准，这样才能顺利地进行合作开发。

## （四）从合作技术标准看，不同流域国技术标准与国际标准或合作国的技术标准存在差异性

在国际河流开发领域，由于国际上并未形成统一的技术标准，特别是我国的技术标准脱胎于苏联，而我国国际河流流域国则既有脱胎于苏联的也有源自西方国家的标准，因此，中国国际河流流域范围内工程技术标准差异性较大。在水电设备技术标准方面，我国的基础设备标准大致与国际流行标准相一致，但是，我们的某些材料标准、工艺标准和辅机设备标准却比较落后，而在国际河流合作开发中，部分国家却往往在这些方面要求较高，普遍采用美国或德国标准。

## 四、国际河流开发工程技术合作类型

### （一）基础数据交换与服务

国际河流资源最基础的问题是水文信息收集及评价。国际河流资源认定是权益分配不可逾越的前提性工作。其中，以水文测量和资料整编、水文资料交换、水文分析计算为主要内容的双边或多边水文合作，是国际河流合作开发的第一步。而我国周边国际河流普遍缺少前期水文研究，甚至基础资料都很不完整，水文监测站布设不够，监测手段落后，严重影响了共同开发谈判的进程。

中国开发国际河流需要掌握比较全面的水文信息、生态信息、渔业信息等。国际河流信息交流与合作机制的建立成为必须，国家之间通过建立专门的合作委员会或者合作组织机构，通过某种渠道及时的、全面的反馈和交流国际河流基础数据和信息，并提供查询等服务。

### （二）技术咨询

技术咨询合作是指国际河流水资源合作开发国家之间为了更好地展开全方

位的技术合作，充分利用技术水平比较高的国家的技术优势，通过得到他们提供的技术咨询服务，从而更高效地开展水电工程的合作。

（三）技术援外

此类合作方式一般适用于和东南亚等国家开展的合作项目。通过采取国际技术援助项目的实施，建立示范基地，让当地社会了解我国水电项目开发技术的优势，利用"国外市场、国外资源"开拓对方市场。目前，中国在东南亚地区开发的水利水电工程基本都是采用中国的技术设备和技术标准，因为东南亚各国的水利水电工程技术水平十分低，不具备独立建设大中型以上水电工程的能力，因此他们必须依靠国外的技术援助。

（四）依托对外工程承包进行水电开发技术转让

这方面的典型案例来自云南机械设备进出口有限公司，云南机械设备进出口有限公司在缅甸的成功发展是从小水电项目的承包工程开始的，目前缅甸无论是小型、中型还是大型水电站都交给云南机械设备进出口有限公司，其中，邦朗电站是缅甸目前最大的发电站，是缅甸的主要动力来源。耗资 2000 多万美元，每天发电量为 28 万千瓦。虽然在中国看来，邦朗电站只属于中型电站，但是其在缅甸的地位胜过我国的三峡电站。缅甸的首都搬迁至邦朗电站附近的内比都，也与邦朗电站的地位有间接的相关性。该项目完工耗时 5 年，全部施工由云南机械设备进出口有限公司组织的工程师和技术工人队伍完成。该项目获得了国家和省政府的大力支持，并通过了国务院、机械工业部、机电商会、外贸部的审批，省政府相关领导人积极配合，在项目实施过程中，获得了报关、商检、银行、外管局等有关对外经济贸易的所有行业部门的配合和支持，促使了该项目顺利有效的实施，并成为项目实施成功的典范。

（五）联合攻关：国际联合、国内联合

国内联合攻关是指同一国几家具有相关资质的水电企业通过技术联合的手段联合开发国际河流开发工程。由于国际河流开发工程耗资巨大、技术难题众多、施工设备和水电设备需求量大，单独一家企业难以完成全部的开发任务和技术需求，因此成立联营体或者联合开发公司，是国际河流合作开发的一种常见模式。

例如，中国长江三峡集团公司、中国水利水电建设集团公司、中国南方电网公司组成企业联合体，共同开发缅甸塔山水电站项目。项目计划投资额约 90

亿美元，建设工期 15 年，规划装机 711 万千瓦。2013 年 3 月 16 日，缅甸塔山水电站项目中方联合体揭牌仪式在北京举行。中国长江三峡集团公司、中国水利水电建设集团公司、中国南方电网公司的代表共同为中方联合体揭牌，并宣布三方派驻中方联合体工作组常驻人员正式开始联合办公，集三家优势共同推动塔山水电站项目开发。

国际联合攻关是指两个或两个以上的流域国家具有相关资质的水电企业充分发挥自身的技术优势，联合进行国际河流水电资源的合作开发。当沿岸两国在水电开发技术、投资能力相当的情况下，共同分担技术和投资风险，无疑是一种更为紧密的合作模式。

中俄在黑龙江流域的技术合作就属于该类型的典型案例。俄罗斯水电公司是俄罗斯最大的水力发电企业，负责俄罗斯大部分水电站的开发建设和管理运行。自 2011 年 4 月中国长江三峡集团公司与俄罗斯水电公司签署了在水电领域加强交流与合作的战略合作协议以来，双方进行了多次技术交流与合作，并在股权投资和项目开发方面进行了深入探讨。

### （六）总承包模式

当沿岸各国水资源合作开发能力存在严重不对称情况，或大部分国家不具备大型水电工程设计施工能力时，国际联合攻关难以有效实现。为了更好地借助其他国家的技术、设备和人员，通常采取工程总承包的形式进行工程技术方面的合作。东南亚国家通常采用 BOT 模式将设计、施工、运营等环节交由中国或欧美国家企业负责。

水利工程总承包是指建设工程任务的总承包，即发包人将建设工程的勘察、设计、施工等工程建设的全部任务一并发包给一个具备相应的总承包资质条件的承包人，由该承包人对工程建设的全过程向发包人负责，直至工程竣工，向发包人交付且经验收合格符合发包人要求的建设工程的发承包方式。

工程总承包是国内外建设活动中较多使用的发承包方式，它有利于充分发挥那些在工程建设方面具有较强的技术力量、丰富的经验和组织管理能力的大承包商的专业优势，综合协调工程建设中的各种关系，强化对工程建设的统一指挥和组织管理，保证工程质量和进度，提高投资效益。在建设工程的发承包中采用总承包方式，对那些缺乏工程建设方面的专门技术力量和难以对建设项目实施具体的组织管理的建设单位来说，更具有明显的优越性，也符合社会化大生产专业分工的要求。为此应当提倡对建设工程实行总承包，发包人可以将全部工程发包给一个总承包人完成。

工程总承包是项目业主为实现项目目标而采取的一种承发包方式，具体是指从事工程项目建设单位受业主委托，按照合同约定对从决策、设计到试运行的建设项目发展周期实行全过程或若干阶段的承包。在国际上，并不是任何一种将工程项目建设过程中的两个以上的阶段交给一个组织承担的方式都是工程总承包，例如，美国的设计建造协会对总承包的定义为："设计—建造"（DB）模式，也称为"设计—施工"模式或单一责任主体模式。在这种模式下，集设计与施工方式于一体，由一个实体按照一份总承包合同承担全部的设计和施工任务。这里的 DB 模式包含 EPC 总承包模式。

由此可见，只有所承包的任务中同时包含设计和施工，才能被称之为工程总承包，设计阶段可以从方案设计、技术设计或施工图设计开始，单独的施工总承包或"采购+施工总承包""采购+设计总承包"都不在总承包范围之列。从以上的概念分析中可以看出，总承包模式包含了所有国际河流合作开发中可能出现技术难题和风险的环节，适用于技术不对称情况下的技术合作。

## 五、国际河流开发工程技术合作模式

在国际河流开发的工程技术合作过程中，根据技术、资金、市场的特点，可分为三种合作模式。

### （一）以技术换市场

在互换型合作的交换过程中，双方相互交换信息、技术、科学研究资源等，合作双方是一种互动的行为关系，因此，互换也属于一种合作行为。不同国家或地区之间的国际河流开发主体之间交换信息情报、科学技术、科学研究资源等的合作活动称为互换型合作，这种合作模式称为互换型合作模式。以技术换市场就是典型的互换性合作，将中国的水利水电开发优势技术与东南亚国家进行交换，通过多种投（融）资模式的应用，如 BOT、BT、EPC 等模式，获取东南亚国家的水利水电建设市场，让中国的建设企业实现"走出去"的战略目标。

### （二）技术入股联合开发

由于双方在资源或者科学技术上，各自拥有优势并且彼此的优势能弥补对方的缺陷，为了共同的建设目标所进行的经济合作和交流就称为互补型合作，这种合作的模式称为互补型合作模式。在国际经济合作过程中，互补型合作比较常见的开展形式有两种：一种是"资源+技术+资金"合作，另一种是"资金+技术"合作。"资源+技术+资金"合作最大的特点就是互补性。一方的优势刚好可以弥补另一方的劣势，互补性构成了双方合作的基础。

### （三）技术扶持（援助）模式

当合作双方存在较大技术能力差距时，合作一方在水资源开发全过程进行技术指导、多种形式为对方培养技术人才（如进修、现场指导、扶持设立技术学校或专业、国家层面人才交流等）、针对具体项目对口支援的合作方式称为技术扶持或援助模式。

由于中国西南地区的水资源丰富，因此中国国际河流开发的工程技术合作大部分集中在西南邻国，中国的国际河流工程技术比相邻的西南国家发达，结合中国国际河流开发工程技术合作的三种模式可以看出国际河流开发工程技术合作的实质是技术输出。

# 第十一章　国际河流的监测与风险管理

国际河流的开发需要技术数据的支持，由于水资源开发周期长、影响大，要对其可能的影响进行持续监测，并且考虑可能形成的风险，这就涉及国际河流的各类信息的监测以及各类风险的管理，这也是国际河流管理的重点内容之一。

## 第一节　国际河流信息监测与发布

国际河流流域的水文、地质、水质水量、水生物、工程建设等河流及工程信息的监测与收集是流域规划设计（包括综合设计与专业设计）、水灾风险防范、应急预案制定以及开发利用方案设计的基础依据与支撑，也是对外交涉谈判的重要基础资料。国际河流水资源信息的监测、收集与分析不仅包括境内部分，也包括境外部分，尽量做到全流域监测。尽管境外信息监测比较困难，却是开展合作的基础工作。中国境内水资源信息监测存在的主要问题是协调薄弱与利用不足，保密与发布的制度与政策存在诸多问题。改进与完善中国国际河流信息的监测体系，不仅有利于中国对国际河流水资源的开发利用，还关乎中国对外谈判、交流与利益的维护。

### 一、国际河流信息监测

（一）中国国际河流的信息监测体系

中国没有专门针对国际河流的信息监测，而是将现有的国际河流纳入各个流域体系中，在行业部门、流域管理和区域管理层面对相关信息开展监测，根据中国各地区各部门水资源管理方案和功能的需求不同，监测的信息也不尽相同，详见表 11-1。因此，由境内河流水资源的监测可以大致归纳出中国国际河流水资源信息监测的体系、方式和相关特点。

**表 11-1　中国国际河流的信息监测体系**

| 信息监测体系 | 所属部门 | 主要监测内容 |
|---|---|---|
| 国家层面 | 国家发改委 | 审批、核准、审核重大建设项目 |
| | 水利部 | 组织指导水资源调查、评价和监测工作，农田水利基本建设，包括灌溉排水、节水灌溉、牧区水利、雨水集蓄利用等信息监测，组织指导中国水资源水量和水质监测、分析，协同组织水资源调查评价，指导水利建设项目后评估工作，负责水利统计工作 |
| | | 水土流失监测、预报并定期公告 |
| | 生态环境部 | 负责环境监测管理和环境质量、生态状况等环境信息发布，组织指导生态保护工作监测 |
| | 住房和城乡建设部 | 城市和工业节水、城市供水、排水及污水处理等工程规划建设监测 |
| | 农业农村部 | 渔业行业生产、水生生物资源、渔业灾情、渔业发展等信息监测、汇总和分析 |
| | | 农业环境监测、农业野生植物资源调查、监测、收集、保护和开发利用 |
| | 国家林业和草原局 | 全国森林、湿地资源调查、动态监测与评价 |
| | 卫生健康委员会 | 监测管理水卫生质量 |
| | 自然资源部 | 重点工程建设用地的综合平衡和审批工作 |
| | | 依法管理水文地质、工程地质、环境地质侦察和评价工作，监测地下水量过度开采等 |
| 流域层面 | 松辽水利委员会 | 监测松辽流域水环境质量状况 |
| | | 负责松辽流域水资源管理工作，包括水量预测和预报、水质监测业务 |
| | 长江水利委员会 | 监测长江流域水环境质量状况 |
| | | 负责长江流域水资源管理工作，包括水量预测和预报、水质监测业务 |
| | 黄河水利委员会 | 监测黄河流域水环境质量状况 |
| | | 负责黄河流域水资源管理工作，包括水量预测和预报、水质监测业务 |

续表

| 信息监测体系 | 所属部门 | 主要监测内容 |
|---|---|---|
| 省级 | 省水利厅、环保厅 | 主要负责水资源信息监测 |
| | 职能部门 | 负责工程信息审核 |
| 地方层面 | 地方政府、地方水利机构、水厂、水资源监测公司、公众 | 主要负责水资源信息监测 |
| | 水利水电设计院 | 负责工程信息监测 |

根据水资源监测信息的结构及其在传输和处理过程中的演进步骤，中国国际河流的信息监测体系主要包含四个方面：信息采集、信息传递、信息管理和决策支持。其中，信息采集是信息监测体系的基础和根本，主要包括水资源信息、工程信息、农林等产业信息和其他相关投资开发信息等。

1. 流域水资源信息的监测

流域水资源信息包含了水文、水环境、水旱灾害、节水灌溉、水土保持等科学数据①。国家层面由水利部水文局、水资源司、农水司和水土保持司；生态环境部环境监测司、自然生态保护司等负责水资源信息监测。流域层面由流域委员会水资源保护局和水文局等负责水资源信息监测。省级层面由各省水利局、环保局、农业局等负责水资源信息监测。地方层面涉及水资源信息监测的有地方政府、地方水利机构、水厂、水资源监测公司、公众等。

其中，水文信息是水资源信息的基础，包括地表水的水位、径流量、蒸发量、水质以及地下水水量信息和水情信息等；水环境信息包括常规水质监测、水污染跟踪监测信息和水环境监测信息。

2. 流域工程信息的监测

中国对流域工程信息的监测包括两个方面，建设前期工程可行性分析阶段的监测以及建设完成后工程运行阶段的监测。由国家发展改革委员会牵头，省级部门组织协调，相关设计院等相关技术咨询研究机构实施监测。

根据水利部《中华人民共和国水利行业标准》，在建设前期工程可行性分析阶段中，由水利水电规划设计院负责相关数据信息监测，主要的监测内容有水文参数和成果、工程地质条件、工程规模、工程建设场址、工程等级及设计标

---

① 欧阳小琴. 水资源信息监控与管理 [J]. 科技广场，2006（5）：90-92.

准、机电设备的型式和布置、消防设计方案和主要设施、对外交通运输、施工工期、工程征地、环境影响预测评价、水土保持评价、工程效益、社会稳定风险分析等。监测信息以电子地图和大文本的报告形式上报给相关技术部门审核，经过地方行政部门、流域行政部门、国家行政部门层层审批，最终由国家发展改革委审核通过，在满足国家法律法规的情况下发布监测报告，并接受社会监督。在流域工程运行阶段，由水利部规划计划司负责水利建设项目后评估工作，地方行政部门对堤防、水库、涵闸、蓄滞洪区等防汛工程运行状态、工程险情、除险加固等水利工程的运行状况和可控工程设备（如供、排水闸门和泵站等）的配置情况等进行监测，监测的方式主要包括实时监测和自动化采集和传输，并以人工巡视收集和手工录入等方式输入系统。

3. 流域农林等产业信息的监测

中国对流域内农林等产业信息的监测主要包括对流域内农业（农、渔、牧）、林业等产业相关信息的监测。国家层面由各部委内专职部门监测；流域层面主要是由流域委员会农村水利处对农业水利等信息进行监测；省级层面由各省级农业局、林业局、水利局对农林等产业信息进行监测；地方层面对农林等产业信息进行监测的则包括地市级农业局、林业局、水利局等。

流域内农业信息监测主要包括对流域内农业（农、渔、牧）自然状况、环境、水生生物和农业野生植物资源、农田水利基本建设、灌溉排水等信息的监测。流域内林业信息监测主要包括对森林资源和湿地资源的监测。中国森林资源信息监测构建了以国家森林资源连续清查为主体，以地方森林资源规划设计调查为辐射，以作业设计调查和专项调查及年度专项核（检）查为补充的全国森林资源监测体系①，并且在查清森林资源面积和蓄积量的基础上，逐渐增加了森林健康、生态功能、生物多样性等生态状况调查内容，使中国森林资源监测开始从单一的木材资源监测向多资源、多功能监测转变。

4. 其他相关水资源投资开发信息监测

中国流域内其他相关投资开发项目主要包括依流域水资源而建设的旅游项目、小型水电站、小型水库项目等。其中，旅游项目投资开发信息监测包括两个部分：一是项目投资开发前，由县级以上人民政府旅游主管部门会同有关部门，对本行政区域内的旅游资源进行普查、监测、评估，建立旅游资源档案，在编制规划时，对该项目规划进行经济、社会、环境方面的可行性论证，组织

---

① 汪绚. 加快构建中国现代森林资源监测体系 [J]. 第七次全国森林资源清查成果发布专家论坛，2009（2）：23-26.

专家评审，并征求有关部门和上一级旅游主管部门的意见；二是项目投资开发实施后，由旅游主管部门对旅游发展规划的实施情况进行监督检查，并对项目完工后的运行情况进行跟踪监测。水电站等项目，在项目投资开发前需由该项目设计单位对水文、气象、地形、地质、地震、建材及地方工农业和淹没、移民以及其他国民经济综合利用要求等项目基本资料和数据进行监测和采集；在项目施工过程中需委托项目监理单位对施工单位质量管理体系的实施状况进行监测；项目完工后，则由项目投资单位和当地政府及相关部门对项目后续各项功能指标信息等进行监测、采集。

（二）中国国际河流信息监测存在的问题

1. 国际河流的信息监测工作分散在各个部门、专业、区域

目前中国流域信息监测主体分散，流域各区域、专业、部门结合各项业务应用目标，开发建设了一些专用数据库及相应的应用软件，但由于各自技术水平、任务来源和资金渠道不同，这些数据库及其应用环境大多分散建设在各个地区和不同业务部门，呈现条块分割的特征，形成以区域、专业、部门等为边界的"信息孤岛"，缺乏国家层次的统一的宏观管理和协调。以流域工程信息的监测为例，当前从事流域工程信息监测的工作单位分布在水利、移民、环保、林业、国土、文物、水产、地震、省电力公司、铁路等多个部门。长期以来，由于缺乏一个既具有法律效力又具有专业、权威的牵头机关，因而难以对中国国际河流流域工程工作进行全面有效的管理和协调，各区域各部门监测的流域工程资料彼此相互封闭，国际河流流域工程监测资料共享程度低。

2. 监测内容没有针对国际河流特点，缺少针对跨境管理信息的监测

国际河流除了具有流域水资源的一般特征以外，还具有主权性、共享性、稀缺性、地缘性等特点。这就要求了国际河流信息监测不仅要保障本国主权利益的需求，还要在一定程度上满足流域沿岸国的需求。一方面，了解中国国际河流开发和利用的信息将有助于中国与流域国之间的谈判，为水资源合作开发打下基础。另一方面，当中国处于上游的流域发生紧急污染事件时，应当立即通知可能受到影响的下游国家并提供足够的技术资料以供评定可能发生影响的污染种类以及程度，目前中国尚未具有权威性、常规性的资料信息予以提供，汛期的信息交流仅限于澜沧江和雅鲁藏布江，这固然有国家主权方面的考虑，但是也应该有针对性地从人道主义角度提供信息通报。

3. 各部门监测规范标准以及国内外监测标准差异大

由于历史原因加上周边流域国历史环境差距较大，监测规范标准也存在难

以与境外统一的问题，需要针对国际河流特点，加强与境外国的沟通联系，形成各方认可的规范标准

以水环境信息监测为例，主要涉及中国水利、环保、农业、卫生、国土、建设、林业、气象、海洋等多个部门，分别不同程度地开展了有关领域和要素的环境监测，采用水环境监测标准体系也不尽相同。水利部主要依据中华人民共和国水利行业标准《水环境监测规范 SL219-98》《地表水资源质量规范准 SL63-94》《地下水监测规范 SL/T183-96》等对水环境监测点布置、监测项目与分析方法做出规定①。而生态环境部主要依据中华人民共和国国家标准《地表水环境质量标准 GB 3838-2002》《地下水环境质量标准 GB/T14848-93》等对水环境质量进行监测管理。尽管在特定条件下，两套水环境监测标准体系可以起到相互印证的效果，但更多情况下会引发部门间的争论和管理决策的不确定性。

（三）中国国际河流信息监测的对外合作

中国已经与周边国家开展了国际河流信息监测的合作，比如中国水利部向湄委会秘书处提供澜沧江—湄公河汛期水文资料的协议。中国与俄罗斯通过协商确定了有关跨界水信息交流的内容、数量、时间；相互通报在跨界水上修建的和拟建的可能导致重大跨界影响的水利工程；建立了预防跨界水突发事件的必要信息通报、交换机制；统一水质监测标准、水质联合监测、学术交流、科研合作等②。

但是，信息监测合作涉及国家利益保护和流域公共利益之间的协调，既要保护中国的国际河流信息安全，又要照顾流域公共利益诉求。国际河流信息监测合作可以分为三个层面。

1. 战略层面的对外信息合作

战略层面的对外信息合作一般在国家外交层面通过达成协议而执行。现实中流域各国并不愿给邻国提供相关信息，只有当双方利益出现交集、面对某些特定的挑战或形成某些共同目标时才可能，例如水污染治理、洪涝灾害风险防范、取水及损耗潜在影响的磋商、流域规划设计、应急预案制定以及开发利用方案设计等。双方为了实现各自利益，才会形成信息发布与交换的政治意愿，

---

① 李秀莹. 水质数据处理和评价系统研究与实现［D］. 南京：河海大学，2007.
② 王明远，郝少英. 中国国际河流法律政策探析［J］. 中国地质大学学报（社会科学版），2018，18（1）：14-29.

愿意共同努力、增强互信。这一层面的信息合作一般在国家之间的合作协议或类似外交文件中加以明确，达成原则的或战略的意愿，用以指导具体的合作活动。

2. 管理层面的对外信息合作

管理层面的合作机制是保证战略合作决策落实的运作执行机制。为了落实流域国在战略层面形成的信息监测与发布机制，就需要在各个业务管理部门之间构建信息监测与发布的机制，这就是管理层面的对外信息合作。在战略层面的合作机制框架下，不同国家的业务部门可以直接建立合作关系，定期的交流与发布相关信息，促进国际河流开发合作。

3. 技术层面的对外信息合作

各国之间由于数据收集、统一格式、定义、分析方法、收集数据的频率、监测网络密度和数据处理方式等方面存在差异，开展国际河流数据和信息交换往往存在一些技术上的困难。技术标准的差异还可能造成争议。因此，必须保证国际河流数据和信息技术标准的有效协调，来实现战略与管理层面的合作机制，而数据和信息标准的协调应当体现在国际河流信息采集、汇交、传输、处理和服务等各个环节。技术层面的对外信息合作很多工作是对标准的协商和沟通。为保证跨界监测数据的可比性和可获得性，要求相关各国在跨界监测中要统一协调监测程序、数据管理和评价技术标准等。

## 二、国际河流信息保密

保密工作对国际河流格外重要，国际河流保密制度可以保护国家利益，防止因资料泄露而危害到国际河流安全。水资源信息的保密工作不仅关系到国际河流水资源安全，还关系到流域相关地区与国家的社会稳定。

（一）现行水资源信息保密制度

根据《水利工作中国家秘密及其密级具体范围的规定》中的相关条例，中国水利工作中的国家秘密分为机密级事项与秘密级事项，被认定为机密级事项或秘密级事项的信息资料是指关系国家的安全和利益，按照法律规定在一定时期内仅限一定范围的人员知悉，不得随意向外泄露。根据《水利工作中国家秘密及其密级具体范围的规定》的第4、第5条，水利工作中不属于以上所述国家秘密的，但又属不宜公开事项的，应当作为内部事项管理，具体范围由产生事项的单位规定，未经该单位的保密部门批准是不能扩散和对外提供的。相关的规定见表11-2。

**表 11-2　现行水利工作中的保密规定**

| 国家秘密 | 机密事项 | 省级及省级以上防汛机构的防洪重大决策；水利工程招投标与评审信息；为战时、军事提供的水文实时信息、预报成果和供水情况；为国防军事服务的水利工程规划、勘测设计、建设管理资料；国际河流水文资料、水资源开发利用资料；国际河流的流域规划；国际河流水利工程规划、勘测设计、投资设计、开工报告、阶段性及竣工验收报告、后评价报告、施工进度报表、财务决算、运行维护等资料 |
|---|---|---|
| | 秘密级事项 | 全国水利发展五年计划和中、长期规划、大江大河流域规划、国家水利固定投资的年度计划；省级及省级以上防汛机构未公布的水库垮坝和堤防决口情况以及洪涝和干旱情况；水质监测的系统完整的原始资料；大型水利工程环境影响论证、评价的原始资料；影响社会稳定的重大水事纠纷资料；国际合作中的谈判方案及对策；河口地区系统的水文资料；用国家统一坐标测制，大于 1∶10 万的库区、坝区地形图、枢纽布置图等水利专业图件及大于 1∶2.5 万的遥感图像；国际河流的洪水水情实时信息、预报成果 |
| 内部事项管理 | | 水情信息拍报电码；防汛抗旱总指挥部批准公布，可能造成重大灾情的水、旱情信息及预报成果；大型水库运行管理资料；大型水利水电、水利枢纽、跨流域调水等重要工程项目的规划、可行性研究资料及系统水文分析成果；省流域机构水利水电发展的中、长期计划；已审批的七大江河流域规划、水土保持总体规划；七大江河流域及重要地区水的中、长期供求计划；涉及对外技术合作和水利工程合作项目的未公开出版的科技成果、资料；反映大、中型水库移民生活困难的资料及水库移民专项资金的年度计划；水文、水质年鉴、水情年报、水情资料汇编和水文公报而涉及其他部门或行业的国家秘密事项，按国家有关主管部门的保密范围确定密级《中华人民共和国保守国家秘密法》 |

### （二）中国国际河流信息保密存在的问题与改进思路

第一，国际河流信息的保密制度尚不完善，信息发布或保密都缺乏明确的法律依据，因此，需要构建适应中国国际河流开发的国际河流水资源信息保密体系，并适时上升到法律层面，为国际河流合作机制建设提供法律保障。目前中国与保密相关的法律法规还处于建设完善阶段，对于国际河流信息保密机制更是停留在部门政策与制度层面，沿袭了大量计划经济时代的特征，并未充分考虑国际河流处于大规模开发的现实状态。这就导致了实施国际河流合作开发面临诸多的信息保密与公开的矛盾。一方面，大量不涉及国家利益且能够积极推进合作机制建设的信息难以获取；另一方面，一些涉及国家利益或者容易引发跨境纠纷的信息却无意被披露，引发各类矛盾。因此，应在国家保密制度逐步健全的背景下，针对国际河流的特征，基于推动合作开发的原则，完善国际河流相关的保密体制，适时构建针对国际河流的保密法规政策，实现国际河流信息披露有法可依。

第二，虽然当前各级部门高度重视国际河流信息的保密工作，但是由于法律与保密制度的不健全，在对国际河流逐步开发背景下，各级管理部门面对前所未有的信息数据以及信息处理任务，保密工作急需向精细化管理发展。在国家战略以及国际河流合作开发的背景下，参考国际惯例以及中国的现实条件，制定具有较强可操作性的保密政策与体制，并加快各类信息的梳理与保密级别认定，明确各级各类管理部门保密职责，实现对国际河流信息的精细化管理。

第三，由于中国国际河流管理各事项分散在不同的行业管理部门，其相关信息也分散在不同的管理部门，并且其保密要求也不尽相同，相同或者类似内容的信息在不同部门处于不同的保密级别。这就导致了部分重要的信息可能会泄露，或者出现不同部门数据冲突的情况，引发争议。在短期内难以实现流域管理的前提下，应该统筹不同部门，梳理所有涉及国际河流的信息，确定各类国际河流的信息保密级别，逐步实现统一公开与发布。

第四，基层管理人员对国际河流信息保密认识不清，保密素质急需提升。一方面可能无意泄露信息，另一方面又可能私自扩大了国际河流信息的保密范围与要求，这都不利于国际河流的合作开发工作。因此，应进一步加强基层管理人员的保密素质和保密教育，在逐步完善国际河流信息保密政策与体制的基础上，加强对于基础管理人员的培训，提升其保密意识与素质，一方面保证涉密的国际河流信息都能够得到有效的保护，另一方面对于非涉密的信息能够以适当形式公开，促进国际河流的合作开发。

第五，中国与周边国家在水文信息交换领域尚处于起步阶段，目前没有相关的法规政策可以借鉴，所形成的国际河流水文等信息输出或者交换的机制大都基于特殊条件下的应对举措，缺乏系统的信息输出或者交换政策，这不利于中国国际河流合作机制的展开。在中国水电企业开始实施海外投资的背景下，加强与境外流域国的信息交换尤为重要，但是大部分中国国际河流的信息处于输出状态，而且缺乏交换机制，例如澜沧江、雅鲁藏布江都是向境外流域国提供水文防汛信息，而没有对等的要求对方提供我方需要的信息。因此，应尽快建立针对国际河流的信息输出或者交换制度，明确输出或者交换的渠道、方式、审批级别以及信息范围，同时积极构建信息交换机制，以获取中国水电企业海外投资所急需的各类涉水信息，促进国际河流合作机制的平等、有效展开。

### 三、国际河流信息发布

国际河流环境信息共享是突破环境管理时间和地域限制，最大程度保障环境信息的客观性、真实性，增强区域环境监管预防与事故应急能力的必备条件之一[①]。水环境作为环境监管中最重要的一部分，在对其信息公布的过程中既要符合整体环境信息公布的要求，又要根据水资源特点制定适合其发展的发布办法。国际河流不同于境内河流，其水资源信息可能涉及国家秘密，在对其共享与公开过程中有诸多限制。

#### （一）中国国际河流的信息发布现状

中国尚没有形成单独的国际河流信息发布机制，而是将其纳入境内河流的信息发布体系，由中央和地方各级涉水行政部门以及水利部直属各流域机构对其职责范围内所监测的各类涉水信息进行发布。参照一般河流信息的发布体系，可以分为国家、流域、行政区域三个层面：

1. 国家层面

水利部：通过官方网站对河流流域内规划计划、法律法规、水资源管理、建设与管理、水土保持、农村水利水电、安全监督、防汛抗旱、水利党建、水利移民与对口扶贫、水文、水利标准等信息的发布。根据政府信息内容和特点，也会采取政府公报、新闻发布会以及报刊、广播、电视等便于公众知晓的方式公开。

生态环境部：通过官方网站、行政服务大厅、中国环境报负责对河流流域环境保护法律法规的规章标准和其他规范性文件、环境保护规划、环境质量状况、环境统计和环境调查信息、突发环境事件的应急预案、预报、发生和处置等情况、主要污染物排放问题指标分配及落实情况等信息的发布。

农业农村部：通过官方网站、公告、公报、新闻发布会及广播电视网络等新闻媒体渠道对河流流域内农业政策法规、征求意见、行政审批、规划计划、项目管理、农业标准等信息进行发布。

林业和草原局：通过网络公开的途径对河流流域内林业发展规划计划、综合统计信息、林业生态建设、产业发展、林业突发重大公共事件应急预案、预

---

① 林楠，冯玉杰，吴舜泽，等．中国跨区域水环境信息共享机制［J］．哈尔滨工业大学学报，2012（12）：41-46.

警信息及应对情况等信息进行发布。

交通运输部：采取网络公开的途径对流域内项目招标情况、重大交通运输建设项目批准、实施情况、综合统计数据及分析、突发公共事件的预案、预警信息及应对与处置等信息进行发布。

2. 流域层面

松辽流域委员会：采取网络公开的形式对松辽流域内行政审批、水利规划、工程建设、应急管理、行政执法、水利管理等信息进行发布。

长江流域委员会：通过政务公开网、新闻发布会的形式对长江以及西南诸河流域内基本状况（防汛抗旱情况、水土流失及治理情况、废污水排放情况、水质状况、突发性水污染事件情况）、水利规划、应急管理、项目建设、公报年报等信息进行发布。

黄河流域委员会：通过黄河门户网的政务公开专栏和黄委政务公开网对流域内行政审批、水利规划、工程建设、行政执法、应急管理、水利管理等信息进行发布。

3. 行政区域层面

省级行政部门河流流域信息的发布经由对地市及地方行政部门所监测信息的采集、汇总、整合，最终通过网络公开的形式进行发布。

（二）中国国际河流信息发布遵循的主要原则

1. 主权原则和共享原则的结合

按照国际河流法的规则，一国政府对流经该国河段的信息监测、采集和发布都拥有毋庸置疑的主权。中国政府对流经中国的国际河流信息发布的主权性主要体现在信息发布的主体、内容、渠道、时限等。鉴于国际河流的属性，中国还应积极遵循《国际水法》关于国际河流各流域国有"互通信息与资料的义务"原则，实现与国内外政府、企业和公众的国际河流信息资源共享。

2. 依据法律发布，信息发布公开与例外相结合

国际河流信息发布应有法可依，因此相关信息管理的法律建设非常重要，这也是面对各种问题和挑战，解决公开与保密矛盾的基础。基于国家安全的需要，很多信息是具有"秘密"等级的，为了维护国家利益是不公开的，这也是世界各国普遍的做法。

3. 信息发布的范围与受众

信息发布即政府依法向公众传播信息。国际河流因其跨界性，相较于一般内河，其信息发布范围和受众群体应更广阔，不仅面向国内企业、公众，更要

涵盖境外流域国政府、企业以及社会公众。

（三）中国国际河流信息发布存在的问题

1. 信息发布机制缺乏统一协调

从中国信息发布体系中可以看出，各部门、各层级信息发布相互独立、各自为政，信息发布缺乏统一和协调。就部门来说，水利部和环境部都会涉及水质的监测，因此信息的发布也难免会有内容上的重复，而各部门由于侧重点不同，表述也会有所不同，部门间口径的不一致极有可能引起公众理解困难和误解；就层级来说，国家级层面如水利部、生态环境部、交通运输部等各司其职，对所监测到的信息进行发布，而流域层面如松辽委、长江委、黄河委对流域内涉及的国际河流信息进行监测和发布，形成层级上信息发布的交叉重叠以及人力、物力、财力等资源的浪费，甚至会导致一定程度上的信息混乱。

2. 国际河流信息发布缺乏针对性

国际河流的特殊性要求关注信息发布的受众特点，信息发布最主要受众实际上是流域国民众和国际社会相关组织、媒体。既要面对国内外公众和流域国政府的关切，又要满足利益相关方的需求，赢得良好的国际声誉。从某种程度上讲声誉更加关键，因此，需要关注受众的需求和接受特征，同时严格保护自身利益，信息发布的审核也应该更加严格和规范。

3. 不同国际河流信息发布程度不平衡

由于各行政区域间信息观念和信息重要性程度的差距，其信息发布的程度也不同。各省级政府行政部门和地方政府对水资源公报的发布情况不尽相同。黑龙江、吉林和辽宁三省的水利厅网站上水资源公报没有得到公开，而在云南省、新疆维吾尔自治区等水利厅网站上却可以轻易搜索到水资源公报、水情年报等信息，虽然国际河流受其所处地理位置、政治经济文化背景以及中国对国际河流所占权利不同，中国对国际河流也有不同的政策，然而行政区域间信息化不平衡造成的公众知情权差异以及公众对信息公开满意度等都值得关注。

4. 信息发布形式单一

从信息发布渠道来看，各层级发布信息多以网络公开的形式为主，而报刊、广播、电视、户外显示屏、新兴媒介（微博、微信）等资源利用较少，以生态环境部为例，主要负责与人民生活息息相关的水质、水污染信息的监测和发布，单一的信息公开形式不仅不能及时满足人民的知情权，而且使信息发布的效果也因此大打折扣。

5. 缺乏应对特定主体需要的定向信息发布流程

国际河流信息发布的目的之一在于更好地服务于国际河流水资源开发，不同的开发主体对不同类别的信息需求不同。因此，应构建能够满足各类开发主体要求的信息发布机制，保证特定主体的信息知情权，促进国际河流开发工作的顺利进行。

（四）中国国际河流的信息发布建设

国际河流信息发布的目的是通过规范的信息公开保障基本的公共利益、赢得国际声誉、促进流域内的企业投资、保障群众生活。因此，信息发布的主要目的是面向社会公众的，发布机制建设也应朝这个方向发展。

1. 建立专门针对国际河流信息的权威发布机制

目前中国内河信息已经有一套相对完善的发布机制，而国际河流信息的发布通常同内河信息混在一起，无法适应国际河流的特性以及国际河流合作开发的要求。应基于国际河流的特殊性及其开发利用、水污染防治、航运、防汛抗旱等需要，建立一套专门针对国际河流信息的发布机制。首先，应当设置专门的机构负责国际河流信息的发布，规范国际河流信息发布程序；其次，以流域为单位，统一国际河流信息采集与发布口径，依据专门的国际河流信息发布机制进行发布。

2. 针对境外受众需求建立国际河流信息发布合作机制

国际河流的特殊性之一在于国际间水资源的合作开发，而水资源的合作开发离不开国际河流信息资源的公开和共享。尤其是针对境外投资者信息公开意识强、对信息公开需求强的特征，中国应积极与国际接轨，建立国际河流信息发布的合作机制。一方面，满足境外投资者对水资源开发和大坝、水电站等建设的信息需求；另一方面，主动向境外流域国家相关部门提供中国流域内的水资源信息为交换获取境外段水资源信息，与境外流域国建立一种信息交流、交换机制，实现跨境河流信息在两国或多国间的信息资源共享。

3. 因地制宜，制定不同区域不同河流的信息发布标准

由于中国国际河流众多，每条国际河流的自然情况都不一样，每条国际河流所涉及的沿岸国经济社会发展、河流需求情况、人口分布、民族、宗教等都各有不同，中国和这些国家的关系各异①。因此，中国应当就不同区域不同河

---

① 邢鸿飞，王志坚. 中国国际河流相关政策分析［J］. 河海大学学报（哲学社会科学版），2010（1）：61-64，91.

流制定不同的信息发布标准。例如，中国在澜沧江—湄公河段水资源开发利用上占主导地位，因此可以制定比较宽泛的信息发布标准，既能吸引境外投资合作，又能加大对该流域的水资源开发利用程度；对于中印、中哈等跨界水资源争端较多的敏感河流信息，则需根据国家层面解决争端的应对策略制定相应的信息发布机制，做到因地制宜、具体问题具体分析。

4. 信息发布渠道多样化

对于国际河流信息最关键的是要做到完善其发布机制，拓宽信息发布渠道，充分利用各种媒体，尽可能扩大受众面。信息的发布渠道可以有以下几种：新闻发布会、记者招待会、媒体集中采写、发布新闻通稿、通过互联网发布新闻信息、发表署名文章等。同时，随着时代发展与科技进步，以用户数量较大的微博、微信为例，政府应及时发现、拓展新的信息发布渠道，建立政府微博、微信信息发布平台，力争扩大信息覆盖面，提高群众对信息公开的满意度。

# 第二节　国际河流利益相关者监测

国际河流的利益相关者众多，存在着复杂的利益博弈关系，有效开展合作开发必须首先了解各个利益相关者的动机、行为，国际河流利益相关者监测就是对各国利益主体的政治、社会、经济行为的监测，通过监测和分析了解各自的动机以及相互之间的关系，这与水资源管理基础信息的监测不同。

## 一、利益相关者监测的对象

国际河流利益相关者的监测包括对国内利益相关者和境外利益相关者的监测两个部分。其中，国内利益相关者监测的主要目的是实现国家对企业以及非政府组织的监管，基于中国水资源管理体系，掌握国内的水资源开发、利用、保护的动态，一般可以通过程序性的、非程序性的措施进行。程序性的就是纳入各级的信息采集、统计、报告体系，非程序性的是在常规程序之外的监测活动。境外跨界利益相关者监测主要是针对境外流域内河流的利益相关者开展监测。进行境外监测的目的，一是服务于中国境内流域的水资源开发，了解境外国家对中国水资源开发的舆论动态；二是及时了解境外流域国与国际河流开发利用有关的动态，服务于中国企业的境外投资行为，进行投资引导，避免类似密松水电站之类的事情发生。

虽然针对国内利益相关者和境外利益相关者的监测目的不同，但监测的内容是相似的，因此，可以从中央政府、地方政府、企业和民众四个层面对国际河流利益相关者的监测内容进行梳理。

### 二、利益相关者监测机制

通过对各种公开信息的收集和分析可以实施国际河流利益相关者行为特征、诉求和发展趋势的监测，相应监测机制的建立涉及监测需求与基础数据规划、组织架构以及国际河流信息监测技术方法选择四个方面的规划。

（一）监测需求分析与基础数据规划

对国际河流利益相关者管理问题的分析是确定信息监测需求的基础。因此，监测需求分析与基础数据的规划与下述情况相关：识别并优化利益相关者管理的水资源开发和利用行为，包括国际河流开发项目、国际河流流域对外投资项目；确定主题，主要包括水力发电、农业灌溉、基础设施建设、水资源供应、防洪、水资源保护、休闲娱乐等，搜集每个利益相关者行为对水资源、环境及社会经济会产生的影响，分析并解释有关信息如利益相关者参与包括投资计划、总体规划、政策评估、经济环境数据等。

（二）国家监测系统与授权专业机构

通常而言，为了实现政府对其他国际河流利益相关者的管理以及维护各个利益相关者的参与权利，国际河流舆情监测应该由国家监测系统或者由获得国家政府明确授权的专业机构负责。目前，中国国际河流的管理并没有形成统一的管理机制，也没有独立的部门从事国际河流利益相关者监测的工作。对此，国际河流利益相关者的信息监测应当由水利部牵头，根据国家法律、法规和国际协议，协调各个部门的利益需求，确定优先监测和评估的内容，并逐步从一般评估上升到更专业和精确的评估。《跨界河流、湖泊与含水层流域水资源综合管理手册》中指出，跨界背景下，国际河流利益相关者监测明智的做法是分布进行，分布进行的方法有助于最大程度发挥监测的成本效益，从业务层面非正式合作开始，结合监测和建模，慎重考虑信息需求①。

---

① 流域组织国际网，全球水伙伴. 跨界河流、湖泊与含水层流域水资源综合管理手册［M］. 水利部国际经济技术合作交流中心，译. 北京：中国水利水电出版社，2013：49-58.

### （三）中国国际河流监测的技术手段

国际河流利益相关者信息系统作为国际河流流域政治、社会、经济等行为信息协调与整合的平台，应当能够处理各种地理、文本、多媒体信息。其主要内容包括：数据库管理和生成地图、图标、绩效指标目录的基本工具；数据源目录管理在线工具；信息共享和传播的门户网站；决策支持和建模工具等。

国际河流利益相关者的动态监测是基于国内利益相关者和跨界利益相关者的数据采集，对于河流涉及的相关国家政治动态类信息以及社会影响与公众诉求类信息可以采用网络舆情监测系统为主，人力现场采集信息为辅的监测方式开展数据采集。现代信息技术的发展已经可以将多种信息源，通过技术处理实现信息融合，一些新的技术如文本分析技术、文献的数据采集、地理信息系统技术、实时图片及相关信息传输技术等使得信息融合的技术手段日趋成熟，但主要解决的问题是信息管理机制。此外，应用统计技术、地理信息系统数据库空间分析方法、大数据分析等方法可以用于国际河流利益相关者信息分析。

### 三、利益相关者监测结果提供和应用

国际河流利益相关者监测可以为国际河流管理部门、开发保护部门以及其他利益相关者提供帮助和服务，国际河流利益相关者监测结果提供和应用主要包括以下几个方面：管理决策支持、跨界信息共享、绩效评估、公共信息传播和商业应用。

### （一）管理决策支持

政府作为具有强权属性的行政力量，在国际河流管理、开发利用及保护中占据着主导地位，是国际河流管理和决策的主体。政府决策是政府管理工作的核心环节，决策质量的高低直接与政府的执政水平相联系。信息是科学决策的基础，基于国际河流的特殊性，政府针对国际河流做出的决策需兼顾国内企业、民众等的利益和流域国政府、企业、民众及其他利益相关者等多方利益，因此正确有效的国际河流管理决策更离不开大量全面的信息支持。而国际河流利益相关者监测从多层次、多方面对各利益相关者进行全方位、不间断的信息监测，大量的信息数据不仅为政府管理决策提供了重要的客观依据，更通过进一步的信息分析处理明确了有效管理决策的方向，提高了政府的管理决策能力。

## （二）跨界信息共享

国际河流的跨界性和水资源本身具有的流域性和完整性特点以及现行国际河流各流域国共同管理体制的形成使得国际河流各流域国之间信息的交流和共享成为必然。跨界河流信息的共享从主体来说，不仅包括流域国中央和地方政府之间的信息交流，还包括企业、社会公众等其他非政府群体间的信息交流和共享；从信息共享方式来说，包括流域国之间依据相关文件、协约的规定主动进行信息披露和共享以及通过流域国保密性信息或不易获取性信息的交换实现信息的共享。无论是从共享主体还是共享方式来讲，国际河流利益相关者舆情监测的丰富全面的信息是实现跨界信息共享的基础，并为利益相关者之间长期有效的沟通机制的建立提供了强大的信息支撑。

## （三）绩效评估

绩效评估作为现行政府业绩、成就和实际工作评价普遍使用的方法，无论是政府内部或是外部绩效评估机制的构建都离不开坚实的信息基础。国际河流利益相关者监测通过对政府、企业、社会公众等各方面利益相关者的信息监测，将其纳入政府内外绩效评估体系。公民参与是现代民主政治的应有之义，通过对社会公众舆论的监测，切实反映公众对政府国际河流管理行为的观点意见，将公众参与纳入政府绩效评估机制，切合了中国政府绩效评估坚持民众本位、全面标准、实践标准和群众标准的价值取向；对利益相关者全方位的信息监测也使得政府绩效评估由片面性评估向全面性评估转变，为政府内外绩效评估机制的构建和优化提供了强大的信息支撑。

## （四）公共信息传播

随着社会信息化的发展，公共信息成为国家的战略资源。公共信息的开发利用，有利于提高政府的管理效率，为社会公众创造良好的环境，可以保障公民的知情权。因此，国际河流利益相关者监测信息可根据《中华人民共和国保守国家秘密法》等相关法律法规规定，结合中国信息"公开为原则，不公开为例外"原则，对所监测到的公共信息进行主动发布，以满足各方对与之息息相关信息（涉水法规条约类信息、水质污染等相关信息）的需求，最大限度发挥此类信息的价值，同时对此类公共信息的主动公开体现了政府对民众知情权的保护和尊重。

国际河流的开发利用离不开企业的参与。以水电工程企业为例，企业在进行电站或大坝建设竞标时，尤其是针对境外项目，不仅要对工程项目的各种客观信息进行细致的了解，更要花费时间、精力对境外政府的政策、竞争对手的资料以及境外国家的各种相关信息进行认真收集、分析。因此国际河流利益相关者监测的很多信息此时体现出了重要的商业价值，也正是由于此类信息在商业应用中的重要性，实际上很多信息是由商业组织基于自身利益进行监测采集。这样从多视角、多领域对国际河流利益相关者信息进行监测不仅丰富了信息量，而且能够通过坚实的信息基础助力于企业的长足发展。

## 第三节　国际河流开发的风险监测与管控

### 一、国际河流开发主要风险类型

#### （一）自然灾害风险

由于自然灾害的不可预见性和不可抵抗性，国际河流水资源开发的相关活动也不可避免的承受着自然灾害对水资源开发项目施加的风险。

在国际河流开发时，需要考虑的自然灾害风险主要来自两个方面。一方面是国际河流开发建设活动及其相应项目本身面临的自然灾害，如地震、洪水等天灾导致建设中项目的搁停、中断，以及建成项目的基础设施毁坏等。另一方面，在国际河流开发时需要纳入考虑范围的是自然灾害风险来自项目建设对自然灾害的诱发率。大型水库、大坝的建设往往伴随着大面积动土，以及局部地壳受力状态的改变，对地震灾害存在一定的诱发性。自然灾害风险是国际河流水资源开发时面临的首要风险。

#### （二）生态环境风险

环境保护已经成为当今社会重要的主题，社会各方对水资源开发活动及相关项目建设带来的生态环境风险也越来越重视，对生态环境质量要求也越来越高，生态环境风险已经成为衡量和评价水资源开发活动的主要风险因素之一。

水资源开发项目的建设，不可避免地会对项目所在河流以及周围的生态环境造成巨大的影响，这些影响主要体现在以下方面：对河流水文状况的影响；对陆生生物和水生生物的影响；对建设区当地经济和生活环境的影响；相关水利工程施工过程中，因工程占地、采石、取土、弃渣等活动对周围植被、土地、水质等产生的不利影响。

国际河流水资源开发活动和相关建设项目也不可避免地会对河流下游以及沿岸的生态环境造成影响，而这些生态环境影响因素都会给水资源开发本身带来不同程度的风险。必须充分认识保护生态环境的重要性，规范地制定和实施环保措施，尽量降低生态环境风险。

（三）政治风险

一般而言，国际河流水资源开发的政治风险主要包括国际河流各国政权更迭、各国冲突内乱、战争风险、国有化征收风险、投资审核限制风险等。

国际河流水资源开发活动中的政治风险一般在中国与国际河流其他流域国进行合作开发、共同建设项目时发生。中国国际河流主要分布在东北、西北、西南边境地区，由于国界地区本身所具有的复杂性以及一些历史遗留问题等原因，这些地区各国的政治矛盾、种族冲突等较为严重，地区经济发展缓慢，同时政治风险也成为中国对国际河流水资源进行开发时必须考虑的风险因素。

（四）领土安全风险

国际河流跨国界共同开发、综合利用的活动不可避免会带来领土安全风险，特别是界河更易爆发。一些堤防工程、引水工程都可能引发河流改道，进而导致领土出现变化。在国际河流的水资源开发活动中既保证两国之间的合作、配合，又加强界河防护工程，保证做到国土保护、国境监管，一直是国际河流水资源开发活动面临的难题，国际河流水资源开发的领土安全风险需要慎重考虑。

由于国际河流并不属于某一国而是由流经国家共同拥有，其开发活动往往关系到各流经国家的切身利益。但国际河流的水权划分并不清晰，这种利益相关性以及权利划分的不清晰共同导致了国际河流水资源开发活动经常造成两个及多个国家之间经济方面和社会方面的争端和纠纷。

最常见的国际河流经济纠纷来自跨境投资风险，虽然投资属于企业市场行为，但在国际河流流域的涉水投资相对敏感，处理不好政治和社会关系就会造成经济纠纷，从而产生投资风险。而水资源工程投资一般规模较大，争端容易向政治化发展。国际河流社会纠纷往往存在于有密切商业贸易或人员交往的边界或跨境区域，且因民族、宗教、治安等问题与涉水问题交织在一起而引起，虽然社会纠纷局限在特定区域，但影响波及快，会统一引起更广泛的争端。

## 二、国际河流开发跨境影响的监测与评价

### (一) 国际河流跨境影响的风险监测与评价特征

同境内河流不同，国际河流水资源开发的风险监测与评价主要关注的是开发活动的跨境影响以及由此带来的危害，即由流域国的饮水、灌溉、水力发电、休闲活动等各种水资源开发行为所引发的或面临的跨境危害，包括自然灾害、工程影响、领土安全、污染与生态破坏、社会与经济纠纷等方面对流域国人民生活条件、社会经济发展、水资源质量、水生态系统所造成的风险可能带来的损失进行评估，并据此进行水资源管理和决策的过程①；狭义上讲是指对危害流域境外国之间合作关系的程度进行概率评估，并提出降低水资源开发风险的方案和对策。

国际河流水资源开发跨境风险监测与评价相对境内河流而言，具有以下特征：

第一，政府性特征较强，必须由政府参与或者授权的非政府机构实施，这是国际河流的主权特性所决定的。由于国际河流涉及国家主权问题，需要考虑综合流域沿岸国各个主体的利益以及自身利益的平衡，最大程度真实反映水资源开发的风险状况，因此水资源开发跨境风险检测与评价必须由政府主导。当前的治理理念在国际河流管理领域较为盛行，因此在政府授权下，可以交由非政府机构参与实施，以实现流域最大利益，但是这无法改变政府高度参与的现实。

第二，由于跨境影响巨大，因此必须具有较强的前瞻性特征和预防性功能。河流水资源开发，特别是水电开发，由于影响巨大，因此需要高度谨慎，而国际河流水资源开发，易引发跨境影响，其后果更为严重，因此更需要谨慎对待，这是国际河流水资源跨境风险监测与评价需要具有前瞻性和预防性的原因。应用前瞻性的视角来评估形势、识别问题，将对于水资源开发跨境风险的监测提前到水资源开发风险发生之前。通过对于水资源开发跨境风险的监测，以便更加了解风险，降低风险所带来的损失。

第三，在公众权益日趋高涨的背景下，与国际河流信息监测、利益相关舆情监测机制普遍关联，应具有全面监测的功能，相较境内河流，其要求更高。

---

① 杜锁军. 国内外环境风险评价研究进展 [J]. 环境科学与管理, 2006, 31 (5): 192-194.

国际河流风险监测与评价的普遍关联性表现在两个方面。一方面，风险监测与评价机制之间具有关联性。风险监测所获得的数据材料为水资源开发风险评价直接提供了支撑，而该评价结果为风险监测计划和方案的实施提供了导向。另一方面，国际河流水资源开发风险机制与国际河流信息监测、利益相关者舆情监测密切相关，尤其是对风险监测与评价必需的水文、气象数据的国际河流基本信息的监测。

### （二）加强跨境影响的风险监测与评价建议

国际河流水资源开发跨境风险监测与评价的主要任务是对于国际河流水资源开发的跨境影响进行监测，识别潜在风险信号，评价开发活动可能形成的影响范围与程度，以此确定开发活动如何避免跨境风险以及注意事项，预先考虑应对策略。由于国际河流跨境影响比较复杂，并且国际河流涉及主权话题，难以获得境外相关信息，因此目前即使在国际范围内也缺乏明确的跨境影响风险监测与评价机制。但是随着中国逐步开发国际河流，要求加强跨境影响的风险监测与评价，有助于为中国国际河流开发营造良好的经营环境。

1. 高度重视国际河流水资源开发引发的跨境影响，同时按照国际一般原则对受影响国予以通报，减少矛盾

跨境风险的评估与风险通知主要通过对相关活动的环境影响评价实现。在国际河流水资源开发中，预防原则要求下的跨界环境影响评价越来越被重视。2010 年湄公河委员会《华欣宣言》特别强调了环境影响评价对权衡工程项目的作用。国际上一般认为开发国应将项目有关信息及其可能的跨境影响尽快通知受影响国，不得晚于起源国通知 12 十二条规定了计划采取措施的国家的通知义务，该通知义务的启动标准为可能造成"重大不利影响"。当发生紧急情况时，进行水电资源开发的国家应毫不迟延地以可以使用的最迅速方式通知可能受影响国并提供现有资料。随着中国国际河流水资源逐步开发，应充分尊重国际相关原则，加强对水资源开发活动跨境影响进行监测，并对于影响较大的开发项目，其跨境影响事先告知受影响国。这就要求国家相关部门应将跨境影响的监测与评价纳入职责范围，在开放项目审批环节要求开发主体提供相应的材料，以便以国家的名义与受影响国通报与协商。

2. 尊重国际河两国或多国所共有的自然资源开发，在《各国经济权利和义务宪章》和《关于共有自然资源的环境行为之原则》中明确各国要合理利用共有资源而不损及其他国家的合法利益。由此，在国际河流水资源开发过程中应认识到水资源的"共享"特征，在主张自身权利的同时，应充分考虑可能对流

域国产生的影响，并且这种影响包括有利与不利两个方面。有利方面要积极宣传，为水资源开发活动营造良好的外部环境；对于不利影响，也要充分考虑。审批部门应制定相关的制度和标准，要求开发企业通过多种方式避免或降低影响，并将其纳入审批标准中。

3. 积极与流域国协商，通过多种途径获得影响乃至风险的信息，以加强监控，为对流域国的补偿提供基础数据

由于国际河流水资源开发的境外影响乃至境外风险需要境外国的相关信息数据，而这大部分属于国家秘密，难以直接获取，这是境外影响风险监测与评价的难点。因此，在与流域国协商或合作签订协议时，可以要求流域国提供相关信息数据作为予以补偿的前提。此外，还可以通过领事馆、所在国的国资企业等组织收集相关信息，保障跨境风险监测得以实施。

4. 相关部门应建立风险监测机制，一旦发生风险，积极与受影响国进行合作，采取多种措施应对风险并实施补偿

国际河流与境内河不同，涉及的利益相关者更为复杂，利益诉求也更多样，因此，相关部门应加大对于国际河流各类信息的监测，构建风险监测机制，第一时间掌握水资源开发所引发的各类风险信息。同时应积极主动的与境外国分享相关信息，积极与受影响国展开各种类型的合作，降低与避免风险。对于确定无法避免的风险，则应积极沟通、积极协商并予以补偿。

### 三、国际河流流域境外投资的风险监管

以水电投资为代表的中国海外涉水投资频频出现风险问题，说明中国企业对此类投资的风险管理相对薄弱。这些投资多数以国有企业的投资为主，并且投资额巨大，国家对其投资及运行的风险监管应给予重视。

#### （一）中国在境外投资跨境影响的风险监测与评价

这类风险是指境外开发行为所引发的或面临的危害对中国人民的生活条件、社会经济发展、水资源生态系统所造成的风险及可能带来的损失，由于国际河流流域具有整体性，中国在境外流域进行的投资可能影响国内。中国应对在国际河流境外流域的对外投资加强跨境影响监测与评价，避免对中国产生跨境影响。

目前，澜沧江全流域都进入了积极开发时期，不仅中国境内下游段修建了一系列水电工程，下游境外段也积极地筹划水电开发，并且中国企业成为投资的主力。由于水电开发的影响深远，如果中国企业能够从全流域考虑实施投资以及运营，将实现全流域最优化的开发效果。反之如果各自规划与运营水电项

目，不但会降低发电能力，甚至对整个流域生态、环保、防洪产生不良影响。因此，中国在审批国际河流境外段审批项目时应充分考虑如何发挥全流域的最佳开发效果，并对投资风险进行评估与评价。

此外，对于中国处于下游段的国际河流，如果中国企业能够积极参与上游国的开发活动，保证中国在境外水资源管理方面具有一定的话语权，那么可以最大限度地降低中国境内段的不良影响。

（二）中国境外投资所在国环境的风险监测与评价

这类风险是指境外开发行为在投资所在国本身面临的政治、经济、社会及环境等风险，这种风险是由所在国环境引起的。开展投资所在国环境风险监测与评价是企业应该做的工作，但对于国际河流流域的投资，不仅企业需要做监测评价，由于国际河流本身存在着诸多国际关系问题，政府也需要有所作为。

1. 有利于中国企业"走出去"，深化各类基础设施领域的合作

中国境外投资企业可以借助境外风险监测与评价，有效识别、分析、防范投资国的水资源开发的环境风险，更好地使企业"走出去"，深化水电项目、电网联网等基础设施的合作。境外风险监测与评价首先需要重点评估分析难以预测并可能使境外投资企业经营环境大为改变的各种政治风险和经营风险。

2. 与沿岸国制定国际跨界流域战略与规划时争取更多的主动权

中国开发国际河流境外水资源开发的风险监测与评价有助于在与沿岸国政府共同制定战略规划时争取更多的主动权。通过系统监测与评价投资所在国的风险特征及其程度，可以获得各国必要的与水资源相关的政治、经济、环境等信息，为与沿岸国制定国际跨界流域战略与规划时争取更多的主动权。

3. 提升公众境外水资源合作开发的信心

境外风险监测与评价为水资源合作涉水风险管理部门开展工作提供了科学依据。例如，境外水资源风险监测与评价结论显示境外流域某区域水电开发整治风险较大，容易引起水资源争端事件。此时，政府应当加强对该区域整治风险的监管，及时掌握该流域水电投资的安全动态，以科学的结论作为涉水风险管理的指导，提升公众对境外水资源合作开发行为的信心。

（三）中国国际河流境外水电投资风险的监管特殊性与问题

境外水电投资同一般境外投资相比风险更大、更复杂。首先，境外水电投资是跨国界、跨区域进行的建设和运营，不同国家的政治制度、法律政策、文化信仰等方面的差异会给境外水电投资带来风险；其次，水电项目还具有投资

周期长，对当地生态、经济影响巨大，电力产品需通过当地电网销售，建设和运营与当地政府密切相关等特征，这些都会给水电项目的境外投资带来新的风险，所以境外水电投资风险是一个综合性的概念。

中国周边国家境外水电开发起步晚，对于中国已经趋于饱和的水电开发市场而言存在着很大机会，但是境外水电投资风险控制是关键，尤其是在国际河流流域，风险涉及流域国之间的关系。

现阶段，中国政府对境外水电投资的风险管理还存在一些不足：

第一，风险监管缺乏统一、可执行的制度标准。商务部、发改委等管理部门风险监管制度不统一，对投资的风险监管缺乏明确统一的目标。因此，需要针对中国水电对外投资和其他涉水投资，开展境外投资风险监测体系研究，协调与整合各类风险监测体系。

第二，风险防范服务措施不足。水电行业规划、业务指导、信息咨询等公共服务比较欠缺，对投资前的调查分析、投资过程中的监管和跟踪服务、投资后的评价等功能薄弱。企业首先应该建立自己的海外投资风险管理体系，政府投资管理部门建立监管体系，国际河流管理部门针对涉水风险和跨境影响建立监测体系，形成风险管理，共同形成完善的监管体系。

第三，风险保护措施不足。中国与相关的投资合作国缺乏必要、合理的投资保护协定与制度。此外，中国虽然设立了支持出口信贷、境外投资的金融保险机构，但业务单一、条件苛刻、手续烦琐，发挥作用有限。由此使得中国企业因东道国的政治风险、自然灾害风险等遭受境外投资的损失常常得不到补偿。这方面的措施主要依靠市场手段和政治手段相结合，市场手段是利用各种保险措施抵御风险，政治手段是国家之间签订投资合作的相关保护协定。应重点考虑通过签订国际多边、双边或区域投资保护协定，支持成立更多的对外投资保险机构，建立海外投资保险制度从而提供境外投资保护。

**四、风险管控的国内外协调机制**

无论是国际河流境内还是境外的水资源开发，由于跨境影响的存在，投资的风险管控需要政府出面进行协调。相关部门不仅需要建立针对境内的风险控制协调机制，还应构建针对境外国家的风险管控协调机制。

（一）风险管控的责任主体与国内协调

1. 国内相关水资源开发主体机构应主动承担开发风险管控的责任

无论是以政府公共投资为主体的水资源开发，还是以企业为主体的水资源开发，风险管控的责任主体必须是这些投资主体，因此，需要针对投资主体的风险责任建立法律或制度规范，明确责任主体及风险责任内容。

2. 建立风险管控的国内协调机制

由于国际河流利益关系复杂，尤其是涉及境内外利益主体的博弈，中国政府需要进行内部协调，以保证国家对外的利益不受损。国内协调的主体由流域管理机构和中央及地方行政部门共同承担，流域管理机构具有协调的专业信息和能力，中央及地方行政部门有投资的管理权限和行政资源。

3. 通过有效的规划约束自觉承担对开发风险的管控责任，降低河流开发对河流本身及其他流域国的损害

中国在国际河流开发时应站在全流域角度，充分考虑经济、社会、生态等各方面可能的影响，通过有效的规划和规范的流程来实施风险管控，坚持对河流本身及流域其他国家的利益不造成损害，并将境内河段的水文数据等信息及时传给下游国家，为下游国家预防和应对干旱、洪水等自然灾害风险提供重要情报。

(二) 风险管控的外部合作

国际河流水资源开发必然涉及流域内各国的利益主体。因此，国际河流水资源开发的风险管理和控制也离不开其所涉及的各国主体之间的参与和合作。

风险管控的外部合作主要包括风险发生前各国对可能发生风险的预测、识别及采取的预防措施，以及风险发生后各利益国在风险控制方面的合作机制的建设。风险的管控主要在于事前控制，即水资源开发项目进行前，各利益主体国需对水资源开发项目存在的风险及对各国可能产生的影响进行识别和预测，对可能存在的风险合理使用风险回避、分离、分散或转移等方法和措施对风险因素进行有效控制，并根据风险与利益关系划分责任，签订相关协议，使得风险发生后各国利益协调有据可查。项目开发后引起的风险，各国则可根据所签订的协议建立积极有效的沟通合作机制，最大限度控制风险。

# 参考文献

中文文献

一、专著类

[1]《中国河湖大典》编纂委员会. 中国河湖大典 [M]. 北京：中国水利水电出版社，2014.

[2] 陆孝平，富曾慈. 中国主要江河水系要览 [M]. 北京：中国水利水电出版社，2010.

[3] 谈广鸣，李奔. 国际河流管理 [M]. 北京：中国水利水电出版社，2011.

[4] 国际大坝委员会. 国际共享河流开发利用的原则和实践 [M]. 贾金生，郑璀莹，等译. 北京：中国水利水电出版社，2009.

[5] 流域组织国际网，全球水伙伴. 跨界河流、湖泊与含水层流域水资源综合管理手册 [M]. 水利部国际经济技术合作交流中心，译. 北京：中国水利水电出版社，2013.

[6] 中国水利百科全书第二版编辑委员会. 中国水利百科全书 [M]. 北京：中国水利水电出版社，2006.

[7] 水利部国际经济技术合作交流中心. 跨界水合作与发展 [M]. 北京：社会科学文献出版社，2018.

[8] 水利部国际经济技术合作交流中心. 北美跨界河流管理与合作 [M]. 北京：中国水利水电出版社，2015.

[9] 夏自强，李琼芳，郭利丹. 新疆可持续发展中有关水资源的战略研究——国外干旱地区水资源利用及经验教训 [M]. 北京：中国水利水电出版社，2010.

[10] 夏自强，黄峰，郭利丹，等. 额尔齐斯河流域水文地理特征分析及人

类活动影响研究 [M]. 北京：中国水利水电出版社，2015.

[11] 夏自强，郭利丹，黄峰，等. 巴尔喀什湖—阿拉湖流域水文地理特征及人类活动影响研究 [M]. 北京：中国水利水电出版社，2018.

[12] 胡兴球，周海炜，郭利丹. 跨境河流合作治理：理论与实践 [M]. 南京：河海大学出版社，2019.

[13] 萨曼·M.A. 萨曼，基肖尔·于普勒. 南亚国际河流的冲突与合作：法律的视角 [M]. 胡德胜，许胜晴，译. 北京：法律出版社，2015.

[14] 王志坚. 国际河流法律制度 [M]. 南京：河海大学出版社，2019.

[15] 王志坚. 权利义务对等原则在国际河流水体利用中的适用 [M]. 南京：河海大学出版社，2017.

[16] 王志坚. 水霸权、安全秩序与制度构建：国际河流水政治复合体研究 [M]. 北京：社会科学文献出版社，2015.

[17] 王志坚. 国际河流法研究 [M]. 北京：法律出版社，2012.

[18] 王志坚. 国际河流与地区安全——以中东两河为例 [M]. 南京：河海大学出版社，2011.

[19] 冯彦. 国际河流水资源利用与管理 [M]. 北京：科学出版社，2019.

[20] 韩叶. 国际河流：规范竞争下的水资源分配 [M]. 北京：社会科学文献出版社，2019.

[21] 莫小莎. 广西国际河流研究 [M]. 北京：社会科学文献出版社，2013.

[22] 贾琳. 国际河流争端解决机制研究 [M]. 北京：知识产权出版社，2014.

[23] 何大明，冯彦. 国际河流跨境水资源的合理利用与协调管理 [M]. 北京：科学出版社，2006.

[24] 何大明，柳江，胡金明，等. 纵向岭谷区跨境生态安全与综合调控体系 [M]. 北京：科学出版社，2009.

[25] 何大明，汤奇城，等. 中国国际河流 [M]. 北京：科学出版社，2000.

[26] 张翼飞，山冰沁，隋钰泽. 全球跨境水事件与解决方案研究 [M]. 上海：格致出版社，2020.

[27] 吴宏伟. 中亚水资源与跨界河流问题研究 [M]. 北京：中国社会科学出版社，2019.

[28] 何艳梅. 中国跨界水资源利用和保护法律问题研究 [M]. 上海：复旦大学出版社，2013.

[29] 何艳梅. 国际水资源利用和保护领域的法律理论与实践 [M]. 北京：

法律出版社，2007.

[30] 中国国际问题研究所. 中国周边国家与合作组织 [M]. 北京：人民出版社，2014.

[31] GLEICH P H. 世界之水：2008～2009 年度淡水资源报告 [M]. 何金平，译. 北京：中国水利水电出版社，2010.

[32] 伊恩·布朗利. 国际公法原理 [M]. 曾令良，余敏友，等译. 北京：法律出版社，2003.

[33] 贾绍凤，刘俊. 大国水情：中国水问题报告 [M]. 武汉：华中科技大学出版社，2014.

[34] 罗伯特·罗茨. 治理与善治引论 [M]. 俞可平，译. 北京：社会科学文献出版社，2000.

[35] 俞可平. 全球治理引论 [M]. 北京：社会科学文献出版社，2003.

[36] 中华人民共和国外交部条约法律司. 领土边界事务国际条约和法律汇编 [M]. 北京：世界知识出版社，2005.

[37] 埃莉诺·奥斯特罗姆，拉里·施罗德，苏珊·温. 制度激励与可持续发展 [M]. 陈幽泓，谢明，任睿，译. 上海：上海三联书店，2000.

[38] 金子将史，北野充. 公共外交"舆论时代的外交战略" [M]. 公共外交翻译组，译. 北京：外语教学与研究出版社，2009.

[39] 北京外国语大学公共外交研究中心. 中国公共外交研究报告 [M]. 北京：时事出版社，2012.

[40] 盛愉，周岗. 现代国际水法概论 [M]. 北京：法律出版社，1987.

二、期刊类

[1] 刘登伟，李戈. 国际河流开发和管理发展趋势 [J]. 水利发展研究，2010 (5)：69-74.

[2] 何大明，杨明，冯彦. 西南国际河流水资源的合理利用与国际合作研究 [J]. 地理学报，1990 (S1)：29-37.

[3] 何大明，刘昌明，杨志峰. 中国国际河流可持续发展研究 [J]. 地理学报，1999 (6)：1-10.

[4] 冯彦，何大明. 国际河流水电合作开发投资——效益分配模式及特征 [J]. 地理研究，2014 (10)：1807-1816.

[5] 何大明，冯彦，陈丽晖，等. 跨境水资源的分配模式、原则和指标体系研究 [J]. 水科学进展，2005 (2)：255-262.

[6] 陈丽晖，李红，何大明．国际河流开发和管理趋势 [J]．云南地理环境研究，2001（1）：9-17．

[7] 陈丽晖，何大明．澜沧江—湄公河水电梯级开发的生态影响 [J]．地理学报，2000，55（5）：577-586．

[8] 胡文俊，黄河清．国际河流开发与管理区域合作模式的影响因素分析 [J]．资源科学，2011，33（11）：2099-2106．

[9] 邓铭江，李湘权，雷雨．哈萨克斯坦水资源及水能资源开发前景分析 [J]．水力发电，2014，40（7）：1-4．

[10] 杨立信．中亚创立的水资源一体化管理体制 [J]．水利水电快报，2010（6）：1-5．

[11] 杨立信．哈萨克斯坦额尔齐斯——卡拉干达运河调水工程 [J]．水利发展研究，2002，2（6）：45-48．

[12] 周海炜，刘宗瑞，郭利丹．国际河流水资源合作治理的柔性特征及其对中国的启示 [J]．河海大学学报（哲学社会科学版），2017，19（4）：29-34，90．

[13] 周海炜，郑力源，郭利丹．国际河流流域组织发展历程及对中国的启示 [J]．资源科学，2020，42（6）：1148-1161．

[14] 王洪亮，周海炜．"澜湄合作"视角下国际河流水电开发环境保护舆情监测实证研究——以中国澜沧江流域水电开发为例 [J]．中国农村水利水电，2017（2）：108-114．

[15] 刘宗瑞，周海炜，赵又霖．国际河流跨境洪灾防治的合作特征及演进趋势——基于防洪合作协议的内容分析 [J]．中国人口·资源与环境，2015，25（12）：78-84．

[16] 周海炜，刘亚辉，屈维意．中国海外水电工程的社会责任投资机制研究 [J]．亚太经济，2015（6）：111-114．

[17] 刘宗瑞，周海炜，胡兴球．黑龙江流域跨境洪灾防治的跨时段多层次合作机制研究 [J]．中国人口·资源与环境，2015，25（3）：163-168．

[18] 周海炜，高云．国际河流合作治理实践的比较分析 [J]．国际论坛，2014，16（1）：8-14，79．

[19] 周海炜，郑莹，姜骞．黑龙江流域跨境水污染防治的多层合作机制研究 [J]．中国人口·资源与环境，2013，23（9）：121-127．

[20] 王洪亮，周海炜．突发自然灾害事件微博舆情蔓延规律与控制研究 [J]．情报杂志，2013，32（9）：23-28．

[21] 周海炜，唐晟佶．印度内河联网计划及其面临的问题 [J]．南水北调与水利科技，2013，11（5）：121-123，140．

[22] 周海炜，郑爱翔，胡兴球．多学科视角下的国际河流合作开发国外研究及比较 [J]．资源科学，2013，35（7）：1363-1372．

[23] 周海炜，周申蓓．跨界水污染的治理逻辑 [J]．决策，2013（5）：74-75．

[24] 孔德安，周海炜．水电工程技术标准"走出去"的商业生态系统服务功能定位研究 [J]．经济问题探索，2012（3）：154-157．

[25] 郭利丹，李琼芳，黄永春．跨境流域水安全共同体内涵解析与实现机制 [J]．世界经济与政治，2021（4）：61-81，157．

[26] 李丽洁，王志敏，郭利丹．海外水电投资全阶段多层次政府引导机制构建 [J]．人民黄河，2016，38（9）：122-125，130．

[27] 郭利丹，夏自强，周海炜，等．阿克苏河境外水利工程开发对我国的潜在影响分析 [J]．干旱区资源与环境，2015，29（11）：128-132．

[28] 王志敏，郭利丹．我国海外水电工程投资与政府引导的对策研究 [J]．水力发电，2015，41（6）：110-112．

[29] 郭利丹，周海炜，夏自强，等．丝绸之路经济带建设中的水资源安全问题及对策 [J]．中国人口·资源与环境，2015，25（5）：114-121．

[30] 周海炜，王洪亮，郭利丹．基于文本分析的国际河流信息合作及其对中国的启示 [J]．资源科学，2014，36（11）：2248-2255．

[31] 王志坚，漆刘凯，郭利丹．国际河流流域权利初论 [J]．水利经济，2020，38（2）：62-67，84．

[32] 王志坚，邢鸿飞．美墨水债问题：国际水权纠纷的新发展 [J]．河海大学学报（哲学社会科学版），2021，23（1）：98-104，108．

[33] 邢鸿飞，王志坚．湄公河水安全问题初探 [J]．世界经济与政治论坛，2019（6）：154-165．

[34] 王志坚．中国如何走出"水霸权"话语困境 [J]．世界知识，2019（3）：54-55．

[35] 王志坚．国际河流水资源去安全化管理模型综述 [J]．华北水利水电大学学报（社会科学版），2018，34（5）：25-31．

[36] 王志坚，何其二．国际河流对国家安全的影响 [J]．水利经济，2013，3（2）：3-26，76．

[37] 王志坚．简论国际河流水权理论的构建 [J]．水利经济，2012，30

（2）：22-24，67，74.

［38］王志坚. 从中东两河纠纷看国际河流合作的政治内涵［J］. 水利经济，2012，30（1）：23-27，72.

［39］王志坚. 我国国际河流水电开发面临的国际环境［J］. 吉林水利，2012（1）：1-3.

［40］王志坚. 新安全观视角下的国际河流合作［J］. 湖南工程学院学报（社会科学版），2011，21（4）：89-92.

［41］王志坚，邢鸿飞. 我国国际河流法律研究中的几个问题［J］. 华北电力大学学报（社会科学版），2011（3）：11-16.

［42］王志坚. 地缘政治视角下的国际河流合作——以中东两河为例［J］. 华北水利水电学院学报（社会科学版），2011，27（2）：21-24.

［43］邢鸿飞，王志坚. 国际河流安全问题浅析［J］. 水利发展研究，2010，10（2）：27-29，47.

［44］王志坚，邢鸿飞. 国际河流法刍议［J］. 河海大学学报（哲学社会科学版），2008（3）：92-100，116.

［45］华坚，吴祠金，黄德春. 上下游型国际河流水资源分配冲突的博弈分析［J］. 水利经济，2013（3）：33-36.

［46］李志斐. 澜湄合作中的非传统安全治理：从碎片化到平台化［J］. 国际安全研究，2021，39（1）：90-119，156-157.

［47］李志斐，王婧. 美国与湄公河国家合作步步升级［J］. 世界知识，2020（22）：36-37.

［48］卢光盛，聂姣. 澜湄合作的动力机制——基于"利益—责任—规范"的分析［J］. 国际展望，2021，13（1）：110-129，157.

［49］何艳梅. 国际水法调整下的跨国流域管理体制［J］. 边界与海洋研究，2020，5（6）：53-79.

［50］胡德胜. 国际水法上的利益共同体理论：理想与现实之间［J］. 政法论丛，2018（5）：34-51.

［51］饶健，曾彤. 国际水资源公平合理利用原则的发展——以国际河流为视角［J］. 时代法学，2018，16（2）：106-112.

［52］饶健. 国际河流公平合理利用原则的内涵及实施路径［J］. 国际研究参考，2018（2）：13-18.

［53］王明远，郝少英. 中国国际河流法律政策探析［J］. 中国地质大学学报（社会科学版），2018，18（1）：14-29.

[54] 武晓文. 澜沧江—湄公河跨界综合调度国际合作法律机制研究 [J]. 水利水电快报, 2017, 38 (7): 36-40.

[55] 杨珍华. 刍议第三方在跨界水争端解决中的实践与作用 [J]. 河北法学, 2016, 34 (6): 106-118.

[56] 吴业鹏, 袁汝华, 刘诗园. 丝绸之路经济带水资源环境与经济社会协调分析 [J]. 生态经济, 2017, 33 (9): 152-159.

[57] 王玉娟, 国冬梅. 中哈界河伊犁河流域生态环境演变及其驱动力 [J]. 欧亚经济, 2016 (4): 100-107, 126, 128.

[58] 曾彩琳, 黄锡生. 国际河流共享性的法律诠释 [J]. 中国地质大学学报 (社会科学版), 2012 (2): 16-20.

[59] 左其亭, 马军霞, 陶洁. 现代水资源管理新思想及和谐论理念 [J]. 资源科学, 2011, 33 (12): 2214-2220.

[60] 汤奇成, 李丽娟. 西北地区主要国际河流水资源特征与可持续发展 [J]. 地理学报, 1999 (S1): 21-28.

[61] 郭延军, 任娜. 湄公河下游水资源开发与环境保护——各国政策取向与流域治理 [J]. 世界经济与政治, 2013 (7): 136-154.

[62] 王曦, 杨华国. 从松花江污染事故看跨界污染损害赔偿问题的解决途径 [J]. 现代法学, 2007 (3): 112-117.

[63] 李铮. 解决国际淡水资源争端的条法化综述 [J]. 国际资料信息, 2002 (10): 12-15.

[64] 陈丽晖, 丁丽勋. 国际河流流域国的合作——以红河流域为例 [J]. 世界地理研究, 2001 (4): 62-67, 53.

[65] 汪恕诚. 水权和水市场——谈实现水资源优化配置的经济手段 [J]. 中国水利, 2000 (11): 6-9.

[66] 何艳梅. 国际河流水资源公平和合理利用的模式与新发展: 实证分析、比较与借鉴 [J]. 资源科学, 2012, 34 (2): 229-241.

[67] 卞锦宇, 耿雷华, 田英. 中俄水质标准的差异及其对我国跨界河流开发与保护的影响 [J]. 中国农村水利水电, 2012 (5): 68-71.

[68] 李宜强. 对构建国际流域治理体系的思考: 以澜沧江—湄公河为例 [J]. 重庆理工大学学报 (社会科学版), 2015, 29 (3): 52-57.

[69] 宗世荣, 赵润. 国际流域管理模式分析以及对我国流域管理的启示 [J]. 环境科学导刊, 2016, 35 (1): 30-33.

[70] 邢利民. 国外流域水资源管理体制做法及经验借鉴——流域水资源管

理问题系列研究之一 [J]. 生产力研究, 2004 (7): 107-108, 163.

　[71] 张励, 卢光盛. "水外交" 视角下的中国和下湄公河国家跨界水资源合作 [J]. 东南亚研究, 2015 (1): 42-50.

　[72] 李志斐. 水资源外交: 中国周边安全构建新议题 [J]. 学术探索, 2013 (4): 28-33. [73] 贾生元, 戴艳文. 中国国际河流水资源保护问题与对策 [J]. 水资源保护, 2004 (2): 62-63.

　[74] 边永民, 陈刚. 跨界环境影响评价: 中国在国际河流利用中的义务 [J]. 外交评论 (外交学院学报), 2014 (3): 17-29.

　[75] 刘丹, 魏鹏程. 我国国际河流环境安全问题与法律对策 [J]. 生态经济, 2008 (1): 151-154.

　[76] 汤奇成, 李丽娟. 西北地区主要国际河流水资源特征与可持续发展 [J]. 地理学报, 1999 (S1): 21-28.

　[77] 郝少英. 我国国际河流水资源信息资料交流存在的问题及其法律对策 [J]. 清华法治论衡, 2014 (3): 348-360.

　[78] 李奔, 谈广鸣, 舒彩文, 等. 国际河流水资源开发利用的多目标决策模型 [J]. 武汉大学学报 (工学版), 2010 (2): 153-157.

　[79] 林楠, 冯玉杰, 吴舜泽, 等. 中国跨区域水环境信息共享机制 [J]. 哈尔滨工业大学学报, 2012 (12): 41-46.


## 外文文献

一、专著类

　[1] SADOFF C W, WHITTINGTON D, GREY D. Africa's international rivers: an economic perspective [M]. Washington D. C. : World Bank Publications, 2003.

　[2] SALMAN M A. Conflict and cooperation on South Asia's international rivers [M]. Washington D. C. : The World Bank, 2002.

　[3] DOMBROWSKY I. Conflict, cooperation and institutions in international water management: an economic analysis advances in ecological economics series [M]. Cheltenham: Edward Elgar Pub, 2007.

　[4] KEGLEY C W. Controversies in international relations theory: realism and the neoliberal challenge [M]. New York: St Martin's Press, 1995.

## 二、期刊类

[1] HAMNER J H, WOLF A T. Patterns in international water resource treaties: the transboundary freshwater dispute database [J]. Colorado Journal of International Environmental Law and Policy, 1997 (2): 161-177.

[2] DINAR S. Scarcity and cooperation along international rivers [J]. Global Environmental Politics, 2009, 9 (1): 109-135.

[3] SADOFF C W, GREY D. Cooperation on international rivers a continuum for securingand sharing benefits [J]. Water International, 2005, 30 (11): 1-8.

## 三、其他

[1] MCINTYRE O. Environmental protection of international watercourses under international law [R]. Sweden: Sweden International Development Agency International Trans-boundary Water Resources Management Course, 2006.